山东省技能型特色名校建设工程成果 系列教材

机械设计基础

主　编　吴明清　张　力

编　委　董征莲　张　力　李付君
　　　　刘新平　吴明清　苏炳玲

主　审　崔　毅　徐华东

山东大学出版社

图书在版编目(CIP)数据

机械设计基础/吴明清,张力主编. 一济南:山东大学出版社,2014.8(2018.2 重印)
山东省技能型特色名校建设工程成果系列教材
ISBN 978-7-5607-5129-0

Ⅰ.①机… Ⅱ.①吴… ②张… Ⅲ.①机械设计-高等学校-教材 Ⅳ.①TH122

中国版本图书馆 CIP 数据核字(2014)第 207901 号

责任策划:刘　彤
责任编辑:姜　山　李云霄
封面设计:牛　钧

出版发行:山东大学出版社
社　址　山东省济南市山大南路 20 号
邮　编　250100
电　话　市场部(0531)88364466
经　　销:山东省新华书店
印　　刷:泰安金彩印务有限公司
规　　格:787 毫米×1092 毫米　1/16
19.5 印张　450 千字
版　　次:2014 年 8 月第 1 版
印　　次:2018 年 2 月第 3 次印刷
定　　价:39.00 元

总 序

为加强对山东省内高等学校的分类指导，强化内涵和特色发展，提高人才培养质量，发挥名校带动作用，增强高等教育服务我省经济社会发展的能力，2011年，山东省教育厅、财政厅联合组织实施了山东省高等教育名校建设工程。山东交通职业学院是山东省技能型特色名校首批立项建设单位之一，共有汽车运用技术、道路桥梁工程技术、物流管理、机械设计与制造、工程机械运用与维护、轮机工程技术6个专业成为省财政重点支持建设专业和工程造价、公路运输与管理、机电一体化、航海技术4个专业列入非省财政重点支持建设专业。

项目建设初期，学院牵头成立了山东省交通运输职业教育专业建设指导委员会，邀请省内外教育专家和行业企业的技术骨干，对名校工程10个专业的建设方案及任务书进行了充分论证。我院项目建设期间，各专业主动适应行业企业加快经济发展方式转变、产业结构调整和优化升级的需要，主动服务山东半岛蓝色经济区和黄河三角洲高效生态经济区两个国家战略的实施，以提高质量为核心，不断创新校企合作体制机制，大力推进人才培养模式转型，优化课程体系构建，全面提升了学校的专业建设水平和人才培养质量。

经过三年建设，10个专业积累形成了一批紧密结合生产实际、独具行业企业特色的专业教材，成为“山东省高等教育名校建设工程”建设项目的重要成果之一，也是“课程体系构建与核心课程建设”内容的重要载体。为了该系列教材的出版，各专业多次召开教材编写会议，组织各课程负责人及参编人员认真学习领会“山东省高等教育名校建设工程”建设精神，深入行业企业进行专业调研和分析，以培养适应区域经济社会发展的高素质技能型人才和我省行业企业急需的高级技能型人才。根据各专业实际需求，重新架构、设计教材体系，以力求做到理论知识学习和职业技能训练的合二为一。

衷心希望名校工程的建设成果，能为我省交通运输主干专业建设和人才培养起到积极的推动和引导作用。

2014年7月

前　言

本教材着眼于机械类岗位群所需的专业技能和素养，充分体现岗位技能要求，以机械设计的典型工作任务来承载教学内容，采用项目导向、任务驱动的行动导向模式，对常用机构和通用零部件的结构、特性、工作原理进行了深入浅出的阐述，通过职业能力训练保证了学生技能水平的提高。本书既可用作机械类及近机械类专业的教材，也可用作从事机械行业的生产一线员工岗位培训的学习辅导书或相关领域的职业资格认证考试用书。

本教材紧紧围绕高等职业教育的人才培养目标，依据岗位能力要求，以项目为导向，完善任务驱动式内容体系。全书内容由常用机构的组成及设计和通用零部件选用两大部分组成，包括平面机构、平面连杆机构、凸轮机构、间歇运动机构、带传动、链传动、齿轮传动、蜗杆传动、齿轮系、螺纹连接、轴和轴毂连接、轴承等。任务内容按照60～90学时设计。

本教材有如下特点：

1. 教材体系规范，思路简洁、清楚，案例丰富，结构严谨。理论学习深入浅出，突出职业能力综合训练，强调素质养成。

2. 理论和实践紧密结合，通过大量的案例增强学生的动手能力。案例尽可能选用常见的机械机构，使学生易于接受。每个项目后附有同步测试，便于学生总结提高。

3. 教材内容突出实用性。每个项目所设计的内容都是生产实践中应用最广泛的知识，实用性强。为了进一步拓宽学生的知识面，在任务结束后，设计了知识拓展内容，供学有余力的学生学习。

4. 对于机械设计及零部件强度计算方面的学习，本着必需、够用的原则，简化理论推导过程，侧重应用。

5. 注重知识点在设计实践中的作用及应用，并通过较多的实例帮助读者理解教材内容和知识，激发学习机械设计知识的兴趣，引导读者能够并且知道应该如何运用所学知识设计机构及机械零件、分析机构运动及力学特性等。

本教材项目一、二、三由董征莲编写，项目四、五由张力编写，项目六、十一由李付君编写，项目七、八、十二由刘新平编写，项目九、十三由吴明清编写，项目十由苏炳玲编写。全书由山东交通职业学院吴明清、张力主编，由吴明清统稿，由唐骏欧铃汽车制造有限公司崔毅、山东交通职业学院徐华东共同主审。

在编写过程中，我们参阅了国内外一些专家和学者的研究成果及相关文献，在此一并表示衷心的感谢！

由于编者水平有限，书中如有不足之处，敬请读者批评指正。

编 者

2014 年 7 月

目 录

项目一　机械设计的基础知识

知识目标

◆说出机械、机器、机构、构件、零件的概念。
◆掌握机械设计的一般步骤和基本方法。
◆掌握摩擦、磨损、润滑、密封的基础知识。

能力目标

◆能辨别机器、机构、构件和零件。
◆能够根据产品的具体性能、要求等选择合适的材料。
◆会选择润滑方式及润滑剂类型、密封方式。

引导案例

机械设备各式各样，功能也不尽相同(图 1-1 所示为卷扬机的外形及传动示意图)，然而又因为它们之间的共性，形成了机械设计基础的基本要素和过程。

本项目主要介绍机械的组成及机器、机构、构件和零件的概念，机械设计的一般程序和基本方法，机械零件设计的基本要求、失效形式及设计准则，机械零件的材料选用原则等。同时，由于机械在正常运行时，相互间会存在摩擦，因此，本项目也对摩擦及密封进行简单介绍。

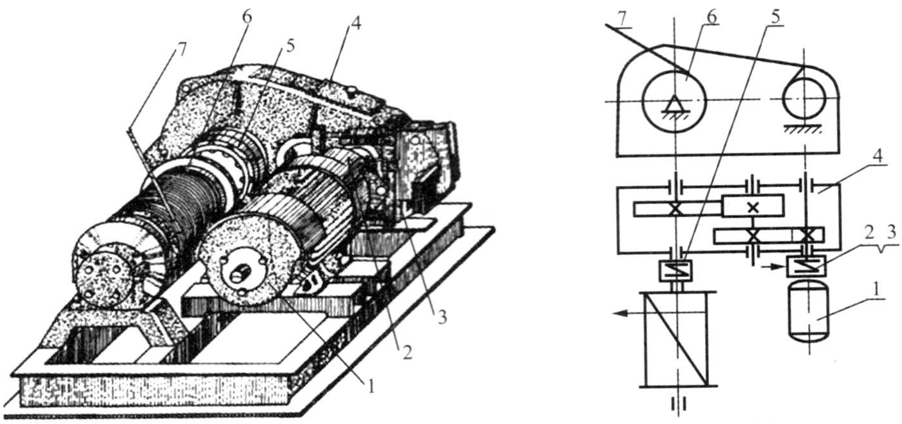

(a) 外形图　　　　(b) 传动示意图

图 1-1　卷扬机

1—电动机　2—联轴器　3—制动器　4—减速器　5—联轴器　6—卷筒　7—钢丝绳

任务一　机械设计的基础知识

任务描述

人们在日常生活和生产过程中，创造和发展了机械，以此减轻人的劳动强度，提高工作效率和产品质量。特别是在某些特殊场合，只能借助机械来代替人进行工作。随着科学技术和工业生产的飞速发展，计算机技术、电子技术与机械技术有机结合，实现了机电一体化，促使机械产品向高速、高效、精密、多功能和轻量化方向发展。那么，进行机械设计需要遵循什么原则？有什么基本要求？机械设计要掌握的基础知识是什么？在本任务中，我们主要学习机械的常用概念，机械设计的原则和要求、材料选择和结构工艺性的一般知识，机械设计的基础和方法。

知识准备

一、机器的基础知识

(一)机器的组成

机器的用途不同，因而组成也各不相同。但是，从功能角度分析，大部分机器都包含由外界输入能量的动力部分、履行机器功能的工作部分(即执行部分)、介于动力部分和工作部分之间的传动部分及控制部分，如图 1-2 所示。

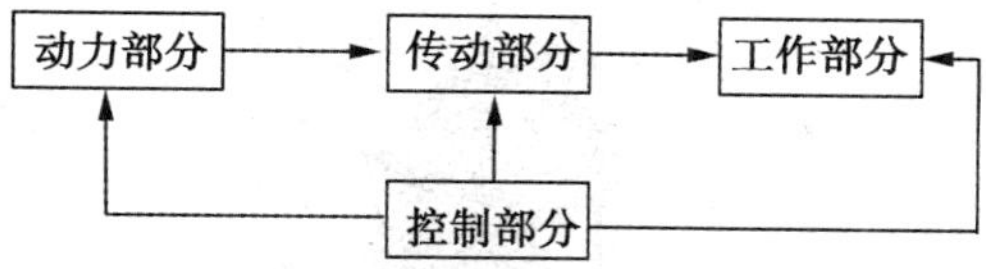

图 1-2 机器的组成

1. 动力部分

动力部分指原动机及其相应的配套装置。它的作用是将其他形式的能量转变为机械能。

一次动力机:将一次能源直接转化为机械能,如水轮机、内燃机等。

二次动力机:将二次能源(如电能、液压能)等转化为机械能,如电动机等。

2. 传动部分

传动部分介于动力部分和工作部分之间,其任务是将动力部分提供的机械能以动力和运动的形式,传递给工作部分。

传动部分的功能是传递动力和运动、分配能量、改变速度和运动形式。

3. 工作部分(执行部分)

工作部分是机器设备区分和分类的依据,不同机器,其动力部分和传动部分可能相同,而工作部分不同。

工作部分是直接完成机器的预定功能,使加工对象性能、状态、形状、位置发生变化的部分,例如,起重机的吊钩和车轮、推土机的大铲和履带、汽车的车身和轮胎等。

动力部分、传动部分和控制部分都应该根据工作部分的功能要求和动力参数的合理范围进行设计和选择。

4. 控制部分

控制部分用于完成被控参数的调节。

在工业加热炉中,被控变量是炉温,而操纵变量是送入的煤气量。通过热电偶检查加热炉的温度并将它转换为电信号,送到比较器与预先设定的温度值进行比较,再把差值放大后驱动执行机构,调节煤气阀门的开度,从而实现控制炉温的目的

机器的组成不是一成不变的,有些简单机器不一定完整具有上述四个部分,有的甚至只有动力部分和工作部分,如水泵、砂轮机等;而对于较复杂的机器,除具有上述四个部分,还有润滑、照明等其他辅助装置。

(二)机器和机构

机械是工程中对机器与机构的统称。

图 1-3 所示为单缸内燃机,它主要由缸体 1、活塞 2、连杆 3、曲轴 4、齿轮 5 和凸轮 6 组成。该内燃机的工作过程是:活塞下行,进气阀打开,燃气被吸入气缸;活塞上行,进气阀关闭,压缩燃气点火后燃气燃烧膨胀,推动活塞下行,经连杆带动曲轴转动;活塞上行,排气阀打开,排出废气。活塞的往复移动通过连杆 3 转变为曲轴 4 的连续转动。内燃机以燃料燃烧的化学能为动力,通过燃气在气缸内的进气、压缩、爆燃、排气过程,将燃料的化学能转换为曲轴转动的机械能。

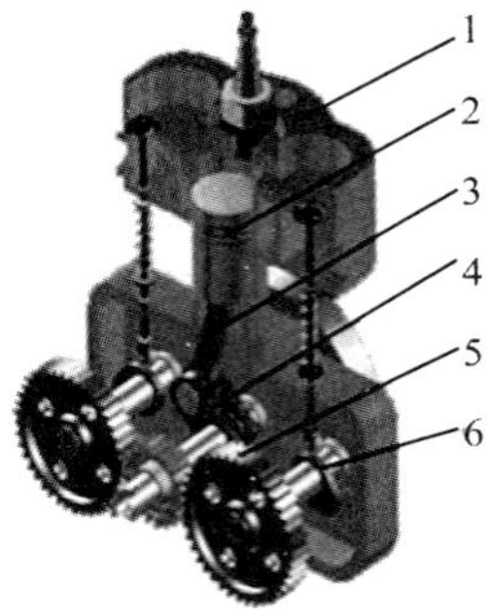

图 1-3　单缸内燃机结构图

1—缸体　2—活塞　3—连杆　4—曲轴　5—齿轮　6—凸轮

尽管机器种类繁多，形式多样，用途各异，但都具有如下共同的特征：

(1)都是人为的实物组合。

(2)机器各组成部分之间具有确定的相对运动。

(3)能实现能量的转换或完成有用的机械功。

凡具备上述三个特征的实物组合称为“机器”，仅具备前两个特征的称为“机构”。

从组成上看，机器是由机构组成的，一台机器可以含有一个机构，也可以含有多个机构。图 1-3 所示的内燃机中，就含有连杆机构、齿轮机构和凸轮机构等多个机构。从功能上讲，机器能完成有用的机械功或完成能量形式的转换，而机构主要用于传递和转换运动。若单从运动观点来看，机器和机构并无区别。

(三)构件和零件

从加工制造的角度来看，机械中的最小制造单元体称为“零件”，每个零件都具有不可拆、不可分的特性。零件一般分为两类：一类是在各种机械中普遍使用的零件，称为通用零件，如螺栓、螺母、轴、齿轮和滚动轴承等；另一类是仅在某些专门机械中才用到的零件，称为专用零件，如活塞、曲轴等。

从运动的角度来看，机械中最小的运动单元体是构件，每个构件具有独立的运动特性。一个构件可以由一个零件组成(如内燃机曲轴)，也可以由几个零件固结而成。

二、机械设计的基本要求和一般程序

(一)机械行业的岗位

机械行业的岗位很多，现简单地介绍一下目前机械行业及相关领域里的主要岗位：

1. 设备操作人员

设备操作人员的工作是操作车床、铣床或加工中心等数控机床进行生产制造。在工作中，操作人员要时刻观察机床和刀具的工作状况，检查和更换加工零件，还可在一定范围内调试或编制机床加工程序。

2. 设备维修人员

设备维修人员经常从事车间各方面的工作，是企业重要的支持、保障人员。其工作范围较广泛，包括厂内常规设备的维修和改造，以及电焊、电工方面的一般机械修理。

3. 安装调试人员

安装调试人员负责机床的安装调试，协助机床操作人员完成首个零件的加工生产工作。安装调试人员应具有较丰富的工作经验，要求对工、夹、刀具的安装使用或数控机床的编程非常熟悉。

4. 普通机械师

普通机械师应具有安装调试和操作车间中所有常规设备的能力，一般具有多年的从事岗位工作的经历。

5. 检验人员

检验人员负责加工产品的尺寸检查和质量控制工作。现代制造产业中的检验人员需要掌握由计算机控制的现代测量仪器的相关知识。

6. 生产工艺人员

生产工艺人员负责编制机械生产的工艺规程，并指导一线加工人员进行生产。

7. 产品设计工程师

产品设计工程师的工作任务是使用计算机，采用新技术、新工艺、新材料设计出社会所需要的各种机械产品。

虽然以上有些岗位不需要我们进行产品的设计，但机械设计是机械产品研制的第一步，不论你将从事什么岗位，掌握机械设计方面的基础知识，会为你在机械行业及相关领域中的发展打下良好的基础。

机械设计就是从使用需求出发，对机械的工作原理、结构、运动形式，力和能量的传递方式，各个零件的材料、尺寸和形状，以及使用维护等问题进行构思、分析和决策的创造性过程。本书主要讨论常用机械传动机构和通用零部件的设计。

（二）机械设计应具备的基本要求

设计和选用机械零件时，必须首先满足零件工作可靠和成本低廉的要求。另外，从机械整体出发对其提出以下基本要求：

1. 实现预定功能

设计的机械零件应在规定条件下、规定的寿命期限内，有效地实现预期的全部职能。

2. 经济性好

在市场经济环境下，经济性要求贯穿于机械设计全过程，应当合理选用原材料，确定适当的精度要求，缩短设计和制造的周期。

3. 工艺性好

工艺性好指在一定的生产条件下，采用合理的结构，以便于制造、装配和维护，尽可能采用标准零部件。

4. 工作安全可靠

机械都是由很多的构件和零件组成的，所以，机械工作的可靠性取决于各组成零部件的可靠性。各组成零部件越多，可靠性系数就越低，因此在进行产品设计时，如无特殊要求，应尽可能地减少组成零部件的数量。

5. 其他方面的要求

操作安全可靠，有利于减轻劳动者的劳动强度，保证人身及设备的安全；有利于环保，噪声低、废气少等;外形美观大方等都是要考虑的因素。

(三)机械设计的一般步骤

1.机械设计的过程

机械设计是一项复杂、细致和科学性很强的工作。机械设计的过程通常可分为以下几个阶段:

(1)产品规划,提出设计任务和明确设计要求,根据市场需求进行可行性分析。

(2)方案设计,包括产品功能分析、功能原理求解、方案的综合及评价决策,最后得到最佳功能原理方案。对于现代机械产品来说,其机械系统(传动系统和工作系统)的方案设计往往表现为机械运动示意图(机械运动方案图)和机械运动简图的设计。

(3)产品设计,在选定设计方案的基础上,完成产品的总体设计、部件设计、零件设计等。

(4)反馈修改;完成产品设计后进行加工生产,然后对所设计的样品进行试运行。若在此过程中发现问题,反馈给设计人员进行修改完善。

2.机械零件设计的一般步骤

与机械设计一样,具体机械零件的设计也是从不同的方案中选出最优的方案,一般设计步骤如下:

(1)根据零件在机械中的地位和作用,选择零件的类型和结构。

(2)分析零件的载荷性质,拟定零件的计算简图,计算作用在零件上的载荷。

(3)根据零件的工作条件及对零件的特殊要求,选择适当的材料。

(4)分析零件可能出现的失效形式,决定计算准则和许用应力。

(5)确定零件的主要几何尺寸,综合考虑零件的材料、受载以及加工装配工艺和经济性等因素,参照有关标准、技术规范以及经验公式,确定全部结构尺寸。

(6)绘制零件工作图,制定技术要求,编写说明书及技术文件。

上述设计过程和内容并不是一成不变的,而是随具体任务和条件的不同而改变。在一般机械中,只有部分主要零件是通过计算确定尺寸的,许多零件则只是根据结构工艺上的要求,采用经验数据或参照规范进行设计,或使用标准件。

三、机械零部件的标准化

(一)机械产品的"三化"

在机械设计中,应尽可能地遵循标准化的原则。机械产品标准化的内容包括标准化、系列化和通用化等三方面,简称机械产品的"三化"。

标准化是对机械零件的种类、尺寸、结构要素、材料性能、检验方法、设计方法、公差配合及制图规范等制定出相应的标准,供设计、制造及修配共同遵照使用,如螺栓、螺母、垫圈等的标准化。有不少通用的零件,由于应用范围广、用量大,已经高度标准化而成为标准件。所谓"标准件",即按规定标准生产的零件。设计时我们只需根据设计手册或产品目录选定型号和尺寸,直接购买即可。

系列化是指产品按主要参数分档,形成一定系列的产品,这样可用较少规格的产品满足不同的需要,如圆柱齿轮减速器系列等。系列化是标准化的重要组成部分。

通用化是对不同规格的同类产品或不同类产品，在设计中尽量采用相同的零件或部件，如几种类型不同的轿车可以采用相同的轮胎。通用化是广义的标准化。

（二）产品标准化的好处

产品标准化有如下好处：

(1)由专门化工厂大量生产标准件，能保证质量、节约材料、降低成本。

(2)选用标准件可以简化设计工作，缩短产品的生产周期。

(3)选用参数标准化的零件，在机械制造过程中可以减少刀具和量具的规格。

(4)具有互换性，从而简化机器的安装和维修。

设计中选用标准件时，由于受到标准的限制而使选用不够灵活，若选用系列化产品，则从一定程度上解决了这一问题。而通用化可以减少零部件的种类，简化生产管理过程，降低成本和缩短生产周期。

四、机械零件的主要失效形式及设计准则

（一）机械零件的主要失效形式

机械零件由于某种原因不能正常工作，称为失效。机械零件的失效形式主要有：

1.整体断裂

整体断裂分为一次断裂和疲劳断裂两类。当零件受外载荷作用时，由于危险截面上的应力超过零件的强度极限而发生的断裂称为一次断裂。当零件在循环变应力作用下工作较长时间时，危险截面上的应力超过零件的疲劳极限所发生的断裂称为疲劳断裂。在机械零件的整体断裂失效中，多数属于疲劳断裂。

2.过大的残余变形

如果作用于零件上的应力超过了材料的屈服极限，则零件将发生残余变形。如机床上夹持定位零件的过大的残余变形，会降低加工精度。

3.表面破坏

机器中的零件都要与别的零件发生静接触或动接触，或形成配合关系，因此，表面破坏是机械零件经常发生的一种失效形式。机械零件的表面破坏主要有腐蚀、磨损和接触疲劳。腐蚀是金属表面与周围介质发生的一种化学或电化学侵蚀现象，使零件表面产生锈蚀而被破坏。磨损是两个接触表面在做相对运动过程中表面材料的脱落或转移的现象。接触疲劳是零件表面长期受到接触变应力的作用而产生裂纹或微粒剥落的现象。这些破坏形式都是随工作时间的延续而逐渐发生的失效形式。

4.破坏正常工作条件引起的失效

有些机械零件只有在一定的工作条件下才能正常工作，如果这些工作条件被破坏，就将导致零件的失效。例如，对于带传动，当其所传递的有效圆周力超过临界摩擦力时，将发生打滑失效；对于高速转动的零件，当其转速与转动件系统的固有频率接近时，就要发生共振使振幅增大而不能工作。

（二）机械零件的设计准则

机械零件虽然有多种可能的失效形式，但归纳起来主要是强度、刚度、耐磨性和振动稳定性几方面的问题。设计机械零件时，根据不同的失效原因建立起来的工作能力判定

条件，称为设计计算准则，主要包括强度准则、刚度准则、寿命准则、振动稳定性准则和可靠性准则。其中强度准则是设计机械零件首先要满足的一个基本要求。为保证零件工作时有足够的强度，设计计算时应使其危险截面或工作表面的工作应力不超过零件的许用应力，即：

$$\sigma \leqslant [\sigma]$$

$$\tau \leqslant [\tau]$$

五、机械零件的设计方法

机械零件的常规设计方法有以下几种：

(一)理论设计

理论设计是根据设计理论和实验数据所进行的设计。它又可分为设计计算和校核计算两类。设计计算是根据零件的工作情况，选定计算准则，按其所规定的要求计算出零件的主要几何尺寸和参数。校核计算是先按其他办法初步拟定出零件的主要尺寸和参数，然后根据计算准则所规定的要求校核零件是否安全。由于校核计算时已知零件的有关尺寸，因此能计入影响强度的结构因素和尺寸因素，计算结果比较精确。

(二)经验设计

经验设计是根据已有的经验公式或设计者本人的工作经验，或借助类比方法所进行的设计。这种方法主要适用于使用要求变动较小而结构形状已典型化的零件，如箱体、机架、传动零件的结构要素等。

(三)模型实验设计

这种设计是对一些尺寸巨大、结构复杂的重要零件，根据初步设计的结果，按比例制成小尺寸的模型，经过实验手段对其各方面的特性进行检验，再根据实验结果对原设计进行逐步修改，从而达到完善的设计。模型实验设计是在设计理论还不成熟，已有的经验又不足以解决设计问题时，为积累新经验、发展新理论和获得好结果而采用的一种设计方法。这种设计方法费时、耗资，一般只用于特别重要的设计中。

六、机械零件的材料选用原则

机械零件所选用的材料是各种各样的，即使同一种零件也可以选择不同的材料。因此，如何选择零件的材料是零件设计的重要一环。

(一)材料应满足零件的使用要求

机械零件的使用要求主要有以下几点：

(1)零件承受工作载荷的能力，主要从载荷的特点、强度及刚度等方面考虑。

(2)零件的工作条件(运动速度等)及工作环境(温度、潮湿、腐蚀等)。

(3)耐磨性、寿命、可靠性等要求。

(4)零件尺寸和质量的要求。

设计零件应以零件承受工作载荷的能力为主，综合考虑其他因素，合理地选择材料。如零件受力较大且有较大的冲击载荷，工作速度较高、可靠性要高，而且要求零件的尺寸较小、质量较轻，应采用高强度合金钢制造，并要热处理及精加工。

（二）材料应满足零件的工艺性要求

在熟悉材料的工艺性的前提下，根据零件的结构复杂程度、尺寸大小、生产批量的大小、毛坯制造及机械加工的特点，分析比较，合理选择机械零件的材料。对于结构复杂、尺寸大的零件，因难以锻造，宜采用铸造或焊接，所选的材料必须具有良好的铸造工艺性（液态流动性、收缩率、偏析及缩孔等）或焊接工艺性（可焊性、焊缝裂纹的倾向性等），同时，零件的结构要适应铸造或焊接的要求。需要锻造的零件必须考虑材料的延展性、热脆性等。铸造、模锻、冲压等适用于零件的大批量生产。焊接、自由锻适用于单件或零件的小批量生产。对于需切削加工的零件，要考虑材料的切削性能及已切削表面的粗糙度等。

热处理对改善材料的机械性能有很大的作用，必须根据零件的使用要求、尺寸大小、结构复杂程度及工艺要求，合理选择材料及热处理工艺。

（三）材料应满足经济性要求

材料的经济性主要从以下几个方面考虑：

（1）材料的相对价格。同样能满足使用要求的前提下，应采用价格相对低的材料。

（2）考虑不同材料的加工（毛坯制造、机械加工及热处理等）成本。

（3）采用局部品质的原则，如蜗轮的齿圈条用铜合金，轮芯采用铸铁或碳钢。

（4）材料的“利用率”如采用无切削或少切削的材料及工艺。

（5）考虑材料的供应状况及储运成本。

任务二 摩擦、润滑及密封

任务描述

各类机器在工作时，其各零件相对运动的接触部分都存在着摩擦，摩擦是机器运转过程中不可避免的物理现象。摩擦不仅消耗能量，而且使零件发生磨损，甚至导致零件失效。磨损是摩擦的结果，润滑则是减少摩擦和磨损的有力措施，这三者是相互联系、不可分割的。本任务将对摩擦、磨损作简要的介绍，重点介绍润滑方式、润滑装置和密封装置。掌握摩擦的类型，了解磨损的机理，熟悉润滑方式和装置，有利于我们正确地设计、使用和维护机器。

知识准备

一、摩擦及其分类

在外力作用下，一物体相对于另一物体运动或有运动趋势时，两物体接触面间产生的阻碍物体相对运动的切向阻力称为摩擦力。这种在两物体接触区产生阻碍运动并消耗能量的现象，称为摩擦。摩擦会造成能量损耗和零件磨损。据统计，世界上 1/3～1/2 的能源消耗在摩擦上，而各种机械零件因磨损失效的也占全部失效零件的一半以上。摩擦在一般情况下是有害的，因此，应尽量减少摩擦。但有些情况下却要利用摩擦工作，如带传动、摩擦制动器等。

根据摩擦副表面间的润滑状态，将摩擦状态分为四种：干摩擦、边界摩擦、液体摩擦和混合摩擦，如图 1-4 所示。

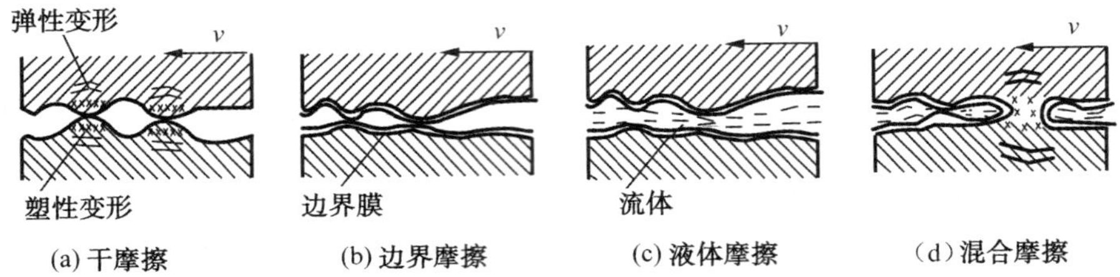

图 1-4　机械的摩擦状态

（一）干摩擦

两摩擦表面间无任何润滑剂或保护膜的金属接触时的摩擦，称为干摩擦，如图1-4(a)所示。在工程实际中，没有真正的干摩擦，因为暴露在大气中的任何零件的表面，不仅会因氧气而形成氧化膜，且或多或少也会被润滑油所湿润或受到“污染”。这时，其摩擦系数将显著降低。在机械设计中，通常把不出现显著润滑的摩擦，当作干摩擦处理。

（二）边界摩擦

两摩擦表面各附有一层极薄的边界膜（油膜厚度小于 1μm），两表面仍是凸峰接触的摩擦状态称为边界摩擦，其状态处于干摩擦与液体摩擦之间，如图 1-4(b)所示。与干摩擦相比，边界摩擦的摩擦状态有了很大改善，其摩擦和磨损程度取决于边界膜的性质、材料表面机械性能和表面形貌。

（三）液体摩擦

两摩擦表面完全被液体层（厚度一般为 1.5～2μm 及以上）隔开、表面凸峰不直接接触的摩擦称为液体摩擦，如图 1-4(c)所示。此种润滑状态亦称液体润滑，摩擦是在液体内部的分子之间进行，故摩擦系数极小。这时的摩擦规律已有了根本的变化，与干摩擦完全不同。

（四）混合摩擦

在实践中，有很多摩擦副处于干摩擦、液体摩擦与边界摩擦的混合状态，称为混合摩擦，如图 1-4(d)所示。

由于液体摩擦、边界摩擦、混合摩擦都必须在一定的润滑条件下才能实现，是基于不同的润滑状态，因此，这三种摩擦又分别称为液体润滑、边界润滑和混合润滑。

在没有润滑的固体表面间，产生摩擦的主要原因是表面形貌的粗糙不平，表面分子之间存在的吸引力和表面凸峰间的“焊—剪—刨”作用。

摩擦力的大小由摩擦副间的法向压力与摩擦系数决定。影响摩擦系数的因素很多，有摩擦副配偶材料的性质、表面膜、镀层或涂层、滑动速度、环境温度及表面粗糙度等。

表 1-1 给出了几种摩擦状态下的摩擦系数典型值。

表 1-1　几种摩擦状态下的典型摩擦系数

摩擦状态	摩擦状况		摩擦系数
干摩擦	相同金属	黄铜—黄铜	0.8～1.5
		青铜—青铜	0.8～1.5
	异种金属	铜铅合金—钢	0.15～0.3
		巴氏合金—钢	0.15～0.3
	非金属	橡胶—其他材料	0.6～1.9
		聚四氟乙烯—其他材料	0.04～0.12
固体润滑	石墨—二硫化钼润滑		0.06～0.20
	铅膜润滑		0.08～0.20
边界润滑	矿物油湿润表面		0.15～0.30
	加油性添加剂的油润滑	钢—钢	0.05～0.10
		尼龙—钢	0.05～0.10
		尼龙—尼龙	0.10～0.20

二、磨损

磨损是运动副之间的摩擦而导致零件表面材料的逐渐丧失或迁移。磨损会影响机器的效率，降低工作的可靠性，甚至促使机器提前报废。单位时间内材料的磨损量称为磨损率。磨损量可以用体积、质量或厚度来衡量。

对磨损的研究开展较晚，20 世纪 50 年代提出黏着理论后，60 年代在相继研制出各种表面分析仪器的基础上，磨损研究才得以迅速开展。

(一)磨损过程

在机械的正常运转中，磨损过程大致可分为以下 3 个阶段，如图 1-5 所示。

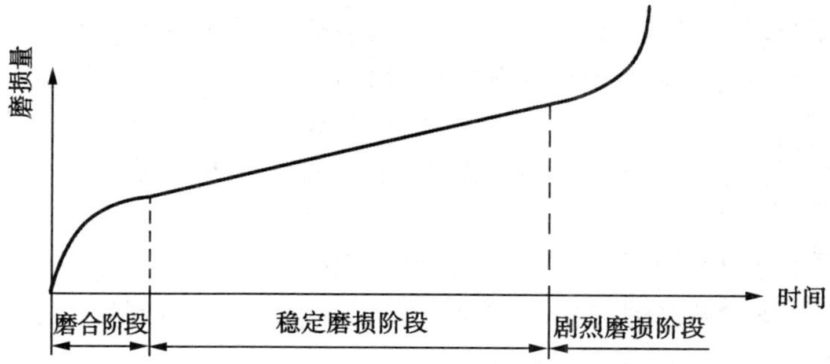

图 1-5　零件的磨损过程

1. 磨合(跑合)阶段

在这一阶段中,磨损速度由快变慢,而后逐渐减小到一稳定值。这是由于新加工的零件表面呈尖峰状态,使运转初期摩擦副的实际接触面积较小,单位接触面积上的压力较大,因而磨损速度较快。磨损到一定程度后,尖峰逐渐被磨平,磨损速度即逐渐减慢。

2. 稳定磨损阶段

在这一阶段中,磨损缓慢,磨损率稳定,零件以平稳而缓慢的磨损速度进入零件正常工作阶段。这个阶段的长短即代表零件使用寿命的长短,磨损曲线的斜率即为磨损率,斜率愈小,磨损率就愈低,零件的使用寿命就愈长。

3. 剧烈磨损阶段

经稳定磨损阶段后,零件进入剧烈磨损阶段。此阶段的特征是磨损速度及磨损率都急剧增大。当工作表面的总磨损量超过机械正常运转要求的某一允许值后,摩擦副的间隙增大,零件的磨损加剧,精度下降,润滑状态恶化,温度升高,从而产生振动、冲击和噪声,导致零件迅速失效。

从以上 3 种磨损状态可以看出,稳定磨损阶段是我们所希望的,但上述磨损过程中的 3 个阶段,是一般机械设备运转过程都需历的。所以在设计和使用机械时,应力求缩短磨合阶段,延长稳定磨损阶段,推迟剧烈磨损阶段的到来。另外,在磨合阶段结束后,应清洗零件,更换润滑油,以清除杂质等,这样才能正常地进入稳定磨损阶段。

(二)磨损分类

关于磨损的机理和分类目前见解还不一致,大体上按照磨损的机理以及零件表面磨损状态的不同,一般工况下把磨损分为磨粒磨损、黏着磨损、疲劳磨损、腐蚀磨损等。

1. 磨粒磨损

从外部进入摩擦面间的游离硬质颗粒或摩擦表面上的硬质凸峰,在摩擦过程中引起材料脱落的现象称为磨粒磨损。这种磨损是最常见的一种磨损形式,应设法减轻这种磨损。为减轻磨粒磨损,除注意满足润滑条件外,还应合理地选择摩擦副的材料,降低表面粗糙度值以及加装防护密封装置等。

2. 黏着磨损

当摩擦副受到较大正压力作用时,由于表面不平,其顶峰接触点受到高压力作用而产生弹性、塑性变形,附在摩擦表面的吸附膜破裂、温升后使金属的顶峰塑性面牢固地黏着并熔焊在一起,形成冷焊结点。在两摩擦表面相对滑动时,材料便从一个表面转移到另一个表面,形成黏着磨损。滑动轴承中的“抱轴”和高速重载齿轮的“胶合”现象均是严重的黏着磨损。

黏着磨损按程度不同可分为五级:轻微磨损、涂抹、擦伤、撕脱、咬死。如气缸套与活塞环、曲轴与轴瓦、轮齿啮合表面等皆可能出现不同程度的黏着磨损。涂抹、擦伤、撕脱又称为胶合,往往发生于高速、重载的场合。

合理地选择配对材料(如选择异种金属),采用表面处理(如表面热处理、喷镀、化学处理等),限制摩擦表面的温度,控制压强及采用含有油性极压添加剂的润滑剂等,都可减轻黏着磨损。

3. 疲劳磨损

两摩擦表面为点或线接触时，由于局部的弹性变形形成了小的接触区，这些小的接触区形成的摩擦副如果受变化的接触应力的作用，在其表面上形成疲劳点蚀，使小块金属剥落，这种现象称为疲劳磨损，也称“点蚀”。接触疲劳磨损常发生在滚动轴承、齿轮、凸轮等零件上。

合理地选择材料及材料的硬度(硬度高则抗疲劳磨损能力强)，选择黏度高的润滑油，加入极压添加剂及减小摩擦面的粗糙度值等，可以提高抗疲劳磨损的能力。

4. 腐蚀磨损

在摩擦过程中，摩擦表面与周围介质发生化学反应或电化学反应的磨损称为腐蚀磨损。腐蚀可在没有摩擦的条件下形成，而相对运动消除了化学反应的生成物，接着表面又受到腐蚀，如此不断反复。这种情况常发生于钢铁类零件，如化工管道、泵类零件、柴油机缸套等。腐蚀磨损可分为氧化磨损、特殊介质腐蚀磨损、气蚀磨损等。

以上是常见的磨损形式，实际上大多数磨损是以上述 4 种磨损形式的复合形式出现的。

三、润滑

机械中的可动零、部件，在压力下接触而做相对运动时，其接触表面间就会产生摩擦，造成能量损耗和机械磨损，影响机械运动精度和使用寿命。因此，在机械设计中，考虑降低摩擦，减轻磨损，是非常重要的问题。其措施之一就是在摩擦副间加入润滑剂，即采用润滑技术。润滑技术包括正确地选用润滑剂、采用合理的润滑方式并保持润滑剂的质量等。

(一)润滑剂的种类与性能

常用的润滑剂有液体润滑剂、气体润滑剂(如空气等)、润滑脂和固体润滑剂(如石墨等)。

1. 液体润滑剂

(1)常用的液体润滑剂

①矿物油：主要是石油产品，此种油来源充足，稳定性好，成本低，故应用最广。

②动、植物油：其油性好，最适于边界润滑使用，但稳定性差，来源不足，所以，应用较少。

③合成油：如磷酸酯(低温润滑剂)、硅酸盐酯(高温润滑剂)、氟化物(耐氧化润滑剂)等，近年来应用面不断拓广。

(2)润滑油的性质与用途

润滑油是最常用的液体润滑剂之一，其最重要的一项物理性能指标为黏度，它是选择润滑油的主要依据。黏度的大小表示了液体流动时其内摩擦阻力的大小，黏度愈大，内摩擦阻力就愈大，液体的流动性就愈差。黏度可用动力黏度、运动黏度、条件黏度(恩氏黏度)等表示。

①动力黏度：动力黏度的国际单位是 Pa·s(帕·秒)，$1Pa \cdot s = 1N \cdot s/m^2$。它表示面积各为 $1m^2$ 的两层流体相距 1m 时，相对滑动速度为 1m/s，所需要的力为 1N，此时流

体的黏度为1Pa·s。

②运动黏度：工程上把动力黏度η与流体密度ρ的比值称为运动黏度ν，记为$\nu=\eta/\rho$。在国际单位制中，ρ的单位是kg/m^3，所以运动黏度的单位为m^2/s。我国的石油产品常用运动黏度来标定，一般润滑油的牌号就是该润滑油在40℃（或100℃）时的运动黏度（以mm^2/s为单位）的平均值。如L-AN5全损耗系统用油在40℃时的运动黏度为4.14～5.06mm^2/s，其中"L"为润滑剂及有关产品的代号；"AN"为全损耗系统用油的品种代号；"5"为牌号，表示黏度等级。

③条件黏度：在规定的温度下，从恩氏黏度计流出200mL样品所需的时间与同体积蒸馏水在20℃时流出所需的时间之比值称为该液体的条件黏度，以η_E表示，单位为°Et。国际上有许多国家采用恩氏黏度（即为条件黏度）。

润滑油的黏度随温度的变化有显著的改变，因此，在注明某种润滑油的黏度时，必须同时标明它的测试温度，否则便毫无意义。黏度随温度变化愈小的油，品质愈高。黏度随压力的增高而增大，但对润滑油来说，在低压时变化很小，可忽略不计；高压（大于5MPa）时，影响较大。

此外，润滑油的其他主要物理性能指标还有凝点、闪点、燃点和油性等。

2.润滑脂

润滑脂是在基础油中加入稠化剂（如钙、钠、锂等金属皂基）而形成的脂状润滑剂，又称为黄油或干油。基础油是润滑脂中起润滑作用的主要成分，对润滑脂的使用性能有主要影响，占润滑脂的80%～90%。一般润滑脂大多使用精制的矿物润滑油馏分做基础油。稠化剂可以决定润滑脂某些使用性能，如抗水性、耐热性等，占润滑脂的10%～20%。另外，为改善润滑脂某一方面的性能，还会加入少量的添加剂和填料，如甘油和水，以使油皂结合更加稳定。

润滑脂的主要物理性能指标为滴点、锥入度和耐水性等。润滑脂的流动性小，不易流失，所以密封简单，不需经常补充。润滑脂对载荷和速度变化不是很敏感，有较大的适应范围，但因其摩擦损耗较大，机械效率较低，故不宜用于高速运动的场合。润滑脂多半用于低速、受冲击或间歇运动处。

（1）滴点

滴点是指润滑脂受热后从标准测量杯的孔口滴下第一滴油时的温度。滴点表征润滑脂的耐高温能力，润滑脂的工作温度应比滴点低20℃～30℃。润滑脂的号数越小，表明滴点越低。

（2）锥入度

锥入度反映润滑脂在低剪切速率下变形和流动阻力的性能，它表征润滑脂的稠度。将重1.5N的标准锥体在25℃恒温下，由润滑脂表面自由沉下，经5s后该锥体可沉入的深度值（以0.1mm为单位），即为润滑脂的锥入度。锥入度越小，表明润滑脂越稠，承载能力越强，密封性越好，但摩擦阻力也越大，流动性也越差，因而不易填充较小的摩擦间隙。

此外，润滑脂的其他性能指标还有高温性能、低温性能、抗磨性、抗水性、防锈性、防腐性和安定性等。

3. 固体润滑剂

常用的固体润滑剂有石墨、二硫化钼、聚四氟乙烯、尼龙、软金属(比如铅)及复合材料。固体润滑剂呈粉末或薄膜状态分布在摩擦面间,隔离摩擦表面,以达到降低摩擦、减少磨损的目的。

固体润滑剂还可用作添加剂以改善润滑油、润滑脂的性能。

4. 气体润滑剂

空气、氢气、氦气、水蒸气及液态金属蒸气等都可作为气体润滑剂。常用的为空气,它价廉、无污染,适用于高速、高温、低温等各种场合。

(二)润滑的作用

1. 减少摩擦,减轻磨损

加入润滑剂后,在摩擦表面形成一层油膜,可防止金属直接接触,从而大大减少摩擦磨损和机械功率的损耗。

2. 降温冷却

摩擦表面经润滑后,其摩擦系数大为降低,使摩擦发热量减少。当采用液体润滑剂循环润滑时,润滑油流过摩擦表面带走部分摩擦热量,起散热降温作用,保证运动副的温度不会升得过高。

3. 清洗洁净

润滑油流过摩擦表面时,能够带走磨损落下的金属磨屑和污物。

4. 防止腐蚀

润滑剂中都含有防腐、防锈添加剂,吸附于零件表面的油膜,可避免或减少由腐蚀引起的损坏。

5. 缓冲吸振

润滑剂都有在金属表面附着的能力,且本身的剪切阻力小,所以在运动副表面受到冲击载荷时,具有吸振的能力。

6. 密封

润滑脂具有自封作用,一方面可以防止润滑剂的流失,另一方面可以防止水分和杂质的侵入。

(三)润滑剂的选择与使用

据统计,机械设备事故中由于润滑不当造成的事故占很大比重,润滑不良使机械精度降低也较严重,其中润滑剂选择不当是主要因素。应该根据摩擦副的工作情况来选择适宜的润滑剂。在润滑剂的选择上,许多人有偏高的倾向,错误地认为高黏度油有利于保证润滑及减少磨损。

润滑油正确选用的基本原则是:载荷大或变载、冲击载荷、高温、大间隙、加工粗糙或未经磨合的表面,选黏度较高的润滑油;转速高、轻载、低温和间隙小时,为减少润滑油内部的摩擦损耗,或采用循环润滑、芯捻润滑等场合,宜选用黏度低的润滑油;如果密封条件好,在一些场合可适当选用低黏度的润滑油。润滑脂主要用于速度低、载荷大、不需经常加油、使用要求不高或灰尘较多的场合。润滑脂的选择,应根据机械设备使用说明书的规定,选用与用脂部位操作条件相适应的品种和稠度。所谓“操作条件”,主要包括最低操作温度和最高操作温度、水污染、负荷等。使用过程中还要注意，各种稠化剂制成的润滑脂不能互相掺混，否则可能破坏其胶体结构而使其失去原有的性能。润滑脂在保存和使用过程中，要防止灰、砂、水的污染，一旦混入杂质便不能使用。

气体、固体润滑剂主要用于高温、高压、防止污染等一般润滑剂不能适用的场合。

润滑剂选用的一般原则如表 1-2 所示。

表 1-2　润滑剂选用的一般原则

考虑因素	选用原则
运动速度	两摩擦面相对运动速度愈高，其形成油楔的作用也愈强，故在高速的运动副上采用黏度较好的润滑油和锥入度较大（较软）的润滑脂；反之，应采用黏度较大的润滑油和锥入度较小的润滑脂
载荷大小	运动副的载荷或压强愈大，愈应选用黏度大或油性好的润滑油；反之，载荷愈小，则选用润滑油的黏度应愈小。各种润滑油均具有一定的承载能力，在低速、重载荷的运动副上，应先考虑润滑油的允许承载能力。在边界润滑的重载荷运动副上，应考虑润滑油的极压性能
运动情况	冲击振动载荷将形成瞬时极大的压强，而往复与间歇运动对油膜的形成不利，故均应采用黏度较大的润滑油。有时宁可采用润滑脂（锥入度较小）或固体润滑剂，以保证可靠的润滑

（四）润滑方法和润滑装置

机械设备的润滑，主要集中在传动件和支承件上。润滑方法有分散润滑和集中润滑两大类。分散润滑是各个润滑点用独立的、分散的润滑装置来润滑，这种润滑可以是连续的或间断的，有压的或无压的；集中润滑则是一台机器或一个车间的许多润滑点由一个润滑系统来同时润滑。

选择润滑方法主要考虑机器零部件的工作状况、采用的润滑剂及供油量要求。低速、轻载或不连续运转的机械需要油量少，一般采用简单的手工定期加油、加脂、滴油或油绳、油垫润滑。中速、中载较重要的机械，要求连续供油并起一定的冷却作用，常用油浴（浸油）、油环、溅油润滑或压力供油润滑。高速、轻载齿轮及轴承发热大，用喷雾润滑效果较好。高速、重载、供油量要求大的重要部件，应采用循环压力供油润滑。当机械设备中有大量润滑点或建立车间自动化润滑系统时，可使用集中润滑装置。各种零部件的润滑将在相关项目中介绍。

另外，润滑剂的分类、牌号、性质和用途等知识请参见《机械设计手册》。

四、密封

为了使润滑持续、可靠、不漏油，同时为了防止外界杂质或污物进入机体，必须采用相应的密封装置。密封装置从总体上可分为两大类：一类是静密封，即密封后密封件之间固定不动；另一类是动密封，即密封后两密封件之间有相对运动。

静密封可采用各种垫片，包括金属、非金属垫片以及密封胶等。动密封又分为接触式、非接触式、半接触式密封，其中应用较广的是接触式密封。它主要是利用各种密封圈或毡圈来密封，密封时借助密封力使密封面互相靠近或嵌入以减少或消除间隙，达到密封的目的。各种密封件都已标准化，可查阅《机械设计手册》选取适当的形式。非接触式密封是密封面间预留固定间隙，依靠各种方法减少密封间隙两侧的压力差而阻漏的密封方式。非接触式密封有迷宫式密封、螺旋式密封等。半接触式密封有活塞环密封、机械密封等，其结构较复杂，主要用于重要部件的密封。

（一）静密封

静密封只要求接合面间有连续闭合的压力区，没有相对运动，因此没有因密封件而带来的摩擦、磨损问题。常见的静密封方式有：

1. 研磨面密封

这是最简单的静密封方法，要求将接合面研磨加工平整、光洁，并在压力下贴紧。但加工要求高、密封要求高时不理想。

2. 垫片密封

这是较普遍的静密封方法，是在接合面间加垫片，并在压力下使垫片产生弹性或塑性变形填满密封面上的不平，消除间隙，达到密封的目的。在常温、低压、普通介质工作时可用纸、橡胶等垫片；在高压及特殊高温和低温场合可用聚四氟乙烯垫片；一般高温、高压下可用金属垫片。

3. 密封胶密封

在接合面上涂密封胶是一种简便良好的静密封方法。密封胶有一定的流动性，容易充满接合面的间隙，黏附在金属面上能大大减少泄漏，即使在较粗糙的表面上密封效果也很好。密封胶型号很多，使用时可参见《机械设计手册》。

4. 密封圈密封

在接合面上开密封圈槽，装入密封圈，利用其在接合面间形成严密的压力区来达到密封的目的，效果甚好。

（二）动密封

由于动密封两个接合面之间具有相对运动，所以选择动密封件时，既要考虑密封性能，又要避免或减少由于密封件而带来的摩擦发热和磨损，以保证一定的寿命。回转轴的动密封有接触式、非接触式和组合式三种类型。常见的接触式密封有填料密封、成型填料密封等；非接触式密封有油沟式密封、迷宫式密封等。

1. 接触式密封

（1）填料密封

填料密封的一种常见形式是毛毡圈密封，毡圈的断面为矩形，使用时在端盖上按标准尺寸开梯形槽，使其填满槽并产生径向压紧力，如图 1-6 所示。毡圈密封一般用于脂润滑，要求环境清洁，轴颈圆周速度不大于 4～5m/s，工作温度不高于 90℃，压力一般为常压。毡圈密封的效果较差，主要起防尘作用。

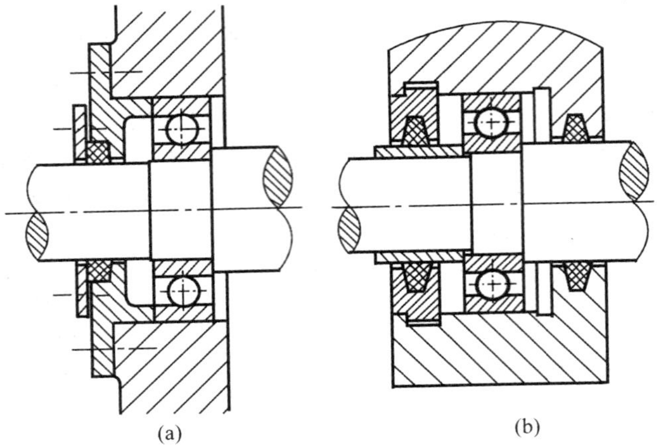

图 1-6　毛毡圈密封

(2)成型填料密封

成型填料密封一般采用密封圈,利用挤压力或密封圈自身的弹力达到密封效果。密封圈用耐油橡胶、皮革或塑料制成,已标准化、系列化,有不同的剖面形状。常用的有O形、J形、Y形、U形密封圈以及毛毡圈等。

①O形密封圈:O形密封圈及其应用如图1-7所示,它靠材料本身的弹力起密封作用,一般用于转速不高($v<2\sim4\text{m/s}$)的旋转运动中。

②J形密封圈:J形密封圈具有唇形开口,并带有弹簧箍以增大密封压力,使用时将开口面向密封介质,如图1-8所示。有的圈带有金属骨架,可与机座较精确地配装,可单独使用;如成对使用,则密封效果更好,可用于较高转速时的密封。

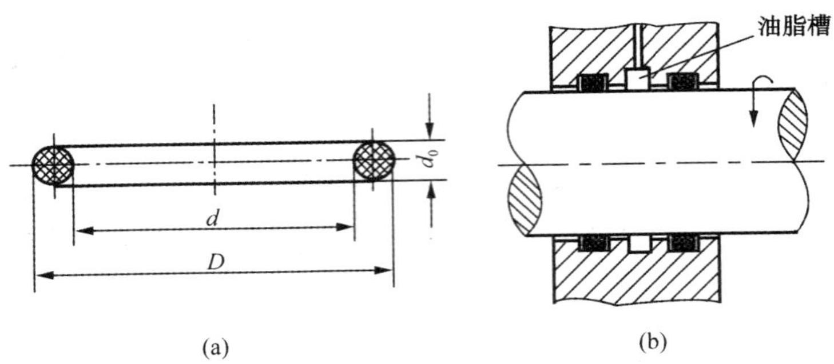

图 1-7　O形密封圈及其应用

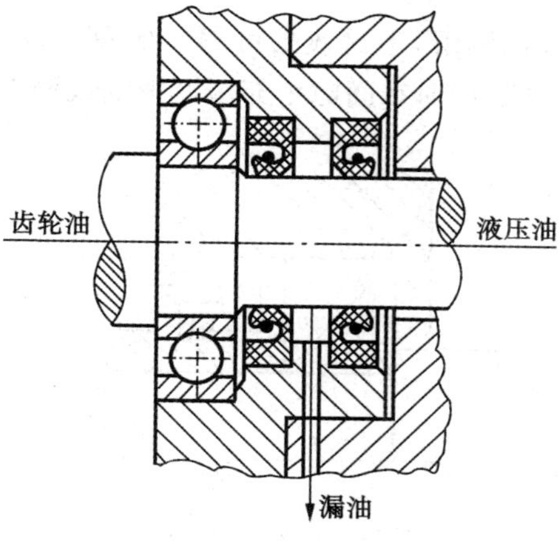

图 1-8　J 形密封圈的应用

③Y 形和 U 形密封圈：这两种密封圈的密封性能较好，摩擦阻力小，可用于高、低压的液压、水压和气动机械的移动密封，也可用于内、外径密封，如图 1-9、图 1-10 所示。

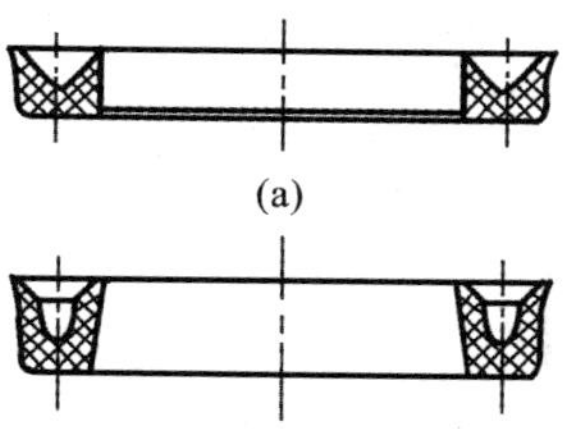

图 1-9　Y 形和 U 形密封圈

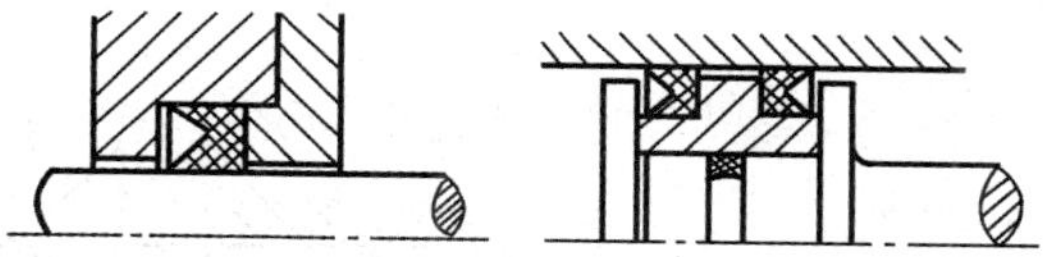

图 1-10　Y 形密封圈的应用

2. 非接触式密封

(1)油沟式密封

油沟式密封适用于脂润滑，要求环境干燥、清洁。如图 1-11 所示，该密封方式靠轴与端盖间的细小环形间隙密封，间隙愈小愈长，效果愈好，间隙取 0.1～0.3mm。

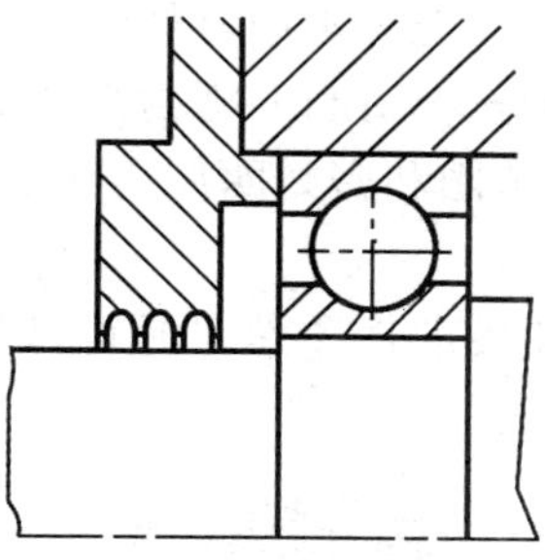

图 1-11　油沟式密封

(2)迷宫式密封

迷宫式密封适用于脂或油润滑,密封效果可靠。如图 1-12 所示,它是将旋转件与静止件之间的间隙做成迷宫形式,同时在间隙中充填润滑油或润滑脂以加强密封效果。

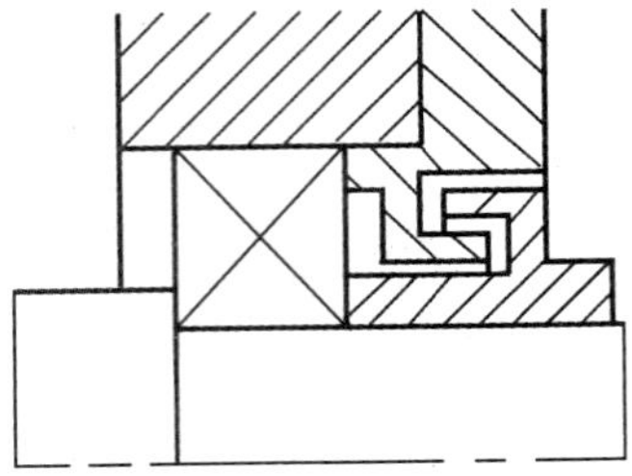

图 1-12　迷宫式密封

3. 组合式密封

组合式密封是综合利用接触式和非接触式密封形式,适用于脂或油润滑。其组合方式很多,图 1-13 是组合密封的一种形式——毛毡加迷宫,可充分发挥各自优点,提高密封效果。

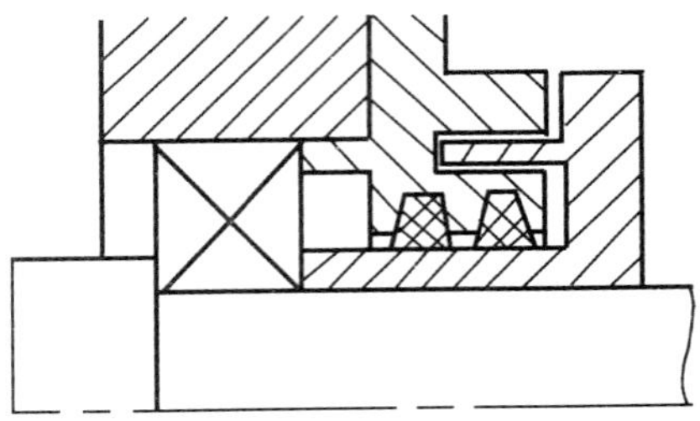

图 1-13　毛毡加迷宫密封

(三)密封装置的选择

静密封较简单,可根据压力、温度选择不同材料的垫片、密封胶。动密封装置较多,要根据工作速度、压力大小、温度高低选择适当的密封形式和装置,使用较普遍的是 O 形、J 形密封圈,低速时毡圈应用较多。毡圈和密封圈使用前应浸油或涂脂,以便工作时起润滑作用。

有关密封的具体应用我们在相关的任务学习时再具体讲授,设计过程中有关知识可以查阅《机械设计手册》。

同步测试

1.1　机器的主要类型有哪些?试列举几个应用实例。

1.2　机器有哪些特征?

1.3 观察身边常见的机械设备，以自己最熟悉的机械设备（如缝纫机、洗衣机、摩托车或汽车等）为例，填写表 1-3。

表 1-3 常见机械设备

机械设备名称	原动机	传动方式	列出主要机构	列出主要构件和零件

项目二　平面机构的组成及分析

知识目标

◆熟悉运动副的组成，掌握运动副的表示方法。

◆掌握构件的表示方法。

◆掌握常用机构的表示方法，并能绘制机构运动简图。

◆熟悉构件自由度、约束的概念。

◆掌握平面机构运动简图中的复合铰链、局部自由度和虚约束。

能力目标

◆能够分析机构组成及运动特性，会将实际机构绘制成机构运动简图。

◆能够运用公式计算平面机构的自由度并判断其运动是否确定。

引导案例

机构是机器的主要组成部分。在进行机械设计时，我们都需要将具体的机械抽象成简单的运动学模型，绘制出机构运动简图，如图 2-1(a)所示为牛头刨床的三维模型，如图 2-1(b)所示为牛头刨床的机构运动简图。另外，若干的构件组成运动链后，并不一定具有确定的运动，有可能是毫无规则的乱动。所以，运动链要成为具有确定运动的机构，必须具有一定的条件。

本项目主要学习机构的组成、机构运动简图的绘制方法，分析机构具有确定运动的条件。通过学习，应熟悉构件自由度、约束和运动副的概念；能够看懂教材中的平面机构运动简图，并掌握将实际机构绘制成机构运动简图的技能。

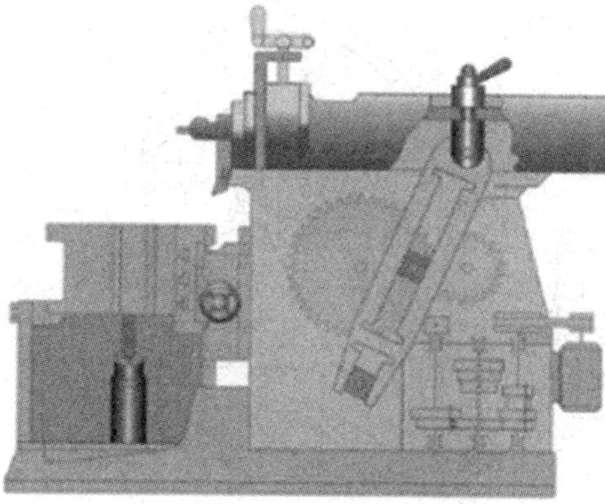

(a) 牛头刨床的三维模型

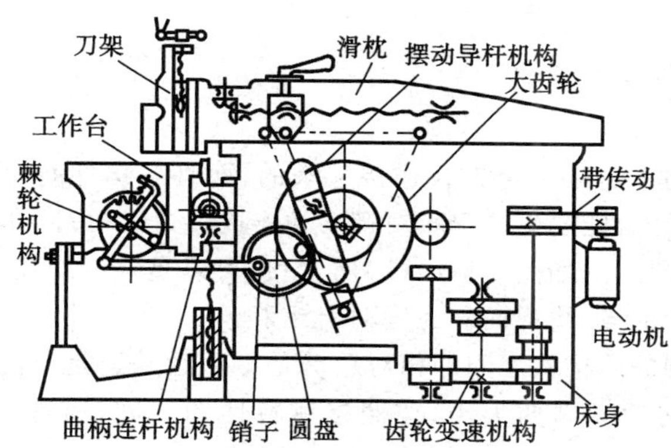

(b)牛头刨床的机构运动简图

图 2-1 牛头刨床

任务一 绘制平面机构的运动简图

任务描述

机构是具有确定运动的构件系统，其组成要素有构件和运动副。所有构件的运动平面都相互平行的机构称为平面机构，否则称为空间机构。因在生产和生活中平面机构应用最多，故本任务中我们主要学习平面机构的组成。另外，在进行运动机构的设计时，我们都需将具体的机构组成部分抽象成简单的运动学模型，绘制出机构的运动简图。要绘制平面机构的运动简图，要求熟悉运动副的概念，掌握各种平面运动副和构件的一般表示方法。图 2-2 所示为颚式破碎机主体机构简图，学完本任务，要会绘制其运动简图。

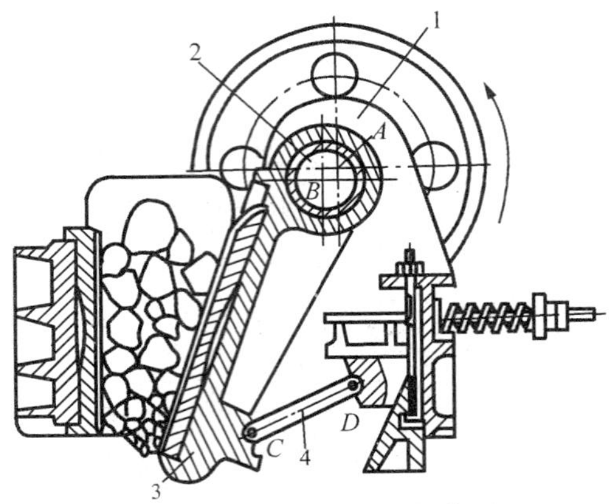

图 2-2 颚式破碎机主体机构简图

1—机架 2—偏心轴 3—动颚 4—肘板

知识准备

一、运动副

机构中的各个构件是以一定方式连接起来的，而且各构件间应有确定的相对运动。这种两构件直接接触，又能产生一定相对运动的连接称为运动副。构件之间的接触形式，可以是圆柱面或平面接触，如图 2-3(a)(b)所示；也可以是点或线接触，如图 2-3(c)(d)所示。这种组成运动副的点、线或面称为运动副元素。

按照组成运动副的两构件之间的相对运动是平面运动还是空间运动，可将运动副分为平面运动副和空间运动副两大类；按照接触特性的不同，通常把运动副分为低副和高副。

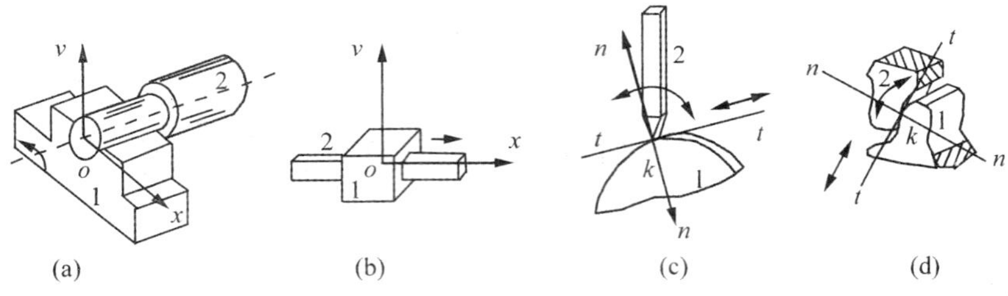

图 2-3 运动副

二、运动副的类型与自由度

两构件组成运动副后，它们之间具有哪些相对运动，是由该运动副对这两构件的相对运动所加的限制条件来决定的。通常，运动副可根据运动副元素来分类。两构件间为面接触的运动副称为低副。根据组成低副的两构件之间的相对运动的性质，又可分为转动副和移动副。如图 2-3(a)所示，两构件间为圆柱面接触，它们之间的相对运动为转动，称转动副；如图 2-3(b)所示，两构件间为平面接触，它们之间的相对运动为移动，称移动副。两构件间为点或线接触的运动副称高副，如图 2-3(c)(d)所示。在平面运动副中，低副存在 2 个约束，具有 1 个自由度；高副存在 1 个约束，具有 2 个自由度。

三、平面机构的运动简图的绘制

机构是由许多构件通过运动副连接而成的。机构及其构件的外形和结构都比较复杂，其中有些外形、结构和尺寸等因素与机构的运动无关。因此在分析和研究机构的运动时，为了使问题简化，可以不考虑这些与运动无关的因素，只需采用规定的符号和简单的线条表示运动副和构件，并按一定的比例把各运动副之间的相对位置、机构的组成和相对运动关系表示出来，简明地表达机构的传动原理即可。这种表示机构的组成和各个构件之间的相对运动关系的简单图形称为平面机构运动简图。平面机构运动简图一般包括以下几个要素：

(1)构件数目。

(2)运动副的数目和类型。

(3)构件之间的连接关系。

(4)构件尺寸参数。

(5)主动件以及运动特性。

(一)常用机构构件、运动副的表示符号

1. 构件的表示方法

平面机构中的构件不论其形状如何复杂，在机构运动简图中，只需将构件上的所有运动副元素按照它们在构件上的位置用规定的符号表示出来，再用直线进行连接即可。当一个构件上的 2 个运动副元素均为转动副时，该构件则用通过两个转动副的几何中心所连的线段来表示，如图 2-4(a)所示。当构件具有一个转动副，而另一个为移动副时，构件的表示如图 2-4(b)所示。习惯上，图 2-4(b)常用图 2-4(c)来表示。

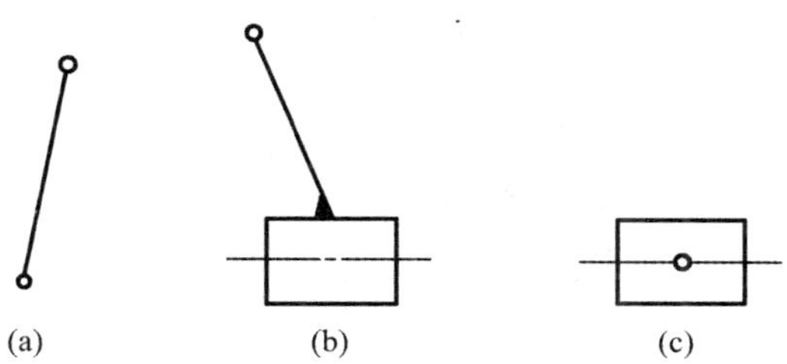

图 2-4　构件的表示方法

在一般情况下，具有 3 个转动副元素的构件可用三角形来表示。为了表明三角形是一个刚性整体，常在三角形内加剖面线或在 3 个角上涂以焊缝的标记，如图 2-5(a)所示；如果 3 个转动副中心在一条直线上，则表示方法如图 2-5(b)所示；超过三个运动副的构件的表示方法可以此类推。对于机械中常用的构件和零件，有时还可采用习惯画法。例如用粗实线或点画线画出一对节圆来表示互相啮合的齿轮；用完整的轮廓曲线来表示凸轮。其他常用零部件的表示方法可参看 GB 4460—1984《机构运动简图符号》。

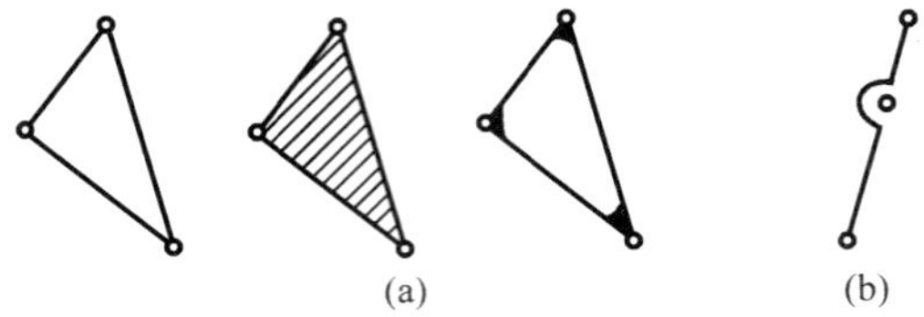

图 2-5　具有三个转动副元素的构件

2. 运动副的表示方法

(1)平面低副的表示方法

转动副用一个小圆圈"○"表示，其圆心代表相对转动的轴线，必须与回转轴线重合，如图 2-6(a)所示，图中在代表机架的构件上画有短斜线。图 2-6(b)所示是 2 个构件组成移动副的表示方法，移动副的导路方向必须与相对移动方向一致，图中画有短斜线的构件表示机架。

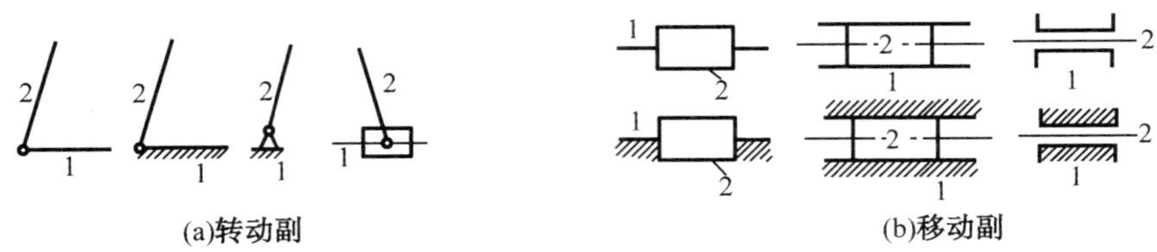

图 2-6　平面低副的表示方法

(2)平面高副的表示方法

两构件组成平面高副时，其运动简图中应画出两构件接触处的曲线轮廓，如图 2-7 所示。对于齿轮，常用点画线画出其节圆；对于凸轮、滚子，习惯上画出其全部轮廓，如图2-8所示。

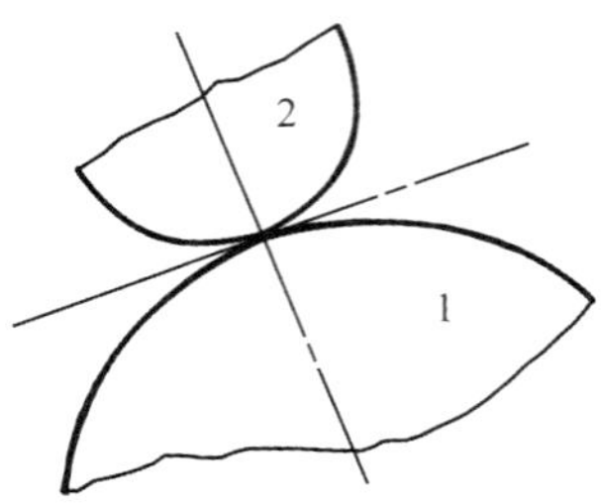

图 2-7　平面高副的表示方法

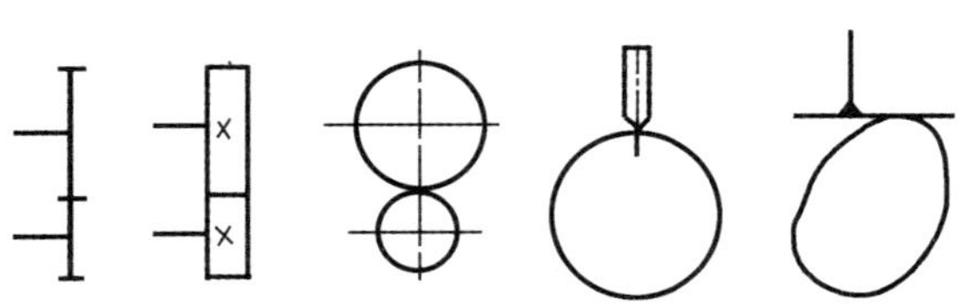

图 2-8　齿轮、凸轮高副的表示方法

(二)平面机构运动简图的绘制

绘制平面机构的运动简图时,通常可按下列步骤进行:

(1)分析机构的组成和运动,确定构件的类型。从原动件开始,沿着运动传递的顺序分析运动传递的情况,确定出机构中构件的数目。

(2)确定运动副的类型和数目。从原动件开始,沿着运动传递的顺序,根据构件之间的相对运动性质,确定机构运动副的类型和数目。

(3)选择投影面。选择能够较好地表示构件运动关系的平面作为投影面,一般选择机构中多数构件所在的运动平面。

(4)绘制机构运动简图。测量出各运动副的相对位置,并用各运动副的代表符号、常用机构的运动简图符号和简单的线条,选择适当的比例尺,绘制机构运动简图。长度比例尺为 μ_l,单位为 m/mm。

$$\mu_l=\frac{\text{构件的实际长度}}{\text{构件的图示长度}}$$

(5)从原动件开始,按传动顺序标出各构件的编号和运动副的代号。在原动件上标出箭头以表示其运动方向。各个构件用 1,2,3…进行编号;各个运动副依次用字母 A,B,C…表示;机构中的主动件用弧形或线形箭头表示其运动方向;在代表机架的构件上画上短斜线。

绘制机构的运动简图时,机构的瞬时位置不同,所绘制的简图也不同。若选择不当,则会出现构件间的相互重叠或交叉,使简图不易绘制及辨认。因此,要清楚地表示各构件间的相互关系,还应选择机构恰当的运动瞬时位置。

例 2.1 内燃机的曲柄连杆机构是比较典型的平面运动机构,结构如图 2-9 所示,试绘制此内燃机曲柄连杆机构的运动简图。

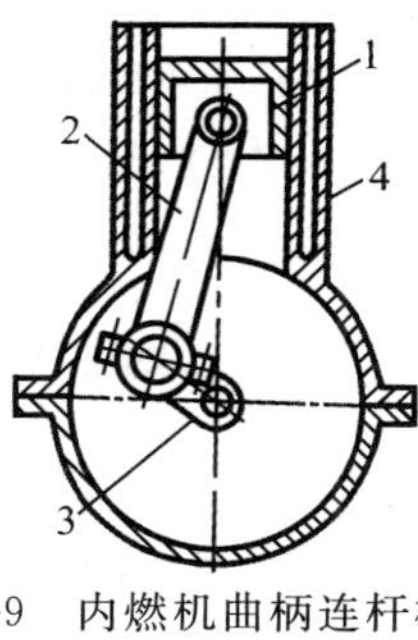

图 2-9 内燃机曲柄连杆机构

1—活塞 2—连杆 3—曲柄 4—气缸体

解:(1)分析机构的组成和运动

图 2-9 所示内燃机曲柄连杆机构由活塞 1、连杆 2、曲柄 3、气缸体 4 构成。气缸体 4 是固定支架;活塞 1 是动力的输入件,为原动件;连杆 2 和曲柄 3 为从动件。活塞把动力通过连杆传递给曲柄,然后由曲柄输出。

(2)确定运动副的类型和数目

在确定构件数目之后,再根据各构件的相对运动确定运动副的种类和数目。活塞 1 与气缸体 4 相对移动,组成移动副;活塞 1 与连杆 2 相对转动,组成转动副;同样,连杆 2

与曲柄 3、曲柄 3 与气缸体 4 也分别组成转动副。

(3)选择投影面

所有的构件基本都能很好地投影在如图 2-9 所示的投影面上,故选此投影面。

(4)绘制机构运动简图

选定适当比例尺,根据图示内燃机的实际尺寸定出各运动副的相对位置,用构件和运动副的规定符号绘出机构运动简图,如图 2-10 所示。

最后,将图中的机架画上短斜线,并在原动件 1 上标出指示运动方向的箭头。

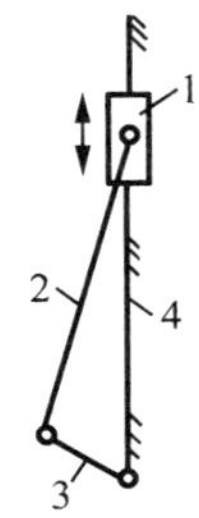

图 2-10　内燃机曲柄连杆机构运动简图

职业能力训练

训练目标

通过完成本任务,会分析机构的组成,完成运动机构简图的绘制。

工作流程

分析机构的组成→确定运动副的类型和数目→选择投影面→绘制机构运动简图→检查、评价。

实施步骤

1. 分析机构的组成和运动

颚式破碎机的主体机构由机架 1、偏心轴(又称曲轴)2、动颚 3、肘板 4 组成。带轮与偏心轴固连成一体,它是运动和动力输入构件,即原动件,其余构件都是从动件。当带轮和偏心轴 2 绕轴线 A 相对转动时,驱使输出构件动颚 3 做平面复杂运动,从而将矿石轧碎。

2. 确定运动副的类型和数目

根据各构件的相对运动确定运动副的种类和数目。偏心轴 2 与机架 1 绕轴线 A 相对转动,故构件 1,2 组成以 A 为中心的转动副;动颚 3 与偏心轴 2 绕轴线 B 相对转动,故构件 2,3 组成以 B 为中心的转动副;肘板 4 与动颚 3 绕轴线 C 相对转动,故构件 4,3 组成以 C 为中心的转动副;肘板 4 与机架 1 绕轴线 D 相对转动,故构件 4,1 组成以 D 为中心的转动副。

3. 选择投影面

所有的构件基本都能很好地投影在如图所示的投影面上,本投影面能较好地表现颚式破碎机的机构运动。

4. 绘制机构运动简图

选定适当比例尺,根据图 2-2 的尺寸定出 A、B、C、D 的相对位置,用构件和运动副的规定符号绘出机构运动简图,如图 2-11 所示。

最后，将图中的机架画上短斜线，并在原动件 2 上标出指示运动方向的箭头。

需要指出，虽然动鄂 3 与偏心轴 2 用一个半径大于 AB 的轴颈连接，但是运动副的规定符号仅与相对运动的性质有关，而与运动副的结构尺寸无关，所以在简图中仍可用小圆圈表示。

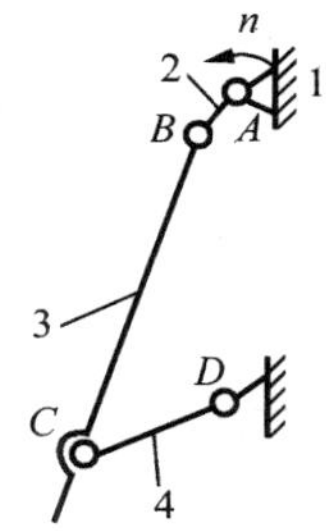

图 2-11　颚式破碎机的机构运动简图

注意事项

1. 比例一定要选择合适。

2. 原动件的位置选择一定要合适。不同的选择所绘机构运动简图的图形也不同。当原动件位置选择不当时，构件互相重叠交叉，使图形不易辨认。为了清楚地表达各构件的相互关系，绘图时，应当选择一个恰当的原动件位置。

知识拓展

在绘制机构运动简图时，符号和构件的表示不能是随意的，可以参考 GB 4460—1984。表 2-1 列出了常用运动副的符号，表 2-2 列出了常用机构的运动简图。

表 2-1　　常用运动副的符号(GB 4460—1984)

运动副名称		运动副符号	
		两活动构件构成的运动副	两构件之一为固定构件构成的运动副
平面运动副	转动副	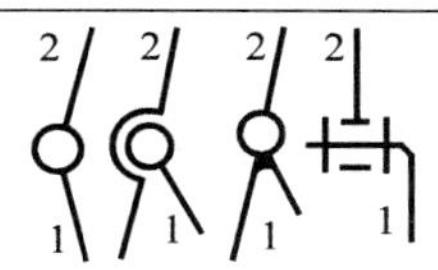	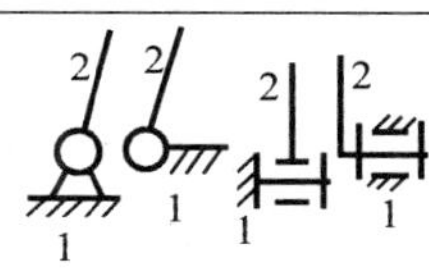
	移动副	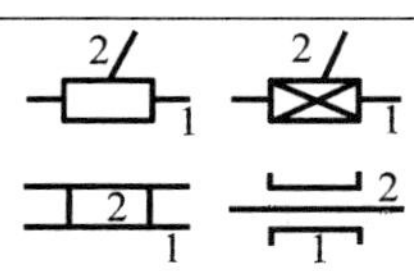	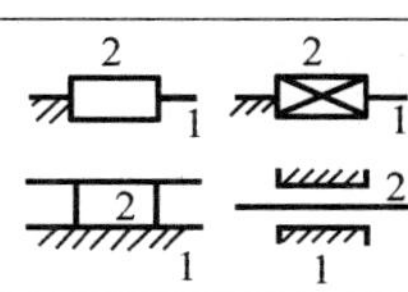
	平面高副	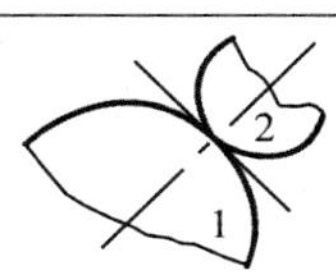	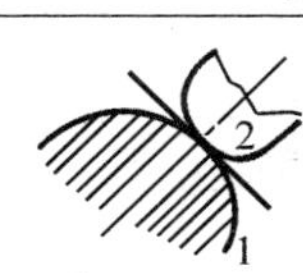
空间运动副	螺旋副	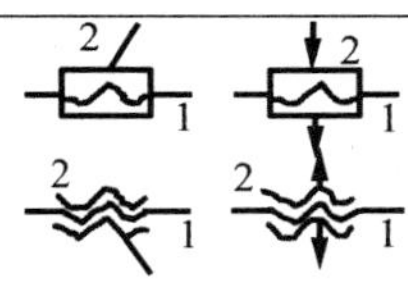	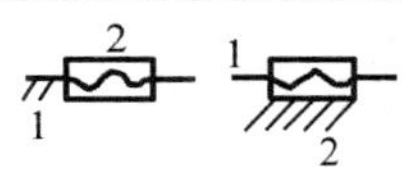
	球面副及球销副	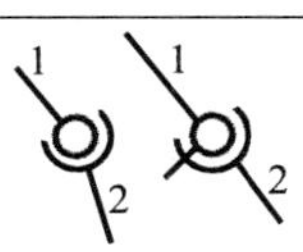	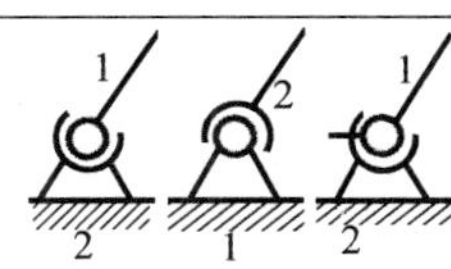

表 2-2　　常用机构的运动简图(GB 4460—1984)

机构类型	运动简图	机构类型	运动简图
在支架上的电机	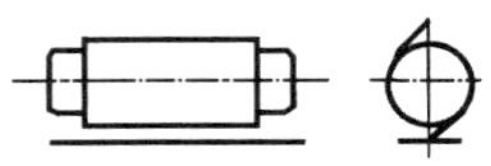	带传动	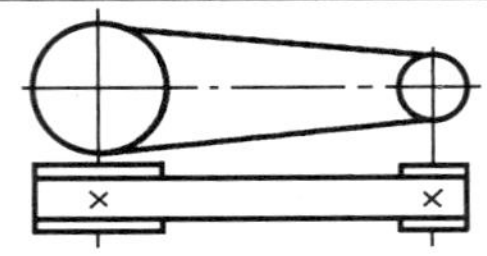
外啮合圆柱齿轮传动	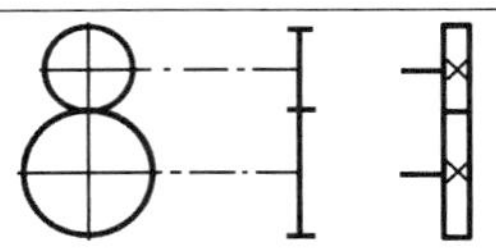	链传动	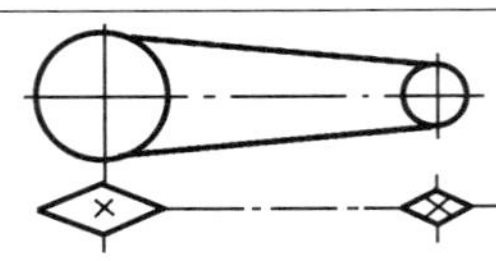
内啮合圆柱齿轮传动	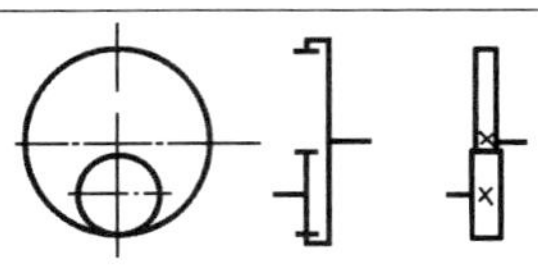	齿轮齿条传动	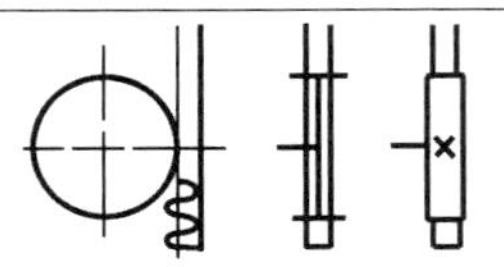
圆锥齿轮传动	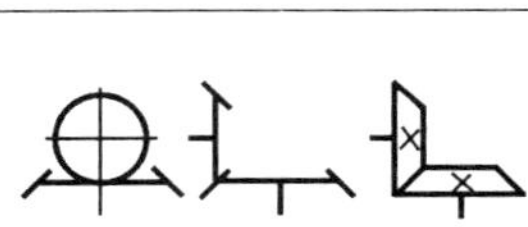	圆柱蜗轮蜗杆传动	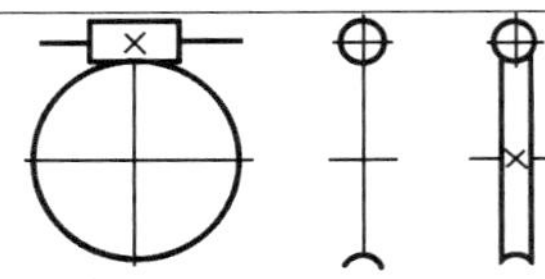
凸轮传动	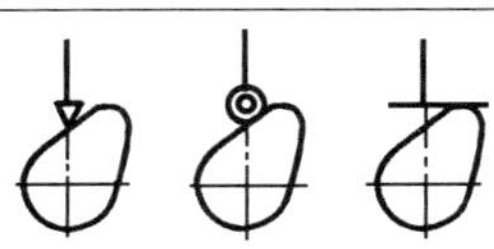	棘轮机构	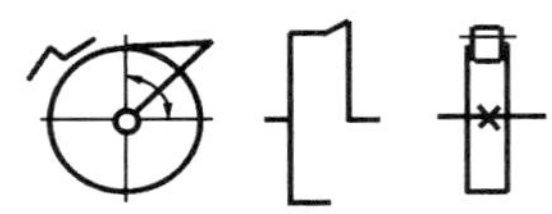

任务二　平面机构的自由度计算

任务描述

若干个构件通过运动副的连接组成构件系统,但并不一定就能成为机构,只有组成后的系统具有确定的相对运动时才能称为机构,才能应用于实际。平面机构的独立构件具有 3 个自由度,若干个独立的构件组成运动链后,自由度等于原动件的个数才能使机构具有确定的运动。本任务主要介绍自由度、约束的概念,机构自由度的计算,通过计算自由度才能判定机构是否具有相对的独立运动。在进行自由度的计算时,要注意复合铰链、局部自由度和虚约束的问题。

大筛机构(见图 2-12)是用于分选的一种理想设备,广泛应用在煤炭、化工、建筑等领域,试判断其是否有确定的运动。

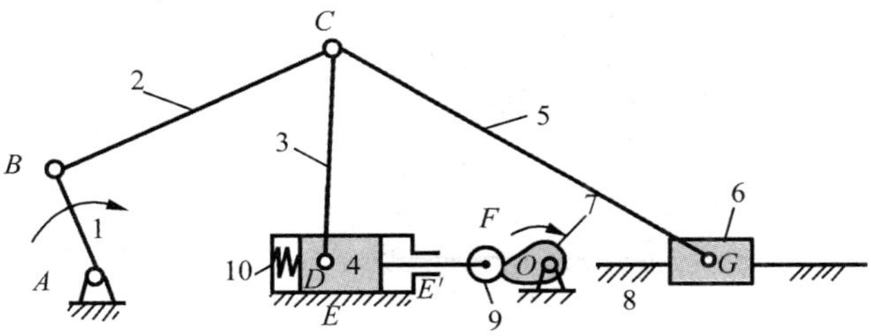

图 2-12 大筛机构

知识准备

一、机构具有确定运动的条件

（一）运动链

若干个构件通过运动副的连接而构成的系统称为运动链。如果组成运动链的每个构件上至少包含 2 个运动副，则必组成一个首末封闭的系统，该系统称为闭式运动链，或简称闭链，如图 2-13 所示。各种机械中，采用较多的为闭链。如果组成运动链的有的构件上只包含一个运动副，它们不能组成一个封闭系统，则称为开式运动链，或简称开链，如图 2-14所示。

(a) (b)

图 2-13 闭式运动链

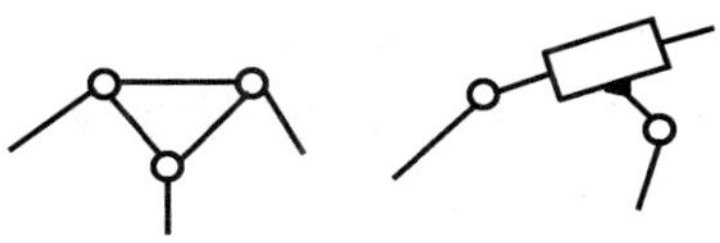

(a) (b)

图 2-14 开式运动链

（二）机构具有确定运动的条件

首先，我们在运动链中选定某一构件将其固定作为机架，机架用以支承活动构件，并常作为研究机构中活动构件运动的参考坐标系。然后根据不同情况，使运动链中的一个或几个构件按给定的运动规律做独立运动，这类运动规律已知的构件称为原动件。究竟取一个还是几个构件作为原动件，取决于机构的自由度。除原动件和机架，其余各构件能随着原动件的运动做确定的相对运动，这些构件称为从动件。其中输出运动或力的从动件称为输出构件。其他从动件起传递运动的作用。

如图 2-15(a)所示，由 3 个构件通过 3 个转动副连接而成的系统就没有运动的可能性。图 2-15(b)所示的五杆系统，若取构件 1 作为原动件，当给定角度时，构件 2，3，4 既可以处在实线位置，也可以处在虚线或其他位置，因此，其从动件的位置是不确定的。但如果给定构件 1，4 的位置参数，则其余构件的位置就都被确定下来。图 2-15(c)所示的四杆机构，当给定构件 1 的位置时，其他构件的位置也就被相应确定。

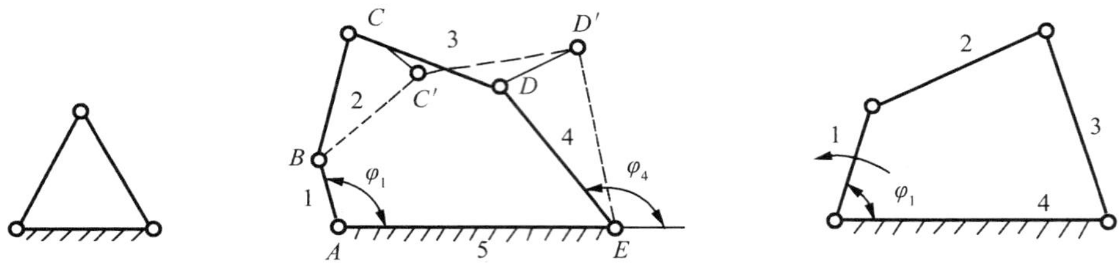

(a) 桁架　　(b) 五杆铰链机构　　(c) 平面四杆机构

图 2-15　具有不同运动特性的运动链

由此可见，无规则乱动或无相对运动的构件组合都不能实现预期的运动变换。为使机构具有确定的运动，必须使给定的独立运动规律的数目等于机构的自由度数，而给定的独立运动规律是通过原动件提供的，通常确定运动规律的 1 个原动件提供 1 个运动规律，故机构具有确定相对运动的条件是：

（1）运动链的自由度必须大于零。

（2）机构的原动件的数目必须等于机构的自由度数。

二、平面运动链的自由度计算

平面机构的自由度就是机构相对机架的自由度。如前所述，一个独立做平面运动的构件具有 3 个自由度，设某机构有 n 个活动构件（机架除外），则它们总共有 $3n$ 个自由度。当用运动副将各构件连接起来组成机构后，便给它们之间的相对运动加入一定数量的约束。如果该机构由 P_L 个低副和 P_H 个高副连接而成，因为每一个平面低副引入 2 个约束，使构件失去 2 个自由度；每一个平面高副引入 1 个约束，使构件失去 1 个自由度。则机构中的 P_L 个低副和 P_H 个高副共引入（$2P_L+P_H$）个约束，使机构减少了同样数目的自由度。于是平面机构的自由度为：

$$F=3n-2P_L-P_H \tag{2-1}$$

式中：F——运动链的自由度；

n——活动构件的数目；

P_L——低副的数目；

P_H——高副的数目。

由式（2-1）可知，机构自由度 F 取决于活动构件的数目以及运动副的性质和数目。

例如：图 2-15(a)所示桁架的自由度为：$F=3n-2P_L-P_H=3\times2-2\times3-0=0$，它的各杆件之间不可能产生相对运动。

图 2-15(b)所示五杆铰链机构的自由度为：$F=3n-2P_L-P_H=3\times4-2\times5-0=2$，原动件数如果为 1，小于机构自由度数，机构运动不确定，表现为任意乱动。

图 2-15(c)所示平面四杆机构的自由度为：$F=3n-2P_L-P_H=3\times3-2\times4-0=1$，原动件数为 1，等于机构自由度，机构有确定的运动。

综上所述，机构具有确定运动的条件是：机构自由度必须大于零，且原动件数与其自由度必须相等。

三、计算机构自由度的注意事项

(一)复合铰链

2 个以上的构件在同一轴线上用转动副相连接所组成的运动副,称为复合铰链。3 个构件在 A 点组成的复合铰链如图 2-16 所示。

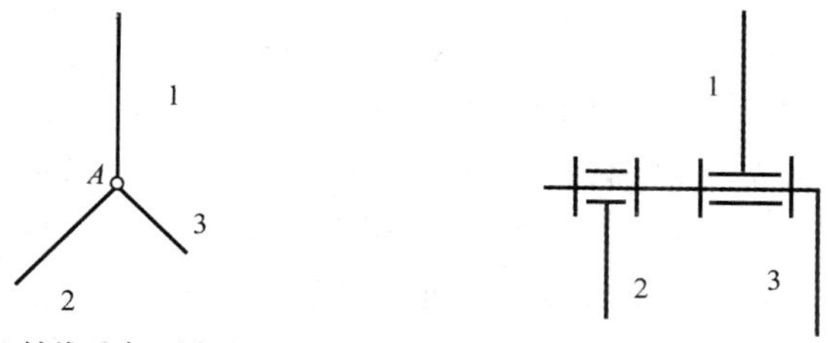

(a) 轴线重直于纸面　　(b) 轴线平行于纸面

图 2-16　复合铰链

图 2-17(a)所示的是构件 1、构件 2 分别与机架 3 组成 2 个转动副;图 2-17(b)所示的是构件 1、构件 2 分别与滑块 3 形成 2 个转动副;图 2-17(c)所示的是构件 1、滑块 2 分别与机架 3 组成 2 个转动副;而图 2-17(d)所示的是构件 1 与滑块 2 之间、滑块 2 与滑块 3 之间各形成 1 个转动副。

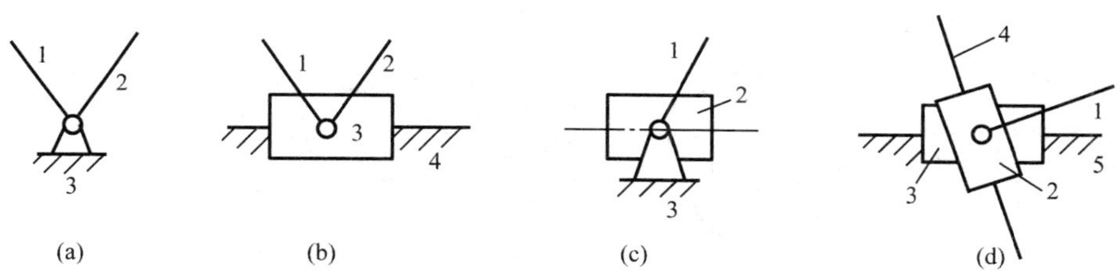

图 2-17　复合铰链的识别

复合铰链的处理方法是:若由 m 个构件在同一处组成复合铰链,则其转动副的数目应为 $(m-1)$ 个。

例 2.2　计算图 2-18 所示机构的自由度。

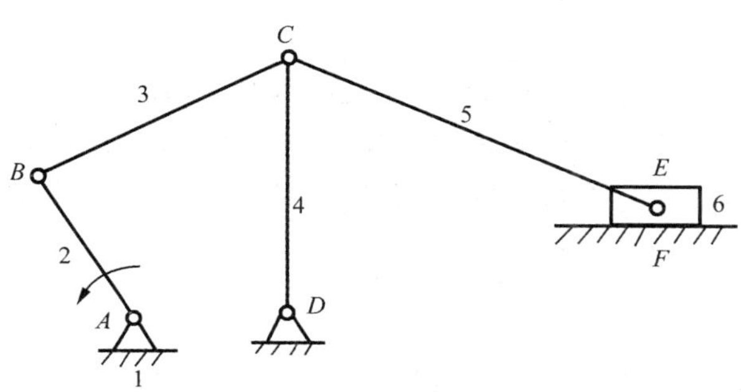

图 2-18　含有复合铰链的机构

解：对此机构进行分析，C 处为复合铰链，具有 2 个转动副。对于此机构，有 $n=5$，$P_L=7$，$P_H=0$。

由式(2-1)得自由度为：

$$F=3n-2P_L-P_H=3\times5-2\times7-0=1$$

即此凸轮机构中只有 1 个自由度。

(二)局部自由度

局部自由度是指机构中某些构件的局部独立运动，它与输出构件运动无关，不影响其他构件的运动。在计算机构的自由度时，可预先排除。在图 2-19(a)所示的平面凸轮机构中，为了减少高副接触处的磨损，在从动件上安装一个滚子 4，使其与凸轮轮廓线滚动接触。显然，滚子绕其自身轴线转动与否并不影响凸轮与从动件间的相对运动，因此，滚子绕其自身轴线的转动为机构的局部自由度。在计算机构的自由度时，应预先将转动副 C 除去不计，或如图 2-19(b)所示，设想将滚子 4 与从动件 2 固连在一起作为一个构件来考虑。这样在机构中，$n=2$，$P_L=2$，$P_H=1$，其自由度由公式(2-1)得：

$$F=3n-2P_L-P_H=3\times2-2\times2-1=1$$

即此凸轮机构中只有 1 个自由度。

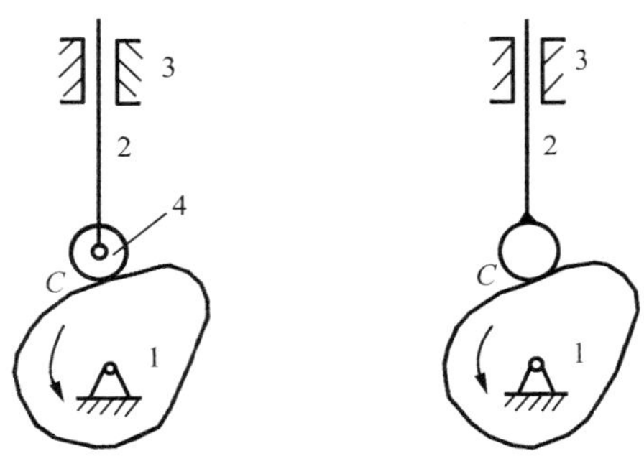

(a) (b)

图 2-19 局部自由度

(三)虚约束

在机构中，与其他约束作用重复而对机构运动不起独立限制作用的约束，称为虚约束或消极约束，在计算机构自由度时，应当除去不计。

平面机构的虚约束常出现于下列情况：

1. 重复运动副

当 2 个构件之间在多处接触组成相同的运动副时，就会引入虚约束。如图 2-20(a)所示，安装齿轮的轴与支承轴的 2 个轴承之间组成了 2 个相同的，且其轴线重合的转动副，在计算自由度时应该去掉 1 个转动副。同样的，图 2-20(b)(c)中的移动副也应该去掉 1 个。

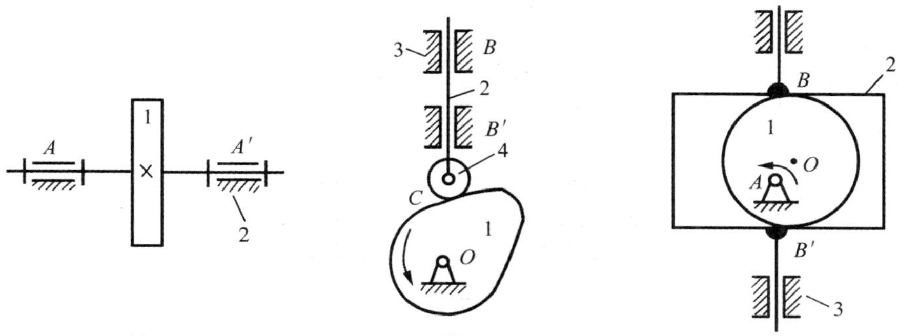

(a) (b) (c)

图 2-20 轴线重合的虚约束

2. 重复轨迹

在机构的运动过程中，如果 2 个构件上的两点之间的距离始终不变，则用 1 构件和 2 个转动副将该两点连接起来，就会引入虚约束。

在图 2-21(a)所示的机车车轮联动机构中，各个构件之间存在着特殊的几何关系：$AB /\!/ CD /\!/ EF$ 且 $AB=CD=EF$，$BC=AD$。

由于 $ABCD$ 为一个平行四边形，所以一般称这种机构为平行四边形机构，其机构运动简图如图 2-21(b)所示。

在图 2-21(b)所示的平行四边形机构中，如果以 $n=4$，$P_L=6$，$P_H=0$ 来计算机构的自由度，则：

$$F=3n-2P_L-P_H=3\times4-2\times6-0=0$$

显然计算结果不符合实际，其原因是该运动链中的连杆做平移运动，因此，去掉 1 个构件的图 2-21(c)与图 2-21(b)的运动完全相同。

计算自由度时，应先将产生虚约束的构件去掉。按照图 2-21(c)所示机构再进行计算，结果为：

$$F=3n-2P_L-P_H=3\times3-2\times4-0=1$$

3. 机构中对传递运动不起独立作用的对称部分

在图 2-22 所示的轮系中，中心轮经过 2 个对称布置的小齿轮 2 和 2′驱动内齿轮 1，其中有 1 个小齿轮对传递运动不起独立作用。但由于第二个小齿轮的加入，使机构增加了 1 个虚约束。在计算自由度时，应该去掉其中 1 个小齿轮。

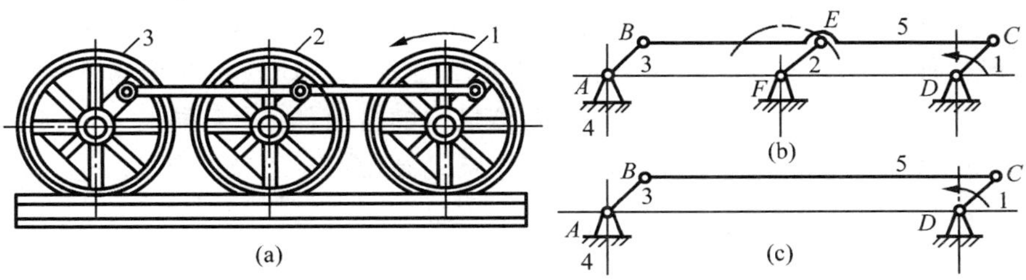

(a) (c)

图 2-21 运动轨迹重合引入虚约束

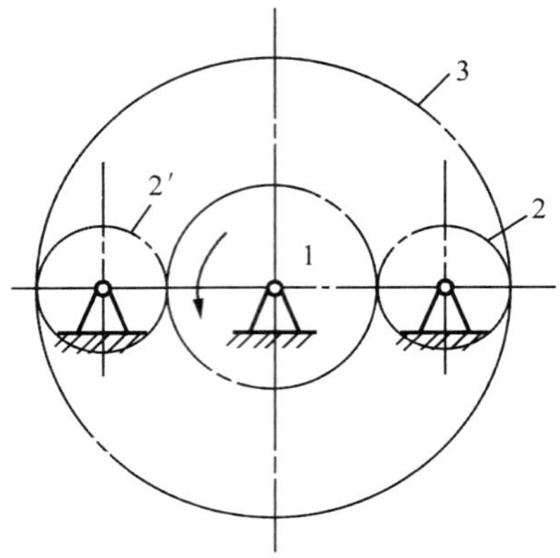

图 2-22　对称结构的虚约束

应当注意，对于虚约束，虽然从机构的运动观点来看是多余的，但能增加机构的刚性，改善其受力状况，因而被广泛采用。但是虚约束对机构的几何条件要求较高，因此，对机构的加工和装配提出了较高的要求。

四、自由度计算的实践应用

例 2.3　试计算图 2-23 所示机构的自由度。图中 $AB /\!/ CD /\!/ EF$，$AB=CD=EF$。

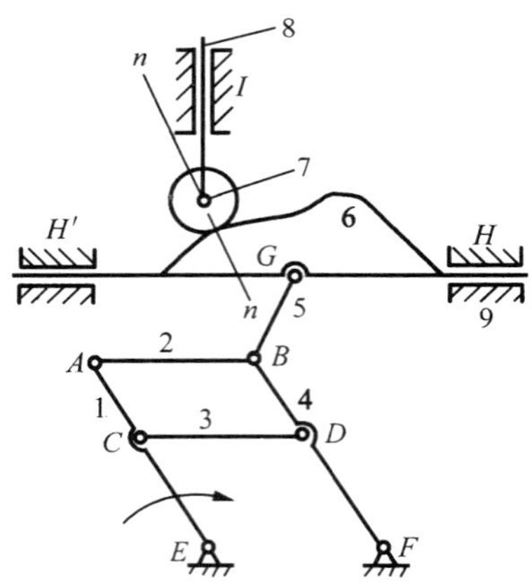

图 2-23

解：机构中滚子 7 绕自身轴线的转动为局部自由度。构件 6 与机架 9 组成 2 个导路平行的移动副 H、H'，其中之一为虚约束。又因为在机构中有 $AB /\!/ CD /\!/ EF$，$AB=CD=EF$，所以构件 3 及转动副 C、D 引入的约束也为虚约束。B 处是 3 个构件构成的复合铰链，应算 2 个转动副。经过以上分析可知，该机构的自由体 $n=6$（构件 1，2，4，5，6，8），低副 $P_L=8$（6 个转动副：E、F、A、B、B'、G，2 个移动副：I、H 或 H'），高副 $P_H=1$，自由度由式(2-1)得：

$$F=3n-2P_L-P_H=3\times6-2\times8-1=1$$

即此机构的自由度为 1。又因为此机构有 1 个原动件，故运动是确定的。

职业能力训练

训练目标

通过完成本任务，能够根据机构的运动简图，分析机构的运动，从而判断机构的自由度，以确定机构是否有确定的运动。

工作流程

分析机构的组成→绘制机构运动简图→确定运动副的类型和数目→根据公式计算机构的自由度→判断机构是否具有确定的运动→检查、评价。

实施步骤

1. 分析机构的组成

构件2，3，5在C处组成复合铰链；滚子9绕自身轴线的转动为局部自由度；活塞4与缸体8在E、E'两处形成导路平行的移动副，其中之一为虚约束。弹簧不起限制作用，可略去。

2. 绘制机构运动简图(见图2-24)

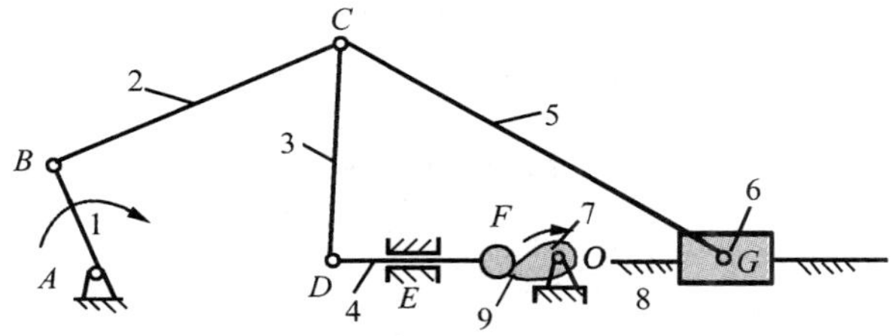

图2-24 大筛机构运动简图

3. 确定运动副的类型和数目

根据运动简图可以得出，机构自由件$n=7$，低副$P_L=9$，高副$P_H=1$。

4. 根据公式计算机构的自由度

自由度由式(2-1)得：

$$F=3n-2P_L-P_H=2$$

5. 判断机构是否具有确定的运动

大筛机构的自由度为2，此机构有2个原动件，所以大筛机构具有确定的运动。

知识拓展

在机械设计以及机构工作过程中，我们常需要计算机构的自由度。那么，计算机构的自由度有何意义呢？

1. 验证机构设计方案的合理性

机构能够运动，要满足 $F>0$，通过计算自由度，可以验证设计的机构能否运动。如果要求的机构自由度与实际设计的不符，则需修改设计方案。图 2-25 所示为简易冲床机构，要求机构的 $F=1$，而设计方案 $F=0$，需要修改设计方案。采取的措施为增加 1 个可动构件带入 3 个自由度，增加 1 个低副引入 2 个约束。改进后的机构运动简图如图 2-26 所示。

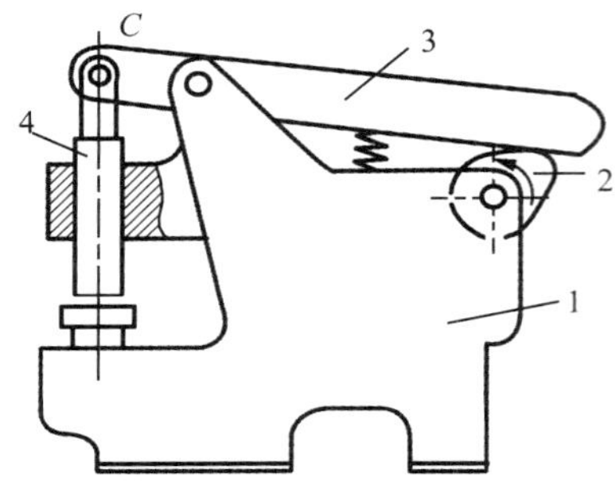

图 2-25　简易冲床机构

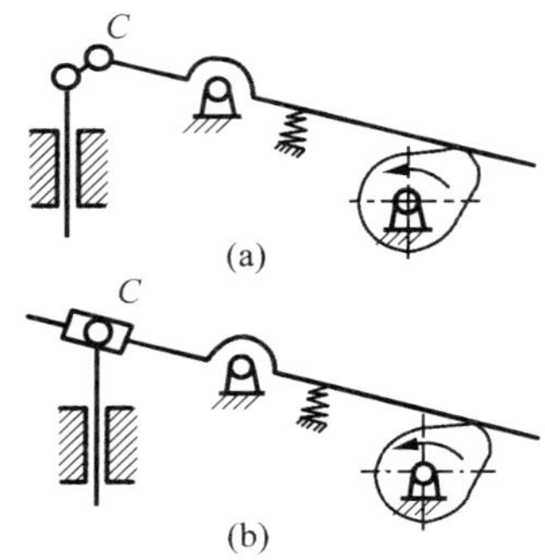

图 2-26　改进后的简易冲床机构的运动简图

2. 检验机构运动简图的正确性

机构工作中，为保证机构具有确定的运动，需要计算机构的自由度，然后验证机构的原动件数量是否合理。

同步测试

2.1　机构具有确定相对运动的条件是什么？

2.2　在计算机构的自由度时要注意哪些事项？

2.3　机构运动简图有什么作用？如何绘制机构运动简图？

2.4　绘制图 2-27 所示各机构的运动简图，并计算其自由度。

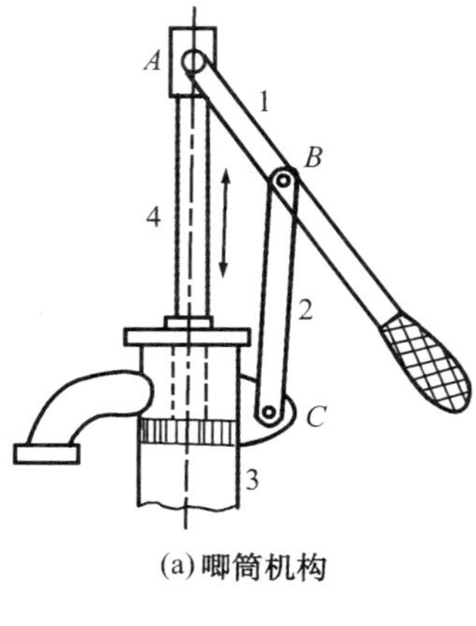

(a) 唧筒机构

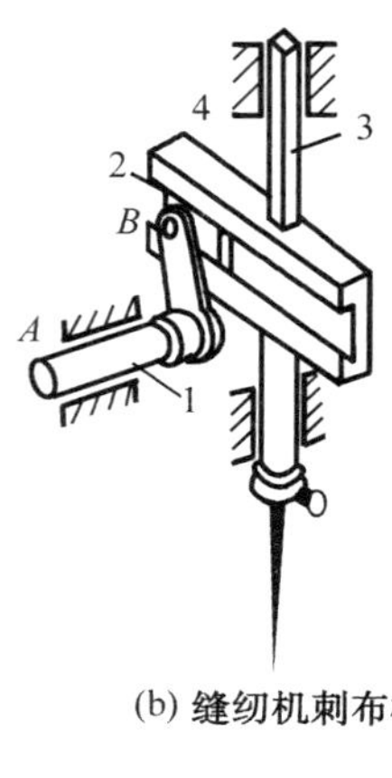

(b) 缝纫机刺布机构

图 2-27

2.5 指出图 2-28 所示机构运动简图的复合铰链、局部自由度和虚约束，计算其机构自由度，并说明欲使其具有确定的相对运动需要几个原动件。

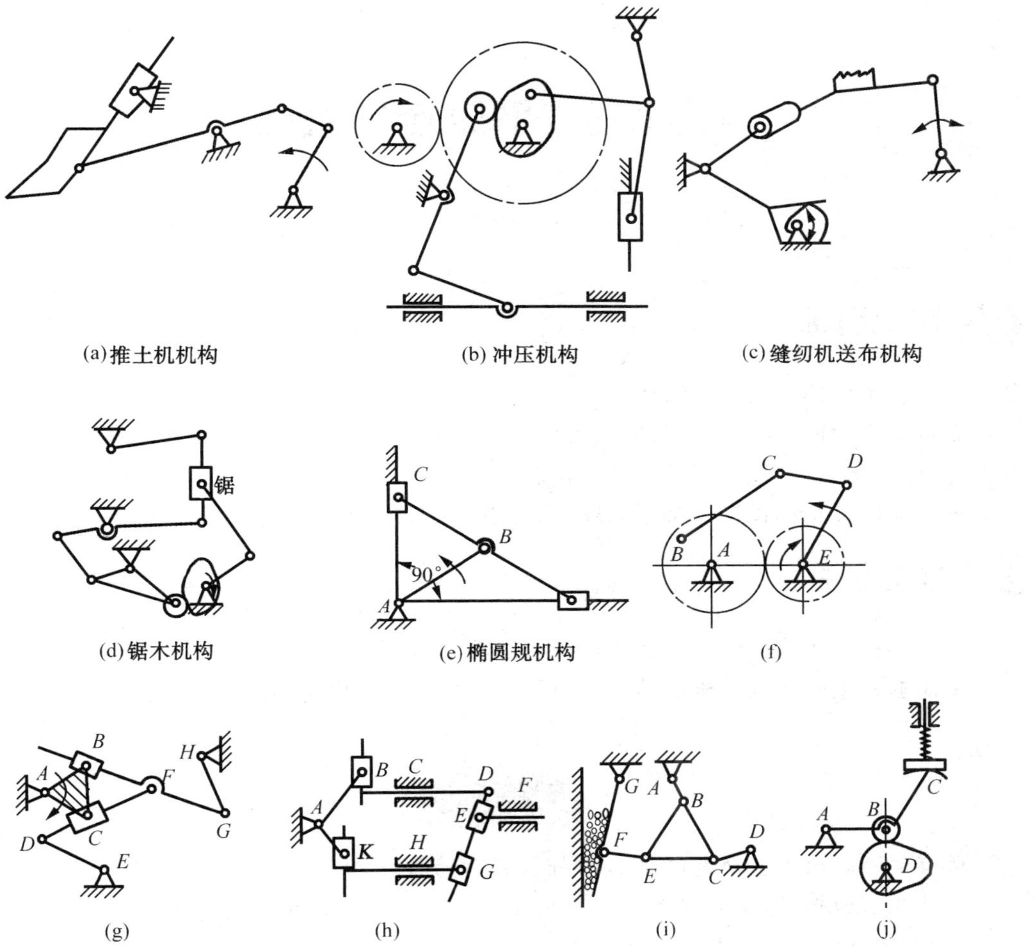

图 2-28

项目三　平面连杆机构

知识目标

◆掌握平面四杆机构的组成。

◆掌握平面四杆机构的特性，熟悉曲柄存在的条件、压力角、传动角、死点位置、极限位置、极位夹角、行程速比系数等基本概念。

◆了解四杆机构设计的基本问题，掌握设计平面四杆机构的基本方法。

能力目标

◆能够根据机构图绘制平面四杆机构运动简图。

◆能够根据平面四杆机构的运动简图分析平面四杆机构的运动特性。

引导案例

所有运动副均为转动副的平面四杆机构称为铰链四杆机构(见图 3-1)，它是平面四杆机构最基本的形式，其他形式的平面四杆机构都可看作是在它的基础上通过演化而成的。那么，铰链四杆机构有哪几种类型，如何判别？它们各有什么运动特点？

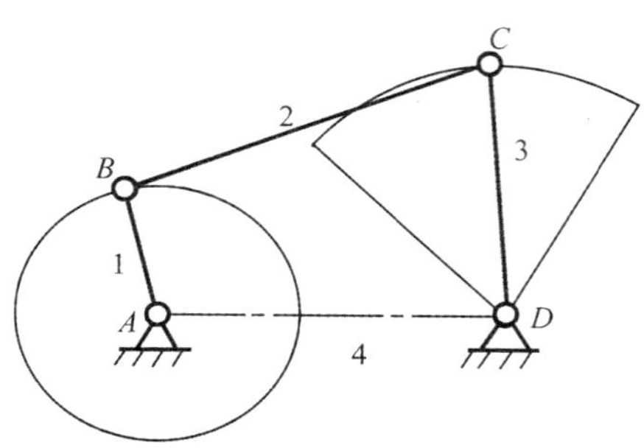

图 3-1　铰链四杆机构

任务一　认识平面四杆机构的基本类型及其演化

任务描述

平面连杆机构是将各构件用转动副或移动副连接而成的平面机构，例如，我们常见的缝纫机踏板机构、公共汽车开关门、折叠伞、折叠床等。最简单、最常见的平面连杆机构是由四个构件组成的，简称平面四杆机构，它的应用非常广泛，而且是组成多杆机构的基础。平面四杆机构的基本形式是铰链四杆机构，其他形式的四杆机构都可以看作是在它的基础上演化而来的。

通过本任务的学习，要掌握平面四杆机构的类型、基本特性及基本设计方法等。

知识准备

平面四杆机构是平面连杆机构中最简单的、应用最广泛的一种形式，而且也是组成多杆机构的基础。

一、铰链四杆机构的基本形式

构件之间都是用转动副连接的平面四杆机构称为铰链四杆机构，如图 3-1 所示。铰链四杆机构是平面机构中最基本的可以实现运动和力转换的连杆机构形式。也就是说，铰链四杆机构是具有转换运动功能而构件数目最少的平面连杆机构。其他形式的四杆机构都可以看成是在它的基础上通过演化而来的。

在此机构中，AD 固定不动，称为机架；AB、CD 两构件与机架组成转动副，称为连架杆；BC 称为连杆。在连架杆中，能做整周回转的构件称为曲柄，而只能在一定角度范围内摆动的构件称为摇杆。

因此，根据机构中有无曲柄和有几个曲柄，铰链四杆机构又有 3 种基本形式，即曲柄摇杆机构、双曲柄机构和双摇杆机构。

（一）曲柄摇杆机构

两连架杆中一个为曲柄而另一个为摇杆的机构称为曲柄摇杆机构。

当曲柄为原动件时，可将曲柄的连续转动转变为摇杆的往复摆动，如图 3-2(a)中的雷达天线机构；反之，当摇杆为原动件时，可将摇杆的往复摆动转变为曲柄的整周转动，如图 3-2(b)所示的缝纫机踏板。

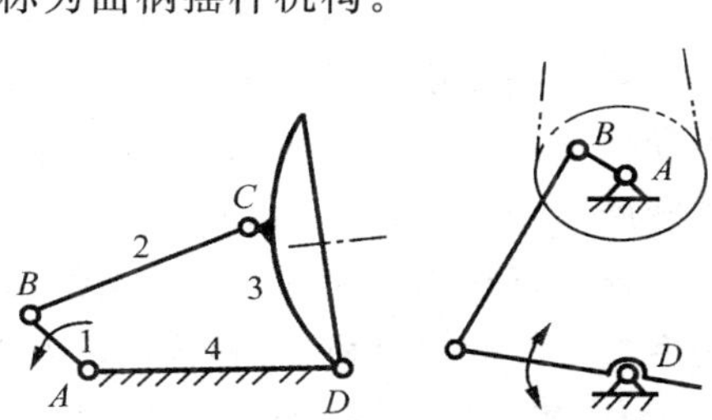

(a) 雷达天线机构　　(b) 缝纫机踏板

图 3-2　曲柄摇杆机构

（二）双曲柄机构

铰链四杆机构的两个连架杆若都是曲柄，则为双曲柄机构。在双曲柄机构中，常见的还有正平行四边形机构(又称正平行双曲柄机构)和反平行四边形机构(又称反平行双曲柄机构)。双曲柄机构的功能是:将等速转动转换为等速同向、不等速同向、不等速反向等多种转动。

图 3-3 所示的惯性筛驱动机构,可将原动曲柄的等速转动转换成从动曲柄的等速或变速转动。

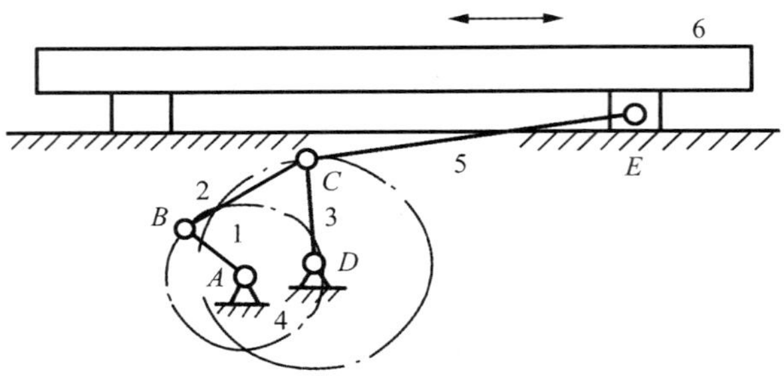

图 3-3 惯性筛驱动机构

当双曲柄机构的相对两杆平行且相等时,则称为平行四边形机构,如图 3-4(a)所示。注意:平行四边形机构在运动过程中,当两曲柄与机架共线时,在原动件转向不变、转速恒定的条件下,从动曲柄会出现运动不确定现象,可以在机构中添加飞轮或使用两组相同机构错位排列。

在图 3-4(b)所示的机构中,虽然相对的边长相等,但其中一对边不平行,我们称这种机构为反平行四边形机构,可以作为车门的启闭机构使用。

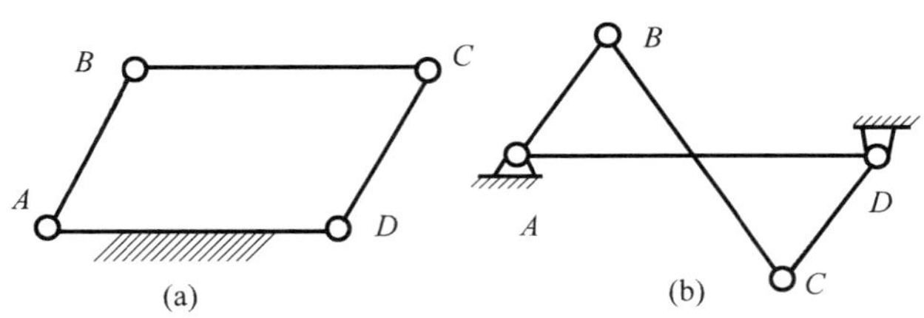

图 3-4 平行四边形机构

(三)双摇杆机构

若铰链四杆机构的两个连架杆都是摇杆,则称为双摇杆机构。双摇杆机构的功能是:将一种摆动转换为另一种摆动。双摇杆机构在实际中的应用,主要是通过适当的设计,将主动摇杆的摆角放大或缩小,使从动摇杆得到所需的摆角;或利用连杆上某点的运动轨迹实现所需的运动。

双摇杆机构的实际应用:如图 3-5 所示的鹤式起重机构,保证货物水平移动。两摇杆长度相等的双摇杆机构,称为等腰梯形机构。如图 3-6 所示的汽车前轮转向机构。车子转弯时,与前轮轴固定的两个摇杆的摆角不相等,如果在任意位置都能使两前轮的轴线的交点 P 落在后轮轴线的延长线上,则当整个车子转向时,保证 4 个轮子都是纯滚动,从而可以避免轮胎因滑动而产生过大磨损。

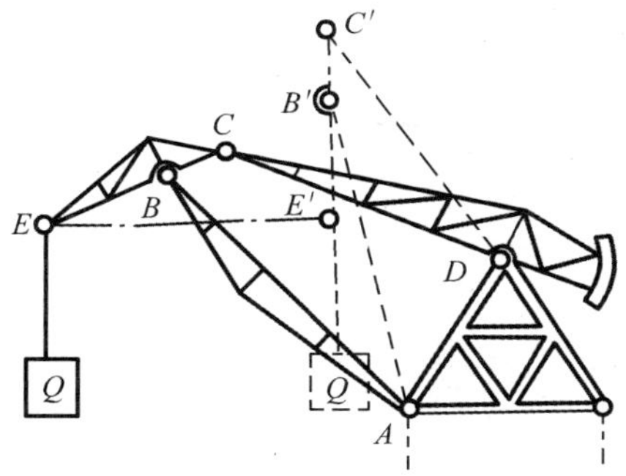

图 3-5 鹤式起重机构

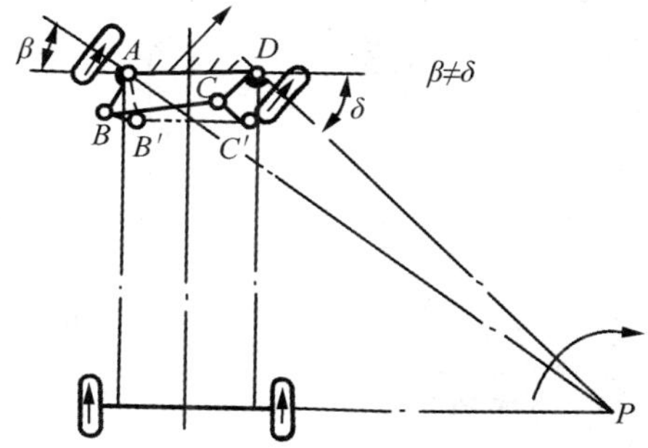

图 3-6 汽车前轮转向机构

(四)铰链四杆机构传动的特点

1. 铰链四杆机构的主要优点

(1)由于运动副都为低副,并且运动副元素之间便于润滑,故可以传递较大的载荷。

(2)运动副元素几何形状简单,便于加工制造。

(3)当原动件规律不变时,若改变各构件的相对长度关系,可以改变从动件的运动规律。

(4)连杆上的各点轨迹(简称连杆曲线)形状各异,可以利用这些曲线以满足不同的轨迹要求。

(5)能实现增力、扩大行程和实现远距离传动的目的。

2. 铰链四杆机构的主要缺点

(1)连杆机构运动链较长,构件尺寸误差和运动副间隙将产生较大积累误差,同时会使机械效率降低。

(2)连杆机构的总质心做变速运动,用一般方法难以平衡消除其产生的惯性力,故不宜用于精密及高速运动。

(3)要准确实现运动规律或轨迹,其设计十分繁难,一般只能近似满足。

在实际中,除上述 2 种基本类型的铰链四杆机构,还广泛地使用着许多其他类型的四杆机构。而这些四杆机构都可以看作是通过某种方法由铰链四杆机构演化而成的。

二、平面四杆机构的演化

机构的演化方式有多种,但都要遵循“不改变构件间的相对运动状况,而只可改变构件的形状或其绝对运动”的原则。

在图 3-7(a)所示的铰链四杆机构中,当摇杆 CD 的长度趋于无穷大时,点 C 的圆弧轨迹变成直线,机构就演化成图 3-7(b)所示的含有滑块的机构。

具体而言,机构的演化方法有 3 种:①通过改变构件的形状和相对尺寸进行演化,如图 3-8 的演化;②通过改变运动副尺寸进行演化;③通过选用不同构件作为机架进行演化。接下来我们就来看看如何进行简化。

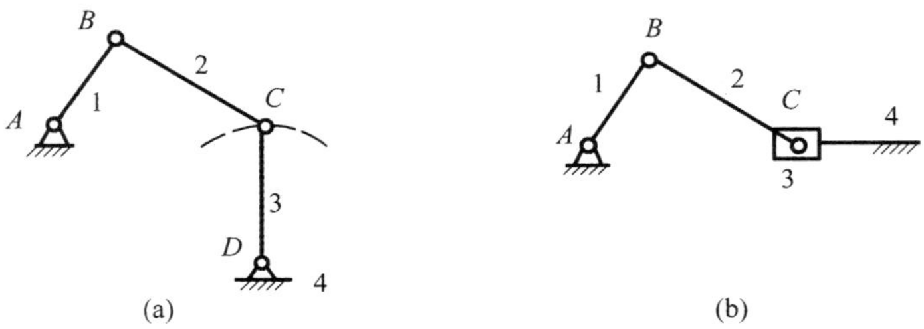

图 3-7　铰链四杆机构

（一）滑块机构

如图 3-7 所示，当构件 1 能整周回转成为曲柄时，该机构称为曲柄滑块机构；否则，该机构称为摆杆滑块机构。

根据滑块导路是否通过固定铰链中心 A，可分为对心曲柄滑块机构和偏心曲柄滑块机构，其偏心的距离 e 称作偏心距。

对于图 3-7 所示的含有 1 个移动副的四杆机构，若改取不同构件为机架，可以形成下述 4 种机构形式（见图 3-8）。

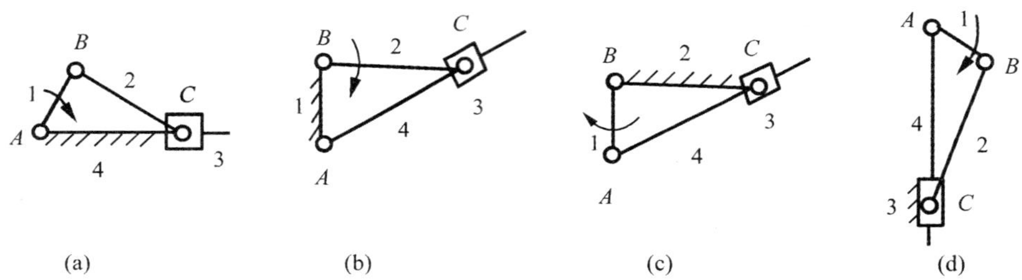

图 3-8　机构的演化示图

（二）导杆机构

在图 3-8(a)所示的对心曲柄滑块机构中，若改取构件 1 为机架，则机构演化为导杆机构，如图 3-9 所示。

构件 1，2 的杆长分别为 l_1 和 l_2，当 $l_1 < l_2$ 时，随着构件 2 的转动，构件 4 也做整周转动，我们称之为转动导杆机构，如图 3-10(a)所示；当 $l_1 > l_2$ 时，构件 2 做整周转动时，导杆 4 只能在一定角度范围内摆动，该机构称为摆动导杆机构，如图 3-10(b)所示。

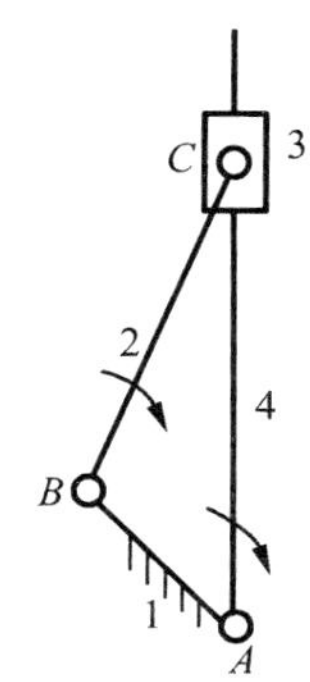

图 3-9　导杆机构

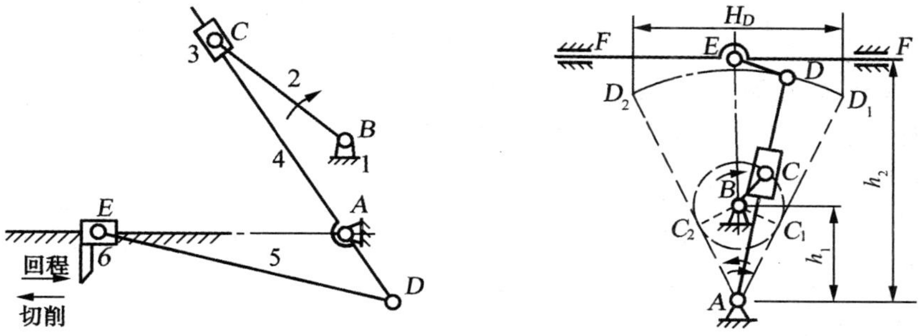

(a)简易牛头刨床的转动导杆机构　(b)牛头刨床的摆动导杆机构

图 3-10　牛头刨床的运动机构

（三）曲柄摇块与曲柄定块机构

在图 3-8(a)中，若改取构件 2 为机架，当 $l_1 < l_2$ 时，随构件 1 的转动，滑块 3 只能在一定角度范围内摆动，该构件称为曲柄摇块机构(见图 3-11)；在图 3-8(c)所示的曲柄滑块机构中，若取滑块 3 为固定件，即可得图 3-12 所示的固定滑块机构或称定块机构。这种机构常用于如图 3-12(b)所示的抽水唧筒等机构中。

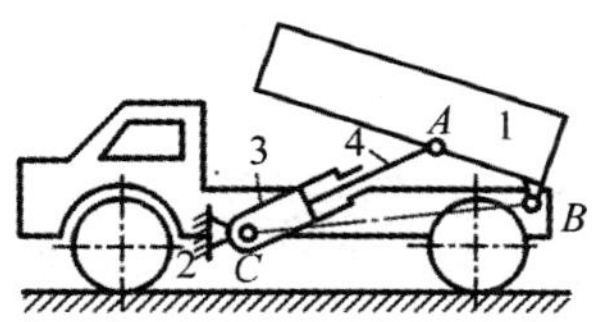

图 3-11　自卸卡车翻斗机构的曲柄摇块机构

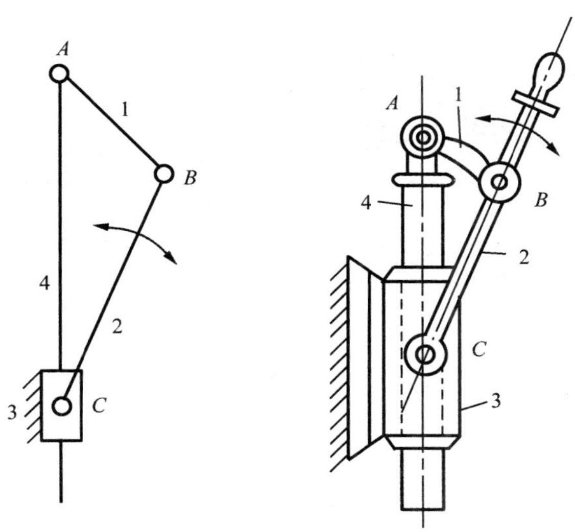

(a)　(b)

图 3-12　固定滑块机构

（四）移动导杆机构

在图 3-8(a)中，如果取滑块 3 为机架，则该机构演化成移动导杆机构或直动导杆机构，如图 3-13 所示。

在移动副和转动副两运动副元素中，哪一个为包容件，哪一个为被包容件，根据需要在结构设计时确定，谁包容谁都不影响它们之间的相对运动。

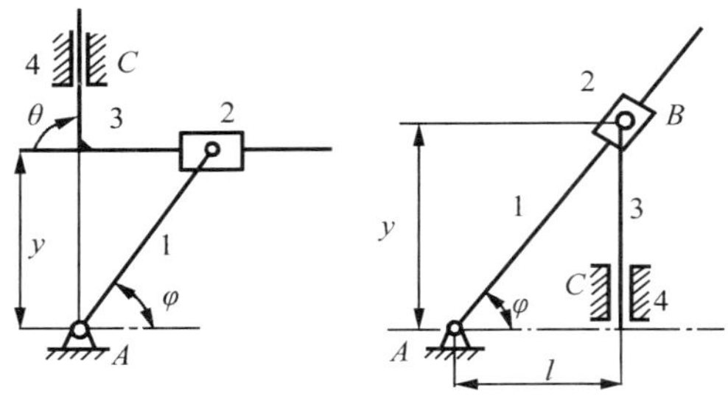

(a)　　(b)

图 3-13　移动导杆机构

知识拓展

铰链四杆机构还可以转化为其他的多种机构形式，如以 2 个移动副代替铰链四杆机构中的 2 个转动副，便可得到以下 3 种不同形式的四杆机构：图 3-14(a)所示的曲柄移动导杆机构，这种机构可用于缝纫机刺布机构，如图 3-14(b)所示；图 3-15(a)所示的双滑块机构，十字沟槽联轴节就是它的应用实例，如图 3-15(b)所示。

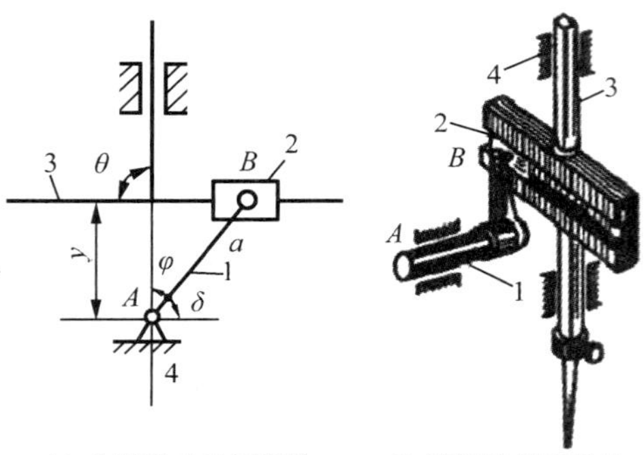

(a) 曲柄移动导杆机构　　(b) 缝纫机刺布机构

图 3-14

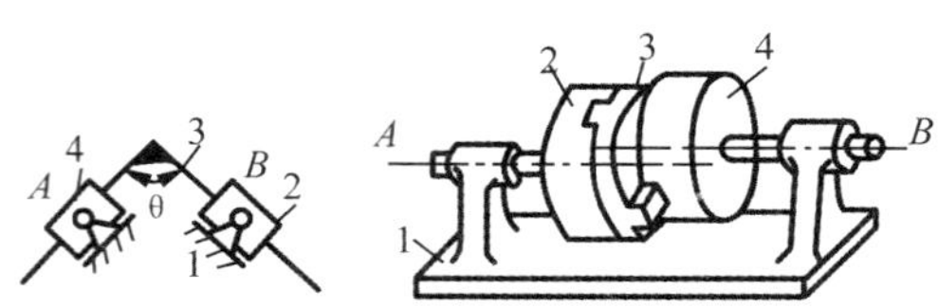

(a)双滑块机构　　(b) 十字沟槽联轴节

图 3-15

任务二　平面四杆机构的基本特性

任务描述

四杆机构中，有的连架杆能做整周回转运动而成为曲柄，有的则不能，这就需要分析曲柄存在的条件。本任务将利用三角形的三边关系来分析曲柄存在的条件。另外，为了满足实际工作的需要，还要考虑连杆机构的传力性能、急回特性、死点位置等。通过学习压力角、极位夹角等相关知识，掌握平面连杆机构的基本特性，并将它更好地应用于实际中去。

在图 3-16 所示的铰链四杆机构中，已知各杆长度为 $l_{AB}=20\text{mm}$，$l_{BC}=60\text{mm}$，$l_{CD}=85\text{mm}$，$l_{AD}=50\text{mm}$。

1. 试判断该机构是否有曲柄？
2. 此机构是否存在急回特性？若存在，试确定其极位夹角，并估算行程速比系数。
3. 若以构件 AB 为主动件，画出机构的最小传动角的位置。
4. 在什么情况下机构存在死点位置？

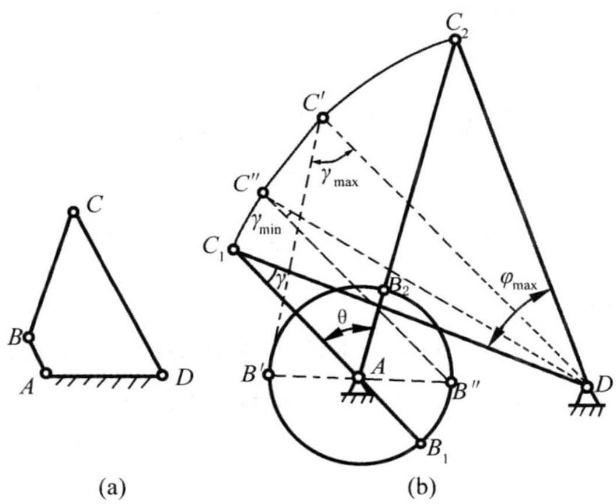

图 3-16　铰链四杆机构

知识准备

一、铰链四杆机构有曲柄的条件

在铰链四杆机构中，有的连架杆能做整周转动，有的则不能。两构件的相对回转角为 360°的转动副为整转副。整转副的存在是曲柄存在的必要条件，而铰链四杆机构 3 种基本形式的区别在于机构中是否存在曲柄和有几个曲柄，为此，需要明确整转副和曲柄存在的条件。

（一）整转副存在的条件

在图 3-17 所示的铰链四杆机构 $ABCD$ 中，各杆件长度分别为 a、b、c、d。若假定 AB 为曲柄，如果杆 AB 既能转到 AB_1，又能转到 AB_2 的位置，则它就能绕 A 点整周转动而为曲柄。此时各杆的长度应满足：

在$\triangle B_1C_1D$ 中：

$$a+d<b+c \tag{3-1}$$

在$\triangle B_2C_2D$ 中：

$$(d-a)+b>c，即\ a+c<b+d \tag{3-2}$$

$$(d-a)+c>b，即\ a+b<c+d \tag{3-3}$$

将以上三式中每两式相加化简后即得：

$$a<b，a<c，a<d \tag{3-4}$$

由式(3-4)可知，曲柄 AB 必为最短杆，BC、CD、AD 杆中必有一个最长杆。若 $d<a$，则经同样推导得机架为最短杆，机架与任意杆件的长度之和都小于或等于其他两杆长度之和。

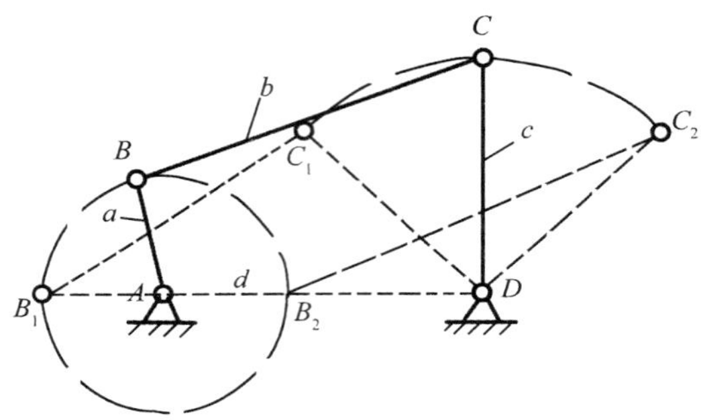

图 3-17　铰链四杆机构

（二）曲柄存在的条件

（1）最短构件与最长构件长度之和小于或等于其余两构件长度之和。

（2）连架杆与机架两构件中必有一个是四构件中的最短杆。

二、压力角和传动角

在生产实际中，除了考虑平面连杆机构的运动要求、实现预定的运动规律或运动轨迹，还必须考虑机构的传力特性，使机构运转轻便，具有较高的传动效率。

在图 3-18 所示的曲柄摇杆机构中，若不考虑构件的质量、惯性以及转动副中的摩擦力等的影响，则连杆 BC 可视为二力杆件，则当曲柄 AB 为原动件时，通过连杆 BC 作用于从动件 CD 上的力 F 沿 BC 方向，力 F 的方向与力作用点 C 的绝对速度 v_c 方向之间的夹角称为压力角，用 α 表示。力 F 分解为沿 v_c 方向的切向力 F_t 和垂直于 v_c 的法向力 F_n，其大小为：

$$F_t=F\cos\alpha \tag{3-5}$$

$$F_n=F\sin\alpha \tag{3-6}$$

式中：F——曲柄对摇杆的驱动力，N；

α——压力角，°。

其中，F_n 仅增加转动副 D 中的径向压力，不做功，而 F_t 才是驱使从动件运动并做功的有效分力。因此，在 F 大小一定的情况下，分力 F_t 愈大也即 α 愈小对机构工作愈有利，它可反映力的有效利用程度。压力角的余角 γ 称为传动角，γ 愈大对机构工作愈有利。α 和 γ 是反映机构传动性能的重要指标，由于 γ 角便于观察和测量，工程上常以 γ 角来衡量连杆机构的传动性能。机构运动时，其传动角是随从动件位置而变化的，为了保证机构传动性能良好，设计时首先要确定 γ_{min} 出现的位置，其次应使 γ_{min} 大于许用传动角[γ]，[γ]一般取为 40°或 50°。如何确定 γ_{min} 出现的位置，我们在拓展内容里介绍。

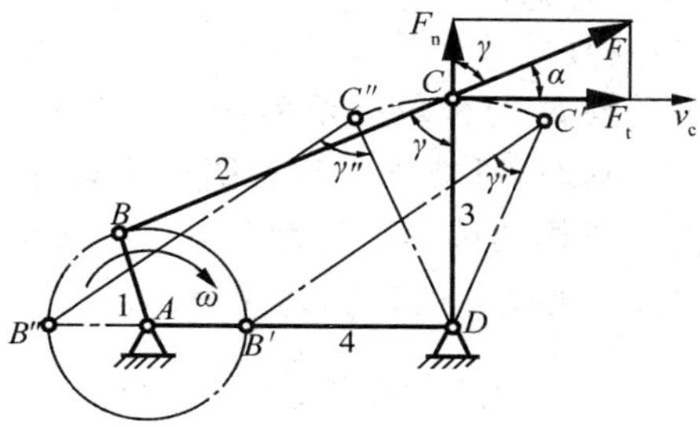

图 3-18 压力角和传动角

三、急回运动

(一)急回特性

在曲柄 AB 转动一周的过程中，曲柄 AB 有两次与连杆 BC 共线，如图 3-19 所示。当曲柄与连杆于 AB_2C_2 共线时，摇杆 CD 的位置处于右端的极限位置；而当曲柄与连杆于 AB_1C_1 共线时，摇杆 CD 位于左端的极限位置。摇杆在两个极限位置 C_1D 和 C_2D 之间所夹的角称为摇杆的摆角，用 ψ 表示。与摇杆的两个极限位置相对应的曲柄位置所在直线之间所夹的锐角，称为极位夹角，用 θ 表示。

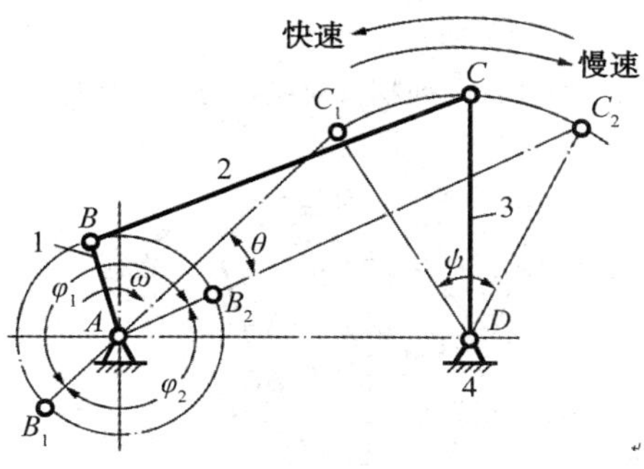

图 3-19 曲柄摇杆机构的急回特性

当曲柄 AB 以等角速度 ω 由位置 AB_1 顺时针转到位置 AB_2 时，曲柄所转过的角度为 $\varphi_1=180°+\theta$。此时摇杆由左极限位置 C_1D 顺时针运动到右极限位置 C_2D，摇杆摆过的角度为摆角 ψ。摇杆的这个过程称为工作行程或正行程，这一过程所用的时间为 t_1，铰链 C 的平均速度为 $v_1=C_1C_2/t_1$。当曲柄 AB 继续按顺时针转动，从位置 AB_2 转到位置 AB_1 时，

其所对应的转角为 $\varphi_2=180°-\theta$，摇杆由位置 C_2D 摆回到位置 C_1D，其摆过的角度仍然是 ψ。摇杆的这个过程称为空回行程或反行程，这一过程所用的时间为 t_2，铰链 C 的平均速度为 $v_2=C_2C_1/t_2$。因为 $\varphi_1>\varphi_2$，故 $t_1>t_2$。显然，摇杆空回行程的平均速度大于其工作行程的平均速度。因为曲柄 AB 的角速度 ω 恒定，所以 φ_1 大于 φ_2 就意味着摇杆来回摆动的平均速度不相等，回摆时的速度较大，产生急回运动，机构的这种特性称为急回特性。

通常用行程速比系数（也称行程速度变化系数）K 来表示机构的急回运动。行程速比系数 K 为从动件回程的平均速度和工作行程的平均速度之比，即：

$$K=\frac{\text{从动件回程的平均速度}}{\text{从动件工作行程的平均速度}}=\frac{C_2C_1/t_2}{C_1C_2/t_1}=\frac{t_1}{t_2}=\frac{180°+\theta}{180°-\theta} \tag{3-7}$$

式(3-7)表明，行程速比系数 K 与极位夹角 θ 有关。当 $\theta=0°$时，$K=1$，表明机构没有急回运动。一般情况下，当 $\theta>0°$时，可知 $K>1$，说明机构具有急回特性。θ 越大，K 值就越大，急回特性也越显著，但是机构的传动平稳性会下降。通常取 $K=1.2\sim2.0$。

将式(3-7)整理后，机构极位夹角 θ 的计算公式为：

$$\theta=180°\times\frac{K-1}{K+1} \tag{3-8}$$

图 3-20(a)所示的偏置曲柄滑块机构中，偏距为 $e\neq0$，则 $\theta>0°$，则 $K>1$，机构有急回特性；在图 3-20(b)所示的对心曲柄滑块机构中，偏距为 $e=0$，则 $\theta=0°$，则 $K=1$，机构无急回特性。图 3-21 所示的导杆机构的极位夹角等于导杆摆角，也有急回特性。

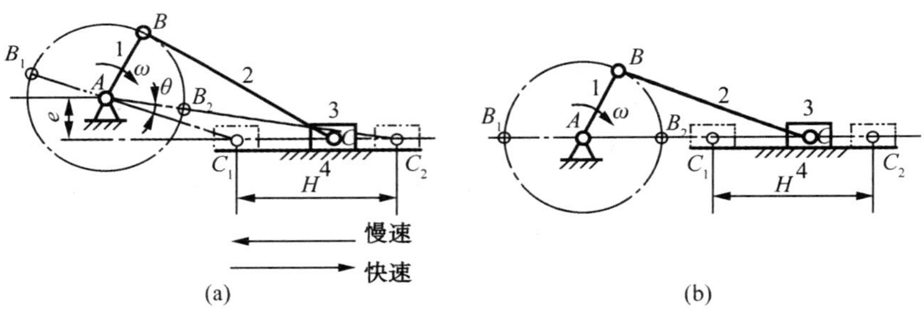

图 3-20　曲柄滑块机构的急回特性

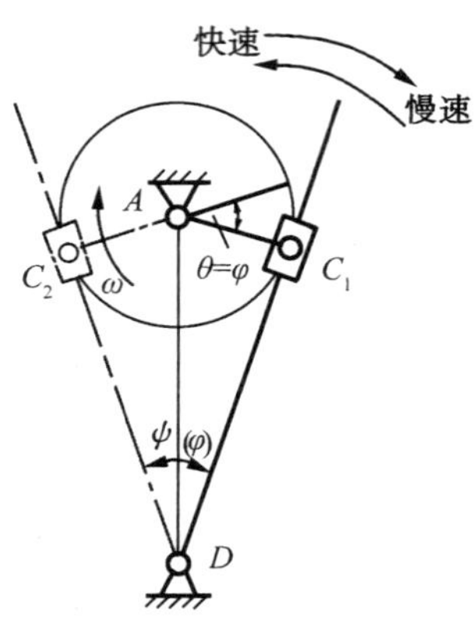

图 3-21　导杆机构的急回特性

（二）急回特性的实践应用

在工程实际中，为了提高生产效率，应将机构的工作行程安排在摇杆平均速度较低的行程，而将机构的空回行程安排在摇杆平均速度较高的行程。图 3-10 所示的牛头刨床的摆动导杆机构就是利用了机构的急回特性来提高生产效率。

四、死点

（一）死点存在的条件

在铰链四杆机构中，如图 3-22 所示，如果摇杆 CD 为原动件，当连杆 BC 与从动件曲柄 AB 处于共线位置时，摇杆 CD 对曲柄 AB 的传动角 $\gamma=0°$，摇杆 CD 通过连杆传给曲柄 AB 的驱动力必通过曲柄 AB 铰链的中心，也就是说，驱动力对从动件的回转力矩等于零。此时，无论施加多大的驱动力，均不能使从动件转动，且转向也不能确定。我们把机构中的这种位置称为死点位置。四杆机构是否存在死点位置，取决于连杆能否运动至与转动从动件（摇杆或曲柄）共线或与移动从动件移动导路垂直。对曲柄摇杆机构而言，当曲柄为原动件时，摇杆与连杆无共线位置，不出现死点；当摇杆为原动件时，曲柄与连杆有共线位置，出现死点。

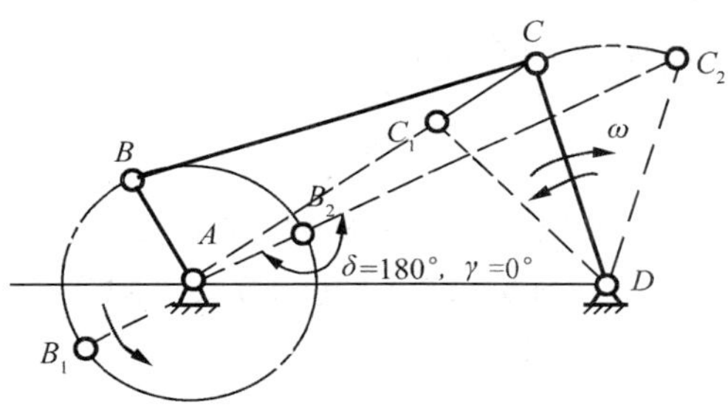

图 3-22 铰链四杆机构的死点位置

（二）死点在生产中的克服与应用

对于传动机构来说，死点位置会使机构的从动件出现卡死或运动不确定的现象，对传动机构是不利的。为了使机构能顺利地通过死点位置，工程上常利用惯性作用或对从动曲柄施加外力，使机构顺利地通过死点位置。图 3-23 所示为缝纫机的脚踏板机构，脚踏板 CD 为主动件，做往复摆动，通过连杆 BC 驱使曲柄 AB 做整周转动。在缝纫的过程中，时常需要将缝纫机停下来以整理布料，再继续缝纫的时候，有时会出现脚踏板蹬踏不动的现象，这时我们借助于安装在机头主轴上的小带轮的惯性作用，使机构的曲柄冲过死点位置，即可继续缝纫。

在工程实践中，有时也常常利用机构的死点位置来实现一定的工作要求。如图3-24 所示为飞机的起落架机构，当飞机准备着陆时，机轮被放下，此时杆 BC 与杆 AB 共线，机构处于死点位置。当飞机着陆时，使机轮能够承受来自地面的巨大冲击力，保证杆 CD 不会转动，使得飞机的降落安全可靠。而当飞机起飞之后，可以通过杆 AB 将机轮收回并位于机腹的下方，以减小飞行过程中的阻力。

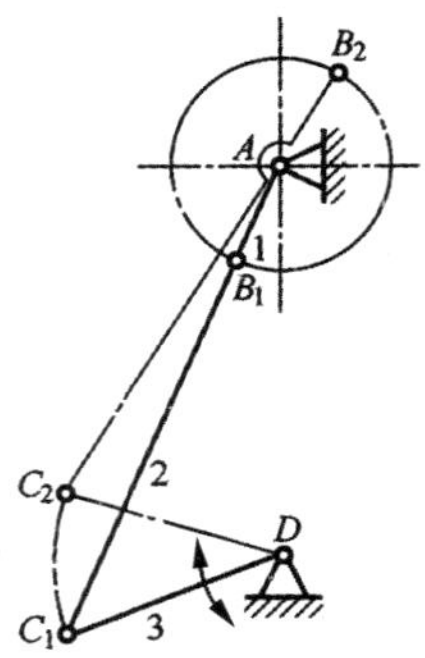

图 3-23　缝纫机脚踏板机构

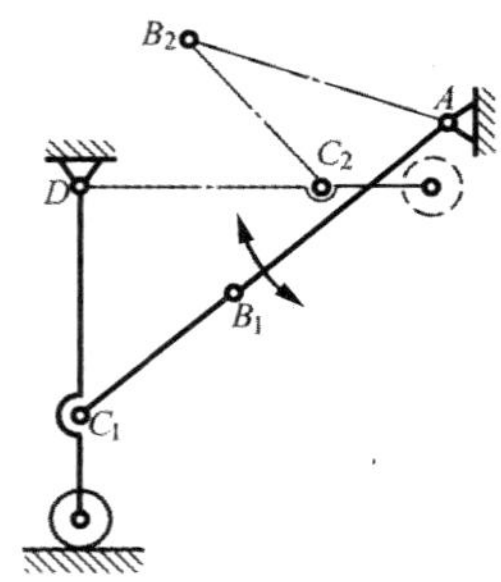

图 3-24　飞机起落架机构

职业能力训练

训练目标

通过完成图 3-16 的任务，可以判断四杆机构中是否有曲柄；同时，可以通过计算压力角、极位夹角等分析连杆机构的传力性能、急回特性、死点位置等。

工作流程

根据机构简图及尺寸确定最短杆是否为曲柄→画出摇杆的极限位置图及极位夹角→根据公式计算行程速比系数 K→判断机构的急回特性→设定不同的原动件→判断机构最小传动角及死点位置→检查、评价。

实施步骤

1. 确定最短杆是否为曲柄

因为 $l_{AB}+l_{CD}=(20+85)\text{mm}=105\text{mm}<l_{BC}+l_{AD}=(60+50)\text{mm}=110\text{mm}$，且连架杆 AB 为最短杆，故 AB 杆就是曲柄，该机构是曲柄摇杆机构。

2. 判断机构是否有急回特性

取比例尺 1 ∶ 1，作摇杆 CD 处在两个极限位置时的机构位置图 AB_1C_1D 和 AB_2C_2D，如图 3-16(b) 所示。图中，$\angle C_1AC_2$ 为极位夹角 θ。

由图中量得：$\theta=59°$，故可求得：

$$K=\frac{180°+\theta}{180°-\theta}=\frac{180°+59°}{180°-59°}\approx1.98$$

故该机构有急回特性。

3. 判断原动件不同时，机构的死点位置

(1)若以曲柄 AB 为原动件，则机构在曲柄 AB 与机架 AD 共线的两个位置之一存在最小传动角 $\gamma_{\min}$。

由图可得：$\gamma_{\min}=\angle B''C''D=15°$。

(2)当以摇杆 CD 为原动件时，则从动件 AB 与连杆 BC 共线的两个位置 AB_1C_1D 和 AB_2C_2D，即为机构的死点位置。

知识拓展

进行四杆机构的传动能力设计或检验时，必须要确定最小传动角 γ_{min} 出现的位置，并且要检验最小传动角 γ_{min} 值是否满足许用值。研究表明，对于图 3-18 所示的曲柄摇杆机构来说，在机构的运动过程中，最小传动角 γ_{min} 出现在曲柄与机架共线的两个位置 $AB'C'D$ 和 $AB''C''D$ 其中之一，图中 γ' 和 γ'' 分别为连杆 BC 和摇杆 CD 在两位置时的夹角。如果 γ' 和 γ'' 都是锐角，则这两个位置的传动角 γ 分别为 γ' 和 γ''；如果 γ' 和 γ'' 是钝角或其中之一是钝角，则此位置的传动角 γ 等于 $180°-\gamma'$ 或 $180°-\gamma''$。比较这两个位置的传动角 γ，其中较小的一个为该机构的最小传动角 γ_{min}。

对于偏置曲柄滑块机构，如图 3-25 所示，当曲柄 AB 为原动件时，其最小传动角的位置出现在曲柄与机架垂直的位置上。

对于摆动导杆机构，如图 3-26 所示，当曲柄 BC 为原动件时，由于在任何位置上，曲柄通过滑块对导杆的作用力始终垂直于导杆 AC，而导杆 AC 上力作用点的速度总是垂直于导杆，故传动角 γ 始终等于 $90°$，所以摆动导杆机构具有良好的传力性能。

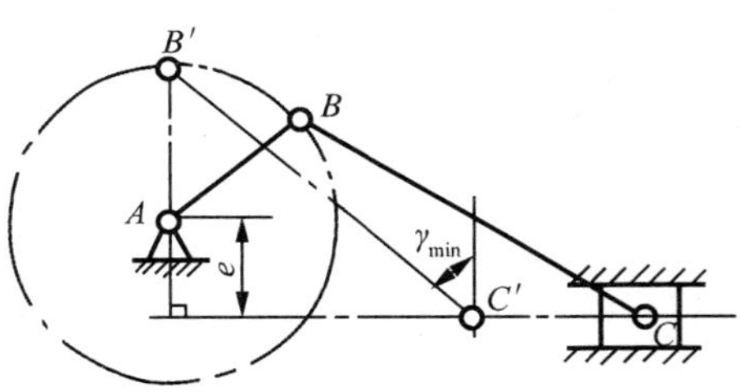

图 3-25　曲柄滑块机构的最小传动角

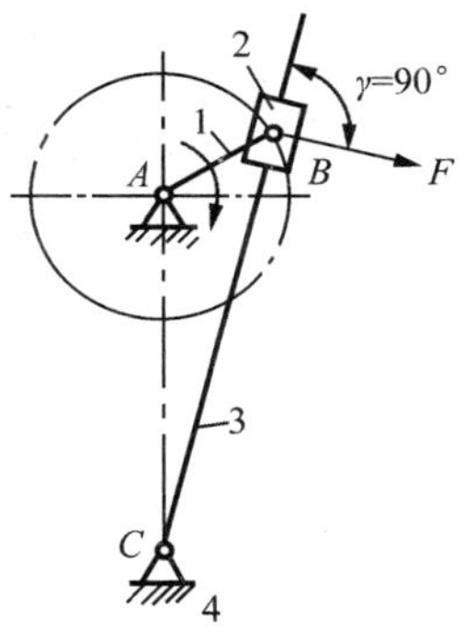

图 3-26　摆动导杆机构的传动角

任务三　平面四杆机构的设计

任务描述

平面四杆机构的设计是指根据工作要求确定机构的形式、几何尺寸等。其设计方法有图解法、解析法和实验法。图解法是利用机构运动过程中各运动副位置之间的几何关系，通过作图获得有关运动尺寸。该方法直观形象，几何关系清晰，对于一些简单设计问题的处理有效而快捷，但由于作图误差的存在，所以设计精度较低。实验法也有类似之处，但工作比较烦琐。解析法是将运动设计问题用数学方程加以描述，通过方程的求解获得有关运动尺寸，故其直观性差，但设计精度高。随着数值计算方法的发展和计算机的普及应用，解析法已成为各类平面连杆机构运动设计的一种有效方法。设计时到底选用哪种方法，应根据实际条件而定。

本任务中我们重点学习利用图解法设计给定运动规律的四杆机构。如果给定连杆的三个位置，则根据连杆的任一个铰链必围绕同一圆心旋转，从而可以确定机架的位置，最终能确定机构中各构件的位置和尺寸；在设计具有急回特性的平面四杆机构时，若已知行程速度变化系数 K 的数值，可计算出极位夹角 θ，然后利用机构在极限位置时的几何关系，再结合其他有关的附加条件进行四杆机构的设计，从而求出机构中各个构件的尺寸参数。

铸造车间的翻台振实式造型机的翻转机构就是实现连杆两预定位置的应用实例，如图 3-27 所示。给定连杆 3 的长度 $l_3=BC$ 及其两个位置 B_1C_1 和 B_2C_2，确定连架杆与机架组成的固定铰链中心 A 和 D 的位置，并求出其余三杆的长度 l_1、l_2 和 l_4。

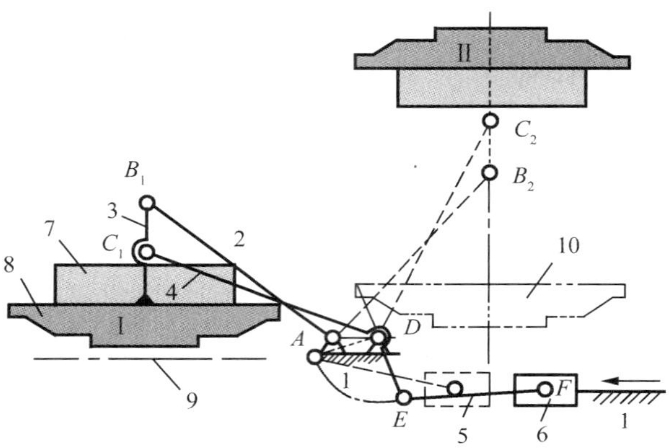

图 3-27　造型机翻转机构

知识准备

平面四杆机构的设计是根据已知条件来确定机构各构件的尺寸，一般可归纳为两类基本问题：

(1)实现给定运动规律的设计，即要求原、从动件满足已知的若干组对应位置关系，包括满足一定的急回特性要求，或在原动件运动规律一定时，从动件能精确或近似地按给定规律运动。

(2)实现给定运动轨迹的设计，即要求连杆机构中做平面运动的构件上某一点精确或近似地沿着给定的轨迹运动。

在进行平面四杆机构运动设计时，往往还需要满足一些运动特性和传力特性等方面的要求，通常先按运动条件来设计四杆机构，然后再检验其他的条件，如检验最小传动角、是否满足曲柄存在的条件、机构的运动空间尺寸等。

一、用图解法按给定的连杆位置设计四杆机构

例 3.1　已知机构的长度比例尺为 μ_l，铰链四杆机构中连杆 BC 的长度为 l_{BC}，B 和 C

分别是连杆上的两个铰链，给定连杆的三个位置 B_1C_1、B_2C_2 和 B_3C_3，如图 3-28 所示，试设计该铰链四杆机构。

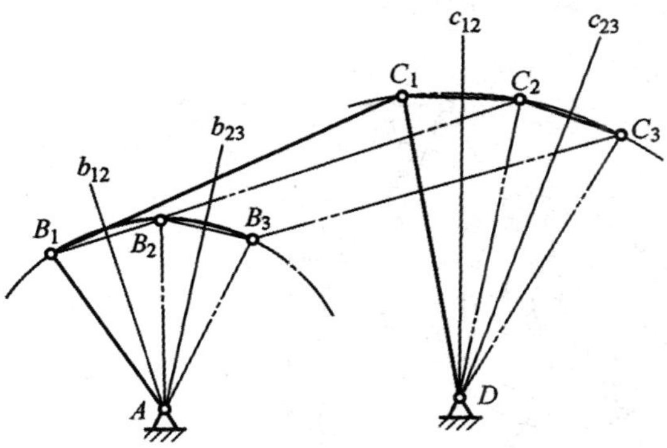

图 3-28　按给定的连杆位置设计四杆机构

解：本铰链四杆机构设计的关键就是确定连架杆与机架组成的固定铰链中心 A 和 D 的位置，并由此求出机构中其余 3 个构件的长度 l_{AB}、l_{CD} 和 l_{AD}。

由于连杆上的 2 个铰链中心 B、C 的运动轨迹都是圆弧，它们的圆心就是两固定铰链中心 A 和 D，圆弧的半径即为 2 个连架杆的长度 l_{AB} 和 l_{CD}，所以运用已知三点求圆心的方法即可设计出所求的机构，而且作图过程比较简单。其设计步骤如下：

(1)分别作 B_1 与 B_2、B_2 与 B_3 连线的中垂线 b_{12} 和 b_{23}，其交点就是所要求的固定铰链中心 A。

(2)同理，作 C_1 与 C_2、C_2 与 C_3 连线的中垂线 c_{12} 和 c_{23}，其交点就是另一固定铰链中心 D。

(3)连接 AB_1C_1D，即得所设计的铰链四杆机构在第一位置时的运动简图，如图3-28所示。

(4)根据作图时所取的长度比例尺 μ_l 以及从图中量取的尺寸，即可确定出构件的尺寸 l_{AB}、l_{CD} 和 l_{AD}。

以上给出了连杆的 3 个位置 B_1C_1、B_2C_2 和 B_3C_3，如果只给出连杆的 2 个位置，例如 B_1C_1、B_2C_2，那么 2 个固定铰链 A、D 的位置可以分别在 b_{12} 和 c_{12} 上任意选取，即此四杆机构可有无穷多个设计方案。这时可以再根据结构条件或其他的辅助条件来确定固定铰链 A、D 的位置。

二、用图解法按给定的行程速比系数设计四杆机构

当四杆机构的极位夹角 $\theta \neq 0°$ 时，机构具有急回特性，这类机构包括曲柄摇杆机构、偏置曲柄滑块机构和摆动导杆机构等。如果已知行程速度变化系数 K，我们可以根据 K 计算出极位夹角 θ，然后按所设计的机构类型，分别采用不同的设计步骤，得到具有急回特性的四杆机构。

（一）曲柄摇杆机构

例 3.2 在图 3-29 所示的曲柄摇杆机构 $ABCD$ 中，已知摇杆 CD 的长度 l_{CD}、摆角 ψ 和行程速比系数 K，试设计该曲柄摇杆机构。

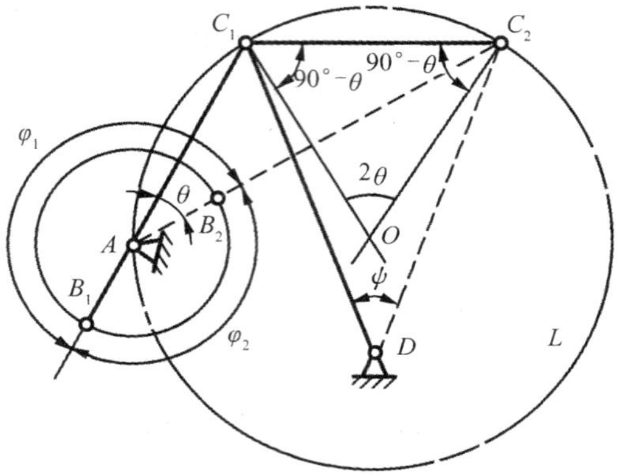

图 3-29 按 K 值设计曲柄摇杆机构

解：该设计的目的就是确定曲柄与机架组成的固定铰链中心 A 的位置，并求出机构中其余 3 个构件的长度 l_{AB}、l_{BC} 和 l_{AD}。其设计步骤如下：

（1）计算极位夹角 θ。根据给定的行程速比系数 K，由式(3-8)计算出极位夹角：

$$\theta=180°\times\frac{K-1}{K+1}$$

（2）画出摇杆的极限位置。任选固定铰链中心 D 的位置，选取适当的长度比例尺 μ_l，按摇杆长度和摆角 ψ 画出摇杆 CD 的 2 个极限位置 C_1D 和 C_2D。

（3）作圆 O。连接 C_1 和 C_2 点，作 $\angle C_2C_1O=\angle C_1C_2O=90°-\theta$，则圆心角 $\angle C_1OC_2=2\theta$。以 O 点为圆心，以 OC_1 为半径作圆 O。

（4）确定曲柄的固定铰链中心 A。在该圆(C_1OC_2)上任意选取一点作为曲柄的固定铰链中心 A，连接 AC_1 和 AC_2，则弦 C_1C_2 对应的圆周角 $\angle C_1AC_2=\theta$，此角即曲柄摇杆机构的极位夹角。固定铰链中心 A 的位置确定，则可以确定机架的长度。

（5）确定曲柄、机架和连架杆的尺寸。由于在极限位置时，曲柄与连杆共线，所以 $AC_1=l_{BC}-l_{AB}$，$AC_2=l_{BC}+l_{AB}$，量得 AC_1 和 AC_2 的长度，从而可得到曲柄 AB 和连架杆 BC 的长度分别为：

$$l_{AB}=\frac{AC_2-AC_1}{2}\mu_l$$

$$l_{BC}=\frac{AC_2+AC_1}{2}\mu_l$$

在这里，因为固定铰链中心 A 的位置是任意确定的，故有无穷多个解。实际工程中可以再根据结构条件或其他的辅助条件，如机架的位置关系等来确定唯一的机构结构尺寸。

（二）曲柄滑块机构

例 3.3 已知偏置曲柄滑块机构(见图 3-30)的行程速度变化系数 K、滑块的行程 H 和偏距 e,试设计此偏置曲柄滑块机构。

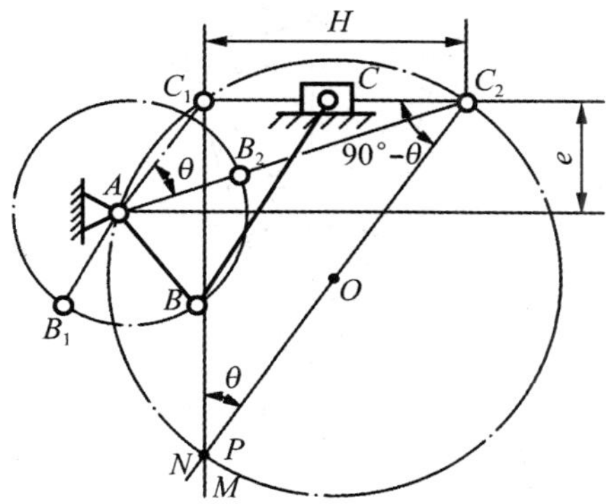

图 3-30 按 K 值设计曲柄滑块机构

解:偏置曲柄滑块机构的设计方法与图 3-29 中曲柄摇杆机构的设计类似,其设计步骤如下:

(1)计算极位夹角 θ。根据给定的行程速度变化系数 K,由式(3-8)计算出极位夹角:

$$\theta=180^\circ\times\frac{K-1}{K+1}$$

(2)确定滑块的极限位置。选取适当的长度比例尺 μ_l,按滑块的行程 H 画出线段 C_1C_2,得到滑块的 2 个极限位置 C_1 和 C_2,如图 3-30 所示。

(3)作$\triangle C_1PC_2$及其外接圆(此处也可以按照上例中设计曲柄摇杆机构时的方法作外接圆)。作$\angle C_1C_2N=90^\circ-\theta$,$\angle C_2C_1M=90^\circ$,则$\angle C_1PC_2=\theta$。以 PC_2 为直径作$\triangle C_1PC_2$ 的外接圆 O。

(4)确定曲柄与机架的固定铰链中心 A。与 C_1C_2 的距离为偏距 e,作 C_1C_2 的平行线,该直线与$\triangle PC_1C_2$ 的外接圆的交点即为曲柄的转动中心点 A。

(5)确定曲柄和连杆的尺寸。方法同曲柄摇杆机构的设计。

(6)在曲柄的运动轨迹上,任取一点 B,按各构件的尺寸画出机构 ABC。图 3-30 即为该机构在某个位置时的运动简图。

三、导杆机构

例 3.4 已知导杆机构(见图 3-31)机架 AD 的长度和行程速度变化系数 K,试设计该导杆机构。

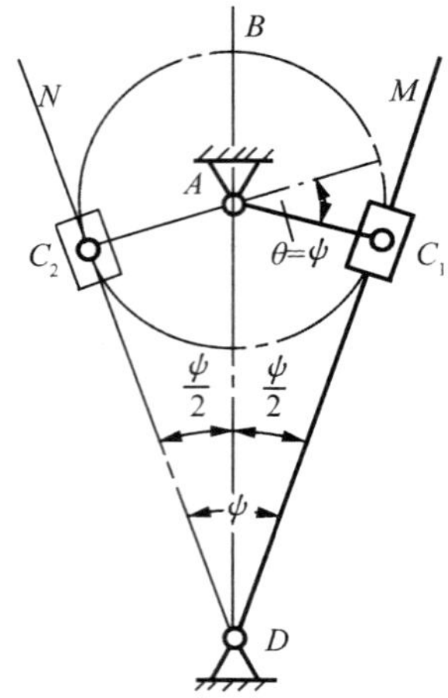

图 3-31　按 K 值设计导杆机构

解：由前面学过的导杆机构的急回特性可知，导杆机构的摆角 ψ 等于曲柄的极位夹角 θ，该设计的实质就是确定曲柄 AC 的长度。其设计步骤如下：

(1)根据给定的行程速度变化系数 K，由式(3-8)计算出极位夹角 θ，也就是摆角 ψ：

$$\theta=\psi=180^\circ\times\frac{K-1}{K+1}$$

(2)任选固定铰链中心 D 的位置，作$\angle MDN=\psi$，确定出导杆的两个极限位置 DM、DN，如图 3-31 所示。

(3)作摆角 ψ 的角平分线 BD，并在角平分线 BD 上选取适当的长度比例尺 μ_l，截取 $AD=l_{AD}/\mu_l$，则得到曲柄的回转中心 A 的位置。

(4)过 A 点作导杆极限位置的垂线 AC_1(或 AC_2)，则曲柄的长度 $l_{AC}=\mu_l AC_1$。机构 AC_1D 即为导杆机构在某一极限位置时的运动简图。

设计导杆机构时，我们常通过改变曲柄的长度来改变摆角 ψ，同时也改变了极位夹角 θ，使行程速度变化系数 K 改变，以满足不同的工作要求。

职业能力训练

训练目标

通过完成本任务，能够根据实际的机构动作要求，设计造型机的翻转机构。

工作流程

分析机构的组成和运动→根据给定的条件作相应的辅助线→确定机构位置→检查、评价。

实施步骤

1. 分析机构的组成和运动

如图 3-27 所示，翻台振实式造型机的翻转机构用 1 个铰链四杆机构来实现翻台的Ⅰ、Ⅱ两个工作位置。位置Ⅰ，砂箱 7 与翻台 8 固连，在振实台 9 上振实造型；然后压力油推动活塞 6，通过连杆 5 使摇杆 4 摆动，将翻台与砂箱翻转到位置Ⅱ；托台 10 上升接触砂箱，解除砂箱与翻台间的紧固连接并起模。

2. 根据已知条件，作辅助线

由于连杆 3 上 B、C 两点的轨迹分别为以 A、D 为圆心的圆弧，所以 A、D 必分别位于 B_1B_2 和 C_1C_2 的垂直平分线上。

如图 3-32 所示，根据给定条件，绘出连杆 3 的 2 个位置 B_1B_2 和 C_1C_2，分别连接 B_1 和 B_2、C_1 和 C_2，并作 B_1B_2 和 C_1C_2 的垂直平分线 b_{12}、c_{12}。

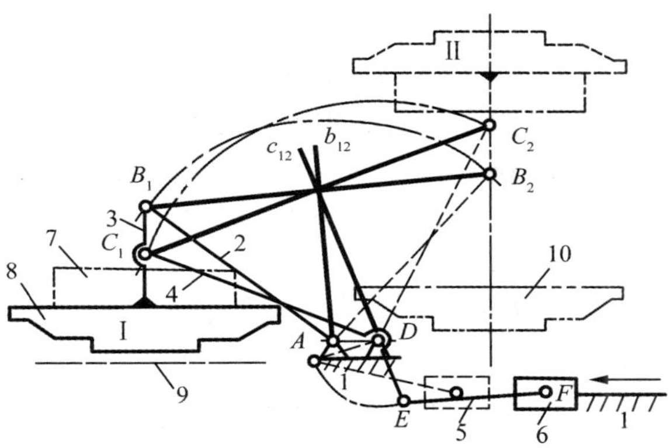

图 3-32

3. 确定机构位置

由于 A 和 D 两点可在 b_{12} 和 c_{12} 两直线上任意选取，故有无穷多解。本机构要求 A、D 两点在同一水平线上，且 $AD=BC$。根据这一附加条件，即可唯一地确定 A、D 的位置，并作出所求的四杆机构 AB_1C_1D。

知识拓展

1. 解析法设计四杆机构

用解析法设计平面四杆机构时，首先要建立方程式，然后根据已知参数对方程式求解。下面用解析法按给定两连架杆对应转角设计实现预期运动规律的四杆机构。

例 3.5 已知连杆 AB 和 CD 的 3 组对应位置 φ_1、ψ_1，φ_2、ψ_2，φ_3、ψ_3，模型如图 3-33 所示，试确定各构件的长度 a、b、c、d。

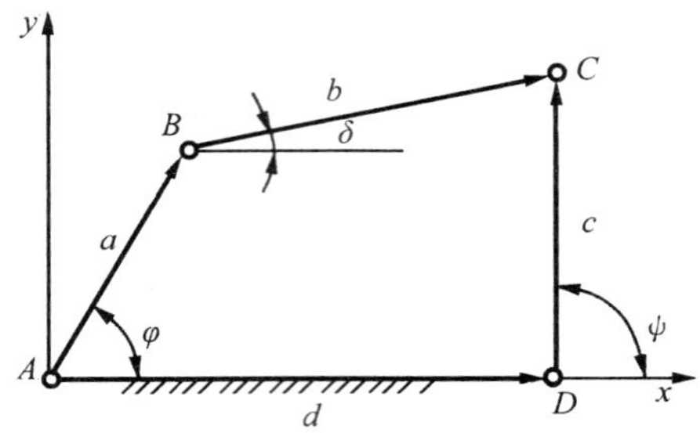

图 3-33　解析法设计平面四杆机构

解：本设计的实质是以机构各构件的尺寸为参数，建立两连架杆转角之间的函数关系式，再根据两连架杆转角对应值解得机构各构件的尺寸。设计步骤如下：

建立坐标系 xAy，将各构件的长度分别向 x、y 轴投影，则有：

$$a\cos\varphi+b\cos\delta=d+c\cos\psi \tag{3-9}$$

$$a\sin\varphi+b\sin\delta=c\sin\psi \tag{3-10}$$

式中，δ 是与本设计无关的量，可以消去。为此把以上两式移项后平方相加，整理得：

$$b^2=a^2+c^2+d^2+2cd\cos\psi-2ad\cos\varphi-2ac\cos(\varphi-\psi) \tag{3-11}$$

令

$$\left.\begin{aligned}R_1&=(a^2+d^2+c^2-b^2)/2ac\\R_2&=d/c\\R_3&=d/a\end{aligned}\right\} \tag{3-12}$$

则式(3-11)变化为：

$$R_1-R_2\cos\varphi+R_3\cos\psi=\cos(\varphi-\psi) \tag{3-13}$$

即(3-13)为平面铰链四杆机构的角位置方程，其中 R_1、R_2、R_3 为待定的参数，将已知的 3 组对应角位置数值分别代入式中，联立求解方程组可得 R_1、R_2、R_3 这 3 个待定的参数。如果确定了机架的结构尺寸，则通过式(3-12)可解得其他各构件的结构尺寸。

2. 实验法设计四杆机构

四杆机构运动时，连杆做平面运动，其上任一点都能描绘出一条封闭曲线，该曲线称为连杆曲线。连杆曲线的形状随点在连杆上的位置和各构件相对长度的不同而不同。为了方便设计，常借用已汇编成册的连杆曲线图谱，根据预定运动轨迹从图谱中选择形状相近的曲线，同时查得机构各杆尺寸及描述点在连杆平面上的位置，再用缩放仪求出图谱曲线与所需轨迹曲线的缩放倍数，即可求得四杆机构的结构及运动尺寸。图 3-34 所示即为连杆曲线图谱之一。

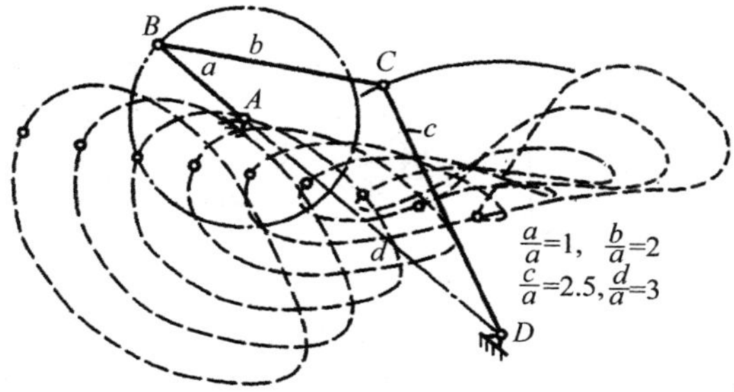

图 3-34 连杆曲线图谱

同步测试

3.1 铰链四杆机构有哪几种类型？如何判别？它们各有什么运动特点？

3.2 判断下列概念是否正确，若不正确，请改正。

(1)极位夹角就是从动件在两个极限位置的夹角。

(2)压力角就是作用于构件上的力和速度的夹角。

(3)传动角就是连杆与从动件的夹角。

3.3 加大四杆机构原动件的驱动力，能否使该机构越过死点位置？应采用什么方法越过死点位置？

3.4 根据图 3-35 中注明的尺寸，判别各四杆机构的类型。

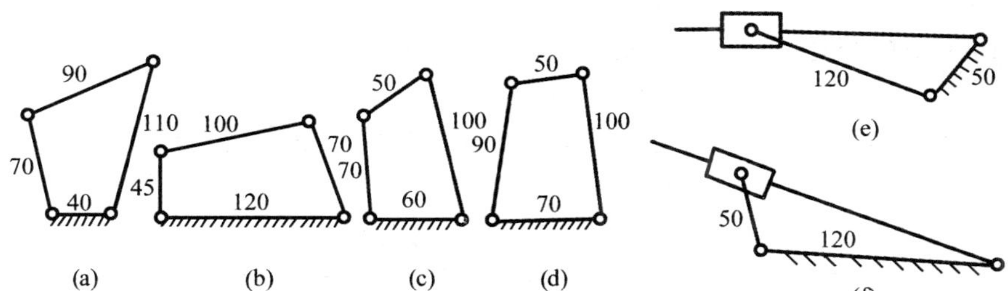

图 3-35

3.5 在图 3-36 所示的各四杆机构中，原动件 1 做匀速顺时针转动，从动件 3 由左向右运动时：

(1)作出各机构的极限位置图，并量出从动件的行程。

(2)计算各机构的行程速度变化系数。

(3)作出各机构出现最小传动角(或最大压力角)时的位置图，并量出其大小。

3.6 在图 3-36 所示的各四杆机构中，若构件 3 为原动件、构件 1 为从动件，试作出该机构的死点位置。

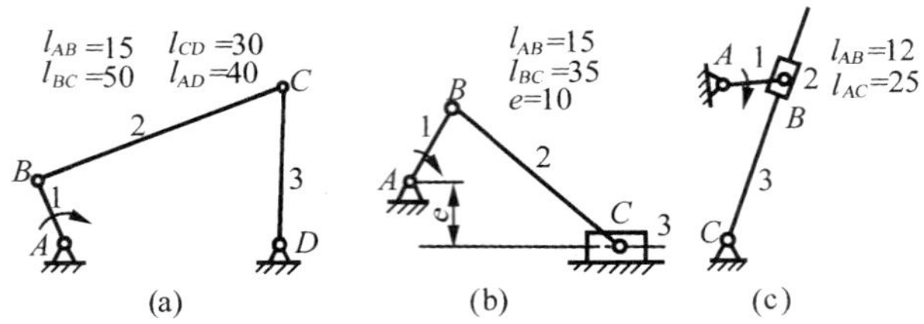

图 3-36

3.7 在图 3-37 所示的铰链四杆机构 $ABCD$ 中，AB 长为 a，欲使该机构成为曲柄摇杆机构、双摇杆机构，a 的取值范围分别应为多少？

3.8 在图 3-38 所示的偏置曲柄滑块机构中，已知行程速度变化系数 $K=1.5$，滑块行程 $H=50\text{mm}$，偏距 $e=20\text{mm}$，试用图解法求：

(1)曲柄长度和连杆长度。

(2)曲柄原主动件时机构的最大压力角和最大传动角。

(3)滑块原主动件时机构的死点位置。

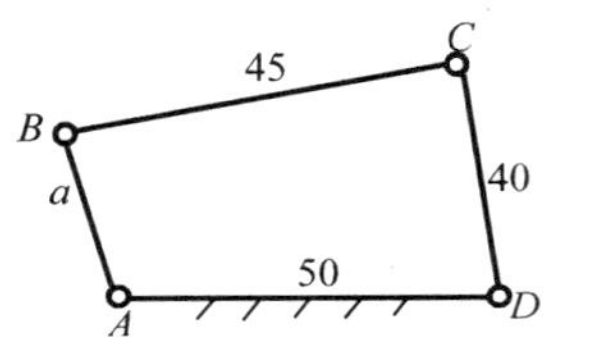

图 3-37

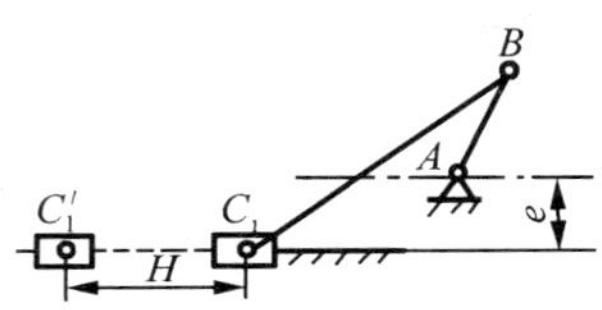

图 3-38

3.9 设计一加热炉门启闭机构。如图 3-39 所示，已知炉门上两活动铰链的中心距为 500mm，炉门打开时，门面(温度高的一面)朝上，固定铰链设在垂直线 yy 上，其余尺寸如图所示。

3.10 设计一牛头刨床刨刀驱动机构。如图 3-40 所示，已知 $l_{AC}=300\text{mm}$，行程 $H=450\text{mm}$，行程速度变化系数 $K=2$。

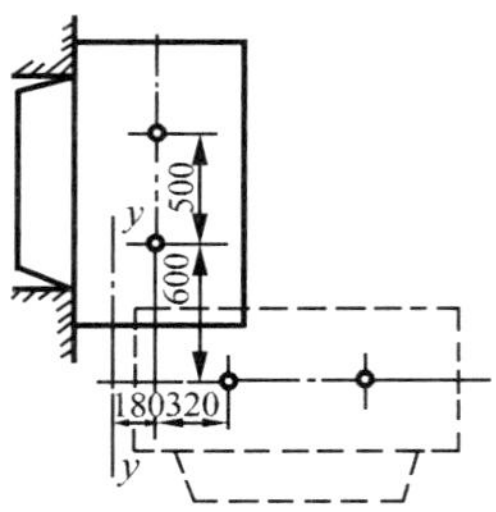

图 3-39

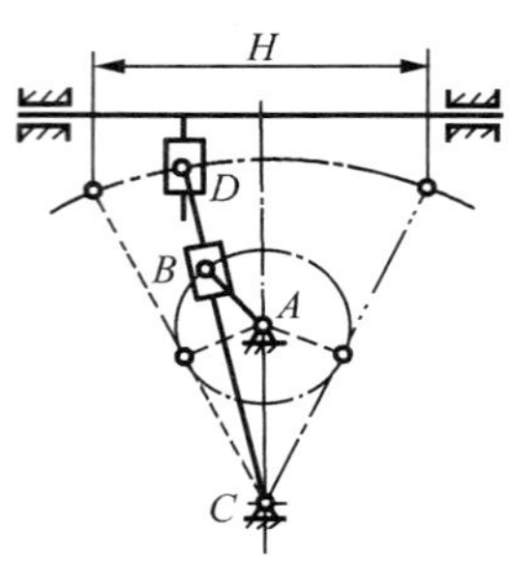

图 3-40

项目四　凸轮机构

知识目标

◆掌握凸轮机构的分类及其应用。
◆了解凸轮机构中从动件常用的运动规律。
◆掌握图解法设计凸轮轮廓的方法。
◆了解凸轮机构设计中凸轮机构压力角、基圆半径及偏距、滚子半径等问题。

能力目标

◆能够分析凸轮机构中从动件常用的运动规律。
◆能够用图解法绘制凸轮机构的轮廓曲线。

引导案例

凸轮是一种具有曲线或曲面轮廓的构件。凸轮机构是一种常用的传动机构，被广泛应用于自动化机械中。为使机器执行构件按照预定的位移、速度和加速度规律运动，特别是为使执行构件做间歇运动，较为简单的解决方法就是采用凸轮机构。凸轮机构是将凸轮的连续转动或移动，转化为从动件的往复移动或摆动，是一种常见的高副机构，只要设计出适当的凸轮轮廓曲线，就可以使从动件实现预定的运动规律。

任务一　凸轮机构的认识

任务描述

凸轮机构的类型很多，通常可按凸轮的形状、从动件端部的结构、从动件的运动形式等分类。本任务要求学生通过几个常见的凸轮机构认识凸轮，然后了解凸轮的分类，掌握凸轮机构的特点，并熟悉各种类型的凸轮在工程实际中的应用。

知识准备

一、凸轮机构的组成

凸轮机构是由凸轮、从动件和机架 3 个基本构件组成的高副机构。凸轮是 1 个具有曲线轮廓或凹槽的构件，一般为原动件，做等速回转运动或往复直线运动。

二、凸轮机构的类型

工程实际中所使用的凸轮机构类型多种多样，常用的分类方法有以下几种：

(一)按照凸轮的形状分类

1. 盘形凸轮

这种凸轮是一个绕固定轴转动并且具有变化向径的盘形零件，当其绕固定轴转动时，可推动从动件在垂直于凸轮转轴的平面内运动。它是凸轮的最基本形式，结构简单，应用最广。图 4-1 所示内燃机配气机构即为典型的盘形凸轮形式。凸轮 1 做等速转动，通过弹簧 2 的辅助作用，可使气门杆 4 按预期规律做上、下往复移动，从而达到控制气阀开闭的目的。

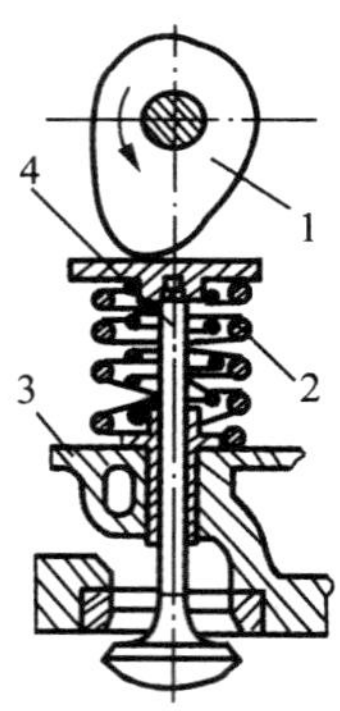

图 4-1　内燃机配气机构

1—凸轮　2—弹簧　3—机架　4—气门杆

2. 移动凸轮

当盘形凸轮的转轴位于无穷远处时，就演化成了移动凸轮(或楔形凸轮)。凸轮呈板状，它相对于机架做直线移动。图 4-2 所示为靠模车削手柄装置。工件 1 回转时，移动凸轮(靠模板)3 和工件一起向右做纵向移动，由于移动凸轮的曲线轮廓的推动，从动件(刀架)2 带着车刀按一定规律做横向移动，从而车削出具有凸轮表面形状的手柄。移动凸轮机构多用于靠模仿形机械中。

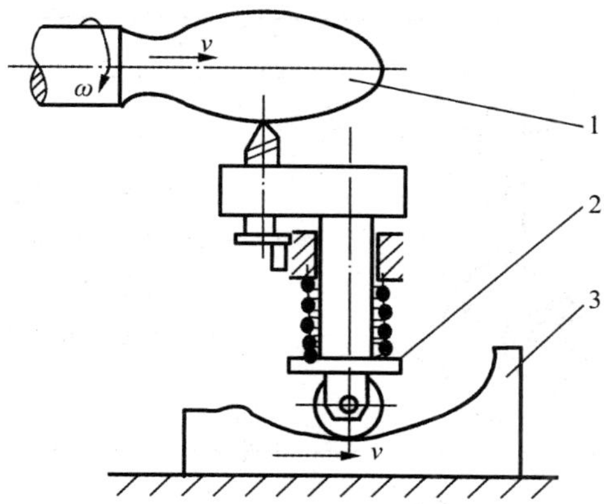

图 4-2 靠模车削机构

1—工件 2—从动件(刀架) 3—移动凸轮(靠模板)

在以上 2 种凸轮机构中,凸轮与从动件之间的相对运动均为平面运动,故又统称为平面凸轮机构。

3. 圆柱凸轮

如果将移动凸轮卷成圆柱体,即演化成圆柱凸轮。在这种凸轮机构中,凸轮与从动件之间的相对运动是空间运动,故属于空间凸轮机构。图 4-3 所示为自动送料机构,带凹槽的圆柱凸轮 1 做等速转动,槽中的滚子带动从动件 2 做往复移动,将工件推至指定的位置从而完成自动送料任务。

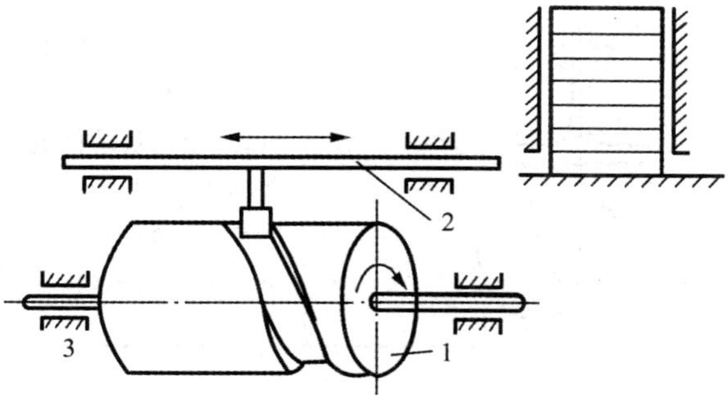

图 4-3 自动送料机构

1—凸轮 2—从动件 3—机架

(二)按照从动件的形状分类

按照从动件端部的结构,可分为尖顶从动件、曲面从动件、滚子从动件和平底从动件 4 种,如表 4-1 所示。

表 4-1　　凸轮从动件按端部结构分类

名称	图形	说明
尖端从动件	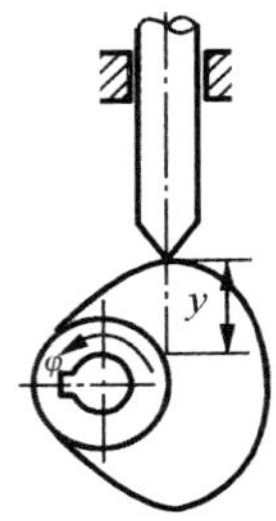	从动件的尖端能够与任意复杂的凸轮轮廓保持接触，从而使从动件实现任意的运动规律。这种从动件结构最简单，但尖端处易磨损，故只适用于速度较低和传力不大的场合
曲面从动件	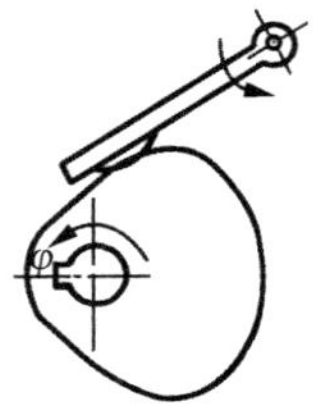	为了克服尖端从动件的缺点，可以把从动件的端部做成曲面，称为曲面从动件。这种结构形式的从动件在生产中应用较多
滚子从动件	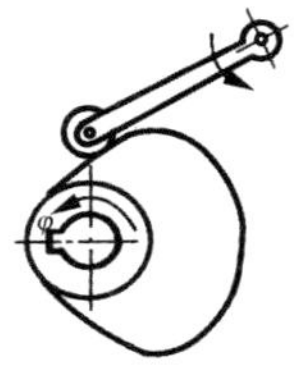	为减小摩擦磨损，在从动件端部安装一个滚轮，把从动件与凸轮之间的滑动摩擦变成滚动摩擦，因此摩擦磨损较小，可用来传递较大的动力，故这种形式的从动件应用很广
平底从动件	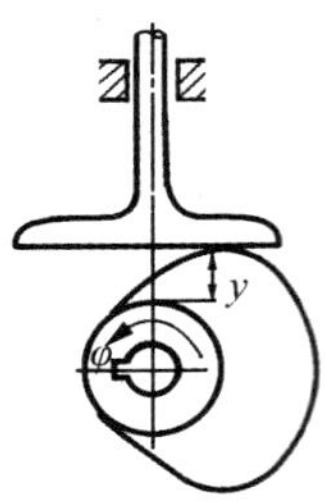	从动件与凸轮轮廓之间为线接触，接触处易形成油膜，润滑状况好。此外，在不计摩擦时，凸轮对从动件的作用力始终垂直于从动件的平底，受力平稳，传动效率高，常用于高速场合。缺点是与之配合的凸轮轮廓必须全部为外凸形状

（三）按照从动件的运动形式分类

按照从动件的运动形式，可分为直动从动件和摆动从动件凸轮机构。图 4-4(a)(b)(c)所示为直动从动件，图 4-4 (d)(e)(f)所示为相应的摆动从动件。

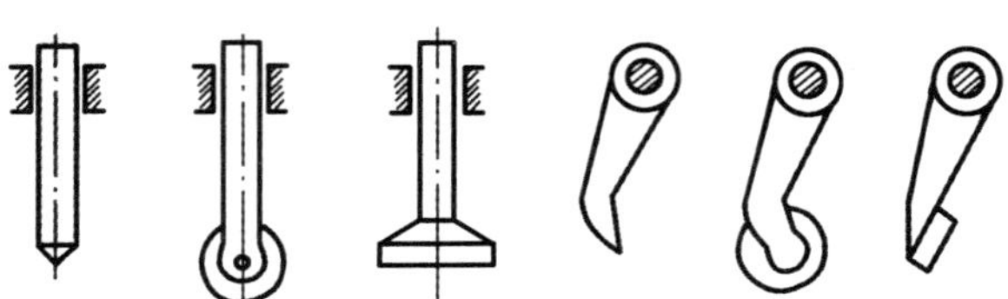

(a)　(b)　(c)　(d)　(e)　(f)

图 4-4　从动件的类型

在直动从动件盘形凸轮机构中，当从动件的中心线通过凸轮的转动中心时，称为对心直动从动件盘形凸轮机构，如图 4-5(a)所示。当从动件的中心线不通过凸轮的转动中心时，称为偏置直动从动件盘形凸轮机构，从动件的中心线偏离凸轮转动中心的距离称为偏距，用 e 表示，如图 4-5(b)所示。

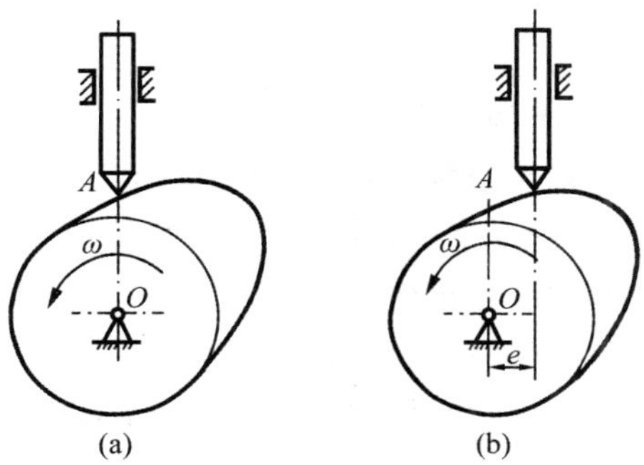

图 4-5　对心和偏置直动从动件盘形凸轮机构

(四)按凸轮与从动件维持高副接触的方法分类

1. 力锁合型凸轮机构

所谓“力锁合型”，是指利用重力、弹簧力或其他外力使从动件与凸轮轮廓始终保持接触。

2. 形锁合型凸轮机构

所谓“形锁合型”，是指利用高副元素本身的几何形状使从动件与凸轮轮廓始终保持接触。

凸轮常见的锁合方式如表 4-2 所示。

表 4-2　　凸轮常见的锁合方式

力锁合	形锁合			
利用弹簧	槽道凸轮	等宽凸轮	等径凸轮	主回凸轮
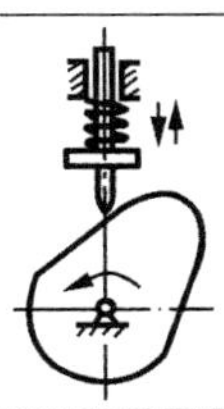		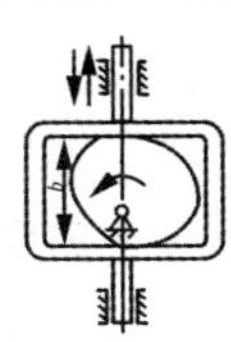	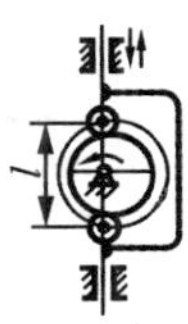	

以上介绍了凸轮机构的几种分类方法。将不同类型的凸轮和从动件组合起来，就可以得到各种不同形式的凸轮机构。设计时，可根据工作要求和使用场合的不同加以选择。

三、凸轮机构的特点

1. 凸轮机构的优点

凸轮机构的结构简单、紧凑，具有很少的活动构件，占据空间小。最大优点是对于任意要求的从动件运动规律，都可以毫无困难地设计出凸轮廓线来实现。

2. 凸轮机构的缺点

由于是高副接触，凸轮机构易磨损，因此多用于传力不大的场合。

四、凸轮机构的应用

1. 实现无特定运动规律要求的工作行程

应用实例：车床床头箱中利用凸轮机构实现变速操纵。

2. 实现有特定运动规律要求的工作行程

应用实例：自动机床中利用凸轮机构实现进刀、退刀。

3. 实现对运动和动力特性有特殊要求的工作行程

应用实例：船用柴油机中利用凸轮机构控制阀门的启闭。

4. 实现复杂的运动轨迹

应用实例：印刷机中利用凸轮机构适当组合实现吸纸吸头的复杂运动轨迹。

知识拓展

凸轮机构在各种机构中的应用非常广泛，下面我们重点介绍几种应用实例。

图 4-6 所示为糖果包装剪切机构，它采用了凸轮—连杆机构，槽凸轮 1 绕定轴 B 转动，摇杆 2 与机架铰接于 A 点。构件 5 和 6 与构件 2 组成转动副 D 和 C，与构件 3 和 4（剪刀）组成转动副 E 和 F。构件 3 和 4 绕定轴 K 转动。凸轮 1 转动时，通过构件 2，5 和 6，使剪刀打开或关闭。

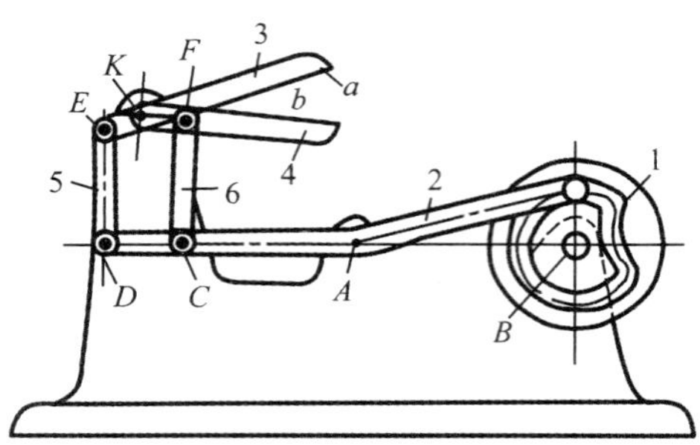

图 4-6　糖果包装剪切机构

图 4-7 所示为由 2 个凸轮组合的糖果生产设备中的顶糖、接糖机构，通过平面槽凸轮机构 1 带动顶糖杆 2 将糖块 3 顶起，由圆柱凸轮机构 5 控制接糖杆 4 的动作，完成接糖工作。

图 4-8 所示为缝纫机挑线机构，凸轮 1 为圆柱凸轮，凸轮转动时，带动从动件 2 绕 O 点摆动，完成挑线。

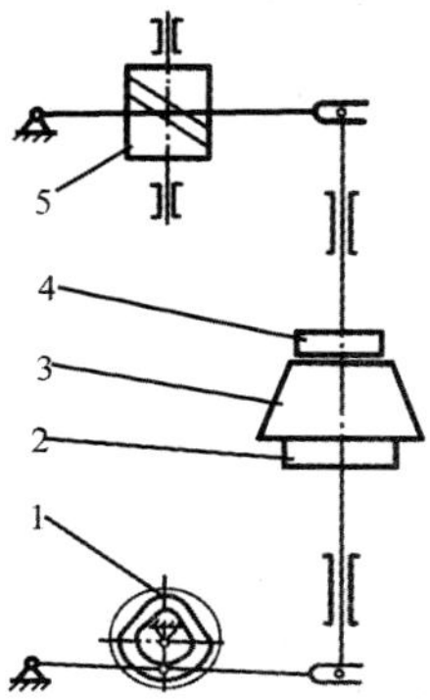

图 4-7 顶糖、接糖机构

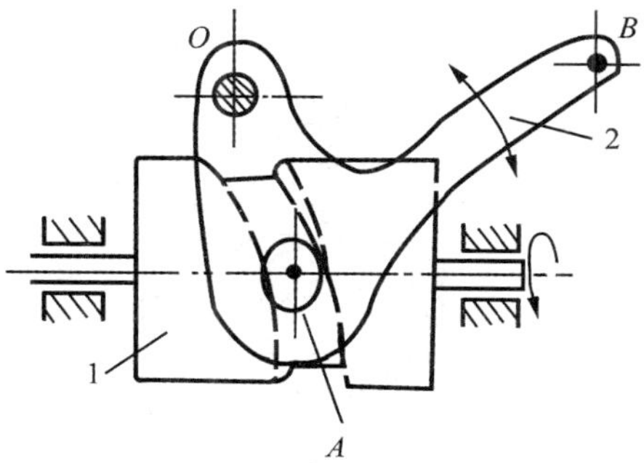

图 4-8 缝纫机挑线机构

任务二 凸轮机构的运动特性

任务描述

凸轮机构从动件的运动规律取决于凸轮的轮廓曲线，要使凸轮从动件实现既定运动规律，需要设计凸轮的基本参数。在这里，我们需要学习凸轮的基本尺寸和运动参数，同时掌握几种凸轮机构从动件的常用运动规律及特性。不同的运动规律对凸轮机构的工作性能有很大的影响，因此，在设计凸轮机构时，要合理地选择从动件的运动规律。试完成简谐运动规律（余弦加速度运动规律）图的绘制。

知识准备

一、凸轮机构的运动分析

图 4-9(a)所示为一对心直动尖顶推杆盘形凸轮机构。图中，以凸轮的回转轴心 O 为圆心，以凸轮的最小半径 r_b 为半径所作的圆称为凸轮的基圆，r_b 称为基圆半径。图示凸轮的轮廓由 AB、BC、CD 及 DA 四段曲线组成，而且 BC、DA 两段为圆弧。设点 A 为凸轮廓线的起始点，当凸轮与推杆在点 A 接触时，推杆处于最低位置。当凸轮以等角速度 ω 逆时针转动时，推杆在凸轮廓线 AB 段的推动下，将由最低位置被推到最高位置 B，推杆运动的这一过程称为推程，而凸轮相应的转角 φ_0 称为推程运动角。凸轮再继续转动，当推杆与凸轮廓线的 BC 段接触时，由于 BC 段为以凸轮轴心 O 为圆心的圆弧，所以推杆将处于最高位置而静止不动，此过程称为远休，而此过程中凸轮相应的转角 φ_1 称为远休止角。当推杆与凸轮廓线的 CD 段接触时，它又由最高位置回到最低位置，推杆运动的这一过程称为回程，而凸轮相应的转角 φ_2 称为回程运动角。最后，当推杆与凸轮廓线 DA 段接触时，由于 DA 段为以凸轮轴心 O 为圆心的圆弧，所以推杆将在最低位置静止不动，这

一过程称为近休，而凸轮相应的转角 φ_3 称为近休止角。凸轮再继续转动时，推杆又重复上述过程。推杆在推程或回程中移动的距离 h 称为推杆的行程。

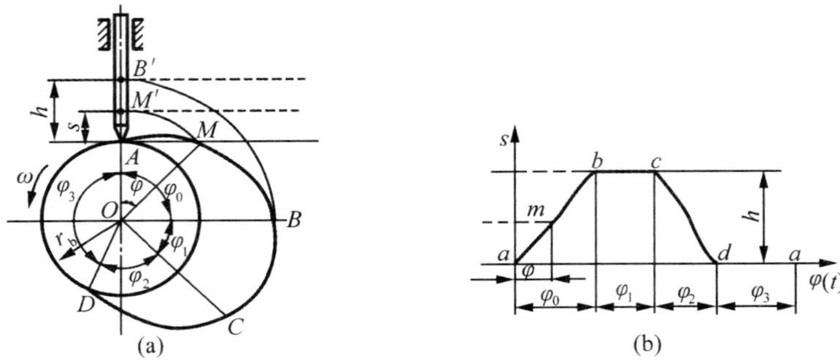

图 4-9　对心直动尖顶推杆盘形凸轮机构的运动过程

由以上分析可知，凸轮转过一圈，机构完成一个工作循环。在凸轮机构的一个运动循环中，凸轮以等角速度 ω 转动一周，从动件则完成一个“升—停—降—停”的运动循环，而且凸轮的转角存在着下面的关系：

$$\varphi_0+\varphi_1+\varphi_2+\varphi_3=2\pi \tag{4-1}$$

二、从动件的运动规律

上述过程可以用从动件的位移曲线来描述。以从动件的位移 s 为纵坐标，对应的凸轮转角 φ 为横坐标(因凸轮通常等角速度转动，故也可以时间作为横坐标)，将凸轮转角或时间与对应的从动件位移之间的函数关系用曲线表达出来的图形称为从动件的位移线图，如图 4-9(b)所示。由于凸轮以等角速度 ω 做等速转动，因此在凸轮运动的任意瞬时，凸轮的转角与转动时间 t 呈线性关系，即 $\varphi=\omega t$。

从动件的运动规律指从动件在运动过程中，其位移 s、速度 v、加速度 a 随时间 t(或凸轮转角)的变化规律。对于直动从动件来说，存在着如下的函数关系：

$$\begin{cases} s=s(\varphi) \\ v=v(\varphi) \\ a=a(\varphi) \end{cases} \tag{4-2}$$

(一)从动件常用的运动规律

凸轮的轮廓形状决定了从动件的运动规律。在工程使用中，根据凸轮的使用要求来确定从动件的运动规律。所以，根据实际要求的从动件运动规律所设计的凸轮的轮廓曲线，完全能实现预期的生产要求。

常用的从动件运动规律有等速运动规律、等加速等减速运动规律、简谐运动规律等。

1. 等速运动规律

从动件推程或回程的运动速度为常数的运动规律，称为等速运动规律。其运动线图如图 4-10 所示。

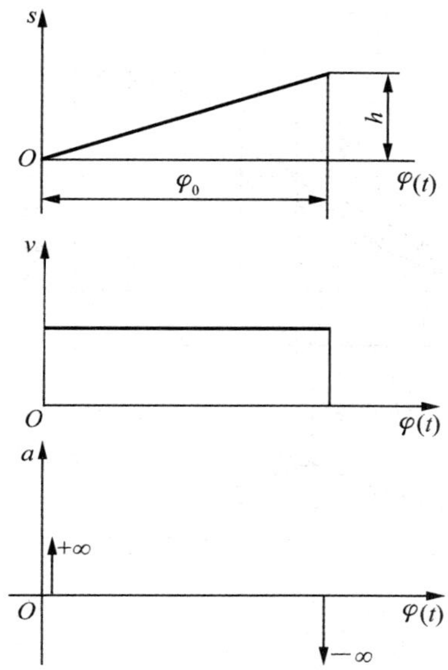

图 4-10 等速运动线图

根据数学知识可知，由于速度 v 为常数，因此从动件的位移 s 与凸轮的转角 φ 之间的函数关系是一次函数，其位移曲线是一条斜直线。从动件推程时的位移方程可表示为：

$$s=\frac{h}{\varphi_0}\varphi \tag{4-3}$$

由图 4-10 可知，推杆在运动开始和终止的瞬时，因速度有突变，所以这时推杆的加速度在理论上将出现瞬时的无穷大值，致使推杆突然产生非常大的惯性力，因而使凸轮机构受到极大的冲击，这种冲击称为刚性冲击。因此，等速运动规律只适用于低速、轻载的场合。

2. 等加速等减速运动规律

从动件在一个行程中，前半行程做等加速运动，后半行程做等减速运动，这种运动规律称为等加速等减速运动规律。通常，加速度和减速度的绝对值相等，其运动线图如图4-11所示。

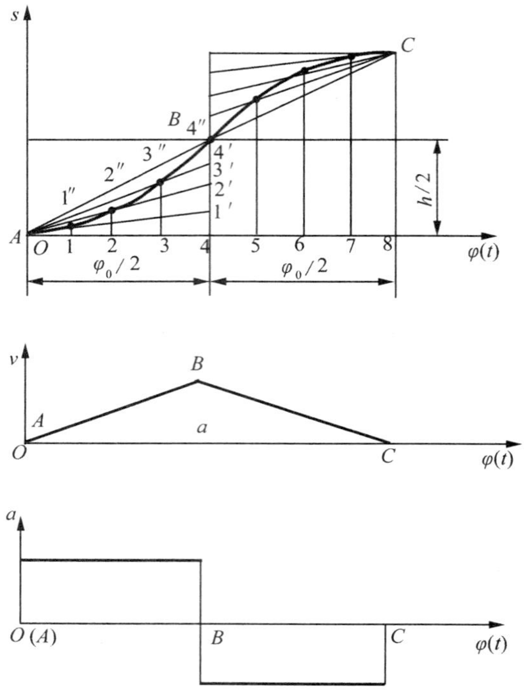

图 4-11　等加速等减速运动线图

从动件的位移 s 与凸轮的转角 φ 之间的函数关系是二次函数，是一条抛物线。从动件推程时的位移方程可表示为：

前半行程：

$$s=\frac{2h}{\varphi_0^2}\varphi^2 \tag{4-4}$$

后半行程：

$$s=h-\frac{2h}{\varphi_0^2}(\varphi_0-\varphi)^2 \tag{4-5}$$

等加速等减速位移线图的作图步骤如下：

(1)在横坐标轴上作出凸轮与行程 h 对应的推程角 φ_0，将其也分成相等的两部分。

(2)取长度比例尺 μ_l，在横坐标 $\varphi_0/2$ 处沿纵坐标作出从动件的行程 h，并将其分成相等的两部分。

(3)将 $\varphi_0/2$ 分为若干等份(图中分为四等份)，得到 1,2,3,4 各点，过这些分点分别作横坐标轴的垂直线。

(4)将 $h/2$ 分为若干等份(图中分为四等份)，得到 $1'$,$2'$,$3'$,$4'$各点。

(5)将坐标原点 O 分别与点 $1'$,$2'$,$3'$,$4'$相连，得到连线 $O1'$,$O2'$,$O3'$和 $O4'$。各连线与相应的垂线分别交于点 $1''$,$2''$,$3''$和 $4''$，将点 O,$1''$,$2''$,$3''$和 $4''$连成光滑的曲线，即为前半行程的等加速运动的位移线图。

(6)在右方按照类似的方法，可画出后半行程等减速运动规律的位移线图，只是抛物线的开口方向向下。

图中，A 点为从动件升程的起始点，B 点为从动件等加速运动区间和等减速运动区间的连接点，C 点为升程的终止点。由运动线图可知，这种运动规律的加速度在 A、B、C 三处存在有限的突变，因而会在机构中产生有限的冲击，即柔性冲击。与等速运动规律相比，其冲击程度大为减小。因此，等加速等减速运动规律适用于中速、中载的场合。

（二）从动件运动规律的选择

在选择从动件运动规律时，首先应满足机构的工作要求，同时要考虑使凸轮机构具有良好的工作性能。在满足工作要求的前提下，还应考虑凸轮轮廓曲线的加工制造。

在选择从动件运动规律时，一般应从机构的冲击情况、从动件的最大速度 v_{max} 和最大加速度 a_{max} 三方面对各种运动规律的特性进行比较。

对于质量较大的从动件，应选择 v_{max} 较小的运动规律。从动件的 v_{max} 反映了从动件最大冲量的大小，在启动、停车或突然制动时会产生很大的冲击。因此，从动件的 v_{max} 要尽量小。对于高速凸轮机构，最大加速度 a_{max} 不宜太大。最大加速度 a_{max} 反映从动件惯性的大小，最大加速度 a_{max} 越大，惯性力就越大。因此，从动件的最大加速度 a_{max} 要尽量小。

各种不同的运动规律在实际选用时，可根据机器工作时的运动要求来确定。如机床中控制刀架进刀的凸轮机构，要求刀架进刀时做等速运动，则从动件应选择等速运动规律。至于行程始末端，可以通过拼接其他运动规律的曲线来消除冲击。对无一定运动要求，只需要从动件有一定位移量的凸轮机构，如夹紧送料等凸轮机构，可只考虑加工方便，采用圆弧、直线等组成的凸轮轮廓。对于高速机构，应减小惯性力、改善动力性能，可选用改进型的运动规律。

职业能力训练

训练目标

通过凸轮从动件运动规律的学习，完成简谐运动规律（余弦加速度运动规律）图的绘制。

工作流程

确定凸轮运动规律→分析凸轮简谐运动规律→厘清从动件运动位移表示方法→确定从动件位移方程→根据图解法作出简谐运动规律图→检查、评价。

实施步骤

当一质点在圆周上做匀速运动时，它在该圆直径上投影的运动规律称为简谐运动。因其加速度运动曲线为余弦曲线，故也称余弦加速度运动规律，从动件的加速度为 1/2 个周期的余弦曲线，其运动规律的运动线图如图 4-12 所示。

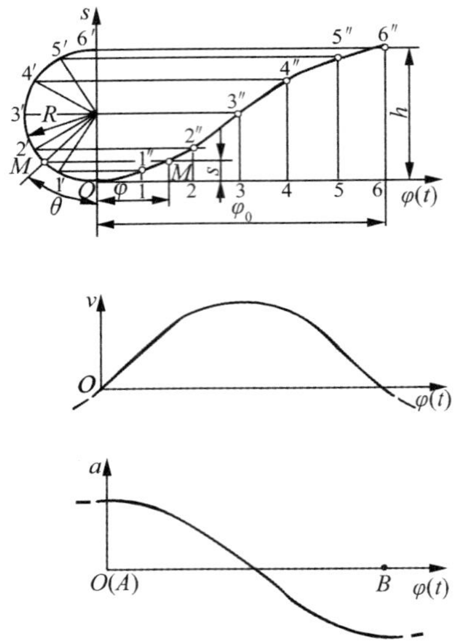

图 4-12　简谐运动规律的运动线图

从动件推程时的位移方程可表示为：

$$s=\frac{h}{2}\left[1-\cos\left(\frac{\pi}{\varphi_0}\varphi\right)\right] \tag{4-6}$$

推程时从动件的位移线图的作图步骤如下：

(1)在横坐标轴上作出凸轮与行程 h 对应的推程角 φ_0，将其分成若干等份(图中分为六等份)，得到分点 1，2，…，6，过这些分点作横坐标轴的垂直线。

(2)取长度比例尺 μ_l，在纵坐标轴上作出从动件的行程 h。

(3)以行程 h 为直径作半圆。

(4)将半圆分成若干等份(图中分为六等份)，得到分点 $1'$，$2'$，…，$6'$，过这些分点作纵坐标轴的垂直线并延长，与上述各点对应的横坐标轴的垂直线分别交于点 $1''$，$2''$，…，$6''$，将这些交点连成光滑的曲线，即为余弦加速度运动的位移线图。

由加速度线图可知，此运动规律在行程的始末两点加速度存在有限突变，故也存在柔性冲击，只适用于中速场合。但当从动件做无停歇的"升—降—升"连续往复运动时，则得到连续的余弦曲线，柔性冲击被消除，这种情况下可用于高速场合。

知识拓展

以上介绍了从动件常用的运动规律，实际生产中还有更多的运动规律，如摆线运动规律(正弦加速度运动规律)、复杂多项式运动规律、改进型运动规律等。

当一圆沿纵轴做匀速纯滚动时，圆周上某定点 A 的运动轨迹为一摆线，而定点 A 运动时在纵轴上投影的运动规律即为摆线运动规律。因其加速度按正弦曲线变化，故又称正弦加速度运动规律，其运动规律的运动线图如图 4-13 所示。

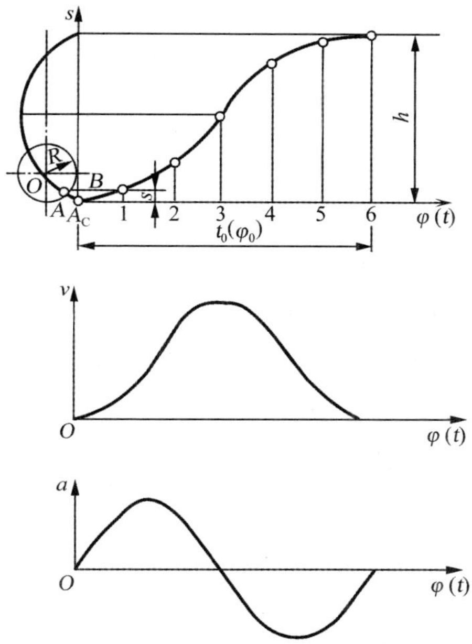

图 4-13 摆线运动规律的运动线图

从动件按正弦加速度规律运动时，在全行程中无速度和加速度的突变，因此不产生冲击，适用于高速场合。

了解从动件的运动规律，便于我们在设计凸轮机构时，根据机器的工作要求进行合理选择。

任务三 盘形凸轮轮廓曲线的设计

任务描述

当根据工作要求确定了凸轮机构的类型，并按照结构所允许的空间尺寸确定了基圆大小后，就可以根据从动件的运动规律进行凸轮轮廓的设计了。凸轮的轮廓曲线决定从动件的运动规律，只要设计出适当的凸轮轮廓曲线，就可以使从动件实现任意的运动规律。我们常采用图解法按照给定的基本参数和从动件运动规律，利用反转原理进行凸轮轮廓曲线的设计。试设计一对心直动滚子从动件盘形凸轮轮廓，使凸轮以等角速度 ω 按顺时针方向转动，基圆半径 $r_b=35\text{mm}$，$h=20\text{mm}$，从动件的运动规律如表 4-3 所示。

表 4-3　　从动件的运动规律

凸轮转角 φ	0°～180°	180°～210°	210°～300°	300°～360°
从动件的运动规律	等加速等减速上升	停止不动	等速下降回到原处	停止不动

知识准备

如果已经根据工作要求和结构条件选定了凸轮机构的类型，并已决定了凸轮的基圆半径等基本尺寸。那么，在选定了推杆的运动规律和凸轮的转向之后，就可进行凸轮轮廓曲线的设计了。

一、凸轮廓线设计方法的基本原理

无论是采用图解法还是解析法来设计凸轮轮廓曲线，其所依据的基本原理都是相同的。为了说明凸轮廓线设计方法的基本原理，现对一已有的凸轮机构进行分析。

如图 4-14 所示，当凸轮以角速度 ω 绕轴 O 转动时，推杆在凸轮的高副元素（轮廓曲线）的推动下实现预期的运动。现设想给整个凸轮机构加上一个公共角速度 $-\omega$，使其绕轴心 O 转动。显然，这时凸轮与推杆之间的相对运动并未改变，但此时凸轮将静止不动，而推杆则一方面随其导轨以角速度 ω 绕轴心 O 转动，一方面又在导轨内做预期的往复移动。显然，推杆在这种复合运动中，其尖顶的运动轨迹即为凸轮轮廓曲线。

根据上述分析，在设计凸轮廓线时，可假设凸轮静止不动，而使推杆不仅相对于凸轮做反转运动，同时又在其导轨内做预期运动，作出推杆在这种复合运动中的一系列位置，则其尖顶的轨迹就是所要求的凸轮廓线。这就是凸轮廓线设计方法的基本原理。这种设计凸轮廓线的方法称为反转法。

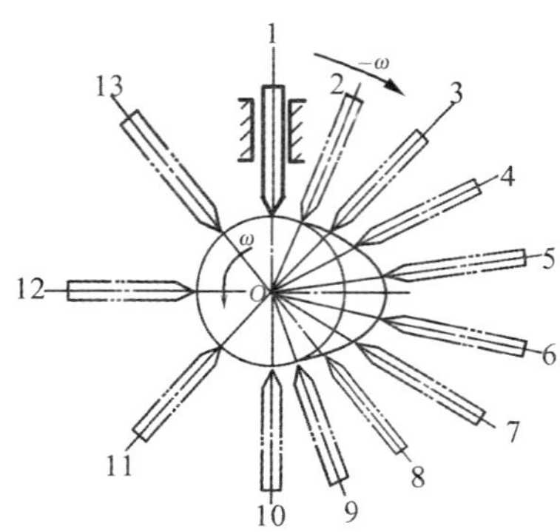

图 4-14　反转法原理

二、用作图法设计凸轮廓线

（一）对心直动尖顶推杆盘形凸轮机构

图 4-15 所示为一对心直动尖顶推杆盘形凸轮机构。凸轮以等角速度 ω 按顺时针方向转动，基圆半径 r_b＝35mm，h＝20mm，从动件的运动规律如表 4-3 所示。设计步骤如下：

(1)选取适当比例尺作位移线图。在横坐标上将推程角 180°进行 4 等分、将回程角 90°进行 4 等分,得分点 1,2,…,9,休止角不必取分点;在纵轴上按长度比例尺据已知运动规律作位移线图,如图 4-15(b)所示。

(2)作基圆,取分点。任取一点 O 为圆心,以点 C_0 为从动件尖顶的最低点,由长度比例尺取 $r_b=35mm$ 作基圆。从 C_0 点开始,按 ω 方向取推程角、回程角和近休止角,并分成与位移线图对应的相同等份,得分点 $C_1,C_2,\cdots,C_9$。

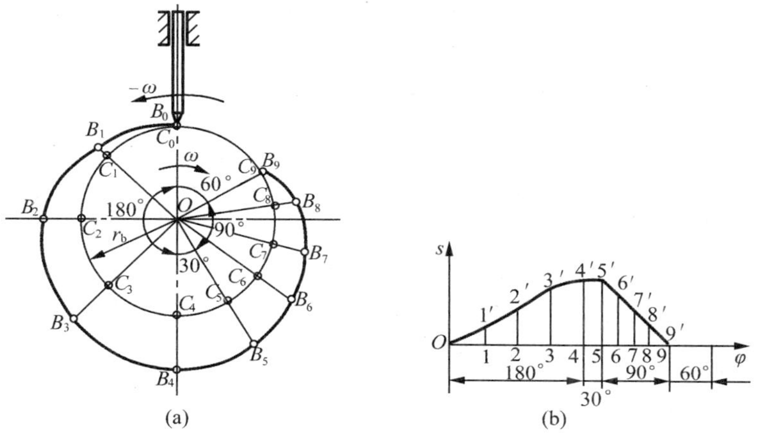

图 4-15 对心直动尖顶推杆盘形凸轮轮廓的设计

(3)分别作向径 $OC_1,OC_2,\cdots,OC_9$,并延长各向径,各向径代表从动件在反转过程中依次对应的位置。然后在各向径延长线上量取与位移线图相对应位置的从动件的位移量,即 $C_1B_1=11'$,$C_2B_2=22'$,…,$C_9B_9=99'$,得反转后尖顶的一系列位置 $B_1,B_2,\cdots,B_9$,B_9 和 C_9 重合。

(4)画轮廓曲线。将 $B_0,B_1,B_2,\cdots,B_9$ 连接为光滑曲线,即得所求的凸轮轮廓曲线,如图 4-15(a)所示。

(二)对心直动滚子从动件盘形凸轮机构

如图 4-16 所示,设计这种凸轮机构的凸轮廓线时,可先按前述方法定出滚子中心 A 在推杆复合运动中依次占据的位置 1′,2′,3′…然后再以点 A,1′,2′,3′…为圆心,以滚子半径 r_T 为半径,作一系列的圆,再作此圆族的包络线,即为凸轮的轮廓曲线。通常把滚子中心 A 在复合运动中的轨迹 β_0 称为凸轮的理论廓线。而把与滚子直接接触的凸轮廓线 β 称为凸轮的工作廓线或实际廓线。凸轮的基圆半径通常系指理论廓线的基圆半径,即图中所示的 r_0。

由上述可知,在设计滚子推杆凸轮机构的凸轮廓线时,可首先将滚子中心视为尖顶推杆的尖顶,按前述步骤作出凸轮的理论廓线,然后以理论廓线上的一系列点为圆心,以滚子半径 r_T 为半径作圆,再作此圆族的包络线即得凸轮的工作廓线。

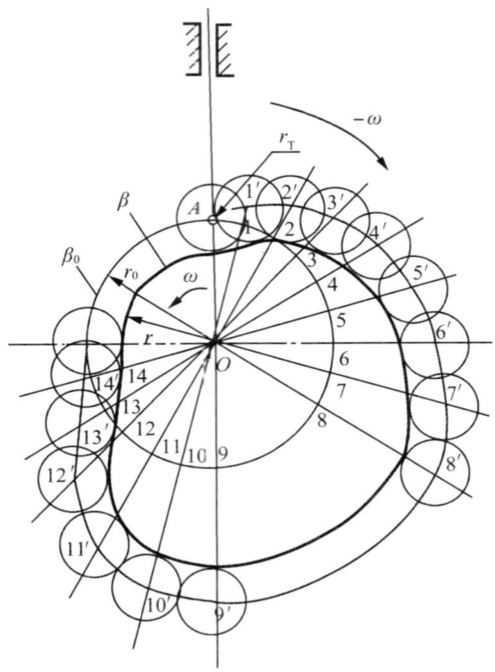

图 4-16　对心直动滚子从动件盘形凸轮轮廓的设计

（三）对心直动平底推杆盘形凸轮机构

如图 4-17 所示，在设计这种凸轮廓线时，可将推杆导路的中心线与推杆平底的交点 A 视为尖顶推杆的尖点，按前述作图步骤确定出点 A 在推杆做复合运动时依次占据的各位置 1′，2′，3′…然后再过点 1′，2′，3′…作一系列代表推杆平底的直线，而此直线族的包络线 β 即为凸轮的工作轮廓曲线。

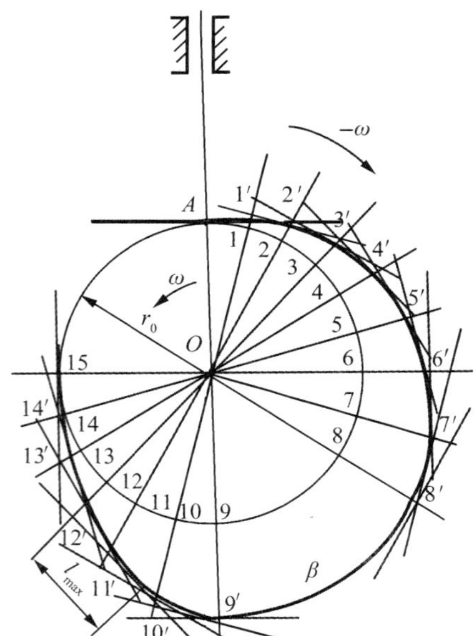

图 4-17　对心直动平底推杆盘形凸轮轮廓曲线的设计

（四）偏置直动尖顶推杆盘形凸轮机构

如图 4-18 所示，在这类凸轮机构中，推杆的轴线不通过凸轮的回转轴心 O，而是有一偏距 e。此时，推杆在反转运动中依次占据的位置将不再是由凸轮回转轴心 O 作出的径向线，而是始终与 O 保持一偏距 e 的直线。因此，若以凸轮的轴心 O 为圆心，以偏距 e 为半径作圆（称为偏距圆），则推杆在反转运动中依次占据的位置必然都是偏距圆的切线（图中 $K_1 1'$，$K_2 2'$…），推杆的位移（11′，22′…）也应沿这些切线，从基圆开始向外量取，这是与对心直动推杆不同的地方。其余的作图步骤与对心直动推杆凸轮廓线的作法相同。

当偏距 $e=0$ 时，偏置直动从动件盘形凸轮机构就变为对心直动从动件盘形凸轮机构。

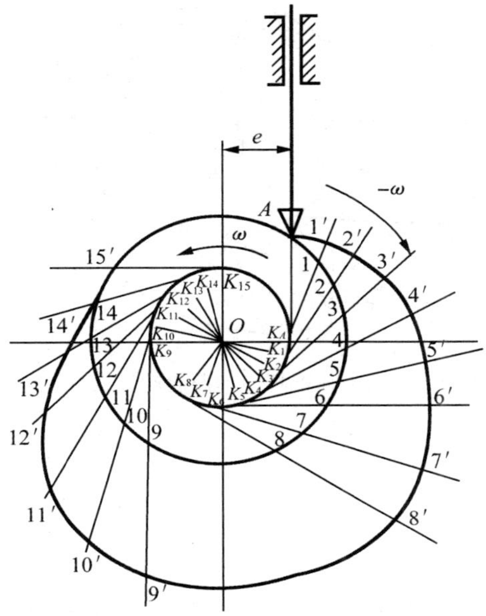

图 4-18 偏置直动尖顶推杆盘形凸轮轮廓的设计

（五）摆动尖顶推杆盘形凸轮机构

摆动尖顶推杆盘形凸轮机构凸轮廓线的设计，同样也可参照前述方法进行。所不同的是，推杆的预期运动规律要用推杆的角位移 δ 来表示。因此设计凸轮廓线时，必须给出推杆的角位移方程式 $\delta=\delta(\varphi)$，以便计算推杆的各角位移 δ_1，δ_2…在前面所得的直动推杆的各位移方程中，只需将位移 s 改为角位移 δ，行程 h 改为角行程 Φ，就可用来求摆动推杆的角位移了。

如图 4-19 所示，在反转运动中，摆动推杆的回转轴心 A 将沿着以凸轮轴心 O 为圆心，以 OA 为半径的圆做圆周运动。图中点 A_1，A_2，A_3…即推杆轴心 A 在反转运动中依次占据的位置。然后再分别从 A_1B_1，A_2B_2，A_3B_3…量取摆动推杆的角位移 δ_1，δ_2，δ_3…得 A_1B_1'，A_2B_2'，A_3B_3'…则点 B_1'，B_2'，B_3'…即摆动推杆的尖顶在复合运动中依次占据的位置。所以过起始点 B 及点 B_1'、B_2'、B_3' …连成的光滑曲线就是所要求的凸轮廓线。

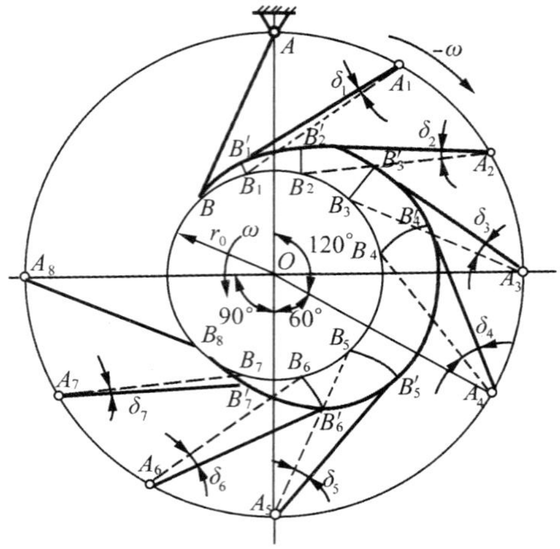

图 4-19　摆动尖顶推杆盘形凸轮轮廓曲线的设计

职业能力训练

训练目标

通过图解法设计凸轮轮廓曲线的学习，能够根据推杆运动规律运用反转法设计凸轮轮廓。

工作流程

确定凸轮从动件运动→分析从动件运动规律→厘清尖顶从动件凸轮轮廓表示方法→按作尖顶从动件凸轮轮廓的方法作出中心轮廓线→检查、评价。

实施步骤

1. 首先将滚子中心视为尖顶从动件的尖顶，如图 4-20 所示，按作尖顶从动件凸轮轮廓的方法求出滚子中心轮廓曲线 η，η 称为凸轮的理论轮廓曲线。

2. 以轮廓曲线 η 上的任意点为圆心，以滚子半径 r_T 为半径作一系列的圆。

3. 作这些圆的内包络线 η'，即得到凸轮的实际轮廓线。

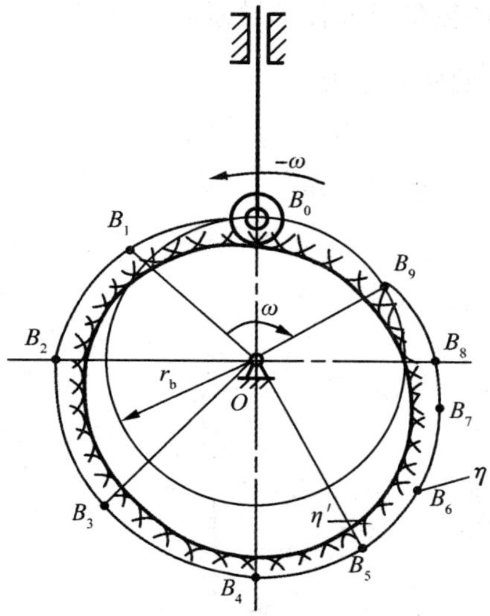

图 4-20　对心直动滚子从动件盘形凸轮轮廓的设计

知识拓展

对于精度要求高的高速凸轮、靠模凸轮等，必须用解析法列出凸轮轮廓曲线的方程式，借助于计算机辅助设计精确地设计凸轮轮廓。解析法设计凸轮轮廓的实质是建立凸轮理论轮廓线、实际轮廓线的方程式，精确计算出廓线上各点的坐标值。解析法设计凸轮曲线分为直角坐标法和极坐标法。下面以偏置直动滚子从动件盘形凸轮轮廓曲线的设计为例，简单介绍极坐标法的设计过程。

设凸轮机构的滚子半径为 r_T，基圆半径为 r_0，偏距为 e，从动件运动规律 $s=s(\varphi)$，凸轮以等角速度 ω_1 顺时针回转。考虑加工工艺要求，凸轮回转中心必须作为极坐标的极点。根据反转法原理，可画出相对于初始位置反转 φ 角的机构位置，如图 4-21 所示。图中，ρ,θ 为理论轮廓线 η 上各点的极坐标值；ρ_T,θ_T 为实际轮廓线 η' 上各点的极坐标值。

从动件滚子中心点 B（也是凸轮理论轮廓线上的点）的极坐标为：

$$\left.\begin{aligned}\rho&=\sqrt{(s+s_0)^2+e^2}\\ \theta&=\varphi+\beta-\beta_0\end{aligned}\right\}\tag{4-7}$$

式中，$s_0=\sqrt{r_0^2-e^2}$；$\tan\beta_0=e/s_0$；$\tan\beta=e/(s_0+s)$。

由于凸轮实际轮廓线是理论轮廓线的等距曲线，所以两曲线对应点具有相同的法线和曲率中心。过 B 作理论轮廓线的法线 $n—n$ 交滚子于 T 点，T 即为实际轮廓线上的对应点。法线 $n—n$ 与向径 ρ 之间的夹角为 λ，可求出：

$$\tan\lambda=\frac{\mathrm{d}\rho/\mathrm{d}\varphi}{\rho\mathrm{d}\theta/\mathrm{d}\varphi}\tag{4-8}$$

式中，$\frac{d\rho}{d\varphi}$和$\frac{d\theta}{d\varphi}$可由理论轮廓的极坐标方程求导而得。

实际轮廓线上对应点 T 的极坐标为：

$$\left.\begin{aligned}\rho_T&=\sqrt{\rho^2+r_T^2-2\rho r_T\cos\lambda}\\\theta_T&=\theta+\Delta\theta\end{aligned}\right\}\tag{4-9}$$

式中，$\Delta\theta=\tan\frac{r_T\sin\lambda}{\rho-r_T\cos\lambda}$。

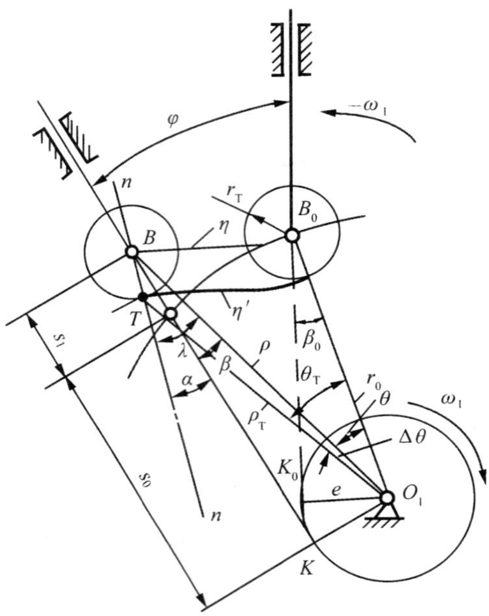

图 4-21　极坐标解析法设计盘形凸轮轮廓

同步测试

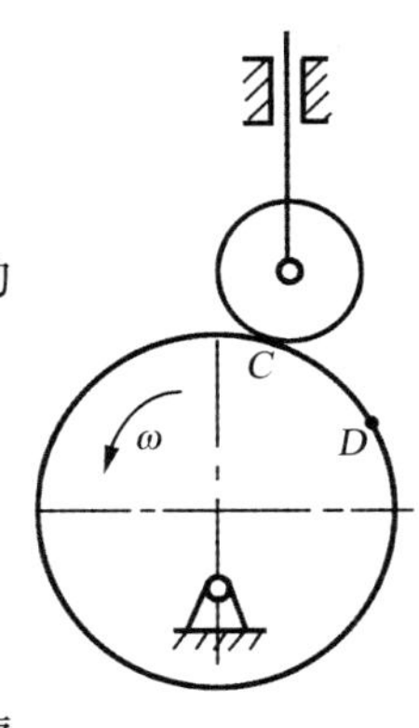

图 4-22

4.1　试在图 4-22 所示凸轮机构中：

(1)标出从动件与凸轮从接触点 C 到接触点 D 时，该凸轮转过的转角 φ。

(2)标出从动件与凸轮在 D 点接触的压力角 α。

(3)标出在 D 点接触时的从动件的位移 s。

(4)画出理论轮廓线，并标出基圆半径 r_0。

(5)找出出现最大压力角的位置，并标出最大压力角 α_{max}。

4.2　图 4-23 所示为一摆动平底从动件盘形凸轮机构，凸轮轮廓为一圆，圆心为 O，凸轮回转中心为 A。试用作图法在图中画出：

(1)该机构在图示位置的压力角 α_B。

(2)轮廓上 D 点与平底接触时的压力角 α_D。

(3)凸轮与平底从 B 点接触转到 D 点接触时，凸轮的转角 φ(保留作图线)。

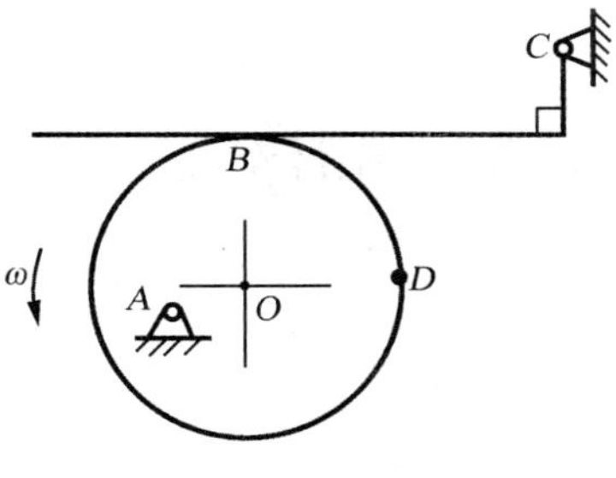

图 4-23

4.3　图 4-24 所示为一凸轮机构。试用图解法求出(在图上注明)：

(1)从 C 点接触到 D 点接触过程中，凸轮转角 φ 和从动件摆角 ψ。

(2)在 D 点接触时的压力角 α_D。

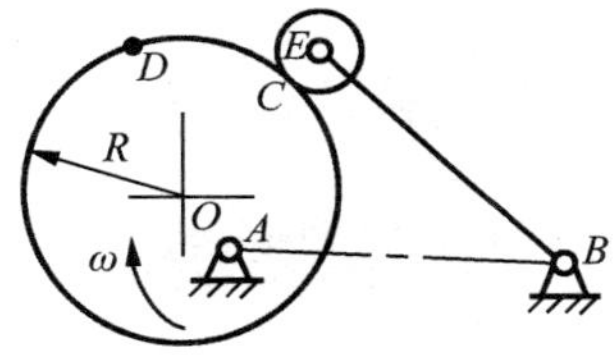

图 4-24

4.4　在图 4-25 所示的偏置直动滚子从动件盘形凸轮机构中，凸轮以角速度 ω 逆时针转动。试在图上：

(1)画出理论轮廓曲线、基圆与偏距圆。

(2)标出凸轮从图示位置转过 90°时的压力角 α 和位移 s。

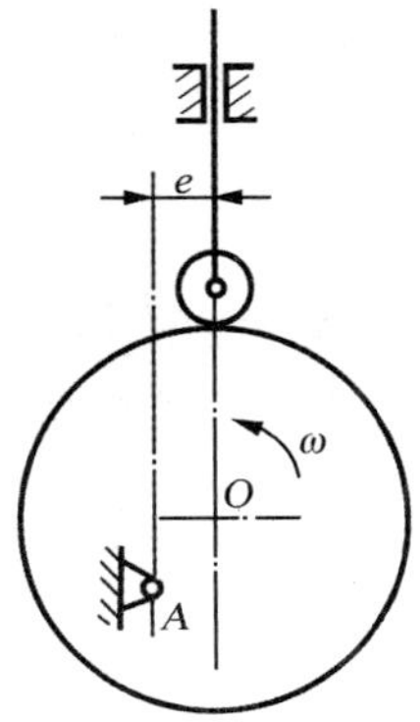

图 4-25

项目五　间歇运动机构

知识目标

◆熟悉各间歇运动机构(如棘轮机构、槽轮机构和不完全齿轮机构等)的类型及特点。

◆掌握间歇运动机构的工作原理。

能力目标

◆具有根据实际选择应用间歇运动机构的能力。

引导案例

机械中,尤其是自动机械中,有些运动并不是持续的,而是周期性的时动时停的间歇运动。如牛头刨床的工件进给运动、机械加工成品或工件输送运动,以及各种机器工作台的转位运动等。要实现这种运动,需要有能够实现这类动作的机构。如何选择适当的间歇运动机构是本项目要学习的重点内容。

任务　间歇运动机构的认识

任务描述

有一外槽轮机构,已知槽轮的槽数 $z=6$,槽轮的停歇时间为每转 1s,槽轮的运动时间为每转 2s。试求该槽轮的运动系数 τ,以及该槽轮所需的圆销数 k。

知识准备

一、棘轮机构

(一)棘轮机构的工作原理和基本类型

图 5-1 所示为 1 种棘轮机构。它主要由摇杆 1、驱动棘爪 2、棘轮 3、制动爪 4 和机架 5

等组成。弹簧6用来使制动爪4和棘轮3保持接触。摇杆1和棘轮3的回转轴线重合。

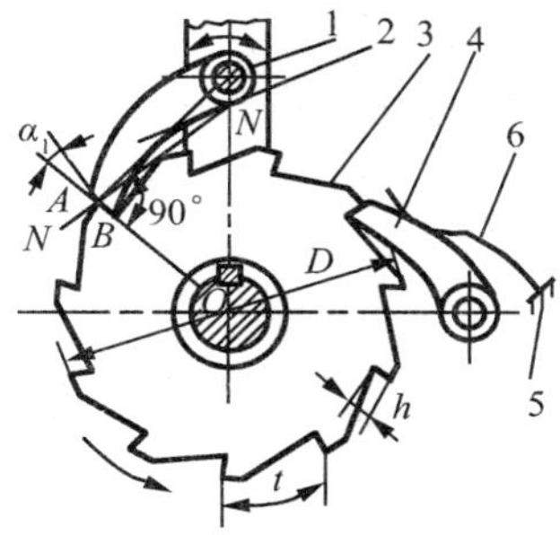

图5-1 单动式棘轮机构

1—摇杆 2—驱动棘爪 3—棘轮 4—制动爪 5—机架 6—弹簧

当摇杆1逆时针摆动时，驱动棘爪2插入棘轮3的齿槽中，推动棘轮转过一定角度，而制动爪4则在棘轮的齿背上滑过。当摇杆顺时针摆动时，驱动棘爪2在棘轮的齿背上滑过，而制动爪4则阻止棘轮做顺时针转动，使棘轮静止不动。因此，当摇杆做连续的往复摆动时，棘轮将做单向的间歇转动。摇杆的摆动可由曲柄摇杆机构、凸轮机构等来实现。

常用的棘轮机构可分为齿啮式和摩擦式两大类。

1.齿啮式棘轮机构

这种棘轮机构靠棘爪和棘轮齿啮合传动，棘轮的转角只能有级调节。根据棘轮机构的运动情况，它可分为以下3种：

(1)单动式棘轮机构

单动式棘轮机构如图5-1所示，当主动摇杆1往复摆动一次时，棘轮只能单向间歇转过一定角度。

(2)双动式棘轮机构

双动式棘轮机构如图5-2所示，其棘爪可制成平头撑杆[亦称作直头撑杆，见图5-2(a)]或钩头拉杆[见图5-2(b)]。当主动摇杆做往复摆动时，可使棘轮沿同一方向做间歇转动。这种棘轮机构每次停歇时间较短，棘轮每次的转角也较小。

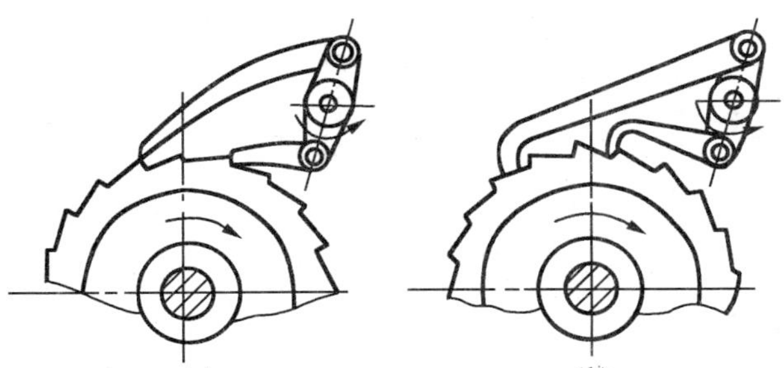

(a) (b)

图5-2 双动式棘轮机构

(3)双向棘轮机构

双向棘轮机构如图5-3所示，可使棘轮做双向间歇运动。图5-3(a)采用具有矩形齿的棘轮，当棘爪2处于实线位置时，棘轮3做逆时针间歇运动；当棘爪2处于虚线位置时，棘轮则做顺时针间歇运动。图 5-3(b)采用回转棘爪,当棘爪 2 按图示位置放置时,棘轮 3 将做逆时针间歇运动。若将棘爪提起,并绕本身轴线转 180°后再插入棘轮齿槽时,棘轮将做顺时针间歇运动。若将棘爪提起并绕本身轴线转 90°,棘爪将被架在壳体顶部的平台上,使轮与爪脱开,此时棘轮将静止不动。

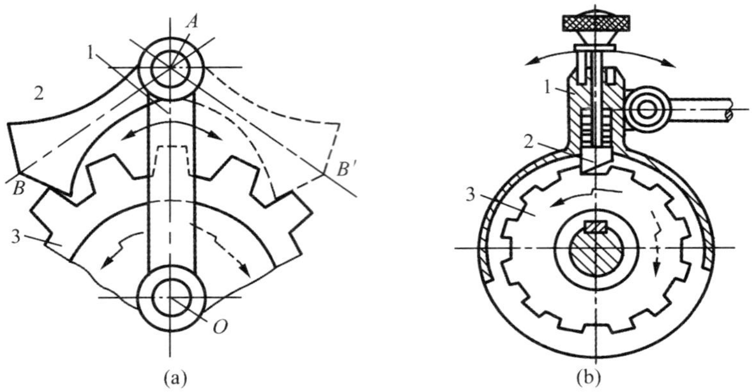

图 5-3　双向棘轮机构

1—摇杆　2—棘爪　3—棘轮

2. 摩擦式棘轮机构

图 5-4 所示为外接摩擦式棘轮机构,它靠棘爪和棘轮之间的摩擦力传动。棘轮转角可做无级调节。传动中无噪声,但接触面之间容易发生滑动。为了增加摩擦力,可将棘轮做成槽形,将棘爪嵌在轮槽内。

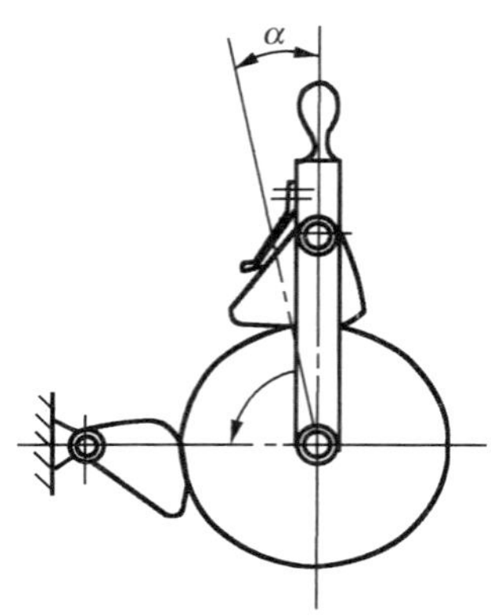

图 5-4　摩擦式棘轮机构

(二)棘轮机构的特点及应用

棘轮机构具有结构简单、制造方便、运动可靠、棘轮的转角可以在很大范围内调节等优点,但工作时有较大的冲击和噪声、运动精度不高、传递动力较小,所以常用于低速轻载、要求转角不太大或需要经常改变转角的场合。

棘轮机构具有单向间歇的运动特性,利用它可满足送进、制动、超越和转位分度等工艺要求。

图 5-5(a)所示为牛头刨床的示意图。为实现工作台双向间歇进给，由齿轮机构、曲柄摇杆机构和双向棘轮机构[见图 5-3(b)]组成了工作台横向进给机构。

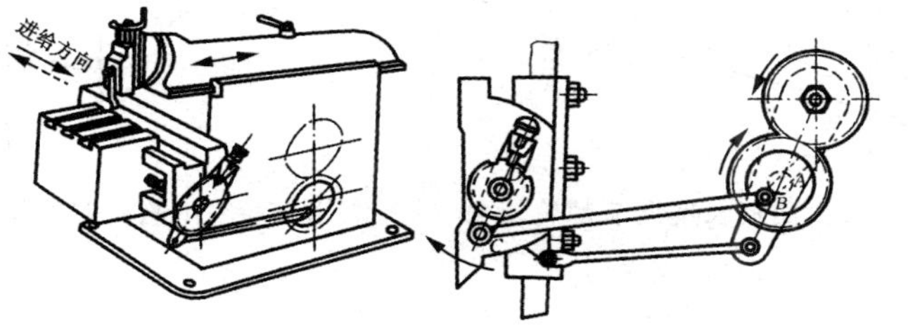

(a) (b)

图 5-5 牛头刨床示意图

图 5-6 所示为卷扬机制动装置，为使提升的重物能停止在任何位置，防止因停电等原因使重物下降造成事故，常用棘轮机构作为防止逆转的止逆器。

图 5-7 所示为自行车后轮轴上的棘轮机构。当脚蹬踏板时，经链轮 1 和链条 2 带动内圈具有棘齿的链轮 3 顺时针转动，再通过棘爪 4 的作用，使后轮轴 5 顺时针转动，从而驱使自行车前进。当自行车下坡时，如果不踏动踏板，后轮轴 5 便会超越链轮 3 而转动(称超越运动)，让棘爪 4 在棘轮齿背上滑过，从而实现不蹬踏板的自由滑行。

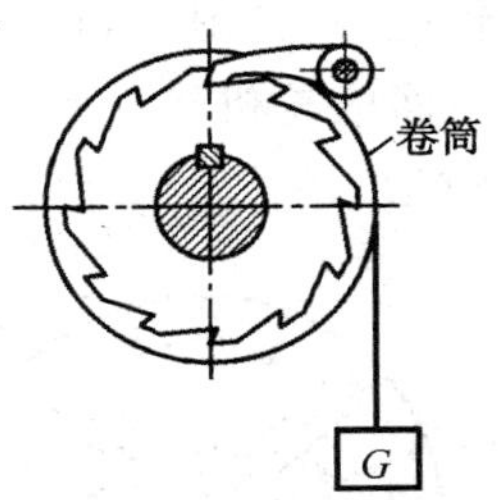

图 5-6 防止逆转的棘轮机构

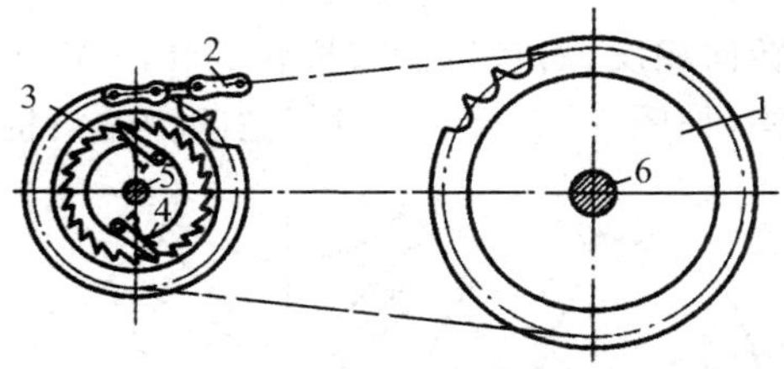

图 5-7 超越式棘轮机构

1—链轮 2—链条 3—链轮

4—棘爪 5—后轮轴 6—链轮轴

(三)棘轮转角的调节方法

机械中使用的棘轮机构，常常需要根据不同的工艺要求调节棘轮的转角，调节方法有 2 种：

(1)改变摇杆的摆角来调节棘轮转角的大小，如图 5-8 所示。

(2)用遮板来调节棘轮的转角。在棘轮的外面罩一遮板，如图 5-9 所示，使棘爪在一部分行程中从遮板上滑过，不与棘轮的齿接触，通过改变遮板的位置，从而使棘轮转角的大小发生改变。

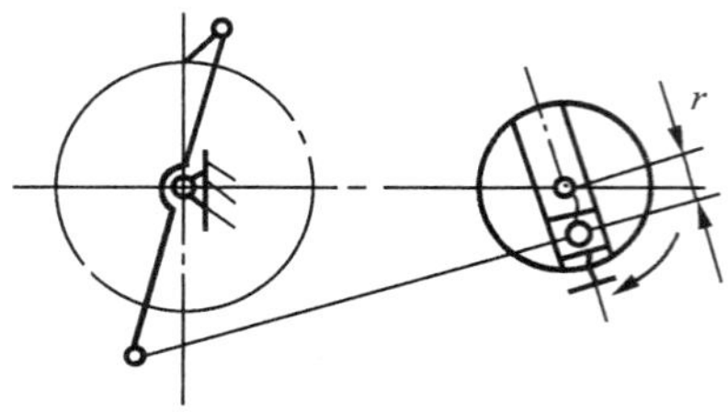

图 5-8　改变曲柄长度调节棘轮转角

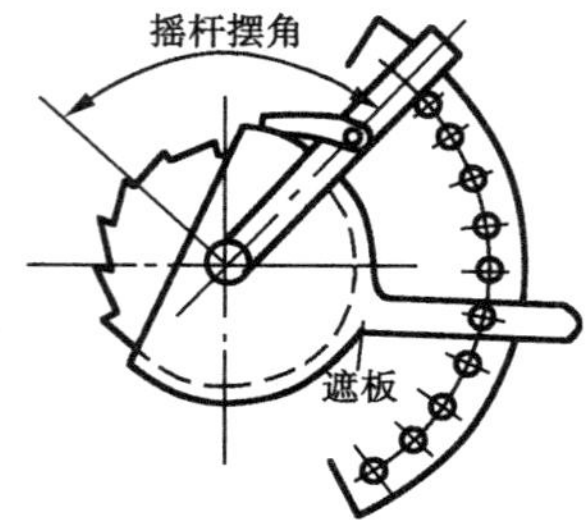

图 5-9　用遮板调节棘轮转角

二、槽轮机构

(一)槽轮机构的工作原理及应用

1.槽轮机构的工作原理

图 5-10 所示为槽轮机构(又称马氏机构),它由带有圆销 A 的拨盘、具有径向槽的槽轮和机架组成。当拨盘做等速连续转动,其圆销 A 没有进入槽轮的径向槽时,槽轮的内凹锁止弧 ef 被拨盘的外凸圆弧 mn 卡住,使槽轮静止不动;当圆销 A 进入槽轮的径向槽时,锁止弧 ef 被松开,槽轮被圆销 A 带动转动;当圆销 A 离开径向槽时,槽轮的内凹锁止弧又被拨盘的外凸圆弧卡住,使槽轮又静止不动。这样,就将原动件的连续转动转换为从动槽轮的间歇运动。

2.槽轮机构的类型、特点及应用

槽轮机构有外啮合槽轮机构(见图 5-10)和内啮合槽轮机构(见图 5-11),前者拨盘与槽轮的转向相反,后者拨盘与槽轮的转向相同,它们均为平面槽轮机构。此外,还有空间槽轮机构,如图 5-12 所示。对于空间槽轮机构,本书不做讨论。

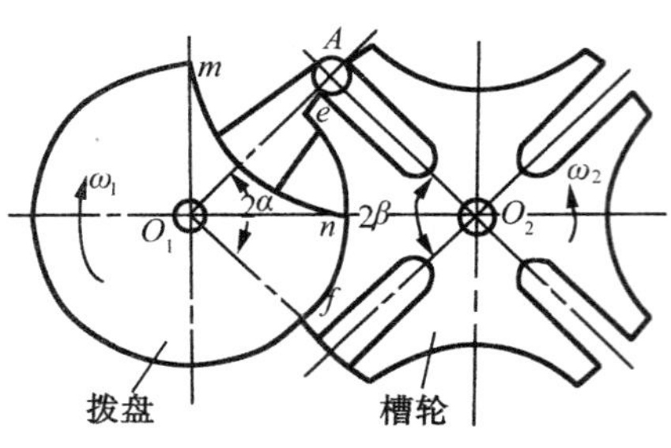

图 5-10　外啮合槽轮机构

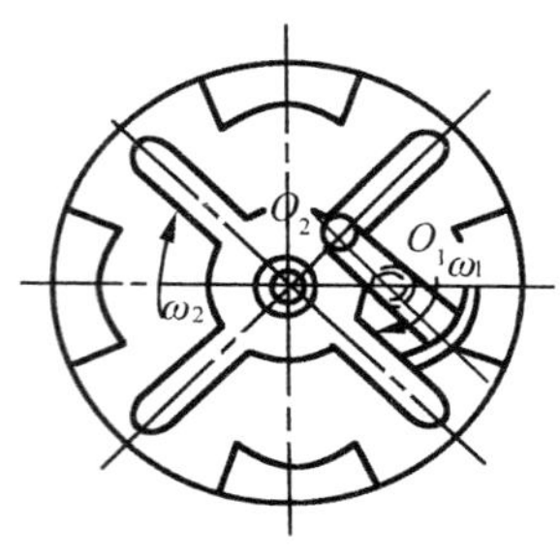

图 5-11　内啮合槽轮机构

槽轮机构中拨盘(杆)上的圆柱销数、槽轮上的径向槽数以及径向槽的几何尺寸等均可视运动要求的不同而定。圆柱销的分布和径向槽的分布可以不均匀,同一拨盘(杆)上若干个圆柱销离回转中心的距离也可以不同,同一槽轮上各径向槽的尺寸也可以不同。

槽轮机构的特点是结构简单、工作可靠、机械效率高,能较平稳、间歇地转位。但因圆柱销突然进入与脱离径向槽,传动存在柔性冲击,故不适用于高速场合。此外,槽轮的转角不可调节,故只能用于定转角的间歇运动机构中。六角车床上用来间歇地转动刀架的槽轮机构(见图 5-13)、电影放映机中用来间歇地移动胶片的槽轮机构(见图 5-14)及化工厂管道中用来开闭阀门等的槽轮机构都是其具体应用的实例。

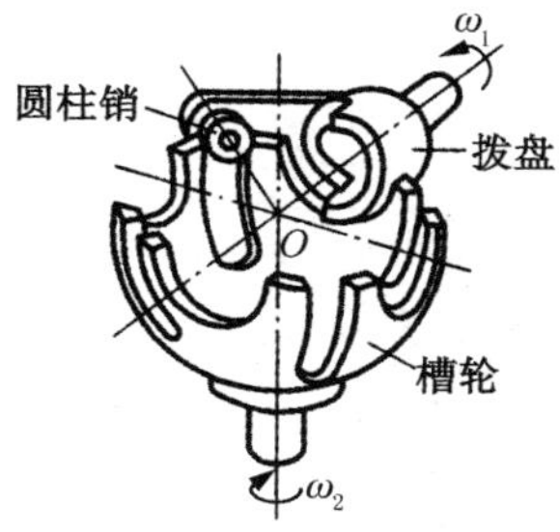

图 5-12　空间槽轮机构

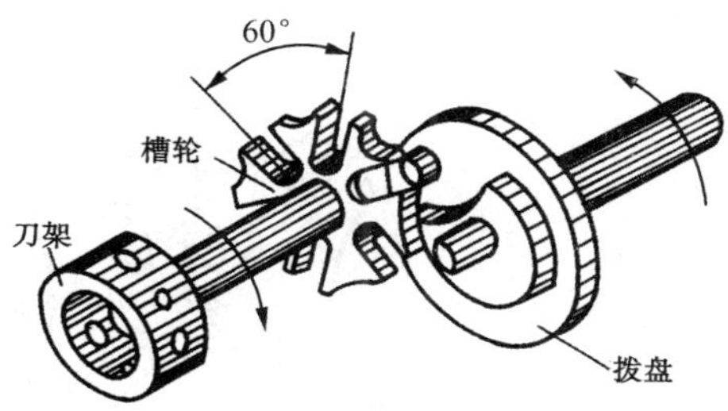

图 5-13　六角车床上的槽轮机构

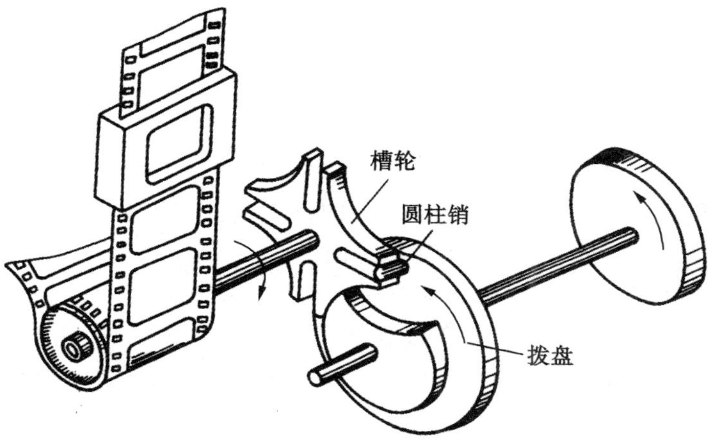

图 5-14　电影放映机的卷片机构

(二)槽轮槽数 z 和拨盘圆销数 k 的选择

槽轮机构的主要参数是槽轮槽数 z 和拨盘圆销数 k。在图 5-15 所示的单圆销槽轮机构中,为了避免槽轮在开始转动和停止转动时产生刚性冲击,应使圆销进出轮槽时的瞬时速度方向沿着径向槽的中心线,即 $O_1A \perp O_2A$ 和 $O_1A' \perp O_2A'$。由四边形内角之和等于 2π 的性质,从进槽到出槽,拨盘转过的角度 2α 和槽轮转过的角度 2β 的关系为:

$$2\alpha+2\beta=\pi$$

设均布的径向槽数为 z,则槽轮转过的角度 $2\beta=2\pi/z$。由以上关系可得拨盘的转角为:

$$2\alpha=\pi-2\beta=\pi-2\pi/z$$

在一个运动循环时间内,槽轮的运动时间 t_d 与拨盘的运动时间 t 之比称为槽轮机构的运动系数,用 τ 表示。它表示槽轮转动时间占一个运动循环时间的比率。由于拨盘是等速转动的,其角速度为 ω_1,故:

$$t=2\pi/\omega_1, t_d=2\alpha/\omega_1$$

因此,这种槽轮机构的运动系数为:

$$\tau=t_d/t=\frac{2\alpha/\omega_1}{2\pi/\omega_1}=\frac{2\alpha}{2\pi}=\frac{\pi-2\pi/z}{2\pi}=\frac{z-2}{2z} \tag{5-1}$$

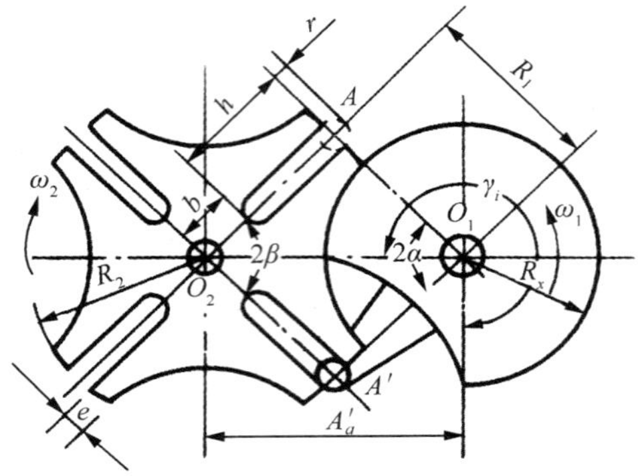

图 5-15　单圆销槽轮机构

根据式(5-1)可得出：

$$\tau=\frac{t_d}{t}=\frac{t_d}{t_d+t_j}=\frac{z-2}{2z}$$

式中：t_d——槽轮在一个运动循环中的转动时间；

t_j——槽轮在一个运动循环中的停歇时间。

因为 t_d 和 t_j 不可能为 0，故运动系数 τ 必须大于零而小于 1（$\tau=0$ 表示槽轮始终不动），故径向槽数 z 应大于或等于 3，一般取 $z=3\sim8$。

式(5-1)还可以表示为 $\tau=1/2-1/z$，故 τ 总是小于 0.5，即槽轮转动的时间总是小于静止的时间。

如要求槽轮机构的 $\tau>0.5$，则可在拨盘上安装多个圆柱销。设拨盘上均匀分布 k 个圆柱销，则在一个运动循环内，槽轮的运动时间为只有一个圆柱销时的 k 倍，因此：

$$\tau=\frac{kt_d}{t}=\frac{k(\pi-2\pi/z)}{2\pi}=\frac{k(z-2)}{2z} \tag{5-2}$$

由于运动系数 τ 必须小于 1，故由上式得：

$$k<\frac{2z}{z-2} \tag{5-3}$$

由式(5-3)可知：当 $z=3$ 时，k 可取 1～5；当 $z=4$ 或 5 时，k 可取 1～3；当 $z\geqslant6$ 时，则 k 可取 1 或 2。

有关棘轮机构和槽轮机构的设计，可参阅《机械设计手册》等。

三、其他间歇运动机构

（一）不完全齿轮机构

不完全齿轮机构是由普通渐开线齿轮机构演化而成的一种间歇运动机构，其基本结构形式分为外啮合与内啮合两种，如图 5-16 和图 5-17 所示。不完全齿轮机构的主动轮 1 只制出一个或几个齿，从动轮 2 具有若干个与主动轮 1 相啮合的轮齿及锁止弧，可实现主动轮的连续转动和从动轮的有停歇转动。在图 5-16 所示的机构中，主动轮 1 每转 1 周，从动轮 2 转 1/4 周，从动轮转 1 周停歇 4 次。停歇时，从动轮上的锁止弧与主动轮上的锁止弧啮合，保证了从动轮停歇在确定的位置上而不发生游动现象。

不完全齿轮机构的优点是结构简单、制造方便,从动轮的运动时间和静止时间的比例不受机构结构的限制。但因为从动轮在转动开始及终止时速度有突变,冲击较大,一般仅用于低速、轻载场合,如计数机构及在自动机、半自动机中用作工作台间歇转动的转位机构等。

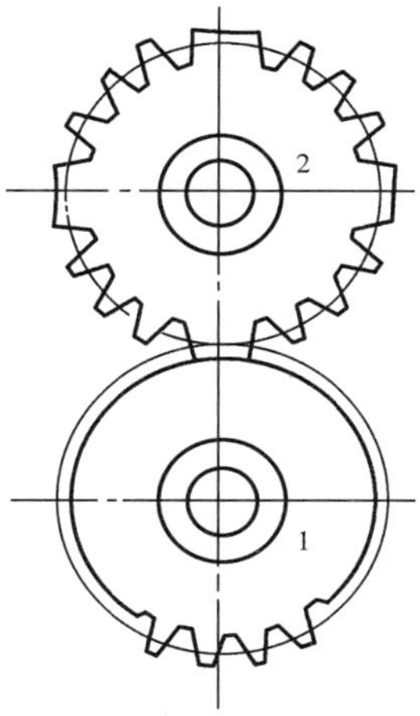

图 5-16 外啮合不完全齿轮机构

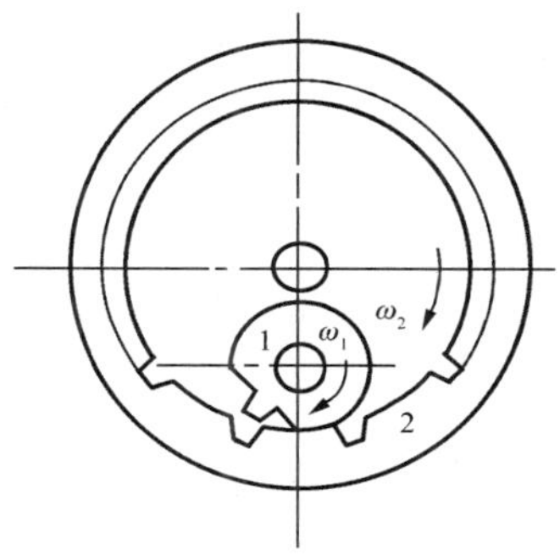

图 5-17 内啮合不完全齿轮机构

(二)凸轮式间歇运动机构

凸轮式间歇运动机构是利用凸轮的轮廓曲线,通过对转盘上滚子的推动,将凸轮的连续转动变换为从动转盘的间歇转动的一种间歇运动机构。它主要用于传递轴线互相垂直交错的两部件间的间歇转动。图 5-18 所示为一种常用的凸轮式间歇运动机构。

图 5-19 所示为圆柱凸轮式间歇运动机构,原动件是带螺旋槽的圆柱凸轮 1,从动件是端面上装有若干个均匀分布的滚子的转盘 3,其轴线与圆柱凸轮的轴线垂直交错。当凸轮转动时,通过其轴线沟槽(或凸脊)拨动从动转盘上的滚子,使从动转盘实现单向间歇运动。

凸轮式间歇运动机构的优点是结构简单、运转可靠、转位精确、传动平稳、无噪声,适用于高速、中载和高精度分度的场合,故在轻工机械、冲压机械和其他自动机械中得到了广泛应用。其缺点是凸轮加工比较复杂,装配与调整要求也较高,因而使它的应用受到了限制。

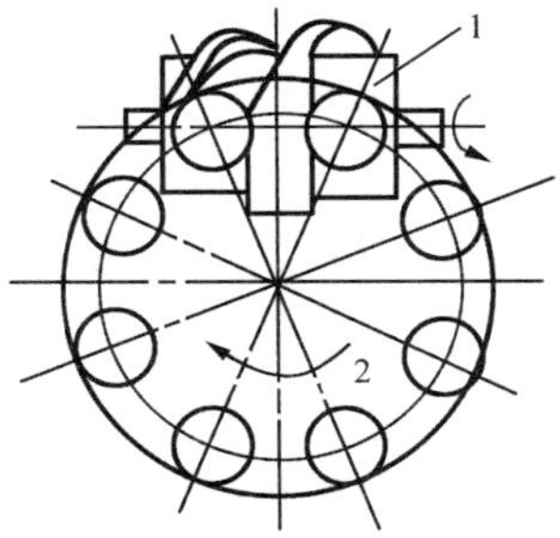

图 5-18 凸轮式间歇运动机构

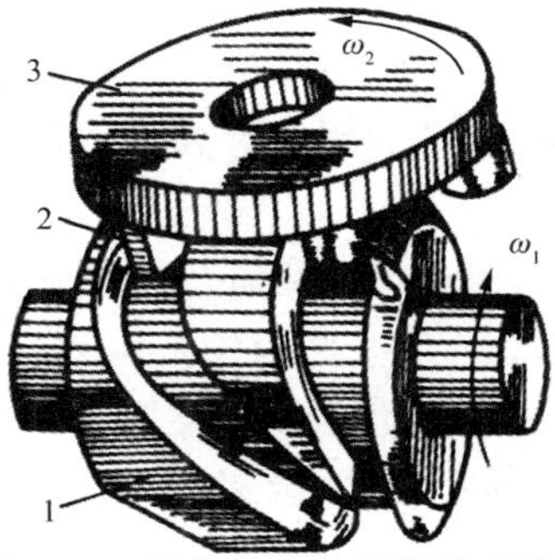

图 5-19 圆柱凸轮式间歇运动机构

1—圆柱凸轮 2—滚子 3—转盘

职业能力训练

训练目标

通过完成本任务，会分析槽轮机构的传动关系，会熟练进行槽轮机构的相关计算。

工作流程

分析槽轮机构→确定槽轮传动要求→厘清槽轮传动关系→计算槽轮运动系数→检查、评价。

实施步骤

1. 通过分析，得知槽轮槽数 $z=6$，槽轮的停歇时间为每转 1s，槽轮的运动时间为每转 2s。

2. 槽轮的运动系数 τ：

$$\tau=\frac{2}{1+2}=\frac{2}{3}$$

槽轮所需的圆销数 k：

$$k=\frac{\tau}{1/2-1/z}=\frac{2/3}{1/2-1/6}=2$$

同步测试

5.1 棘轮机构有哪些类型？各有何特点？

5.2 保证棘爪顺利滑入齿槽并自动压紧棘轮齿根的条件是什么？

5.3 调节棘轮转角有哪些常用方法？

5.4 槽轮机构有哪些类型？各有何特点？

5.5 何谓槽轮机构的运动系数 τ？为什么 τ 应大于零小于 1？$\tau=0.3$ 表示什么意义？

5.6 如何确定槽轮机构的圆销数 k？k 与槽数 z 之间有何关系？

5.7 在图 5-5 所示的牛头刨床进给机构中，已知其工作台的横向进给丝杠导程为 $s=5\text{mm}$，与丝杠联动的棘轮齿数 $z=40$。问：棘轮的最小转角和工作台的最小横向进给量是多少？

5.8 在转塔车床的外啮合槽轮机构中，已知槽轮的轮槽数 $z=6$，槽轮静止时间为其运动时间的两倍。试求此槽轮机构的运动系数和圆销数。

5.9 在一台自动机床上，装有一个四槽外槽轮机构。若已知槽轮停歇时，完成工艺动作所需的时间为 30s。设圆销数 $k=1$，求拨盘的转速 n 及槽轮转位所需要的时间。

项目六　带传动与链传动

知识目标

◆了解带传动、链传动的类型、特点和应用场合。

◆熟悉普通 V 带和套筒滚子链的结构及其标准。

◆熟悉带传动和链传动的张紧方法。

◆掌握带传动和链传动的工作原理、受力及应力情况、运动特性、失效形式及设计准则、参数选择和设计方法。

能力目标

◆具有 V 带传动与链传动的设计能力。

◆具有查阅工程手册、标准以及工具书的能力。

◆具有根据具体场合选用或设计挠性传动的能力。

引导案例

生产实践中，对于传动比要求不高，且距离较远的传动，经常会用到挠性件传动，如图 6-1 和图 6-2 所示。挠性件传动的共同特点是在主动轮、从动轮之间通过中间挠性件(带和链)来传递运动和动力。与其他机械传动相比，挠性件传动具有结构简单、成本低廉、适用于远距离传动的优点，因此，在工程上得到了广泛的应用。本项目主要讲述挠性传动的相关知识。

图 6-1　发动机正时皮带

图 6-2　链传动山地车

任务一　带传动、V带和带轮

任务描述

图 6-3 所示为一普通台式钻床，试分析钻床中电机转动产生的原动力是如何传递到主轴上，进而带动钻头转动完成钻孔加工的？钻孔加工时，钻头转速是怎样实现的？

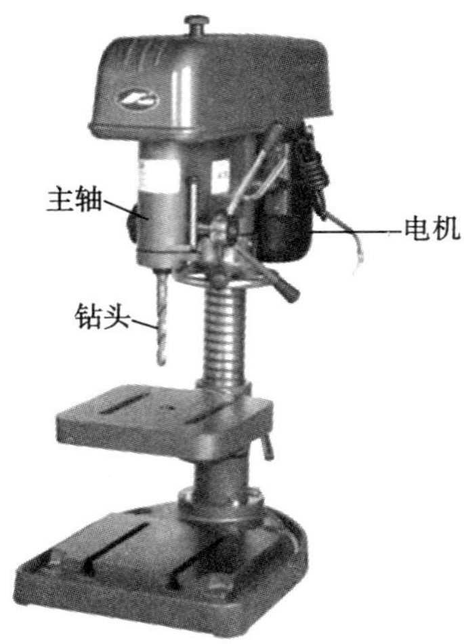

图 6-3　台式钻床

知识准备

一、带传动

（一）带传动的工作原理及类型

如图 6-4 所示，带传动一般是由主动轮 1、从动轮 2、紧套在两轮上的传动带 3 和机架组成。根据工作原理不同，带传动分摩擦型带传动和啮合型带传动两类。

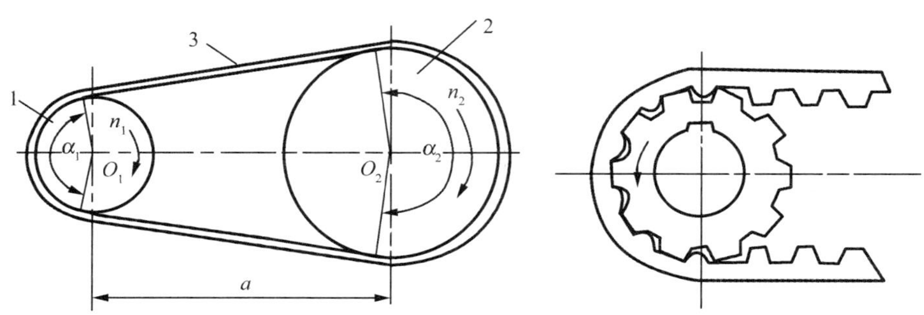

(a) 摩擦型带传动　　(b)啮合型带传动

图 6-4　带传动示意图

摩擦型带传动利用带和带轮间的摩擦力传递运动和动力，如图 6-4(a)所示。传动带被张紧在两带轮上，以使带与带轮接触面间作用有正压力。当主动轮 1 转动时，靠带与带轮接触面间的摩擦力作用，使从动轮 2 一起转动，从而实现运动和动力的传递。在带传动中，带与带轮接触弧所对的圆心角称为包角，用 α 表示，两带轮中心间的距离称为中心距，用 a 表示。

啮合型带传动称为同步带传动，如图 6-4(b)所示，利用带与带轮轮齿的啮合传递运动和动力。同步带主要用于要求传动比准确的中小功率传动中，如打印机、纺织机械等。

带传动中，根据带的横截面形状不同，带可分为平带传动、V 带传动、圆带传动、多楔带传动以及同步带传动等，如图 6-5 所示。

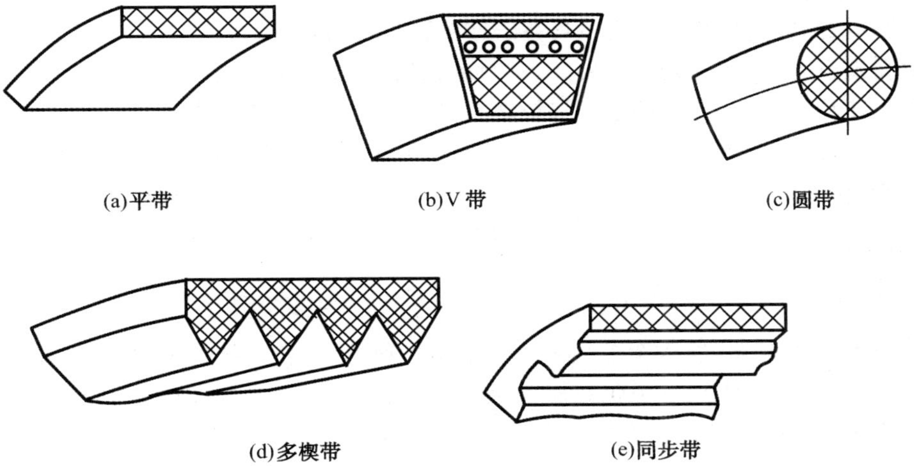

图 6-5　带传动的类型

平带传动结构最简单，带轮也容易制造，在带传动中心距较大的情况下应用较多。平带的截面形状为扁平矩形，内表面为工作面。V 带的截面呈等腰梯形，两侧面为工作表面。传递相同功率时，V 带可设计得较为紧凑，故在一般机械传动中，V 带传动应用最广。圆带横截面为圆形，一般用皮革或线绳制成，用于低速、轻载的机械，如缝纫机。多楔带是在平带基体上由多根 V 带组成的传送带，兼顾平带和 V 带的优点，具有柔性好、摩擦力大、传递功率大等优点，多用于传动平稳、结构紧凑、大功率的传动中。同步带传动综合了带传动和链传动的特点，工作时，带内环表面上的凸齿与带轮外缘上的齿槽啮合而进行传动。同步带传动具有带的柔性好、无相对滑动、带长不变、传动比稳定、传动效率高等优点。

(二)带传动的特点及应用

1. 靠摩擦工作的带传动

其优点是：

(1)带具有良好的挠性，可缓和冲击、吸收振动，运行平稳、无噪声。

(2)过载时带与带轮间会出现打滑，打滑虽使传动失效，但可防止损坏其他零件。

(3)结构简单、成本低廉。

其缺点是:

(1)由于带与带轮的弹性滑动,使传动比不准确,效率较低,寿命较短。

(2)需要张紧装置,传动的外廓尺寸较大。

(3)不宜用于高温易燃的场合。

2. 靠啮合工作的同步齿形带传动

其优点是:

(1)带与带轮间没有相对滑动,传动效率高,传动比恒定。

(2)传动平稳,噪声小。

(3)结构紧凑。

(4)传动比和圆周速度的最大值均高于摩擦型带传动。

其主要缺点是:带及带轮价格较高,对制造、安装精度要求较高。

鉴于上述特点,带传动多用于要求传动平稳、传动比不要求准确的中、小功率的远距离传动。一般情况下,带传动的功率 $P \leqslant 100\text{kW}$,带速 $v=5 \sim 25\text{m/s}$,平均传动比 $i \leqslant 5$,传动效率为 94%~97%。高速带传动的带速可达 60~100m/s,传动比 $i \leqslant 7$。同步齿形带的带速为 40~50m/s,传动比 $i \leqslant 10$,传递功率可达 200kW,效率高达 98%~99%。

二、V 带的结构

V 带分为普通 V 带、窄 V 带、大楔角 V 带等多种类型,其中普通 V 带应用最广。

如图 6-6 所示,普通 V 带由包布层 1、伸张层 2、强力层 3 和压缩层 4 组成。通常,V 带都制作成无接头的环形带。根据强力层的结构不同,V 带分为绳芯 V 带和帘布芯 V 带两种。

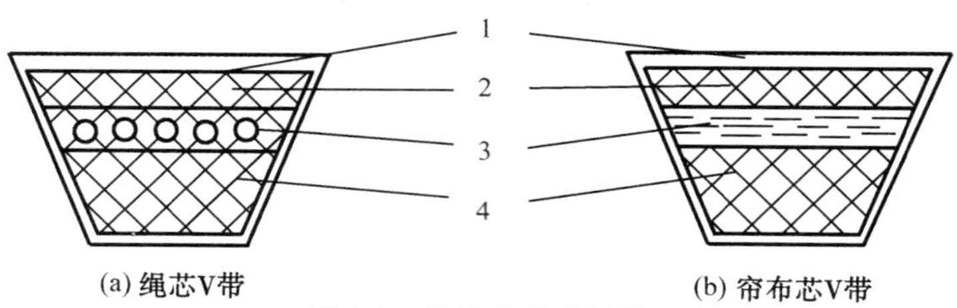

图 6-6 普通 V 带的结构

1—包布层 2—伸张层 3—强力层 4—压缩层

普通 V 带的尺寸已经标准化,采用基准宽度制,按截面尺寸由小到大的顺序分为 Y、Z、A、B、C、D、E 七种型号。其截面尺寸如表 6-1 所示。

表 6-1　　**V 带的截面尺寸**

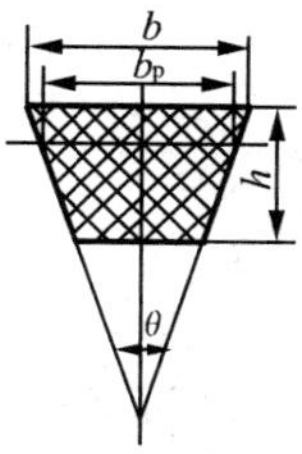

截型		节宽	顶宽	高度	截面面积	楔角 θ
普通 V 带	窄 V 带	b_p/mm	b/mm	h/mm	A/mm^2	
Y	—	5.3	6	4	18	40°
Z	SPZ	8.5	10	6 8	47 57	
A	SPA	11.0	13	8 10	81 94	
B	SPB	14.0	17	10.5 14	138 167	
C	SPC	19.0	22	13.5 18	230 278	
D	—	27.0	32	19	476	
E	—	32.0	38	23.5	692	

当带绕在带轮上产生弯曲时，伸张层受拉伸变长、变窄，压缩层受压缩变短、变宽，两层中间有一长度不变的中性层，中性层面称节面，节面的宽度为节宽 b_p。V 带轮在轮槽节宽处的直径称为节圆直径 d_p。普通 V 带的截面高度 h 与其节宽 b_p 的比值已经标准化($h/b_p=0.7$)。V 带装在带轮上，和节宽 b_p 相对应的带轮的直径称为基准直径 d_d，如表 6-2 所示。V 带在规定的张紧力下，位于带轮基准直径上的周线长度称为基准长度 L_d。

表 6-2　　**V 带轮的基准直径系列**

基准直径 d_d	20	22.4	25	28	31.5	35.5	40	45
	50	63	71	80	(85)	90	(95)	100
	(106)	112	(118)	125	(132)	140	150	160
	(107)	180	200	(212)	224	236	250	(265)
	280	315	355	(375)	400	425	450	(475)
	500	(530)	560	630	710	800	900	1000
	1120	1250	1400	1500	1600	1800	2000	(2500)

普通 V 带的标记由带型、基准长度和标准号组成。例如，C 型普通 V 带，基准长度为 1600mm，其标记为：C-1600 GB 11544—97。带的标记通常压印在带的外表面上，以便选用时识别。

三、V 带轮的结构

带轮常用 HT150、HT200 等灰铸铁制造。带速较高、功率较大时宜采用铸钢或钢板冲压后焊接，小功率传动时可采用铸铝或塑料(如洗衣机、收录机等)。

如图 6-7 所示，带轮一般由轮缘、轮辐和轮毂三部分组成。轮缘位于带轮的外圆，是带轮的工作部分。在轮缘上开有相应的轮槽，其截面形状也是等腰梯形，轮缘各部分的尺寸如表 6-3 所示。其中，V 带轮的槽角随着传动带的型号和带轮的基准直径的不同而异。这是由于在传动带绕过带轮时，会产生弯曲变形，从而导致其楔角 θ 变小。为使带轮轮槽工作面和 V 带两侧面接触良好，一般制成后的槽角 φ 都小于 40°。

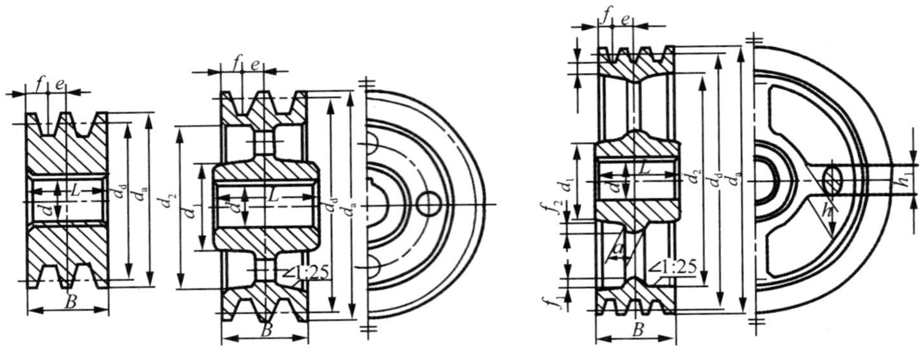

(a)实心式　　(b)孔板式　　(c)轮辐式

图 6-7　V 带轮的结构

表 6-3　　**V 带轮的轮缘尺寸**

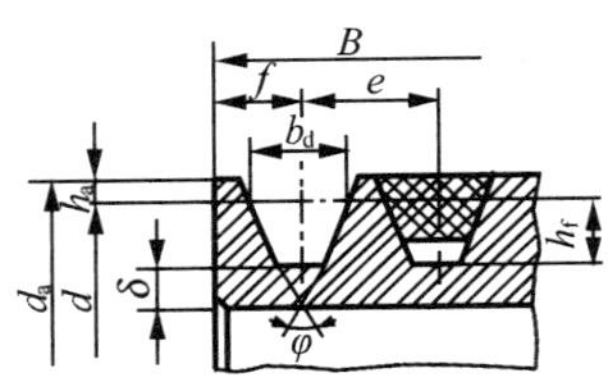

		槽型	Y	Z	A	B	C
		b_d/mm	5.3	8.5	11	14	19
		$h_{a\,min}$/mm	1.6	2.0	2.75	3.5	4.8
		$h_{f\,min}$/mm	4.7	7.0	8.7	10.8	14.3
		e/mm	8±0.3	12±0.3	15±0.3	19±0.4	25.5±0.5
		f_{min}/mm	6	7	9	11.5	16
		δ_{min}/mm	5	5.5	6	7.5	10
		B	$B=(z-1)e+2f$，z 为带根数				
φ	32°	对应的 d/mm	≤60	—	—	—	—
	34°		—	≤80	≤118	≤190	≤315
	36°		>60	—	—	—	—
	38°		—	>80	>118	>190	>315

轮毂是带轮与轴配合的部分，轮毂的主要尺寸有外径 d_1 和长度 L，其大小与轴的直径 d 有关，如图 6-7 所示，一般可按下面的经验公式计算：

$$d_1=(1.8\sim2)d \tag{6-1}$$

$$L=(1.5\sim2)d \tag{6-2}$$

常见的 V 带轮的结构有图 6-7 所示几种形式：实心式、孔板式和轮辐式。V 带轮的结构形式及腹板（轮辐）厚度的确定可查阅《机械设计手册》。

四、带传动的安装

(一)带轮的安装

平行轴传动时，各带轮的轴线必须保持规定的平行度，如图 6-8(a)所示。各轮宽的中心线，V 带轮、多楔带轮的对应轮槽中心线，平带轮面凸弧的中心线，均应共面且与轴线垂直。若如图 6-8(b)所示安装，则会加速带的磨损，降低带的寿命。

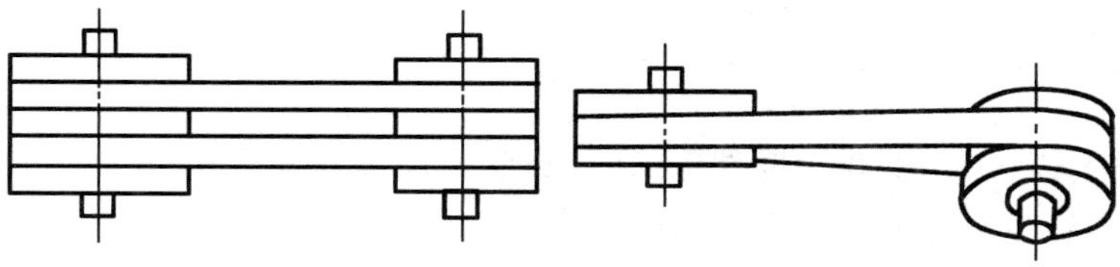

(a)正确　　(b)错误

图 6-8　平行轴带传动带轮位置

(二)传动带的安装

(1)传动带的安装切忌硬将传动带从带轮上拨下或扳上，严禁用撬棍等工具将带强行撬入或撬出带轮，通常应通过调整各轮中心距的方法来装带和张紧。

(2)若带轮轴间距不可调而又无张紧轮时，对于聚酰胺片基平带的安装，应在带轮边缘垫布以防刮破传动带，并应边转动带轮边套带；对于同步带的安装，要在多处同时缓慢地将带移动，以保持带能平齐移动。

(3)同组使用的 V 带应型号相同、长度相等，不同厂家生产的 V 带、新旧 V 带不能同组使用。

(4)安装 V 带时，应按规定的初拉力张紧。对于中等中心距的带传动，也可凭经验张紧，带的张紧程度以大拇指能将带按下 15mm 为宜，如图 6-9 所示。新带使用前，最好预先拉紧一段时间后再使用。

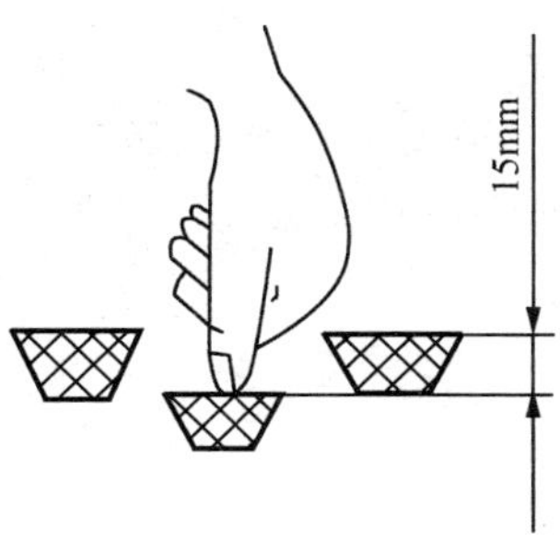

图 6-9　带张紧度判断

(三)带传动的维护

(1)为保证带传动的安全，带传动装置外面应加防护罩，防止对人身造成伤害，同时防止带与酸、碱或油接触而被腐蚀。

(2)禁止往带上加润滑油或润滑脂，带传动不需润滑，应及时清理带轮槽内及传动带上的油污。

(3)同组传动带应同时更换,应定期检查胶带,如有一根松弛或损坏,则应全部更换新带。

(4)带传动的工作温度不应超过 60℃。

(5)如果带传动装置需闲置一段时间后再用,应将传动带放松以延长其使用寿命。

职业能力训练

训练目标

通过完成本任务,熟悉并掌握带传动的原理、特点及类型,同时能够分析台式钻床中动力的传动原理,并掌握带传动中调速的基本方法。

工作流程

知识准备→研究实物→理论联系实际,分析动力传动路线→分析带传动在台式钻床中的应用→台式钻床主轴调速→检查、评价。

实施步骤

1. 学习知识准备相关内容,掌握带传动的原理、特点,以及带轮的相关知识。

2. 观察并记录台式钻床实物中 V 带的型号,查阅相关手册,掌握 V 带的选型。

3. 结合实物分析出台式钻床中动力的传动路线是:电机转动——电机塔轮转动——皮带传动——主轴塔轮转动——主轴(钻头)转动。

4. 通过仔细观察主轴塔轮与电机塔轮安装图(见图 6-10)得出:改变与皮带配合的不同直径的主轴塔轮和电机塔轮可改变主轴转速。

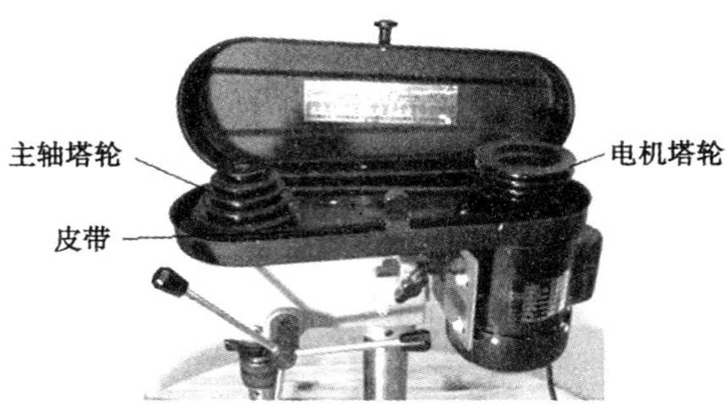

图 6-10 台式钻床变速结构

任务二　带传动的工作能力分析

任务描述

一台式钻床启动后，空载时主轴正常转动，当按下钻头钻孔时，随着载荷的增加，出现电机转动，主轴不转，抬起钻头后主轴又恢复转动的故障。试分析其产生的原因。采取哪些措施可以提高其工作能力？

知识准备

一、带传动的受力分析

(一)有效圆周力

为保证带传动的正常工作，带传动时必须以一定的预紧力张紧在两轮上，这时带与带轮间产生静压力。静止时，带轮两边的拉力相等，都等于初拉力 F_0，如图 6-11(a)所示。当传动带工作时，在带与带轮间摩擦力作用下，带绕入主动轮的一边被拉紧，拉力由 F_0 增大为 F_1，称为紧边；带另一边被放松，拉力由 F_0 降为 F_2，称为松边，如图 6-11(b)所示。假定带工作时的总长度不变，则紧边拉力的增加量等于松边拉力的减少量，则有：

$$F_1-F_0=F_0-F_2$$

即：

$$2F_0=F_1+F_2 \tag{6-3}$$

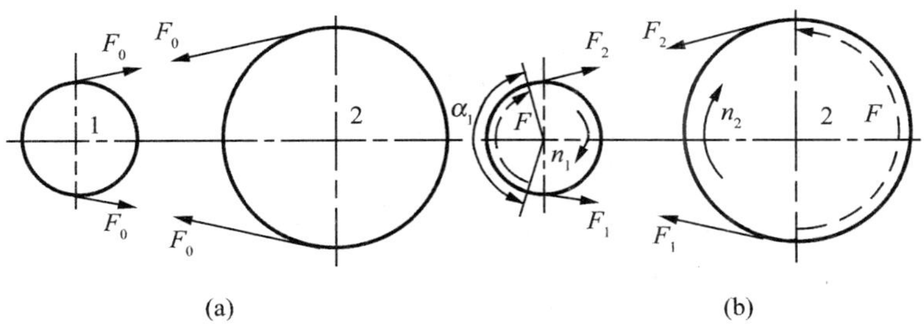

图 6-11　带传动的受力分析

带轮两边的拉力差 F_1-F_2 称为带传动的有效圆周力 F，其值等于带和带轮接触面上各点摩擦力的总和 $\sum F_f$，即：

$$F=F_1-F_2=\sum F_f \tag{6-4}$$

由此，带传动所传递的功率为：

$$P=\frac{Fv}{1000} \tag{6-5}$$

式中：P——带传递的功率，kW；

F——有效圆周力，N；

v——带的速度，m/s。

（二）带传动的最大有效拉力 F_{max}

带在工作时，带与带轮接触面间的摩擦力总和为一极限值 $\sum F_{f\max}$。当带所传递的外载荷超过这一极限值时，带就会在带轮上发生明显的相对滑动，这种现象称为打滑。

当传动带与带轮表面间即将打滑时，摩擦力达到最大值，即有效圆周力达到最大值。此时，忽略离心力的影响，紧边拉力 F_1 和松边拉力 F_2 之间的关系可用欧拉公式确定：

$$F_1=F_2 e^{f\alpha_1} \tag{6-6}$$

式中：F_1，F_2——带的紧边拉力和松边拉力，N；

e——自然对数的底，e≈2.718；

f——摩擦系数［对于 V 带，应用当量摩擦系数 f_v 代替，$f_v=\frac{f}{\sin(\varphi/2)}$］；

α_1——带轮包角，即小带轮接触弧所对的中心角，rad。

由式(6-3)(6-4)和(6-6)可得：

$$F=2F_0\frac{e^{f\alpha_1}-1}{e^{f\alpha_1}+1} \tag{6-7}$$

由式(6-7)可知，带所传递的圆周力 F 与初拉力 F_0、摩擦系数 f 以及包角 α_1 有关。

联立式(6-4)和式(6-7)可得，带传动在不打滑条件下所传递的最大圆周力为：

$$F_{max}=F_1\left(1-\frac{1}{e^{f\alpha_1}}\right) \tag{6-8}$$

由式(6-5)可知，由于外载荷，带传动需要传递的有效圆周力为：$F=\frac{1000P}{v}$，显然，带传动不发生打滑的条件为：

$$F_{max}=F_1\left(1-\frac{1}{e^{f\alpha_1}}\right)\geqslant\frac{1000P}{v} \tag{6-9}$$

二、带传动时的应力分析

带传动工作时，带中的应力由松边和紧边拉力产生的拉应力、离心力产生的拉应力以及带弯曲产生的弯曲应力三部分组成。

（一）拉应力 σ_1、σ_2

紧边拉应力：

$$\sigma_1=\frac{F_1}{A}$$

松边拉应力：

$$\sigma_2=\frac{F_2}{A} \tag{6-10}$$

式中：A——带的横截面积，mm^2。

（二）离心应力 σ_c

$$\sigma_c=\frac{F_c}{A}=\frac{qv^2}{A} \tag{6-11}$$

式中：F_c——离心力，N；

q——带传动单位长度质量，kg/m；

v——带的线速度，m/s。

（三）弯曲应力

由材料力学可知，当带绕过带轮而发生弯曲时，会产生弯曲应力 σ_b。

$$\sigma_b\approx E\frac{h}{d_d} \tag{6-12}$$

式中：E——带的弹性模量，MPa；

h——带的高度，mm；

d_d——带轮的基准直径，mm。

由式(6-12)可知，带轮基准直径越小，带越厚，则带的弯曲应力越大。所以同一条带绕过小带轮时的弯曲应力要大于绕过大带轮时的弯曲应力。为避免弯曲应力过大，基准直径不能过小。V 带单位长度的质量及小带轮最小基准直径如表 6-4 所示。

表 6-4　普通 V 带单位长度的质量及小带轮最小基准直径

带型	Y	Z	A	B	C	D	E
$q/(\text{kg}\cdot\text{m}^{-1})$	0.02	0.06	0.1	0.17	0.30	0.62	0.90
d_{dmin}/mm	20	50	90	125	200	355	500

图 6-12 所示为带传动工作时带的应力分布情况。其中小带轮为主动轮，各截面应力的大小用自该点所作的径向线长短来表示。由图可以看出：最大应力发生在紧边开始绕上小带轮处的横截面上，其值为：

$$\sigma_{max}=\sigma_1+\sigma_c+\sigma_{b1} \tag{6-13}$$

为保证带的寿命，带应满足疲劳强度极限：

$$\sigma_{max}\leqslant[\sigma]$$

即：

$$\sigma_{max}=\sigma_1+\sigma_c+\sigma_{b1}\leqslant[\sigma] \tag{6-14}$$

式中：$[\sigma]$——许用应力。

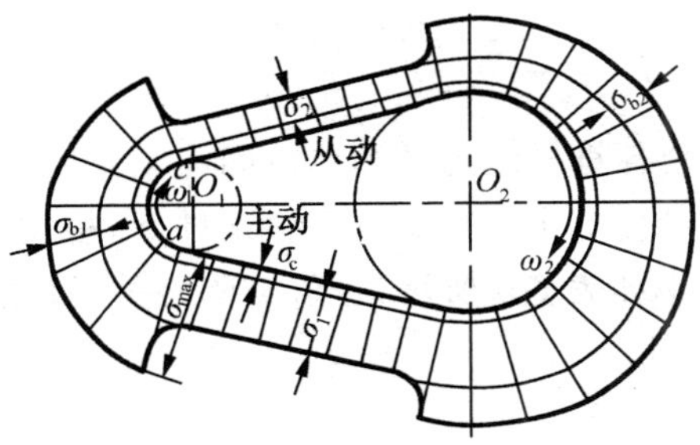

图 6-12　带传动中的应力分布

(四)弹性滑动

传动带是弹性体,在受到拉力作用时要产生弹性伸长。工作时,由于紧边和松边的拉力不同,因而弹性伸长量也不同。如图 6-13 所示,当带从紧边 a 点转到松边 c 点的过程中,拉力由 F_1 逐渐减小到 F_2,使得弹性伸长量减少,因而带沿主动轮的运动是一面绕进,一面向后收缩,使得主动轮的圆周速度大于带的圆周速度,这就说明带在绕经主动轮的过程中,在带与主动轮之间发生了相对滑动。同样,当带由松边绕过从动轮进入紧边时,拉力增加,带逐渐被拉长,沿轮面产生向前的弹性滑动,使得带的圆周速度大于从动轮的圆周速度。这种由于带的弹性变形而引起的带与带轮间的微小相对滑动,称为弹性滑动。

由此可见,弹性滑动和打滑是两种不同的概念。打滑是由于过载引起的全面滑动,是可以避免的;而弹性滑动是由于拉力差引起的,只要传递圆周力,就必然存在弹性滑动,是不可避免的。

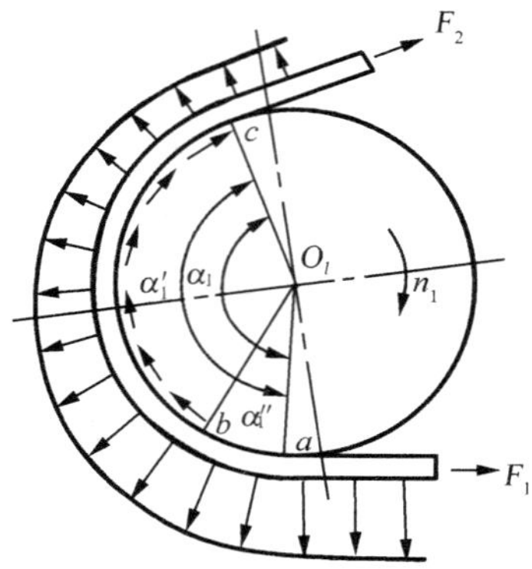

图 6-13　带传动的弹性滑动

三、单根 V 带的基本额定功率

由材料力学可知,紧边拉力 $F_1=\sigma_1 A$,将其代入式(6-8),得:

$$F_{max}=\sigma_1 A\left(1-\frac{1}{e^{f\alpha_1}}\right) \tag{6-15}$$

联立式(6-5)(6-8)和(6-14)得出,单根 V 带既不打滑又有一定疲劳强度时所能传递的功率为:

$$P_0=\frac{([\sigma]-\sigma_{b1}-\sigma_c)\left(1-\frac{1}{e^{f\alpha_1}}\right)Av}{1000} \tag{6-16}$$

式中:P_0 的单位为 kW,其余各符号的意义和单位同前。

在包角 $\alpha_1=\alpha_2=180°$、特定带长、工作平稳的条件下,根据式(6-16)计算出的各种型号单根 V 带的基本额定功率如表 6-5 所示,也可查阅相关《机械设计手册》。

表 6-5　　单根普通 V 带的基本额定功率 P_0 值

截型	小带轮基准直径 d_{d1}/mm	小带轮转速 n_1/(r·min^{-1})										
		200	300	400	500	600	700	800	900	1200	1460	1600
Y	20	—	—	—	—	—	—	—	0.02	0.02	0.02	0.03
	32.5	—	—	—	—	—	0.03	0.04	0.04	0.05	0.06	0.06
	40	—	—	—	—	—	0.04	0.05	0.06	0.07	0.06	0.09
	50	—	—	0.05	—	—	0.06	0.07	0.08	0.09	0.11	0.12
Z	50	—	—	0.06	—	—	0.09	0.10	0.12	0.14	0.16	0.17
	63	—	—	0.08	—	—	0.13	0.15	0.18	0.22	0.25	0.27
	71	—	—	0.09	—	—	0.17	0.20	0.23	0.27	0.31	0.33
	80	—	—	0.14	—	—	0.20	0.22	0.26	0.30	0.36	0.39
	90	—	—	0.14	—	—	0.22	0.24	0.28	0.33	0.7	0.40
A	75	0.16	—	0.27	—	—	0.42	0.45	0.52	0.60	0.68	0.73
	90	0.22	—	0.39	—	—	0.63	0.68	0.79	0.93	1.07	1.15
	100	0.26	—	0.47	—	—	0.77	0.83	0.97	1.14	1.32	1.42
	125	0.37	—	0.67	—	—	1.11	1.19	1.40	1.66	1.93	2.07
	160	0.51	—	0.94	—	—	1.56	1.69	2.00	2.36	2.74	2.94
B	125	0.48	—	0.84	—	—	1.34	1.44	1.67	1.93	2.20	2.33
	160	0.74	—	1.32	—	—	2.16	2.32	2.72	3.17	3.64	3.86
	200	1.02	—	1.85	—	—	3.06	3.30	3.86	4.50	5.15	5.46
	250	1.37	—	2.50	—	—	4.14	4.46	5.22	6.04	6.85	7.20
	280	1.58	—	2.89	—	—	4.77	5.13	5.93	6.90	7.78	8.13
D	355	5.31	7.35	9.24	10.90	12.39	14.04	14.83	16.30	17.25	16.70	15.63
	450	7.90	11.02	13.85	16.40	19.67	21.12	22.25	24.16	24.84	26.42	19.59
	560	10.76	15.07	18.95	22.38	25.32	28.28	29.55	31.00	29.67	22.08	15.13
	710	14.55	20.35	25.45	29.74	33.18	35.97	36.87	35.58	27.88	—	—
	800	16.76	23.39	29.08	33.72	37.13	39.26	39.55	35.26	21.32	—	—
E	500	10.86	14.96	18.55	21.65	24.21	26.62	27.57	28.52	25.53	16.25	—
	630	15.65	21.69	26.95	31.36	34.83	37.64	38.52	37.14	29.17	—	—
	800	21.70	30.05	37.05	42.53	46.26	47.79	47.38	39.08	16.46	—	—
	900	25.15	34.71	42.49	48.20	51.48	51.13	49.21	34.01	—	—	—
	1000	28.52	39.17	47.52	53.12	55.45	52.26	48.19	—	—	—	—

四、带传动的张紧

为保证带传动正常工作，必须设置张紧装置。常用的张紧方式有调整中心距方式与采用张紧轮方式两类。

（一）调整中心距

常见的调整中心距方式的张紧如图 6-14 所示，分为定期张紧装置[见图 6-14(a)(b)]和自动张紧装置[见图 6-14(c)]两种。

定期张紧是指定期通过调整螺钉来调节中心距。图 6-14(a)所示为滑道式，用于在水平或倾角不大的传动中；图 6-14(b)所示为摆架式，用于垂直或接近垂直的传动中。自动张紧是将装有带轮的电机安装在浮动的摆架上，利用电动机的自重，自动保持张紧。

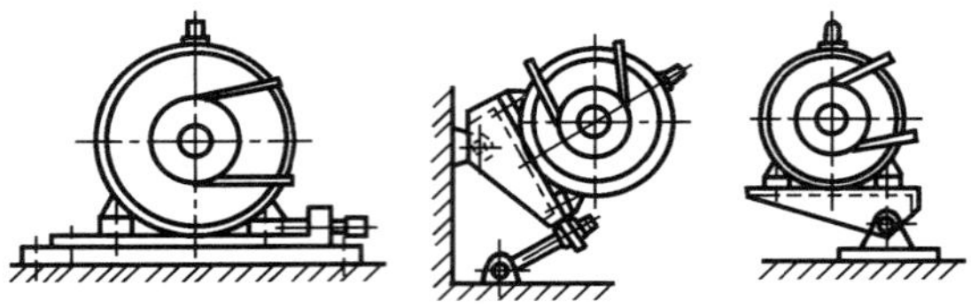

(a)滑道式　(b)摆架式　(c)自动张紧

图 6-14　调整中心距方式的张紧

（二）采用张紧轮

中心距不可调时，可用张紧轮来实现张紧，如图 6-15 所示。张紧轮一般应放在松边的内侧，使其只受单向弯曲，同时张紧轮还应尽量靠近大轮，以免过分影响带在小轮上的包角。

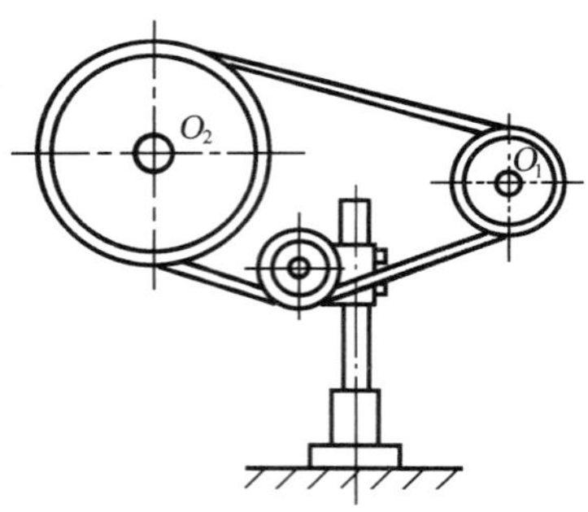

图 6-15　张紧轮装置

职业能力训练

训练目标

通过完成本任务，掌握带传动的工作能力分析，结合生产实际正确分析带传动中的故障原因并能排除故障。

工作流程

知识准备→故障分析→排除故障→检查、评价。

实施步骤

1. 通过知识准备，掌握带传动的工作能力分析，并掌握带传动张紧的知识。

2. 结合具体故障，分析其产生原因，如是否是由于皮带断裂、皮带松动、刀具不锋利等一种或几种原因导致故障的产生。

3. 根据原因排除故障：如果是由于皮带断裂导致故障产生，则应更换相应型号的皮带；如果是由于皮带松动导致故障产生，则应对皮带进行更换或采取张紧措施；如果是由于钻头不锋利，工作载荷过大导致皮带出现打滑现象，则应及时刃磨钻头；如果是由于上述几种原因组合而导致故障产生，则应逐一排除相应故障。

任务三　V带传动的设计

任务描述

设计一带式运输机中的普通 V 带传动。原动机为 Y 系列异步电动机，其额定功率 $P=3\text{kW}$，满载转速 $n_1=1430\text{r/min}$，从动轮转速 $n_2=450\text{r/min}$，两班制工作，载荷变动较小，要求中心距 $a\leqslant 400\text{mm}$。

知识准备

一、带传动的失效形式和设计准则

由带传动的工作情况分析可知，带传动的主要失效形式为打滑和带的疲劳破坏。因此，带传动的设计准则为：在保证带传动不打滑的条件下，具有一定的疲劳强度和寿命，即满足式(6-9)和式(6-14)。

二、V 带传动设计计算

设计 V 带传动时，一般已知条件是：传递的功率 P，转速 n_1、n_2(或传动比)，传动位置要求及工作条件。设计内容包括：确定带的截型、长度、根数、传动中心距、带轮基准直径及结构尺寸等。

设计计算的一般步骤如下：

1. 确定计算功率 P_c，选择 V 带型号

计算功率根据传递的额定功率 P、载荷性质以及每天运转时间长短等因素的影响来确定，即：

$$P_c=K_A P \tag{6-17}$$

式中：K_A——工况系数，查表 6-6 可得。

表 6-6　　　　　　　　　　工况系数 K_A

工况		K_A					
		空、轻载启动			重载启动		
		每天工作小时数/h					
		<10	10～16	>16	<10	10～16	>16
载荷变动微小	液体搅拌机，通风机和鼓风机，离心式水泵和压缩机，轻型输送机	1.0	1.1	1.2	1.1	1.2	1.3
载荷变动小	带式输送机（不均匀载荷），通风机（>7.5kW），旋转式水泵和压缩机，发电机，金属切削机床，印刷机，旋转筛，锯木机和木工机械	1.1	1.2	1.3	1.2	1.3	1.4
载荷变动较大	制砖机，斗式提升机，往复式水泵和压缩机，起重机，磨粉机，冲剪机床，橡胶机械，振动筛，纺织机械，重载输送机	1.2	1.3	1.4	1.4	1.5	1.6
载荷变动很大	破碎机（旋转式、颚式等），磨碎机（球磨、棒磨、管磨）等	1.3	1.4	1.5	1.5	1.6	1.8

注：1. 空、轻载启动——电动机（交流、直流并励），四缸以上的内燃机，装有离心式离合器、液力联轴器的动力机等。

2. 重载启动——电动机（联机交流启动、直流复励或串励），四缸以下的内燃机。

3. 反复启动、正反转频繁、工作条件恶劣等场合，应将表中 K_A 值乘以 1.2；增速时 K_A 值查《机械设计手册》。

根据计算功率 P_c 和小带轮转速 n_1，由图 6-16 选择带的型号。若确定的坐标点位于图中两种型号的分界线附近，可先取两种型号计算，然后进行分析比较，择优选用。

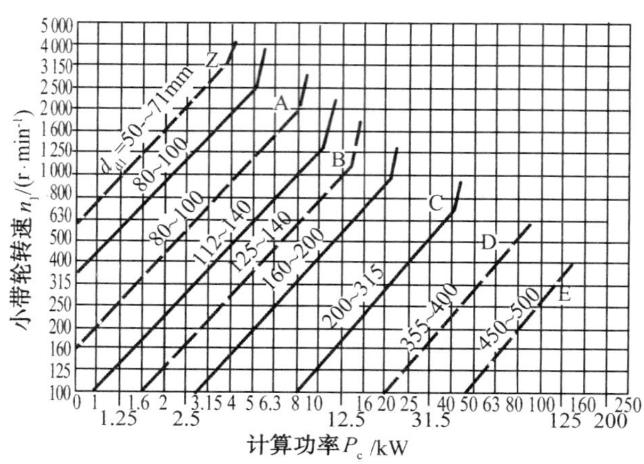

图 6-16　普通 V 带选型图

2. 确定带轮的基准直径 d_{d1} 和 d_{d2}

根据所选 V 带截型参考表 6-2、表 6-3 及表 6-5 选取 $d_{d1} \geqslant d_{dmin}$，并取标准直径。带轮直径是影响带寿命的主要因素之一，带轮直径越小，弯曲应力就越大，带的寿命也就越短，所以带轮直径不能选得太小，在空间尺寸不受限制时，还是取大一些好。而 $d_{d2} = id_{d1}$，计算后根据标准值圆整即可。

3. 验算带速

$$v = \frac{\pi d_{d1} n_1}{60 \times 1000} \tag{6-18}$$

由 $P = Fv$ 知，传递功率一定时，带速 v 越大，所需传递的有效圆周力就越小，使 V 带根数减少，带轮变窄，加工时数少；但 v 过大，离心力就会过大，降低了带与带轮的正压力，从而降低了传动的工作能力；若 v 过小（例如 $v<5\text{m/s}$），则表示所选的 d_{d1} 过小，这将使所需传递的有效圆周力过大，所需带的根数过多，轮宽、轴及轴承尺寸都要随之增大，且载荷分布不均匀现象严重。一般应使带速 $v=5\sim25\text{m/s}$，较适宜的速度 $v=10\sim20\text{m/s}$。若不在此范围内，说明初选的小带轮直径不合适，需重新选取。

4. 确定中心距 a 和带的基准长度 L_d

（1）初选中心距

设计时，可根据下式初定中心距，即：

$$0.7(d_{d1}+d_{d2}) < a_0 < 2(d_{d1}+d_{d2}) \tag{6-19}$$

（2）确定 V 带的基准长度 L_d

根据几何关系，按照下式初定带的基准长度 L_0：

$$L_0 = 2a_0 + \frac{\pi}{2}(d_{d1}+d_{d2}) + \frac{(d_{d2}-d_{d1})^2}{4a_0} \tag{6-20}$$

根据 L_0 查表 6-7 选定带的基准长度 L_d。

表 6-7　　V 带的基准长度系列及长度修正系数

基准长度 L_d/mm	K_L					基准长度 L_d/mm	K_L			
	Y	Z	A	B	C		Z	A	B	C
200	0.81					1600	1.04	0.99	0.92	0.83
224	0.82					1800	1.06	1.01	0.95	0.86
250	0.84					2000	1.08	1.03	0.98	0.88
280	0.87					2240	1.10	1.06	1.00	0.91
315	0.89					2500	1.30	1.09	1.03	0.93
355	0.92					2800		1.11	1.05	0.95
400	0.96	0.79				3150		1.13	1.07	0.97
450	1.00	0.80				3550		1.17	1.09	0.99
500	1.02	0.81				4000		1.19	1.13	1.02

续表

基准长度 L_d/mm	K_L					基准长度 L_d/mm	K_L			
	Y	Z	A	B	C		Z	A	B	C
560	0.82	0.82				4500			1.15	1.04
630	0.84	0.81				5000			1.18	1.07
710	0.86	0.83				5600				1.09
800	0.90	0.85				6300				1.12
900	0.92	0.87	0.82			7100				1.15
1000	0.94	0.89	0.84			8000				1.18
1120	0.95	0.91	0.86			9000				1.21
1250	0.98	0.93	0.88			10000				1.23
1400	1.01	0.96	0.90							

(3)计算实际中心距

$$a \approx a_0 + \frac{L_d - L_0}{2} \tag{6-21}$$

考虑安装调整和补偿张紧力的需要，带传动的中心距一般设计成可以调整的，其变动范围一般取：

$$\begin{cases} a_{min} = a - 0.015L_d \\ a_{max} = a + 0.03L_d \end{cases} \tag{6-22}$$

5. 校验小带轮的包角 α_1

小带轮包角的计算公式为：

$$\alpha_1 = 180° - \frac{d_{d2} - d_{d1}}{a} \times 57.3° \tag{6-23}$$

α_1 过小，传动能力降低，易打滑。一般要求 $\alpha_1 \geqslant 120°$，个别情况可小到 90°。若不满足，应增大中心距、减小传动比或采用张紧轮张紧来增加小带轮包角。

6. 确定带的根数

$$z \geqslant \frac{P_c}{[P_1]} = \frac{P_c}{(P_0 + \Delta P_0)K_\alpha K_L K_q} \tag{6-24}$$

式中：P_c——计算功率；

P_0——单根 V 带的基本额定功率，可查表 6-5 得；

ΔP_0——计入传动比的影响时，单根 V 带额定功率的增量，其值可查表 6-8 得；

K_α——包角修正系数(见表 6-9)；

K_L——带长修正系数(见表 6-7)。

K_q——材质系数，化纤强力层 $K_q = 1$，棉帘布强力层 $K_q = 0.75$。

在确定 V 带根数 z 时，为了使各根 V 带受力均匀，根数不宜太多(通常 $z < 10$)，否则应改选带的截型，重新计算。

表 6-8　　**单根普通 V 带 $i \neq 1$ 时，额定功率的增量 ΔP_0**

带型	传动比 i	小带轮的转速 $n_1/(\mathrm{r \cdot min^{-1}})$								
		200	400	730	800	980	1200	1460	2000	2800
Z	1.35～1.51	—	0.01	0.01	0.01	0.02	0.02	0.02	0.03	0.04
	1.52～1.99	—	0.01	0.01	0.02	0.02	0.02	0.02	0.03	0.04
	≥2	—	0.01	0.02	0.02	0.02	0.03	0.03	0.04	0.04
A	1.35～1.51	0.02	0.04	0.07	0.08	0.08	0.11	0.13	0.19	0.26
	1.52～1.99	0.02	0.04	0.08	0.09	0.10	0.13	0.15	0.22	0.30
	≥2	0.03	0.05	0.09	0.10	0.11	0.15	0.17	0.24	0.34
B	1.35～1.51	0.05	0.10	0.17	0.20	0.23	0.30	0.36	0.49	0.69
	1.52～1.99	0.06	0.11	0.20	0.23	0.26	0.34	0.40	0.56	0.79
	≥2	0.06	0.13	0.22	0.25	0.30	0.38	0.46	0.63	0.89
C	1.35～1.51	0.14	0.27	0.48	0.55	0.65	0.82	0.99	1.37	1.92
	1.52～1.99	0.16	0.31	0.55	0.63	0.74	0.94	1.14	1.57	2.19
	≥2	0.18	0.35	0.62	0.71	0.83	1.06	1.27	1.76	2.47
D	1.35～1.51	0.49	0.97	1.70	1.95	2.31	2.92	3.52	—	—
	1.52～1.99	0.56	1.11	1.95	2.22	2.64	3.34	4.03	—	—
	≥2	0.63	1.25	2.19	2.50	2.97	3.75	4.53	—	—
E	1.35～1.51	0.96	1.93	3.38	3.86	4.58	5.61	6.83	—	—
	1.52～1.99	1.10	2.20	3.86	4.41	5.23	6.41	7.80	—	—
	≥2	1.24	2.48	4.34	4.96	5.89	7.21	8.78	—	—

表 6-9　　**包角修正系数 K_α**

α	180°	175°	170°	165°	160°	155°	150°	145°	140°	135°	130°	125°	120°
K_α	1	0.99	0.98	0.96	0.95	0.93	0.92	0.91	0.89	0.88	0.86	0.84	0.82

7. 确定单根 V 带的初拉力 F_0

为了保证带传动正常工作，应使带具有一定的初拉力 F_0。初拉力不足，产生的摩擦力较小，易打滑，且带传动的工作能力不能充分发挥；初拉力过大，则 V 带寿命会降低，轴和轴承的受力会增大。单根 V 带较适宜的初拉力可由下式计算：

$$F_0 = 500\frac{P_c}{zv}\left(\frac{2.5}{K_\alpha}-1\right)+qv^2 \tag{6-25}$$

式中各符号的意义和单位同前。由于新带容易松弛，所以对于中心距不可调的带传动，安装新带时的初拉力应取上述计算值的 1.5 倍。

8. 计算带作用在轴上的压力 F_Q

为了设计安装带轮的轴及轴承，需计算带传动作用在轴上的载荷 F_Q，通常取带两边初拉力的合力（见图 6-17）做近似计算，即：

$$F_Q = 2F_0 z\sin\frac{\alpha_1}{2} \tag{6-26}$$

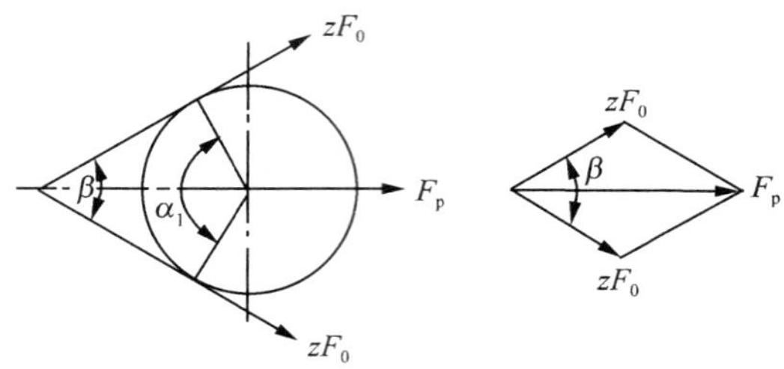

图 6-17　带传动作用在轴上的压力

9. V 带轮结构设计

V 带轮结构有任务一中所述的 3 种基本形式，设计时具体参照有关《机械设计手册》。

职业能力训练

训练目标

通过完成本任务，同学们应具备根据不同工况与载荷条件进行带传动设计的能力。

工作流程

任务分析→知识准备→查阅资料→设计计算→检查、评价。

实施步骤

1. 知识准备及查阅资料等阶段（略）
2. 设计计算（见表 6-10）

表 6-10　设计计算过程

序号	计算内容	计算与描述	结果
1	确定设计功率（查表得 $K_A=1.2$）	$P_c=K_AP=1.2\times3\text{kW}$	$P_c=3.6\text{kW}$
2	选择 V 带型号	由 $P_c=3.6\text{kW}$，$n_1=1430\text{r/min}$，由图 6-16，确定选用 A 型带	初选 A 型 V 带

续表

序号	计算内容	计算与描述	结果
3	选择带轮直径 d_{d1} 和 d_{d2}	由表 6-4 选取小带轮直径：$d_{d1}=100mm$；大带轮直径：$d_{d2}\approx\frac{n_1}{n_2}d_{d1}=\frac{1430}{450}\times100\approx318(mm)$ 由表 6-2，取 $d_{d2}=315mm$	$d_{d2}=315mm$
4	验算带速	$v=\frac{\pi d_{d1}n_1}{60\times1000}=7.49m/s$	$5m/s<v<25m/s$ 带速合适
5	确定中心距	初定 $a_0=400mm$，根据式(6-20)初定带的基准长度为： $L_0=2a_0+\frac{\pi}{2}(d_{d1}+d_{d2})+\frac{(d_{d2}-d_{d1})^2}{4a_0}=1481mm$ 由表 6-7 选用基准长度 $L_d=1400mm$， $a\approx a_0+\frac{L_d-L_0}{2}=360mm$	$L_0=1481mm$ $a=360mm$
6	校核小带轮包角	$\alpha_1=180°-\frac{d_{d2}-d_{d1}}{a}\times57.3°=145.8°$	$\alpha_1>120°$
7	确定 V 带根数	由表 6-9 的 $K_\alpha=0.911$，由表 6-7 的 $K_L=0.96$，棉帘布强力层 V 带 $K_q=0.75$。根据 A 型带，$d_{d1}=100mm$，$v=7.49m/s$，由表 6-8 按插值法计算，可得 $P_0=1.30kW$，$\Delta P_0=0.17kW$，由式 6-24 得 V 带根数： $z\geqslant\frac{P_c}{K_\alpha K_L K_q(P_0+\Delta P_0)}$ $=\frac{3.6}{0.911\times0.96\times0.75\times(1.30+0.17)}=3.73$	取 $z=4$ 根，选用 V 带规格为 A-1400×4 GB 11544—97
8	确定初拉力	由表 6-4 查得 $q=0.1kg\cdot m^{-1}$，由式(6-25)得： $F_0=500(\frac{2.5}{K_\alpha}-1)\frac{P_c}{zv}+qv^2$ $=500(\frac{2.5}{0.911}-1)\frac{3.6}{4\times7.49}+0.1\times7.49^2$ $=110.4N$	$F_0=110.4N$
9	计算轴上压力	$F_Q=2F_0z\sin\frac{\alpha_1}{2}=2\times110.4\times\sin\frac{145.8°}{2}$ $=847.2N$	$F_Q=847.2N$

任务四　链传动的认识

任务描述

自行车作为一种节能环保、健身休闲的出行工具，在现代生活中扮演着重要的角色。同学们知道自行车是靠什么来传递动力的吗？这种传动又有哪些优缺点及应用？

知识准备

一、链传动的工作原理

链传动主要由主动链轮、从动链轮以及绕在链轮上的链条组成，如图 6-18 所示。工作时，靠链轮轮齿与链条啮合把主动链轮的运动和转矩传给从动链轮，因此，链传动属于具有中间挠性件的啮合传动。

设 z_1 和 z_2 分别为两链轮的齿数，n_1 和 n_2 分别为两链轮的转速，因每分钟内主动链轮转过的齿数等于从动链轮转过的齿数，即 $n_1z_1=n_2z_2$，则链传动的平均传动比为：

$$i_{12}=\frac{n_1}{n_2}=\frac{z_2}{z_1} \tag{6-27}$$

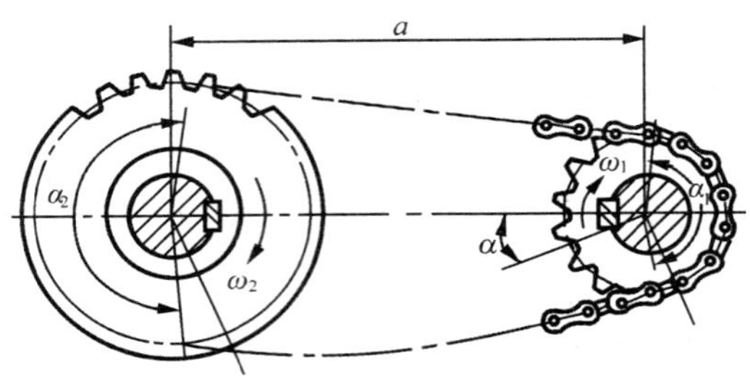

图 6-18　链传动

二、链传动的特点和应用

（一）链传动的特点

1. 链传动的优点

链传动是一种具有中间挠性件（链条）的啮合传动，具有以下优点：

（1）链传动无弹性滑动和打滑现象，因而能保持准确的传动比（平均传动比），功率损失较小，传动效率较高。

（2）因链传动是啮合传动，链条不像带传动那样张得很紧，所以作用在轴上的压力较小。

（3）同样使用条件下，链轮宽度和直径也比带轮小，因而结构紧凑。

（4）链传动能在速度较低、工作温度较高的情况下工作。

（5）链传动易于实现多轴传动，对恶劣的工作环境（如淋水、油污、多粉尘、泥浆等）的适应性强，工作可靠。

(6)与齿轮传动相比，链传动的制造、安装精度要求较低，成本低廉。

(7)在远距离传动(中心距最大可超过 10m)时，其结构要比齿轮传动轻便得多。

2. 链传动的缺点

链传动运转时不能保持恒定的瞬时传动比，平稳性较差，工作时有噪声；只能用于两根平行轴间的传动；无过载保护作用；安装精度比带传动要求高；不宜在载荷变化大、高速和急速反转中应用。

(二)链传动的实践应用

链传动被广泛应用于农业、矿山、冶金、建筑、交通运输和石油等各种机械中。通常，链传动传递的功率 $P \leqslant 100$kW，链速 $v \leqslant 15$m/s，传动比 $i \leqslant 6$，常用 $i=2 \sim 3.5$ 为宜。

三、链传动的类型

按照用途的不同，链可分为传动链、起重链和曳引链，如图 6-19 所示。起重链和曳引链主要用在起重机械和运输机械中，而在一般机械传动中，常用的是传动链。按照铰链的结构和铰链与链轮齿廓接触部位的不同，传动链可分为套筒滚子链、套筒链、齿形链和成型链等，如图 6-20 所示。套筒滚子链在链传动中应用最广，并且已标准化。

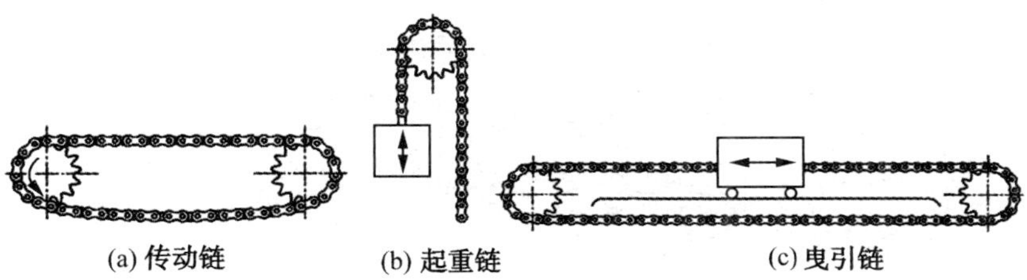

图 6-19　链传动的类型

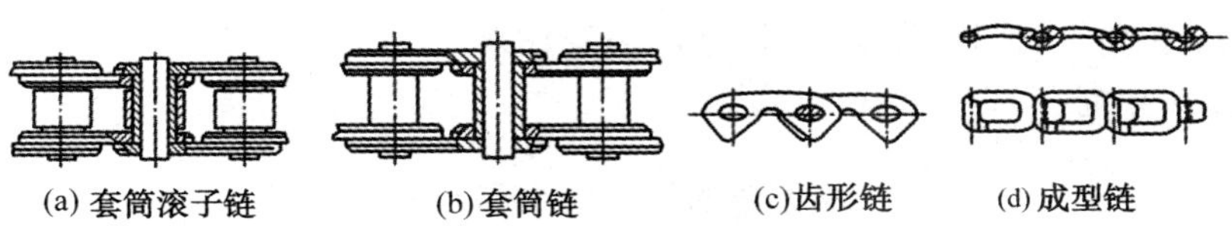

图 6-20　传动链的类型

下面重点介绍套筒滚子链。

如图 6-21 所示，套筒滚子链由滚子 1、套筒 2、销轴 3、内链板 4 和外链板 5 所组成，套筒与内链板之间、销轴与外链板之间均采用过盈配合固定，而销轴与套筒之间、套筒与滚子之间均为间隙配合，使滚子可绕套筒转动，套筒可绕销轴转动。工作时，滚子沿链轮齿廓滚动，因而磨损较小。为了减小链的质量和运动时的惯性力，同时使链板各个横截面具有接近相等的抗拉强度，链板常制成“8”字形。链的磨损主要发生在销轴与套筒的接触面上，因此，内、外链板间应留少许间隙，以便润滑油渗入套筒与销轴的摩擦面间。

相邻两滚子轴线间的距离称为链条节距，用 p 表示，通常以相邻两销轴的中心距来

表示链条节距 p。节距 p 越大，链的各元件的尺寸也越大，承载能力也越强，冲击和振动也随之增加。

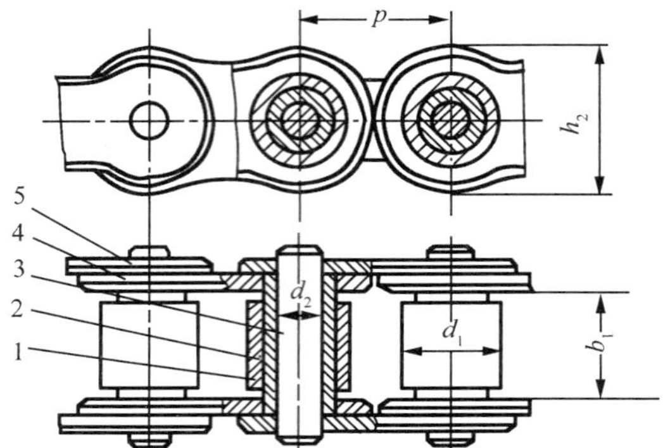

图 6-21　滚子链的结构

1—滚子　2—套筒　3—销轴　4—内链板　5—外链板

在需要传递较大功率时，可采用双排滚子链(见图 6-22)或多排滚子链。但排数过多时难以保证制造和装配精度，易出现载荷分布不均匀现象，故排数不宜过多，一般最多为 4 排。

图 6-22　双排滚子链

滚子链已经标准化，分为 A、B 两种系列，常用 A 系列，其尺寸及主要参数如表 6-11 所示。表中链号和相应的国际标准链号一致，链号数乘以 25.4/16 即为节距值(单位：mm)。后缀 A 表示 A 系列。

表 6-11　滚子链的基本参数和尺寸

链号	链节距 p/mm	排距 p_t/mm	滚子外径 d_1/mm	内链节内宽 b_1/mm	销轴直径 d_2/mm	内链板高度 h_2/mm	极限拉伸载荷 Q/kN	每米质量 q/(kg·m^{-1})
05B	8.00	5.64	5.00	3.00	3.31	7.11	4.4	0.18
06B	9.525	10.24	6.35	5.72	3.28	8.26	8.9	0.40
08B	12.7	13.92	8.51	7.75	4.45	11.81	17.8	0.70
08A	12.7	14.38	7.95	7.85	3.96	12.07	13.8	0.60
10A	15.875	18.11	10.16	9.4	5.08	15.09	21.8	1.00
12A	19.05	22.78	11.91	12.57	5.94	18.08	31.1	1.50

续表

链号	链节距 p/mm	排距 p_t/mm	滚子外径 d_1/mm	内链节内宽 b_1/mm	销轴直径 d_2/mm	内链板高度 h_2/mm	极限拉伸载荷 Q/kN	每米质量 $q/(kg \cdot m^{-1})$
16A	25.40	29.29	15.88	15.75	7.92	24.13	55.6	2.60
20A	31.75	35.76	19.05	18.90	9.53	30.18	86.7	3.80
24A	38.10	45.44	22.23	25.22	11.10	36.20	124.6	5.60
28A	44.45	48.87	25.40	25.22	12.70	42.24	169.0	7.50
32A	50.80	58.55	28.58	31.55	14.27	48.26	222.4	10.10
40A	63.50	71.55	39.68	37.85	19.84	60.33	347.0	16.10
48A	76.20	87.83	47.63	47.35	23.80	72.39	500.4	22.60

滚子链的标记为：链号-列数×链节数 标准编号，例如，08A-1×68 GB/T 1243—1997 表示 12.7mm、A 系列、单排、68 节的滚子链。

四、链轮的结构和材料

链轮是链传动的主要零件，链轮轮齿的齿形应便于链条顺利地进入和退出啮合，使其不易脱链，且应形状简单，便于加工。链轮的齿形已标准化，一般用标准刀具加工。链条规格和链轮齿数确定后，链轮各部分的尺寸可查《机械设计手册》中的有关公式计算。

链轮的结构如图 6-23 所示，小尺寸链轮可制成实心式[见图 6-23(a)]，中等尺寸的链轮可制成孔板式[见图 6-23(b)]。由于链轮的损坏主要是轮齿的磨损，所以大尺寸的链轮最好采用齿圈可以更换的组合式[见图 6-23(c)]。

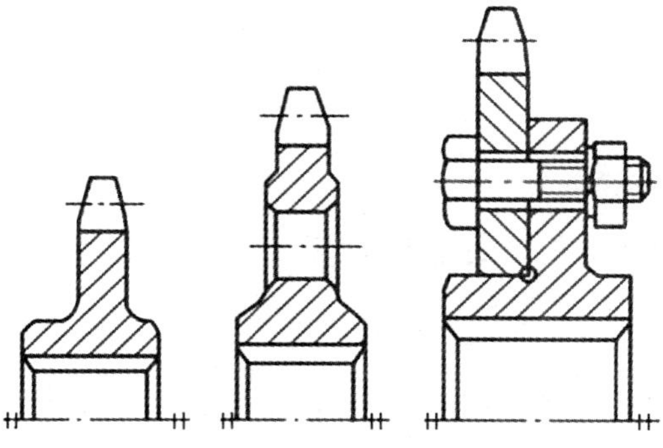

(a)实心式　(b)孔板式　(c)组合式

图 6-23　链轮的结构

链轮的材料应满足强度和耐磨性的要求，一般常采用优质碳素钢或合金钢并进行热处理。对于尺寸较大的链轮，也可用碳素钢焊接而成；对于齿数较多的从动链轮，在载荷平稳、速度较低时，也可用强度较高的铸铁制造。由于小链轮轮齿的啮合次数多于大链轮，所受冲击也较严重，故小链轮的材料应优于大链轮。

五、链传动的失效形式

实践表明，链传动的失效一般是链条的失效，其主要失效形式有以下几种：

1. 链板疲劳破坏

链传动中，链条由紧边到松边周而复始地变动着，所以，它的各个元件都是在变应力作用下工作，经过一定循环次数后，链板将出现疲劳断裂。正常润滑条件下，疲劳强度是限定链传动承载能力的主要因素。

2. 铰链磨损

链条与链轮在入啮和脱啮过程中，由于铰链的销轴与套筒间存在着较大的压力和相对滑动，因而导致接触面发生磨损，使链的实际节距变长，滚子与链轮齿部的啮合点逐步向齿顶外移，最终发生跳齿和脱链现象，使传动失效。它是开式链传动的主要失效形式。

3. 滚子、套筒的冲击疲劳破坏

由前述运动特性分析可知，链条与链轮进入啮合的瞬间必然伴随着冲击。另外，对于因张紧不好而有较大松边垂度的链传动，在反复启动、制动、反转时也会产生巨大惯性冲击。滚子、套筒受到反复多次的冲击载荷，会发生冲击疲劳破坏。

4. 铰链的胶合

当链轮的转速高达一定值时，链节啮入链轮时的冲击能量增大，造成销轴和套筒之间的润滑油膜被破坏，使两者的工作表面在很高的温度和压力下直接接触，从而导致工作表面胶合；另外，润滑不良也会使销轴与套筒工作面发生胶合。胶合在一定程度上限制了链传动的极限转速。

5. 链条的过载拉断

在低速（$v<6\text{m/s}$）、重载或严重过载的情况下，链条所受的拉力超过链条的静强度时，链条将被拉断。

职业能力训练

训练目标

通过完成本任务，掌握链传动的原理、类型及应用等基本知识。

工作流程

任务分析→知识准备→查阅资料→总结应用→检查、评价。

实施步骤

1. 任务中的自行车是靠链传动来传递动力的。

2. 经过知识准备与查阅资料可知，链传动主要有以下优、缺点及应用：

优点：

（1）链传动没有弹性滑动和打滑现象，能保持准确的平均传动比，传动效率较高。

（2）链传动需要的张紧力小，作用在轴上的压力也小，结构较为紧凑，能在温度较高、有油污等恶劣环境条件下工作。

(3)链传动的制造和安装精度要求较低，中心距较大时其结构简单。

缺点：

(1)瞬时链速和瞬时传动比不是常数，因此传动平稳性较差，工作中有一定的冲击和噪声。

(2)无过载保护，不适用于转动方向频繁改变的情况。

(3)只能用于平行轴间传动。

应用：

链传动被广泛用于矿山机械、农业机械、石油机械、机床及摩托车、自行车中，起到传动、起重和曳引等作用。

知识拓展

1. 链传动的应用布置

为使链传动能正常工作，应用时应将其合理布置，如图 6-24 所示。布置的原则如下：

(1)两链轮的回转平面应在同一垂直平面内，否则易使链条脱落和产生不正常的磨损。

(2)两链轮中心连线最好是水平的，或与水平面成 45°以下的倾角，尽量避免垂直传动，以免与下方链轮啮合不良或脱离啮合。

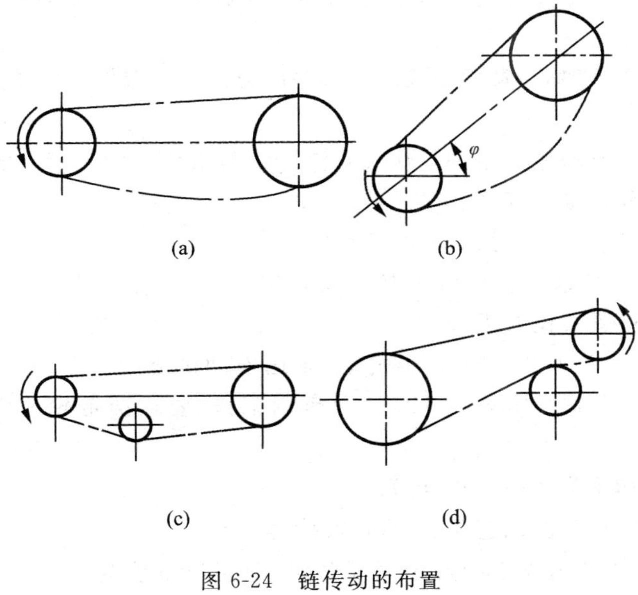

图 6-24 链传动的布置

2. 链传动的张紧

链传动中如松边垂度过大，将引起啮合不良和链条振动，所以链传动张紧的目的和带传动不同，张紧力并不决定链的工作能力，而只决定垂度的大小。

张紧的方法很多，最常见的是移动链轮以增大两轮的中心矩。但如中心距不可调时，也可以采用张紧轮张紧，如图 6-25 所示。张紧轮应装在靠近主动链轮的松边上。不论是带齿的还是不带齿的张紧轮，其分度圆直径最好与小链轮的分度圆直径相近。

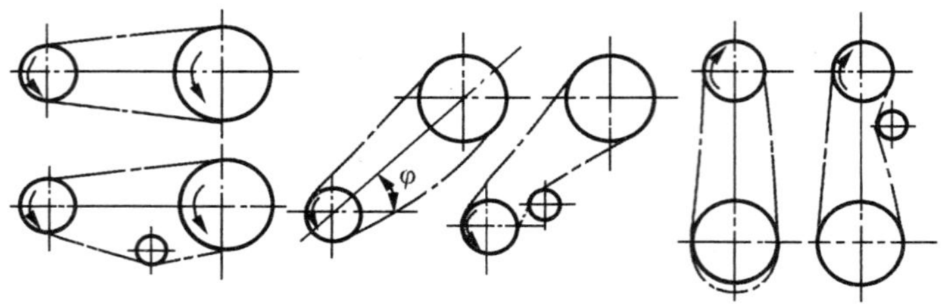

(a) (b) (c)

图 6-25 链传动的张紧

3. 链传动的润滑

链传动的润滑至关重要。适宜的润滑能显著降低链条铰链的磨损，延长使用寿命。

链传动的润滑方法有人工定期润滑、滴油润滑、油浴润滑或飞溅润滑、油泵压力喷油润滑，应根据链速和链条节距大小选择相应的润滑方式。

同步测试

6.1 带传动和链传动的主要类型有哪些？各有何特点？

6.2 带传动中，弹性滑动和打滑是怎样产生的？它们对传动有何影响，是否可以避免？

6.3 带传动工作时，带截面上会产生哪些应力？应力沿带全长如何分布？最大应力在何处？

6.4 挠性件传动张紧的目的是什么？链传动与带传动的张紧目的有何区别？用张紧轮张紧时，张紧轮应如何安放？

6.5 链传动的主要失效形式有哪几种？

6.6 已知 V 带传递的实际功率 $P=7\text{kW}$，带速 $v=10\text{m/s}$，紧边拉力是松边拉力的 2 倍。试求圆周力 F、紧边拉力 F_1。

6.7 设计带式输送机中的 V 带传动，采用电动机驱动。已知 V 带传递的功率 $P=7.5\text{kW}$，转速 $n_1=1470\text{r/min}$，$i=2.5$，两班制工作，要求两带轮的中心距在 2000mm 左右。

6.8 带传动功率为 $P=5\text{kW}$，已知 $n_1=400\text{r/min}$，$d_1=450\text{mm}$，$d_2=650\text{mm}$，中心距 $a=1.5\text{m}$，$f_v=0.2$，求带速 v、包角 α_1 和有效拉力 F。

6.9 观察 3～5 种机器上的普通 V 带传动，测量出带顶宽 b、带轮外径 d_a 和中心距 a，确定带型、带轮基准直径 d_{d1}、d_{d2}，并计算带长 L_a。

6.10 试列举几种链传动的应用实例。

项目七　齿轮传动

知识目标

◆理解齿轮传动的特点、应用范围、齿廓啮合基本定律、渐开线的性质与特点。

◆掌握圆柱齿轮、斜齿轮和直齿圆锥齿轮的几何尺寸计算。

◆掌握一对渐开线齿轮的正确啮合条件、连续传动条件和正确安装条件。

◆熟悉齿轮传动的计算准则、设计原理和强度计算。

能力目标

◆具有齿轮传动的几何尺寸计算能力。

◆具有齿轮传动的强度计算能力。

◆具有齿轮传动的受力分析能力。

◆能分析影响齿轮制造成本和工作性能（接触强度、弯曲强度、工作平稳性）的主要因素。

引导案例

几乎所有的机器上都有齿轮传动的应用，如图 7-1 所示为主轴箱，其运动由输入端传送到输出端。各种各样的齿轮传动各有什么特点，如何才能对其进行科学的分类和计算？本项目我们通过几个任务的完成，让学生主要掌握圆柱齿轮、斜齿轮和直齿圆锥齿轮的几何尺寸计算、计算准则、设计原理和强度计算等知识。

图 7-1　车床主轴箱

任务一　齿轮传动的认识

任务描述

图 7-2 所示为减速箱实物模型，指出齿轮传动的类型、特点及应用，阐述渐开线齿轮啮合的特点。

图 7-2　齿轮减速箱

知识准备

齿轮传动可以用来传递空间任意两轴之间的运动和动力，其圆周速度可达 300m/s，传递功率可达 105kW，齿轮直径可从 1mm 到 150m 以上，是现代机械中应用最广泛的传动机构之一。

一、齿轮传动机构的特点

与其他传动机构相比，齿轮传动具有传递运动准确、可靠，瞬时传动比恒定，适用的圆周速度和功率范围广，效率高，寿命长，结构紧凑等优点。但也具有制造、安装成本较高，不适于两轴间距过大的传动等缺点。

二、齿轮传动的分类

齿轮传动的类型很多，有多种不同的分类方法。

(一)根据啮合方式的不同分类

根据啮合方式的不同，有多种类型的齿轮机构，如外啮合直齿、斜齿，内啮合直齿、斜齿，曲齿啮合，齿条，等等。

（二）根据两轮轴线的相对位置分类

按照一对齿轮传动时两轮轴线的相对位置，齿轮传动可分为：

1. 两平行轴齿轮传动，如直齿、斜齿、人字齿圆柱齿轮，如图 7-3(a)～(c)所示；此外，还有内齿圆柱齿轮传动和齿轮齿条传动。

2. 两轴相交的齿轮传动，如直齿、曲齿圆锥齿轮传动，如图 7-3(d)～(e) 所示。

3. 两轴交错的齿轮传动，如螺旋齿轮、双曲线齿轮和蜗杆传动，如图 7-3(f)～(h) 所示。

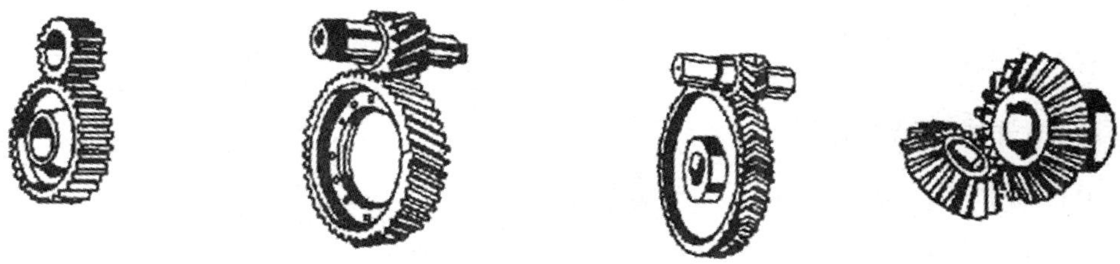

(a) (b) (c) (d)

(e) (f) (g) (h)

图 7-3 齿轮传动的类型

（三）按照工作条件分类

根据工作条件的不同，齿轮传动机构分为闭式传动和开式传动。闭式传动的齿轮封闭在有润滑油的箱体内，因而能保证良好的润滑和洁净的工作条件，故多用于重要场合。开式传动的齿轮是外露的，润滑和工作条件较差，齿轮易于磨损，因而多用于低速传动和不重要的场合。

（四）按照齿面硬度分类

根据齿面硬度的不同，齿轮传动分为软齿面（≤350HB）齿轮传动和硬齿面（>350HB）齿轮传动。

（五）按照轮齿齿廓曲线分类

根据轮齿齿廓曲线的不同，齿轮传动分为渐开线齿轮传动、摆线齿轮传动、圆弧齿轮传动。其中渐开线齿轮传动应用最为广泛。

渐开线齿轮传动用渐开线作为齿廓曲线，不但传动性良好，而且便于设计、制造、测量和安装，具有良好的互换性。所以，目前绝大多数齿轮都采用渐开线作为齿廓曲线。渐开线齿廓的研究和应用已有近 300 年的历史。

三、渐开线的形成

如图 7-4 所示，以 r_b 为半径画一个圆，当一直线 NK 沿此圆周做纯滚动时，该直线上任一点 K 的轨迹 KA，就称为此圆的渐开线，这个圆称为基圆，该直线称为渐开线的发生线。渐开线上任一点 K 的向径与起始点 A 的向径之间的夹角$\angle AOK$ 称为渐开线(AK 段)的展角 θ_K。

渐开线齿轮上每个齿轮的齿廓由同一基圆产生的两条对称的渐开线组成。

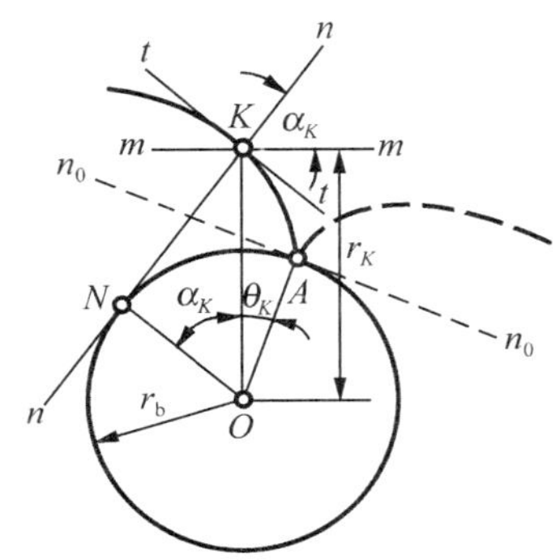

图 7-4　渐开线的形成

四、渐开线的基本性质

根据渐开线的形成过程，可知其有如下特性：

(1)因为发生线在基圆上做纯滚动，所以发生线在基圆上滚过的一段长度等于基圆上相应被滚过的一段弧长，即 $\overline{KN}=\widehat{AN}$。

(2)因 N 点是发生线沿基圆滚动时的速度瞬心，故发生线是渐开线上 K 点的法线。又因发生线始终与基圆相切，所以 KN 又是基圆在 N 点的切线。

(3)发生线与基圆的切点 N 即为渐开线上 K 点的曲率中心，线段 $\overline{KN}$ 为 K 点的曲率半径。随着 K 点离基圆愈远，相应的曲率半径愈大；而 K 点离基圆愈近，相应的曲率半径愈小。

(4)渐开线的形状取决于基圆的大小。如图 7-5 所示，随着基圆半径增大，渐开线上对应点的曲率半径也增大。当基圆半径为无穷大时，渐开线则成为直线。故渐开线齿条的齿廓为直线。

(5)由于渐开线是以基圆为起点向外展开的，故基圆以内无渐开线。

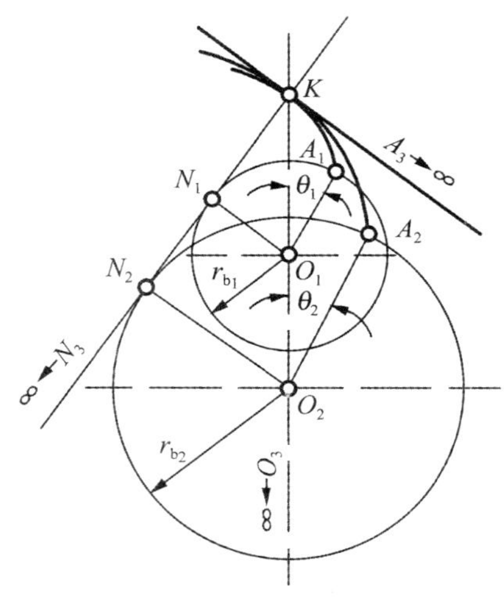

图 7-5　基圆大小与渐开线形状的关系

五、渐开线齿廓的啮合特性

渐开线齿廓在机械工程中广泛应用的重要原因是其具有优良的啮合特性。

(一)四线合一

如图 7-6 所示，两渐开线齿轮的基圆半径分别为 r_{b1}、r_{b2}，过两轮齿廓啮合点 K 作两齿廓的公法线 N_1N_2，根据渐开线的性质，该公法线必与两基圆相切，即为两基圆的内公切线。又因两轮的基圆为定圆，在其同一方向的内公切线只有一条，所以无论两齿廓在什么位置接触(如图中虚线位置接触)，过接触点所作两齿廓的公法线(即两基圆的内公切线)为一固定直线。又由于齿轮基圆的大小和位置均固定，公法线 N_1N_2 是唯一的。因此，不管齿轮在哪一点啮合，啮合点总在这条公法线上，该公法线也可称为啮合线。由于两个齿轮啮合传动时其正压力是沿着公法线方向的，因此对渐开线齿廓的齿轮传动来说，啮合线、过啮合点的公法线、基圆的内公切线和正压力作用线四线合一。该线与连心线的交点 C 是一固定点，C 点称为节点。

（二）中心距可分性

如图 7-6 所示，分别以轮心 O_1 与 O_2 为圆心，以 $r_1 = O_1C$ 与 $r_2 = O_2C$ 为半径所作的圆，称为节圆。一对渐开线齿轮的啮合传动可以看作两个节圆的纯滚动，且 $v_{C1} = v_{C2}$。设齿轮 1、齿轮 2 的角速度分别为 ω_1 和 ω_2，则：

$$v_{C1} = v_{C2} = \omega_1 \times \overline{O_1C} = \omega_2 \times \overline{O_2C}$$

由图 7-6 可知，$\triangle O_1CN_1 \sim \triangle O_2CN_2$，所以两轮的传动比为：

$$i_{12} = \frac{\omega_1}{\omega_2} = \frac{\overline{O_2C}}{\overline{O_1C}} = \frac{r'_2}{r'_1} = \frac{r_{b2}}{r_{b1}} \tag{7-1}$$

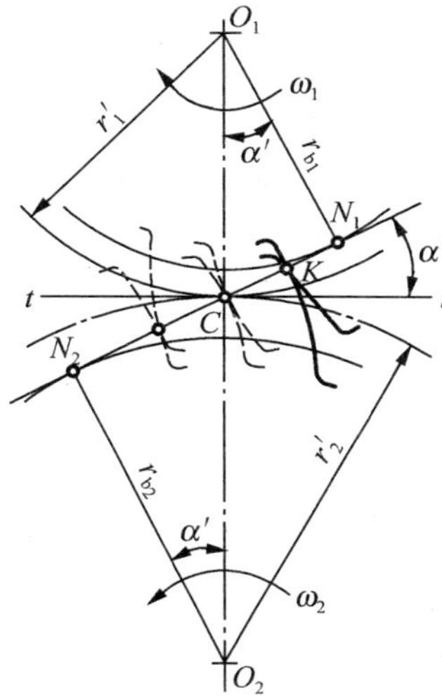

图 7-6 渐开线齿廓啮合

上式表明，两轮的传动比为一定值，并与两轮的基圆半径成反比。渐开线齿轮制成后，基圆的半径就一定了，即使由于制造和安装误差，或轴承磨损导致两轮中心距稍有变化，其传动比仍不变，这种性质称为中心距可分性。

（三）啮合线为一定直线

既然一对渐开线齿廓在任何位置啮合时，接触点的公法线都是同一条直线 N_1N_2，这说明所有啮合点均在 N_1N_2 直线上，因此 N_1N_2 又是齿轮传动的啮合线。

（四）传动平稳性

渐开线齿廓在传动过程中，靠轮齿之间的推压传递运动和动力。而齿廓之间的压力作用线与 N_1N_2 重合，且其方向始终不变，所以 N_1N_2 又是传动的压力作用线。显然，齿轮传动时压力作用线方向不变。这一特性对传动的平稳性很有利。

职业能力训练

训练目标

1. 了解齿轮传动及其特点。
2. 掌握渐开线齿轮传动的基本性质及啮合特性。

工作流程

分析齿轮箱结构→确定传动种类→分析齿轮传动的特点及应用→操作减速箱，使两齿轮传动→分析齿轮啮合过程→检查、评价。

实施步骤

1. 确定传动类型

分析减速箱齿轮，根据所学知识，判断该处齿轮传动类型为渐开线直齿圆柱齿轮传动。

2. 分析特点及应用

指出圆柱齿轮传动具有传动比稳定、传动性良好、便于设计和制造的特点，广泛应用于两平行轴之间的运动和动力传递。

3. 操作减速箱实物模型

通过操作演练，分析、阐述渐开线齿轮的啮合特性。

注意事项

教师提前准备减速箱实物模型。

知识拓展

图 7-7 所示为圆弧圆柱齿轮传动，它在实践中的应用也非常广泛。圆弧圆柱齿轮简称圆弧齿轮，因其轮齿工作齿廓曲线为圆弧而得名。

圆弧齿轮分为单圆弧齿轮和双圆弧齿轮。单圆弧齿轮轮齿的工作齿廓曲线为一段圆弧。相啮合的一对齿轮副，一个齿轮的轮齿制成凸齿，配对的另一个齿轮的轮齿制成凹齿，凸齿的工作齿廓在节圆柱以外，凹齿的工作齿廓在节圆柱以内。为了不降低小齿轮的强度和刚度，通常把配对的小齿轮制成凸齿，大齿轮制成凹齿。

双圆弧齿轮轮齿的工作齿廓曲线为两段圆弧。在一个轮齿上，节圆柱以外的齿廓为凸圆弧(凸齿)、节圆柱以内的齿廓为凹圆弧(凹齿)。凸、凹圆弧之间用一段过渡圆弧连接(也可用切线连接)，形成台阶，称为分阶式双圆弧齿廓。两个配对齿轮的齿廓相同。

(a)单圆弧齿轮　　(b)双圆弧齿轮

图 7-7　圆弧齿轮传动

任务二　渐开线标准直齿圆柱齿轮的主要参数及几何尺寸计算

任务描述

经测量，某渐开线标准直齿圆柱齿轮的齿顶圆直径为 $d_a=125.1\text{mm}$，齿数 $z=23$，计算该齿轮的模数、分度圆直径大小。

知识准备

一、齿轮各部分的名称及符号

图 7-8 所示为渐开线直齿圆柱齿轮的部分齿圈，其轮齿各部分的名称和符号如下：

（一）齿顶圆

过齿轮的齿顶所作的圆称为齿顶圆，其直径和半径分别用 d_a 和 r_a 表示。

（二）齿根圆

过齿轮各齿槽底部所作的圆称为齿根圆，其直径和半径分别用 d_f 和 r_f 表示。

（三）分度圆

为了便于计算齿轮各部分的尺寸，在齿轮上选择一个圆作为计算的基准，称该圆为齿轮的分度圆，其直径和半径分别用 d 和 r 表示。

（四）基圆

形成齿廓渐开线的圆称为基圆，其直径和半径分别用 d_b 和 r_b 表示。

（五）齿顶高

齿轮的齿顶圆与分度圆之间的径向距离称为齿顶高，用 h_a 表示。

（六）齿根高

分度圆与齿根圆之间的径向距离称为齿根高，用 h_f 表示。

（七）全齿高

齿顶圆与齿根圆之间的径向距离称为全齿高，用 h 表示，$h=h_a+h_f$。

（八）齿厚、齿槽宽和齿距

在齿轮的任意圆周上，一个轮齿两侧齿廓间的弧长称为该圆上的齿厚，用 s_k 表示；一个齿槽两侧齿廓间的弧长称为该圆上的齿槽宽，用 e_k 表示；相邻两齿同侧齿廓间的弧长称为该圆上的齿距，用 p_k 表示，则 $p_k=s_k+e_k$。在分度圆上，齿厚、齿槽宽和齿距分别用 s、e 和 p 表示，则 $p=s+e$。

（九）齿宽

轮齿部分沿齿轮轴线方向的宽度，称为齿宽，用 b 表示。

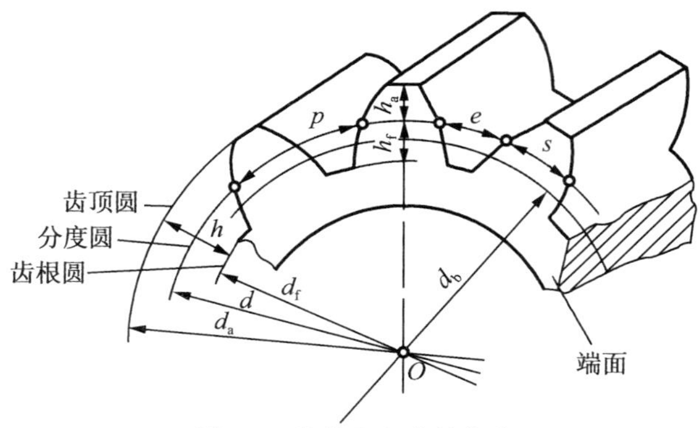

图 7-8　齿轮各部分的名称

二、齿轮的主要参数

渐开线齿轮的基本参数有五个：齿数 z、模数 m、压力角 α、齿顶高系数 h_a^* 和顶隙系数 c^*。

（一）齿数

在齿轮整个圆周上，轮齿的总数称为齿数，用 z 表示。

（二）模数

由前述已知，当给定齿轮的齿数 z 及齿距 p 时，齿距与分度圆直径有如下计算关系：

$$zp=\pi d \tag{7-2}$$

$$d=\frac{p}{\pi}z \tag{7-3}$$

由于 π 为一无理数，这对齿轮的计算和测量都不方便。因此，规定比值 p/π 等于整数或简单的有理数，并作为计算齿轮几何尺寸的一个基本参数。这个比值称为模数，用 m 表示，单位为 mm，即 $m=p/\pi$。齿轮的主要几何尺寸都与 m 成正比。齿轮的模数已经标准化。我国规定的模数系列如表 7-1 所示。

（三）压力角

由前述渐开线特性可知，在不同圆周上，渐开线的压力角是不同的。国家标准规定，在分度圆上的压力角为 20°，用 α 表示，称为标准压力角。

对于分度圆，现在可以给出一个明确的定义：齿轮上具有标准模数和标准压力角的圆即为分度圆。

表 7-1　　标准模数系列(GB 1357—1987)

第一系列	1	1.25	1.5	2	2.5	3	4	5	6	8	10
	12	16	20	25	32	40	50				
第二系列	1.75	2.25	2.75	(3.25)	3.5	(3.75)	4.5	5.5	(6.5)	7	9
	(11)	14	18	22	28	36	45				

注：1. 本表适用于渐开线圆柱齿轮，对斜齿轮是指法面模数。

2. 优先采用第一系列，括号内的模数尽可能不用。

(四)齿顶高系数和顶隙系数

为了以模数 m 表示齿轮的几何尺寸，规定齿顶高和齿根高分别为：

$$h_a=h_a^* \cdot m \tag{7-4}$$

$$h_f=(h_a^*+c^*)m \tag{7-5}$$

式中：h_a^*，c^*——齿顶高系数和顶隙系数。

我国标准齿制规定：正常齿制 $h_a^*=1$，$c^*=0.25$；短齿制 $h_a^*=0.8$，$c^*=0.3$。

三、渐开线标准直齿圆柱齿轮的几何尺寸计算

如果一个齿轮的模数、分度圆压力角、齿顶高系数、齿根高系数均为标准值，且其分度圆上齿厚与齿槽宽相等，则称为标准齿轮。因此，对于标准齿轮：

$$s=e=\frac{p}{2}=\frac{\pi m}{2} \tag{7-6}$$

根据图 7-8，很容易推导出齿轮的齿顶圆、齿根圆及全齿高等其他尺寸的计算公式。渐开线标准直齿圆柱齿轮的几何尺寸计算公式已经列在表 7-2 中，在有关的《机械设计手册》中也有公式汇集，供我们在实际工作中使用。

表 7-2　　标准直齿圆柱齿轮传动几何尺寸的计算公式

序号	名称	符号	计算公式
1	齿顶高	h_a	$h_a=h_a^* m$
2	齿根高	h_f	$h_f=(h_a^*+c^*)m$
3	全齿高	h	$h=h_f+h_a=(2h_a^*+c^*)m$
4	顶隙	c	$c=c^* m$
5	齿距	p	$p=s+e=\pi m$
6	齿厚	s	$s=p/2=\pi m/2$
7	齿槽宽	e	$e=p/2=\pi m/2$
8	分度圆直径	d	$d=mz$
9	基圆直径	d_b	$d_b=d\cos\alpha$
10	齿顶圆直径	d_a	$d_a=d\pm 2h_a=m(z\pm 2h_a^*)$
11	齿根圆直径	d_f	$d_f=d\mp 2h_f=m(z\mp 2h_a^*\mp 2c^*)$
12	标准中心距	a	$a=\frac{1}{2}(d_2\pm d_1)=\frac{1}{2}m(z_2\pm z_1)$

注：表中正负号处，上边的符号用于外齿轮计算，下边的符号用于内齿轮计算。

职业能力训练

训练目标

1. 能够描述渐开线齿轮的主要参数。
2. 掌握渐开线齿轮标准参数的规定及主要几何参数的计算。

工作流程

分析任务齿轮→确定齿轮标准参数→厘清主要参数的计算关系→计算并圆整齿轮模数→计算齿轮分度圆直径→检查、评价。

实施步骤

1. 计算齿轮模数

(1)因任务齿轮为渐开线标准直齿圆柱齿轮，所以压力角 $\alpha=20°$，齿顶高系数 $h_a^*=1$，顶隙系数 $c^*=0.25$。

(2)根据标准直齿圆柱齿轮齿顶高公式计算模数

$$d_a=d+2h_a=m(z+2h_a^*)=m(z+2)$$

将齿顶圆直径 $d_a=125.1\text{mm}$，齿数 $z=23$ 代入上式，计算得 $m=5.004\text{mm}$。查表 7-1，圆整齿轮模数(标准化)得 $m=5\text{mm}$。

2. 计算齿轮分度圆直径

根据分度圆计算公式：

$$d=mz=5\times 23=115(\text{mm})$$

计算完成后，教师引导学生对计算结果进行分析。

注意事项

1. 重点要确定齿轮的大类(标准直齿圆柱齿轮)。
2. 明确齿轮模数已经标准化，计算结果必须按标准数值圆整。
3. 充分发挥学生独立思考的能力，教师引导为辅。

知识拓展

在齿轮设计、制造标准中，国际上有许多国家不采用模数制，而采用径节制。即采用径节 D_P 作为计算齿轮几何尺寸的基本参数。径节的单位为 1/in，它与模数 m 是倒数关系。因为 1in=25.4mm，所以可由下式将径节换算成模数：

$$m=\frac{25.4}{D_P} \tag{7-7}$$

任务三 渐开线直齿圆柱齿轮啮合传动的分析

任务描述

一组渐开线标准直齿圆柱齿轮，其中齿轮 1 模数 $m_1=2\text{mm}$，齿数 $z_1=20$；齿轮 2 模数 $m_2=3\text{mm}$，齿数 $z_2=40$；齿轮 3 模数 $m_3=2\text{mm}$，齿数 $z_3=40$；齿轮 4 模数 $m_4=2.5\text{mm}$，齿数 $z_4=20$；齿轮 5 模数 $m_5=3\text{mm}$，齿数 $z_5=60$。那么，哪两个齿轮可以正确啮合传动？标准中心距应为多少？

知识准备

一、渐开线齿轮正确啮合的条件

一对渐开线齿轮在传动时，它们的齿廓啮合点都应该在 N_1N_2 啮合线上，如图 7-9 所示。因此，要使处于啮合线上的各对齿轮轮齿都能正确地进入啮合，显然两齿轮的相邻两齿同侧齿廓间的法线距离应相等。齿轮上相邻两齿同侧齿廓间的法线距离称为齿轮的"法向齿距"。如果两齿轮的法向齿距相等，则当图示的前一对轮齿在啮合线上的点 K 啮合时，后一对轮齿就可以正确地在啮合线上的 K' 点进入啮合。由图可知，KK' 既是轮 1 的法向齿距，又是轮 2 的法向齿距。

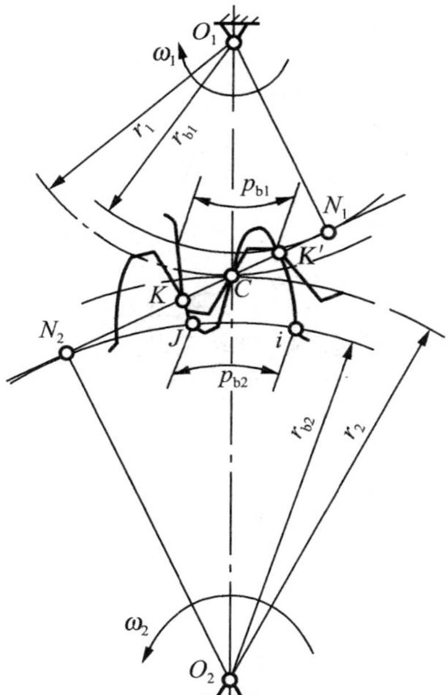

图 7-9 渐开线齿轮正确啮合的条件

由上分析可知：两齿轮要正确地啮合，它们的法向齿距必须相等。

根据渐开线的性质，齿轮的法向齿距与其基圆上的齿距 p_b 相等，于是法向齿距也以 p_b 表示，即有：

$$p_{b1}=p_{b2} \tag{7-8}$$

又因为：

$$p_b=\frac{\pi d_b}{2}=\frac{\pi d}{2}\cos\alpha,d_b=d\cos\alpha,p_{b1}=\pi m_1\cos\alpha_1,p_{b2}=\pi m_2\cos\alpha_2$$

所以，可以得到两轮正确啮合的条件为：

$$m_1\cos\alpha_1=m_2\cos\alpha_2 \tag{7-9}$$

前面我们已经讲过，m 和 α 都已标准化了，所以要满足式(7-9)必须有：

$$\left.\begin{array}{l}m_1=m_2=m\\ \alpha_1=\alpha_2=\alpha\end{array}\right\} \tag{7-10}$$

也就是说，渐开线直齿圆柱齿轮正确啮合的条件为：两轮的模数和压力角必须分别相等。

二、渐开线齿轮连续传动的条件

图 7-10 所示为一对相互啮合的齿轮，设齿轮 1 为主动轮，齿轮 2 为从动轮。齿廓的啮合是由主动轮 1 的齿根部推动从动轮 2 的齿顶开始，因此，从动轮齿顶圆与啮合线的交点 B_2 即为一对齿廓进入啮合的开始。随着轮 1 推动轮 2 转动，两齿廓的啮合点沿着啮合线移动。当啮合点移动到齿轮 1 的齿顶圆与啮合线的交点 B_1 时，这对齿廓终止啮合，两齿廓即将分离。故啮合线 N_1N_2 上的线段 B_1B_2 为齿廓啮合点的实际轨迹，称为“实际啮合线”，而线段 N_1N_2 称为“理论啮合线”。

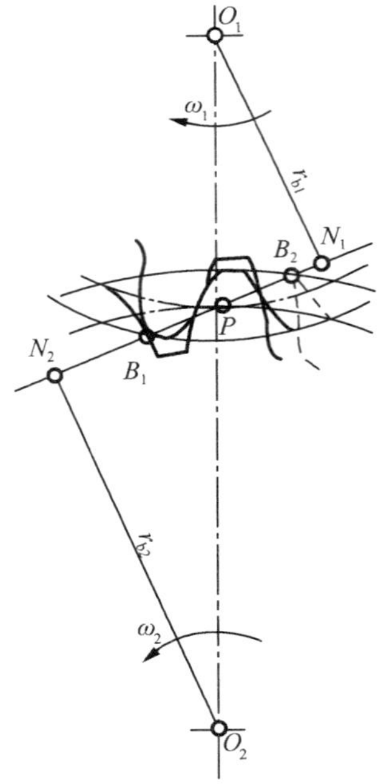

图 7-10　渐开线齿轮连续传动的条件

当一对轮齿在 B_2 点开始啮合时，前一对轮齿仍在啮合，则传动就能连续进行。由图可见，这时实际啮合线段 B_1B_2 的长度大于齿轮的法向齿距。如果前一对轮齿已于 B_1 点脱离啮合，而后一对轮齿仍未进入啮合，则这时传动发生中断，将引起冲击。所以，保证连续传动的条件是使实际啮合线长度大于或至少等于齿轮的法向齿距（即基圆齿距 p_b）。

通常将实际啮合线长度与基圆齿距之比称为齿轮的"重合度"，用 ε 表示，即：

$$\varepsilon=\frac{\overline{B_1B_2}}{p_b}\geqslant 1 \tag{7-11}$$

理论上当 $\varepsilon=1$ 时，就能保证一对齿轮连续传动，但考虑齿轮的制造、安装误差和啮合传动中轮齿的变形，实际上应使 $\varepsilon>1$。一般机械制造中，常使 $\varepsilon\geqslant 1.1\sim1.4$。重合度越大，表示同时啮合的齿的对数越多。对于标准齿轮传动，其重合度 ε 都大于 1，故通常不必进行验算。

职业能力训练

训练目标

1. 能够描述标准渐开线齿轮正确啮合的条件。
2. 了解齿轮重合度对传动的影响，如何增大重合度。
3. 掌握渐开线齿轮主要几何参数的计算。

工作流程

分析任务齿轮参数→确定齿轮标准参数→厘清齿轮正确啮合的参数关系→确定可相互传动啮合齿轮组→计算齿轮标准安装中心距→检查、评价。

实施步骤

1. 确定正确啮合的齿轮组

由前面内容知，渐开线齿轮正确啮合的条件为：模数相等，压力角相等。

由于任务齿轮为渐开线标准直齿圆柱齿轮，则压力角相等，均为 20°。又由于 $m_1=m_3=2\text{mm}$，$m_2=m_5=3\text{mm}$，则齿轮 1 与齿轮 3、齿轮 2 与齿轮 5 符合正确啮合的条件。

2. 计算齿轮安装标准中心距

根据中心距计算公式：

$$a=\frac{1}{2}(d_2\pm d_1)=\frac{1}{2}m(z_2\pm z_1)$$

将 $m_1=m_3=2\text{mm}$，$m_2=m_5=3\text{mm}$，$z_1=20$，$z_2=40$，$z_3=40$，$z_5=60$ 代入，计算得：

齿轮 1 与齿轮 3 的标准中心距为：

$$a_{13}=m_1(z_1+z_3)/2=60\text{mm}$$

齿轮 2 与齿轮 4 的标准中心距为：

$$a_{25}=m_2(z_2+z_5)/2=150\text{mm}$$

计算完成后,教师引导学生分析中心距的大小对齿轮传动的影响。

注意事项

1. 引导学生分析模数、压力角相等的齿轮是否一定能保证传动的有效性。
2. 充分发挥学生独立思考的能力,教师引导为辅。

知识拓展

一对齿轮传动时,一轮节圆上的齿槽宽与另一轮节圆上的齿厚之差称为“齿侧间隙”。在齿轮加工时,刀具轮齿与工件轮齿之间是没有齿侧间隙的;在齿轮传动中,为了消除反向传动空程和减少撞击,也要求齿侧间隙等于零。

由于标准齿轮分度圆上的齿厚和齿槽宽相等,且正确啮合的一对渐开线齿轮的模数和压力角相等,所以若使分度圆与节圆重合(即两轮分度圆相切),则齿侧间隙为零。一对标准齿轮分度圆相切时的中心距称为“标准中心距”,以 a 表示,即:

$$a=r'_1+r'_2=r_1+r_2=\frac{m(z_1+z_2)}{2} \tag{7-12}$$

应当指出,分度圆和压力角是单个齿轮所具有的,而节圆和啮合角是两个齿轮相互啮合时才出现的。标准齿轮传动只有在分度圆与节圆重合时,压力角和啮合角才相等。

任务四　渐开线标准直齿圆柱齿轮传动的设计

任务描述

设计一用于带式输送机的单级减速器中的直齿圆柱齿轮传动。已知减速器的输入功率 $P_1=6\text{kW}$,输入转速 $n_1=600\text{r/min}$,传动比 $i_{12}=3$,输送机单向运转。

知识准备

齿轮传动的失效主要是指齿轮轮齿的破坏。要针对轮齿不同的失效形式,确定轮齿强度的不同设计准则和计算方法。所以,首先我们要了解轮齿的主要失效形式。工程上主要有两大类(五小类)失效形式。

一、轮齿的失效形式

(一)轮齿折断

轮齿像一个悬臂梁,在受外载作用时,其根部产生的弯曲应力最大。同时,由于齿根部位过渡尺寸发生急剧变化,以及加工时沿齿宽方向留下加工刀痕而造成应力集中,当轮齿重复受载时,在脉动循环或对称循环应力作用下,在根部会造成疲劳断裂,如图 7-11(a)所示。

轮齿受到突然过载，齿根应力如果超过材料强度极限，也会发生脆断现象。

在斜齿轮传动中，轮齿的接触线为一斜线，轮齿受载后会发生局部折断，如图7-11(b)所示。对于直齿圆柱齿轮，若制造及安装不良或由于轴的刚度不足而产生过大的弯曲变形，也会出现轮齿局部受载过重，造成局部折断。

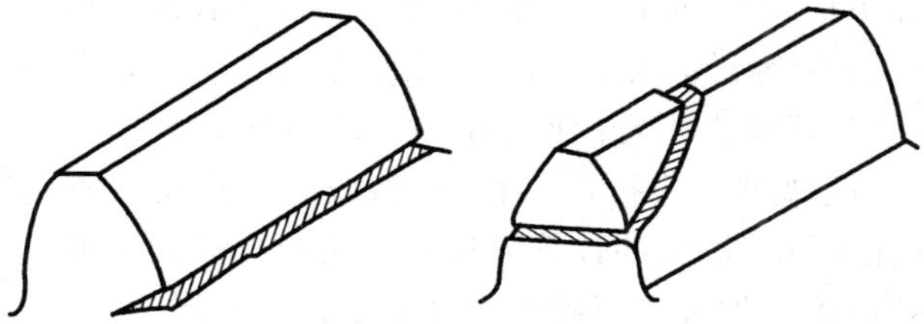

(a) (b)

图 7-11 轮齿弯曲折断

轮齿的折断都是由于所受弯曲应力超过了材料的极限应力，是最危险的一种失效形式。一旦发生断齿，传动立即失效。根据这种失效形式确定的设计准则及计算方法即为轮齿的弯曲强度计算。由于疲劳破坏是断齿的主要原因，故通常进行齿根弯曲疲劳强度计算。

(二)轮齿工作表面的破坏

轮齿表面的破坏主要有四类：点蚀、胶合、磨损和塑性变形。

1. 齿面点蚀

在润滑良好的闭式齿轮传动中，轮齿进入啮合时，齿面接触处产生很大的接触应力，脱离啮合后接触应力消失。对齿廓工作面上某一固定点来说，它受到的是近似于脉动变化的接触应力。如果接触应力超过了轮齿材料的接触疲劳极限时，齿面上产生裂纹，裂纹扩展致使表层金属微粒剥落，形成小麻点，这种现象称为“齿面点蚀”。实践表明，由于轮齿在节线附近啮合时，同时啮合的轮齿对数少，且轮齿间相对滑动速度小，润滑油膜不易形成，所以点蚀首先出现在靠近节线的齿根面上，如图 7-12 所示。对于开式齿轮传动，由于磨损严重，一般不出现点蚀。

图 7-12 齿面点蚀

当齿面硬度较低、材料塑性良好时，齿面经跑合后，接触应力趋于均匀，麻点不再继续扩展，这是一种收敛性点蚀，不会导致传动失效。但当齿面硬度较高、材料塑性较差时，点蚀就会不断扩大，这是一种破坏性点蚀，是一种危险的失效形式。

针对点蚀破坏而拟定的设计准则和计算方法，即为齿面接触疲劳强度计算。

2. 齿面胶合

如图 7-13 所示，对于某些高速重载的齿轮传动(如航空发动机的主传动齿轮)，齿面间的压力大，瞬时温度高，油变稀而降低了润滑效果，导致摩擦增大，发热增多，将会使某些齿面上接触的点熔焊在一起，在两齿面间相对滑动时，焊在一起的地方又被撕开。于是，在齿面上沿相

图 7-13 齿面胶合

对滑动的方向形成伤痕，这种现象称为“胶合”。

针对胶合失效而拟定的设计准则及计算方法，即为传动的胶合承载能力计算。由于这种方法目前还不统一，而且计算过程复杂，所以作为教学，本项目就不作介绍。

3. 齿面磨损

轮齿在啮合过程中存在相对滑动，使齿面间产生摩擦磨损。如果有金属微粒、砂粒、灰尘等进入轮齿间，将引起磨粒磨损。如图7-14所示，磨损将破坏渐开线齿形，并使侧隙增大而引起冲击和振动，严重时甚至因齿厚减薄过多而折断。在开式传动中，这是一种主要的破坏形式，现在还没有简明的计算方法。改用闭式传动是避免轮齿磨损的最有效办法。加大齿面硬度也有助于减少磨损。

图 7-14　齿面磨损

4. 齿面塑性变形

如图 7-15 所示，若轮齿的材料较软，而载荷及摩擦力又都很大，齿面材料就会沿着摩擦力的方向产生塑性变形，这种情况一般发生在硬度较低的齿面上。

以上是齿轮失效的几种主要形式，都有可能在传动中发生。但在一定条件下，总有一种形式是主要的。

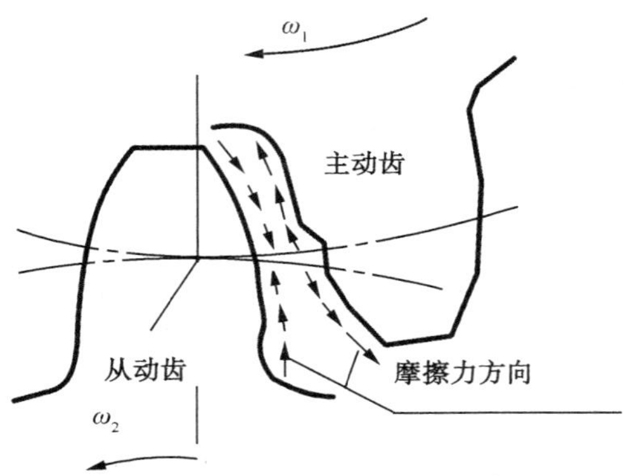

图 7-15　齿面的塑性变形

二、齿轮传动的设计准则

齿轮在具体的工作情况下，必须具有足够的、相应的工作能力，以保证在整个工作寿命期间内不发生失效。齿轮传动的设计准则是根据齿轮可能出现的失效形式来进行的，但是对于齿面磨损、塑性变形等，尚未形成相应的设计准则，所以目前在齿轮传动设计中，通常只按保证齿根弯曲疲劳强度和齿面接触疲劳强度进行计算。

（一）开式齿轮传动

开式齿轮传动主要的失效形式是磨损，往往由于齿面过度磨损或轮齿磨薄后因弯曲折断而失效。由于目前尚无可靠的计算磨损的方法，故按轮齿弯曲疲劳强度计算出模数。考虑到磨损后轮齿变薄，一般把计算出来的模数增大 10%～15%，再取相近的标准值。

(二)闭式齿轮传动

闭式软齿面齿轮传动主要的失效形式是齿面点蚀,应先按齿面接触疲劳强度进行设计计算,确定齿轮的主要参数和尺寸,然后再按弯曲疲劳强度校核齿根的弯曲强度。闭式硬齿面齿轮传动主要的失效形式是齿根折断,故通常先按齿根弯曲疲劳强度进行设计计算,确定齿轮的模数和其他尺寸,然后再按接触疲劳强度校核齿面的接触强度。

三、齿轮传动的精度

制造和安装齿轮传动装置时,不可避免地会产生误差(如加工中存在的齿形误差、齿向误差、两轴线不平行等),这些误差将给齿轮传动带来以下三方面的影响:

(一)影响传动的准确性

由于相啮合齿轮在一转范围内实际转角与理论转角不一致,就会造成从动轮的转速变化,即瞬时传动比的变化。

(二)影响传动的平稳性

由于瞬时传动比不能保持恒定不变,齿轮在一转范围内会出现多次重复的转速波动,特别是在高速传动中会引起振动、冲击和噪声。

(三)影响载荷分布的均匀性

由于齿向、齿形误差,齿轮上的载荷分布不均匀,当传递较大的载荷时,容易引起轮齿的折断,降低齿轮的使用寿命。

国家标准(GB/T 10095.1—2001)规定了 $m_n \geqslant 0.5$mm 的单个渐开线圆柱齿轮同侧齿廓的精度。标准中对齿轮规定了 12 个精度等级,1 级精度最高,12 级精度最低。齿轮副中两个齿轮的精度等级一般相同。表 7-3 给出了常用齿轮传动精度等级的选择及应用。

表 7-3　　常用齿轮传动精度等级的选择及应用

精度等级	圆周速度 $v/(\mathrm{m \cdot s^{-1}})$				应用
	直齿圆柱齿轮	斜齿圆柱齿轮	直齿锥齿轮	曲线齿锥齿轮	
6	≤15	≤30	≤9	≤20	高速重载的齿轮传动,如飞机、汽车和机床制造业中的重要齿轮,分度机构的齿轮传动
7	≤10	≤20	≤6	≤10	高速中载或中速中载的齿轮传动,如标准系列减速器中的齿轮,汽车和飞机中的齿轮
8	≤5	≤10	≤3	≤7	一般机械中的齿轮,如飞机、汽车和机床中的不重要齿轮,农业机械中的重要齿轮

四、齿轮的常用材料

(一)对齿轮材料的基本要求

为了保证齿轮工作的可靠性,提高其使用寿命,齿轮的材料应具有:

(1)足够的硬度,以抵抗齿面磨损、点蚀、胶合以及塑性变形等。

(2)齿芯应有足够的强度和较好的韧性,以抵抗齿根折断和冲击载荷。

(3)良好的加工工艺性能及热处理性能,使之便于加工且便于提高其力学性能。

所以,齿轮所用的材料主要是各种牌号的钢材。在某些受力较小的情况下,齿轮也有采用非金属材料的,如工程塑料等。这里主要介绍常用作齿轮材料的锻钢、铸钢和铸铁。

(二)齿轮的常用材料及热处理

1. 锻钢

锻钢具有强度高、韧性好、便于制造等特点,还可通过各种热处理方法来改善其力学性能,故大多数齿轮都用锻钢制造。根据齿面硬度的不同,锻钢齿轮可分为两类:软齿面齿轮和硬齿面齿轮。

软齿面齿轮的齿面硬度不大于350HBS,齿轮毛坯经调质或正火处理后进行切齿加工而成。常用的材料为45号钢、40Cr、35SiMn、38SiMnMo等中碳钢或中碳合金钢。由于硬度低,其承载能力受到限制,但易切齿、成本低。常用于对强度、速度及结构尺寸不加限制的场合。在啮合传动中,由于小齿轮比大齿轮的啮合次数多,且小齿轮的齿根厚度较小,抗弯能力较低,因此,应使小齿轮的齿面硬度比大齿轮的齿面硬度高30～50HBS。

硬齿面齿轮的齿面硬度大于350HBS,常用的材料一类为20Cr、20CrMnTi等低碳合金钢,采用表面渗碳淬火处理;另一类为45号钢、40Cr等中碳钢或中碳合金钢,采用表面淬火处理。热处理后的齿面硬度通常为40～65HRC。这类齿轮在切齿加工后进行热处理,由于热处理会使轮齿变形,所以通常还应进行磨齿等精加工。硬齿面齿轮制造工艺复杂、成本高,常用于高速重载及精度要求高的齿轮传动中。

2. 铸钢

铸钢的耐磨性及强度均较好,但由于铸造时内应力较大,故应经正火或退火处理,必要时也可进行调质处理。当齿轮的尺寸较大(大于400mm)或结构复杂、受力较大时,可考虑采用铸钢。常用的铸钢有ZG310-570、ZG340-640等。

3. 铸铁

铸铁齿轮主要用于开式齿轮传动中,其抗弯强度、抗冲击和耐磨损性能均较差,但铸铁工艺性好,成本较低,故铸铁齿轮一般常用于低速轻载、冲击小等不重要的齿轮传动中。球墨铸铁的力学性能和抗冲击能力比灰铸铁高,高强度球墨铸铁可以代替铸钢铸造大直径的轮坯。常用的铸铁材料有HT300、HT350、QT600-3等。

常用的齿轮材料及其力学性能如表7-4所示。

表 7-4　　常用的齿轮材料及其力学性能

材料	热处理	强度极限 σ_b/MPa	屈服极限 σ_s/MPa	齿面硬度	许用接触应力 $[\sigma_H]$/MPa	许用弯曲应力 $[\sigma_F]$/MPa
HT300		300		187～255HBS	290～347	80～105
QT600-3	正火	600		190～270HBS	436～535	262～315
ZG310-570		580	320	163～197HBS	270～301	171～189
ZG340-640		650	350	179～207HBS	288～306	182～196
45		580	290	162～217HBS	468～513	280～301
ZG340-640	调质	700	380	241～269HBS	468～490	248～259
45		650	360	217～255HBS	513～545	301～315
35SiMn		750	450	217～269HBS	585～648	388～420
40Cr		700	500	241～286HBS	612～675	399～427
45	调质后表面淬火			40～50HRC	927～1053	427～504
40Cr				48～55HRC	1035～1098	483～518
20Cr	渗碳后淬火	650	400	56～62HRC	1350	645
20CrMnTi		1100	850	56～62HRC	1350	645

4. 非金属材料

为了消除高速运转时齿轮传动的噪声，可采用非金属材料制造齿轮。常用的非金属材料有塑料、皮革等。制造齿轮的材料有布质塑料、木质塑料以及尼龙等。这种齿轮多与另一个由锻钢或铸铁制造的齿轮配合使用，它们的承载能力较低。

五、渐开线直齿圆柱齿轮传动的计算

齿轮的失效形式主要是指轮齿的失效。因此，齿轮传动的强度计算也主要是针对轮齿的。

直齿圆柱齿轮传动的强度计算方法是其他各类齿轮传动计算的基础。其他类型的齿轮传动（如斜齿圆柱齿轮传动、圆锥齿轮传动等）的强度计算，都可以通过折合成当量直齿圆柱齿轮传动的方法来进行。

（一）轮齿的受力分析和计算载荷

为了计算轮齿的强度，设计轴和轴承时，需要知道作用在轮齿上的作用力的大小和方向。

图 7-16 所示为一对直齿圆柱齿轮啮合传动时的受力情况，若略去齿面间的摩擦力，则轮齿间的相互作用力为法向力 F_n。为了便于分析计算，可按节点 C 处啮合进行受力分析，并将法向力 F_n 分解为相互垂直的两个分力，即圆周力 F_t 和径向力 F_r。

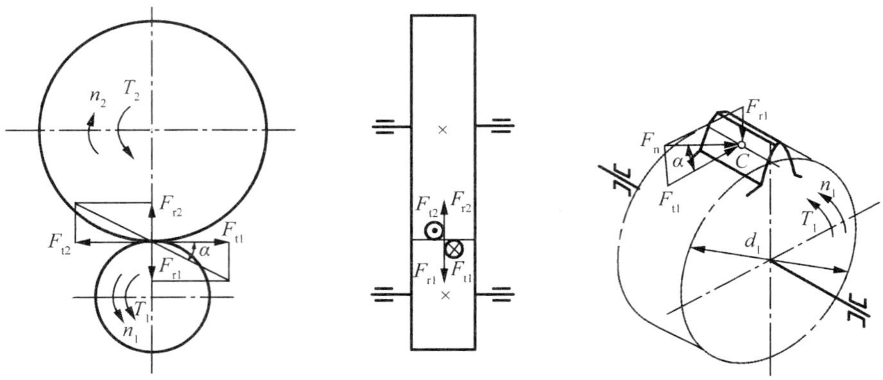

图 7-16 直齿圆柱齿轮的作用力

各力的计算公式为：

$$\begin{cases} F_{t1} = \dfrac{2T_1}{d_1} \\ F_{r1} = F_{t1}\tan\alpha' \\ F_{n1} = \dfrac{F_{t1}}{\cos\alpha'} \end{cases} \tag{7-13}$$

式中：T_1——小齿轮传递的转矩，N·mm；

d_1——小齿轮的分度圆直径，mm；

α'——节圆上的压力角，对于标准齿轮，$\alpha'=\alpha=20°$。

齿轮上的圆周力 F_t 的方向在主动轮上与运动方向相反，在从动轮上与运动方向相同。径向力 F_r 的方向对于两轮都是由作用点指向轮心。

齿轮受力分析中的法向力 F_n 为名义载荷。实际上，由于原动机及工作机运转的不平稳、齿轮的制造误差以及支承刚度等的影响，齿轮上所受的实际载荷一般都大于名义载荷。所以在进行齿轮强度计算时，为了考虑这些因素的影响，应当按计算载荷进行计算。计算载荷为：

$$F_{nc} = KF_n \tag{7-14}$$

式中：K——载荷系数(见表 7-5)。

表 7-5　　齿轮传动的载荷系数

工作机特性	原动机			
	电动机	汽轮机、液压马达	多缸内燃机	单缸内燃机
均匀平稳	1～1.2	1.2～1.4	1.4～1.6	1.6～1.8
轻微冲击	1.2～1.6	1.4～1.6	1.6～1.8	1.8～2.0
中等冲击	1.4～1.6	1.6～1.8	1.8～2.0	1.8～2.0
严重冲击	1.6～1.8	1.8～2.0	2.0～2.2	2.2～2.4

注：斜齿、圆周速度低、精度高、齿宽系数小时取小值；直齿、圆周速度高、精度低、齿宽系数大时取大值。齿轮在两轴承之间并对称布置时取小值，齿轮在两轴承之间不对称布置及悬臂布置时取大值。

（二）齿面接触疲劳强度计算

为了防止齿面点蚀失效，需要计算齿轮齿面接触疲劳强度。齿面点蚀与齿面的脉动接触应力有关，齿轮传动在节点处多为一对轮齿啮合（单齿啮合区），接触应力较大（只有一对轮齿承载），通过实践也可以证明齿面点蚀首先发生在节线附近。因此，选择齿轮传动的节点作为接触应力的计算点。

如图 7-17 所示，一对轮齿在节点 P 处啮合，可将其近似地看成半径分别为 ρ_1 和 ρ_2 的两圆柱体沿宽度 b 接触。ρ_1 和 ρ_2 分别为两渐开线齿廓在节点 P 处的曲率半径。齿面的接触应力可按计算圆柱体表面接触应力的赫兹公式[见式(7-15)]计算。

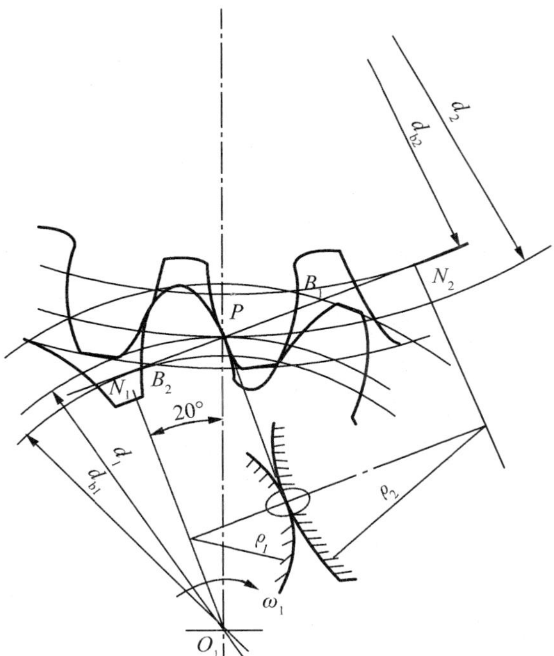

图 7-17　齿面接触疲劳强度计算简图

$$\sigma_{\mathrm{Hmax}}=\sqrt{\frac{1}{\pi\left(\frac{1-\mu_1^2}{E_1}+\frac{1-\mu_2^2}{E_2}\right)}\cdot\frac{F_n}{b\rho_\Sigma}} \tag{7-15}$$

式中：μ_1，μ_2——两齿轮材料的泊松比。

E_1，E_2——两齿轮材料的弹性模量，MPa。

ρ_Σ——两齿轮材料的综合曲率半径，且 $\rho_\Sigma=\frac{\rho_1\rho_2}{\rho_2\pm\rho_1}$，mm；

ρ_1，ρ_2——两齿轮在接触处的曲率半径；

"+" 用于外啮合，"−"用于内啮合。

接触疲劳强度条件为其最大接触应力不超过其许用值，即：

$$\sigma_{\mathrm{Hmax}}\leqslant[\sigma_H]$$

将曲率半径 ρ_1 和 ρ_2、齿轮分度圆直径 d_1 和 d_2、齿宽 b、材料常数及计算载荷代入计算式(7-15)中，并由接触疲劳强度条件，可以推得齿面接触疲劳强度的校核公式：

$$\sigma_H=21260\sqrt{\frac{KT_1}{bd_1^2}\cdot\frac{u\pm1}{u}}\leqslant[\sigma_H] \tag{7-16}$$

设计公式：

$$d_1\geqslant766\sqrt[3]{\frac{KT_1}{\psi_d[\sigma_H]^2}\cdot\frac{u\pm1}{u}} \tag{7-17}$$

式中：d_1——小齿轮的分度圆直径，mm；

T_1——小齿轮传递的转矩，N·m；

u——齿数比，$u=z_大/z_小$，在减速传动中，$u=i_{12}$；

ψ_d——齿宽系数(见表 7-6)，$\psi_d=b/d_1$，其中 b 为齿宽(mm)；

$[\sigma_H]$——材料的许用接触应力，MPa(见表 7-4)；

"+""−"分别用于外啮合和内啮合。

表 7-6　　齿宽系数 ψ_d

齿轮相对于轴承的位置	齿面硬度	
	软齿面 (大轮或大、小轮硬度≤350HBS)	硬齿面 (大、小轮硬度>350HBS)
对称布置	0.8～1.4	0.4～0.9
非对称布置	0.6～1.2	0.3～0.6
悬臂布置	0.3～0.4	0.2～0.25

式(7-16)(7-17)仅适用于齿轮材料为钢对钢时，当用其他齿轮材料时，应将计算结果乘以下列数值：钢对铸铁时乘以 0.90；铸铁对铸铁时乘以 0.83。

值得注意的是，一对齿轮啮合时，两齿面上的接触应力是相等的，但两轮的材料不同时其许用接触应力$[\sigma_H]$也不同，在做强度计算时，应将$[\sigma_{H1}]$与$[\sigma_{H2}]$中的较小值代入式(7-17)中计算。

（三）齿根弯曲疲劳强度计算

为了防止轮齿折断失效，需要进行齿根弯曲疲劳强度的计算。齿轮啮合过程中，轮齿受到法向载荷的作用，同时由于轮缘刚度较大，故可将轮齿作为宽度为齿宽的悬臂梁。这样，齿根所受的弯矩最大，齿根处的弯曲疲劳强度也最弱。根据分析，齿根所受的最大弯矩发生在轮齿啮合点位于单齿啮合区的最高点（见图 7-18）。图中，S_F 为齿根危险截面的厚度，h_F 为悬臂梁的臂长。由法向力 F_n 和悬臂长 h_F 确定齿根处的弯矩 M，由齿宽 b 和齿厚 S_F 确定齿根处的抗弯截面系数 W_z，代入梁的抗弯强度条件式：

$$\sigma_{max}=\frac{M_{max}}{W_z}\leqslant[\sigma_F] \tag{7-18}$$

可以推得齿根弯曲疲劳强度的校核公式：

$$\sigma_F=\frac{2KT_1}{bmd_1}\cdot Y_{FS}\leqslant[\sigma_F] \tag{7-19}$$

设计公式：

$$m\geqslant 1.26\sqrt[3]{\frac{2KT_1Y_{FS}}{\psi_d z_1^2[\sigma_F]}} \tag{7-20}$$

式中：z_1——小齿轮齿数；

m——齿轮的模数，mm；

T_1——小齿轮传递的转矩，N·mm；

Y_{FS}——复合齿形系数（见表 7-7），与轮齿的几何形状有关，同时考虑了应力集中的影响；

$[\sigma_F]$——材料许用弯曲应力，MPa（见表 7-4）。

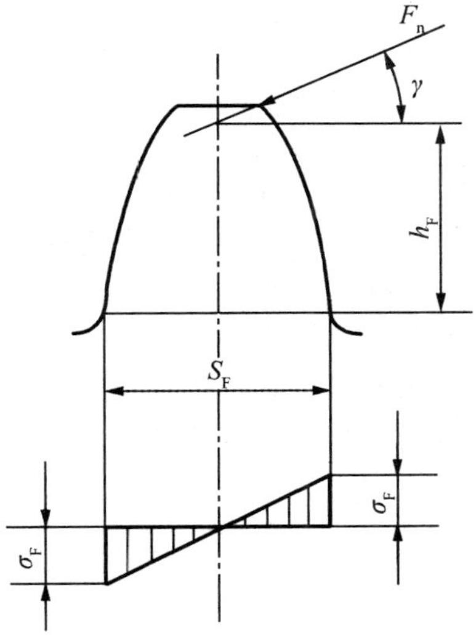

图 7-18 齿根弯曲应力

其余各参数的意义和量纲同前。

表 7-7　复合齿形系数 Y_{FS}

$z(z_v)$	17	18	19	20	21	22	23	24	25	26	27	28	29
Y_{FS}	4.51	4.45	4.41	4.36	4.33	4.30	4.27	4.24	4.21	4.19	4.17	4.5	4.13
$z(z_v)$	30	35	40	45	50	60	70	80	90	100	50	200	∞
Y_{FS}	4.12	4.06	4.04	4.02	4.01	4.00	3.99	3.98	3.97	3.96	4.00	4.03	4.06

应当注意，大、小齿轮的复合齿形系数 Y_{FS1} 和 Y_{FS2} 是不相等的，两轮的材料不同时其许用弯曲应力$[\sigma_{F1}]$与$[\sigma_{F2}]$也不相等，因此必须分别校核两齿轮的齿根弯曲强度，设计计算时应将 $Y_{FS1}/[\sigma_{F1}]$和 $Y_{FS2}/[\sigma_{F2}]$中的较大值代入式(7-20)中计算。求得模数后，应按表7-1将其圆整为标准模数。

表中齿轮材料的许用弯曲应力$[\sigma_F]$是在轮齿单向受载的试验条件下得到的，若轮齿的工作条件是双向受载，则应将表 7-4 中的数据乘以 0.7。

齿轮传动设计时，应首先按主要失效形式进行强度计算，确定其主要尺寸，然后对其他失效形式进行必要的校核。软齿面闭式齿轮传动常因齿面点蚀而失效，故通常先按齿面接触疲劳强度设计公式确定传动的尺寸，然后验算轮齿弯曲疲劳强度。硬齿面闭式齿轮传动抗点蚀能力较强，故可先按弯曲强度设计公式确定模数等尺寸，然后验算齿面接触疲劳强度。

职业能力训练

训练目标

通过完成本任务，能根据齿轮工作条件，分析齿轮传动类型，选择合适材料；能查表、计算、确定齿轮的主要参数；能熟练掌握齿轮设计计算的一般流程。

工作流程

分析齿轮工作条件→选择齿轮材料及主要参数→确定齿轮许用强度及所受扭矩→根据齿轮强度计算公式，确定齿轮模数→计算确定齿轮主要参数→齿轮强度校核→确定齿轮精度及结构→检查、评价。

实施步骤

1. 材料选择

带式输送机的工作载荷比较平稳，对减速器的外廓尺寸没有限制，因此为了便于加工，采用软齿面齿轮传动。

小齿轮选用 45 号钢，调质处理，齿面平均硬度为 230HBS；大齿轮选用 45 号钢，正火处理，齿面平均硬度为 190HBS。

2.参数选择

(1)齿数

由于采用软齿面闭式传动,故取 $z_1=24$,$z_2=i_{12}\times z_1=3\times24=72$。

(2)载荷系数

因为载荷比较平稳,支承对称布置,查表 7-5,取 $K=1.4$。

(3)齿宽系数

由于是单级齿轮传动,两支承相对齿轮为对称布置,且两轮均为软齿面,查表 7-6,取 $\psi_d=1.0$。

(4)齿数比

对于单级减速传动,齿数比 $u=i_{12}=3$。

3.确定许用应力

小齿轮的齿面平均硬度为 230HBS,许用应力可根据表 7-4 通过线性插值来计算,即:

$$[\sigma_{H1}]=513+\frac{230-217}{255-217}\times(545-513)=524(\mathrm{MPa})$$

$$[\sigma_{F1}]=301+\frac{230-217}{255-217}\times(315-300)=306(\mathrm{MPa})$$

大齿轮的齿面平均硬度为 190HBS,由表 7-4 用线性插值求得许用应力分别为:

$$[\sigma_{H2}]=491\mathrm{MPa},[\sigma_{F2}]=291\mathrm{MPa}$$

4.计算小齿轮的转矩

$$T_1=9550P_1/n_1=9550\times6/600=95.5(\mathrm{N\cdot m})$$

5.按齿面接触疲劳强度设计

取较小的许用接触应力$[\sigma_{H2}]$代入式(7-17)中,得小齿轮的分度圆直径为:

$$d_1\geqslant766\sqrt[3]{\frac{KT_1}{\psi_d[\sigma_H]^2}\cdot\frac{u+1}{u}}=766\times\sqrt[3]{\frac{1.4\times95.5}{1.0\times491^2}\times\frac{3+1}{3}}=69.3(\mathrm{mm})$$

齿轮的模数为:

$$m=\frac{d_1}{z_1}\geqslant\frac{69.3}{24}=2.89(\mathrm{mm})$$

据表 7-1,取标准模数 $m=3\mathrm{mm}$。

当计算所得模数与标准模数相差较大时,取标准模数后使得齿轮尺寸增大较多,这时应适当调整齿数或齿宽系数,使计算所得模数接近标准模数。

6.计算齿轮的主要几何尺寸

$$d_1=mz_1=3\times24=72(\mathrm{mm})$$

$$d_2=mz_2=3\times72=216(\mathrm{mm})$$

$$d_{a1}=m(z_1+2h_a^*)=3\times(24+2\times1)=78(\mathrm{mm})$$

$$d_{a2}=m(z_2+2h_a^*)=3\times(72+2\times1)=222(\mathrm{mm})$$

$$b=\psi_d d_1=1\times72=72(\mathrm{mm})$$

故取 $b_2=72\mathrm{mm}$,$b_1=b_2+(5\sim10)\mathrm{mm}$,取 $b_1=78\mathrm{mm}$。

7. 按齿根弯曲疲劳强度校核

由齿数 $z_1=24$，$z_2=72$，查表 7-7，得复合齿形系数 $Y_{FS1}=4.24$，$Y_{FS2}=3.99$。代入式(7-19)得：

$$\sigma_{F1}=\frac{2KT_1}{bmd_1}\cdot Y_{FS1}=\frac{2\times1.4\times95.5\times10^3}{72\times3\times72}\times4.24=72.9(\text{MPa})<[\sigma_{F1}]=306\text{MPa}(合格)$$

$$\sigma_{F2}=\frac{2KT_1}{bmd_1}\cdot Y_{FS2}=\frac{2\times1.4\times95.5\times10^3}{72\times3\times72}\times3.99=68.6(\text{MPa})<[\sigma_{F2}]=291\text{MPa}(合格)$$

8. 确定齿轮传动的精度等级

齿轮传动圆周速度为：

$$v=\frac{\pi d_1 n_1}{60\times1000}=\frac{3.14\times72\times600}{60\times1000}=2.26(\text{m/s})$$

根据表 7-3，选用 8 级精度。

9. 齿轮结构设计

知识拓展

在设计齿轮传动时，可以通过齿面接触疲劳强度或轮齿弯曲疲劳强度的设计公式，确定齿轮传动的一些主要参数，而其他一些参数需要设计者自己选定。下面介绍参数选择的一些基本知识。

一、齿数选择

若保持分度圆直径不变，增加齿数，除能增大重合度、改善传动的平稳性外，还可以减小模数，从而减少齿槽中被切掉的金属量，可节省制造费用。因此，在满足齿根弯曲疲劳强度的条件下，以齿数多一些为好。

闭式齿轮传动一般转速较高，为了提高传动的平稳性，小齿轮的齿数宜选多一些，可取 $z_1=20\sim40$；开式齿轮传动一般转速较低，齿面磨损会使轮齿的抗弯能力降低，为保证齿根有足够的弯曲疲劳强度，应适当减少齿数，使齿轮有较大的模数，一般可取 $z_1=17\sim20$。

二、齿宽系数的选择

由齿轮的强度计算公式可知，增大齿宽系数，可以减小齿轮直径和中心距，使齿轮传动结构紧凑。如果齿宽系数取得较大，承载能力可以提高。但是齿宽增大，会增大载荷沿齿宽分布的不均匀性，对轮齿强度不利。如果齿宽系数取得小，则和前述的结果相反。因此，设计时必须根据齿轮传动的具体工作条件及要求，参照表 7-6 选取齿宽系数。

求出齿轮的分度圆直径 d_1 后，便可确定大、小齿轮的宽度。由 $b=\psi_d d_1$ 得到的齿宽应加以圆整。考虑到两齿轮装配时的轴向错位会导致啮合齿宽减小，故通常把小齿轮设计得比大齿轮稍宽一些。即取大齿轮齿宽 $b_2=b$，小齿轮齿宽 $b_1=b_2+(5\sim10)$mm。

三、齿数比 *u*

一对齿轮的齿数比不宜选得过大，否则不仅大齿轮直径太大，而且整个齿轮传动的外廓尺寸也会增大，且两齿轮的工作负担差别也过大。一般对于直齿圆柱齿轮传动，$u \leqslant 5 \sim 8$。齿数比超过8时，宜采用二级或多级传动。

任务五　渐开线平行轴斜齿圆柱齿轮传动的设计

任务描述

设计一单级减速器中的斜齿圆柱齿轮传动。已知减速器的输入功率 $P=15\text{kW}$，输入转速 $n=1460\text{r/min}$，传动比 $i_{12}=4.8$，载荷有中等冲击，双向运转。要求减速器的结构尺寸紧凑。

知识准备

一、齿廓的形成与啮合特点

（一）齿廓曲面的形成

直齿圆柱齿轮轮齿渐开线曲面的形成如图7-19(a)所示，平面 S 与基圆柱相切于母线 NN，当平面 S 沿基圆柱做纯滚动时，其上与母线平行的直线 KK 在空间所走过的轨迹即为渐开线曲面，平面 S 称为"发生面"，形成的曲面即为直齿轮的齿廓曲面。

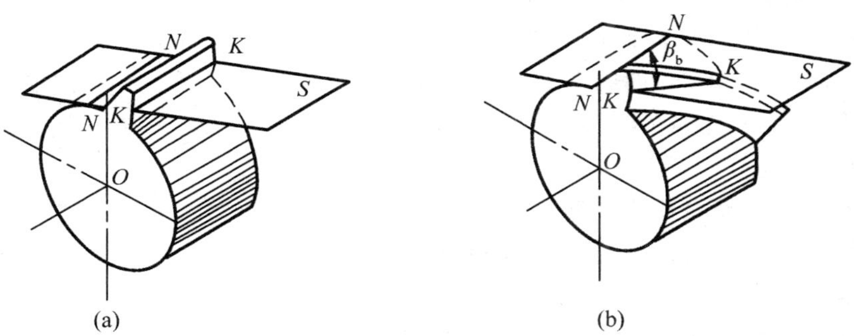

图7-19　渐开线曲面的形成

斜齿圆柱齿轮轮齿渐开线曲面的形成如图7-19(b)所示，当平面 S 沿基圆柱做纯滚动时，其上与母线 NN 成一倾斜角 β_b 的斜直线 KK 在空间所走过的轨迹为一个渐开线螺旋面，该螺旋面即为斜齿圆柱齿轮的齿廓曲面，β_b 称为基圆柱上的螺旋角。

（二）啮合特点

如图7-20(a)所示，直齿圆柱齿轮啮合时，齿面的接触线均平行于齿轮轴线，轮齿是沿整个齿宽同时进入啮合，同时脱离啮合的，载荷在轮齿进入和脱离啮合的瞬间变化较大。因此，直齿轮传动的平稳性较差，容易产生冲击和噪声，不适用于高速和重载的传动。

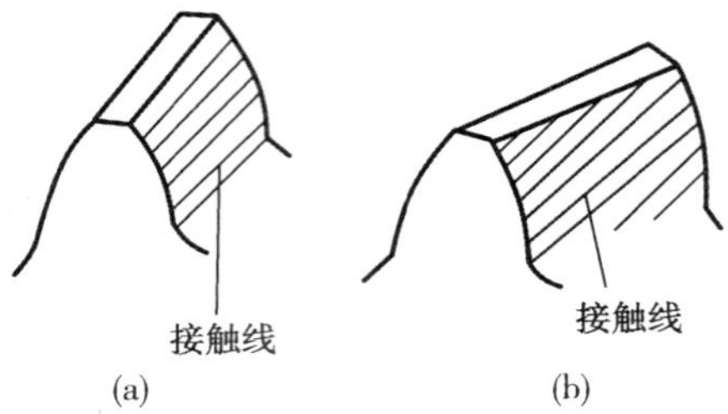

图 7-20 齿轮啮合接触线

如图 7-20(b)所示，斜齿圆柱齿轮啮合时，斜齿轮的齿廓是逐渐进入啮合，逐渐脱离啮合的，斜齿轮齿廓接触线的长度由零逐渐增加，又逐渐缩短，直至脱离接触，载荷也不是突然增加或卸下，因此斜齿轮传动工作较平稳。

二、斜齿轮的基本参数和几何尺寸计算

斜齿轮的端面是标准的渐开线，但是，由于斜齿轮的轮齿是螺旋形的，故在垂直于轮齿螺旋线方向的法面上，齿廓曲线及齿形都与端面不同。

由于加工斜齿轮时，常用齿条形刀具或盘形齿轮铣刀来切齿，且刀具沿齿向方向进刀，所以必须按斜齿轮法面参数选择刀具。因此，我们规定斜齿轮法面参数为标准值。而斜齿轮几何尺寸又要按端面参数计算，因此，必须建立法面参数与端面参数的换算关系。

(一)法面模数 m_n 与端面模数 m_t

为了便于说明问题，我们把斜齿轮分度圆柱面展开，成为一个矩形，如图 7-21 所示。它的宽度是斜齿轮的轮宽 b，长是分度圆的周长 πd。

这时分度圆柱面上轮齿的螺旋线便展成一条斜直线，其与平行于轴的直线的夹角为 β，即分度圆柱面上的螺旋角(简称“螺旋角”)。通常就用这个螺旋角 β 来表示斜齿轮轮齿的倾斜程度。

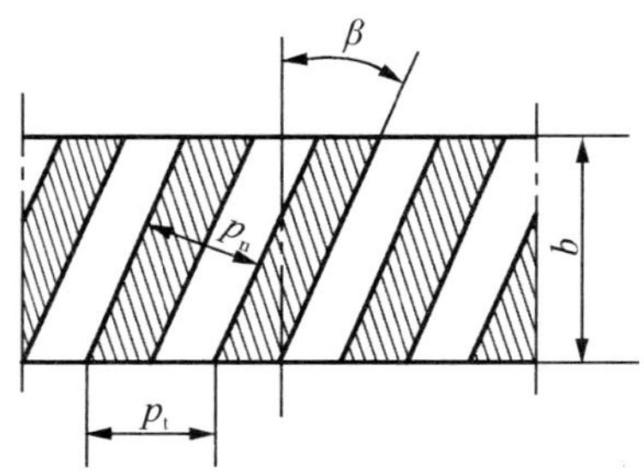

图 7-21 斜齿轮的展开图(1)

由图 7-22(a)所示的几何关系，可得：

$$\tan\beta=\frac{\pi d}{p_s} \tag{7-21}$$

式中：p_s——螺旋线的导程，即螺旋线绕分度圆柱一整周后上升的高度。

同一个斜齿轮，任何一个圆柱面上的螺旋线导程 p_s 都是一样的，因此基圆柱上的螺旋角 β_b[见图 7-22(b)]为：

$$\tan\beta_b=\frac{\pi d_b}{p_s} \tag{7-22}$$

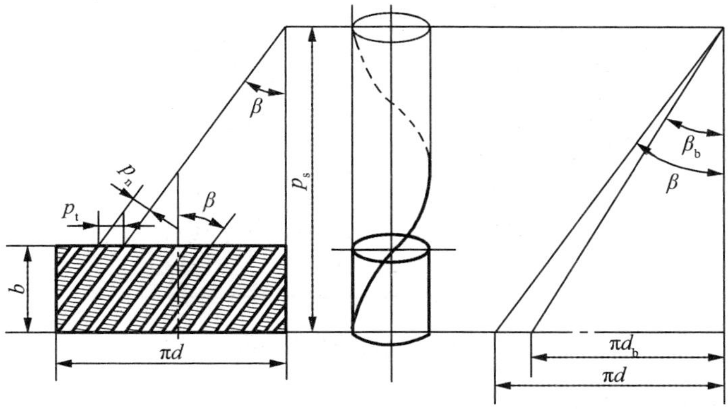

图 7-22　斜齿轮的展开图(2)

而

$$\cos\alpha_t = \frac{d_b}{d} \tag{7-23}$$

由上面两式可以得到：

$$\tan\beta_b = \tan\beta\cos\alpha_t \tag{7-24}$$

从图上可以看出：

$$p_n = p_t\cos\beta \tag{7-25}$$

因为：

$$\left.\begin{aligned} p_n &= \pi m_n \\ p_t &= \pi m_t \end{aligned}\right\} \tag{7-26}$$

所以：

$$m_n = m_t\cos\beta \tag{7-27}$$

可以看出，传动时的轴向分力与 β 有关。为了减小轴向力，β 不宜过大，一般取 $\beta=7°\sim20°$(最大不超过 30°)。但是，对噪声有特殊要求的齿轮，可以适当放大。例如，目前小轿车齿轮 β 已经达到 35°～37°。

(二)法面压力角 α_n 与端面压力角 α_t

为了便于分析 α_n 和 α_t 的关系，我们利用斜齿条来说明。因为斜齿轮与斜齿条正确啮合时，两者的法面压力角和端面压力角一定分别相等，它们之间的关系也相同。

图 7-23(a)所示为一直齿条的情况，其上法面和端面是同一个平面，所以有：

$$\alpha_n = \alpha_t = \alpha \tag{7-28}$$

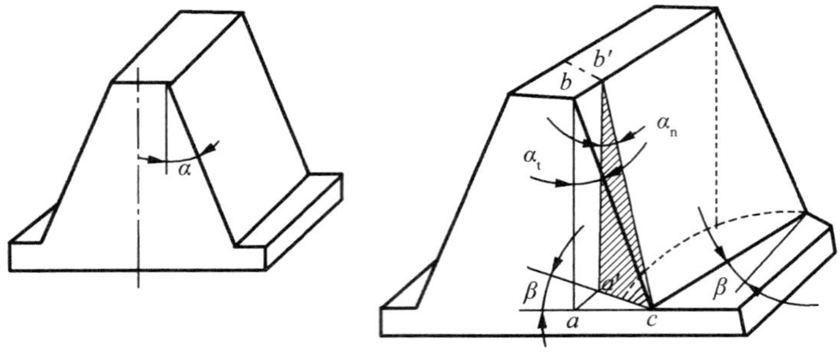

图 7-23 直齿条与斜齿条

对于斜齿条来说，因为轮齿倾斜了一个 β 角，于是就有端面与法面之分，如图 7-23(b) 所示。abc 平面为端面，$a'b'c$ 为法面，$\angle abc$ 即为端面压力角 α_t，$\angle a'b'c$ 为法面压力角 α_n。

由于 $\triangle abc$ 和 $\triangle a'b'c$ 这两个直角三角形等高，即：

$$ab = a'b'$$

于是，通过三角关系可以得到：

$$\frac{\overline{ab}}{\tan\alpha_t} = \frac{\overline{a'b'}}{\tan\alpha_n} \tag{7-29}$$

而 $\overline{a'c} = \overline{ac}\cos\beta$，所以：

$$\tan\alpha_n = \tan\alpha_t \cdot \cos\beta \tag{7-30}$$

(三)法面 h_{an}^*、c_n^* 与端面 h_{at}^*、c_t^*

斜齿轮的齿顶高和齿根高，在法面和端面上是相同的，计算方法和直齿轮相同。有：

$$h_a = h_{an}^* m_n = h_{at}^* m_t \tag{7-31}$$

$$h_f = (h_{an}^* + c_n^*)m_n = (h_{at}^* + c_t^*)m_t \tag{7-32}$$

即：

$$\left.\begin{aligned} h_{at}^* &= h_{an}^* \cos\beta \\ c_t^* &= c_n^* \cos\beta \end{aligned}\right\} \tag{7-33}$$

式中：h_{an}^*，c_n^* ——标准值。

(四)斜齿轮的几何尺寸计算

由斜齿轮齿廓曲面的形成可知，斜齿轮的端面齿廓曲线为渐开线。从端面看，一对渐开线斜齿轮传动相当于一对渐开线直齿轮传动，故可将直齿轮的几何尺寸计算方式用于斜齿轮的端面。渐开线标准斜齿圆柱齿轮的几何尺寸按表 7-8 中的公式计算。

表 7-8　标准斜齿圆柱齿轮几何尺寸的计算公式

名称	代号	计算公式
端面模数	m_t	$m_t = \dfrac{m_n}{\cos\beta}$，$m_n$ 为标准值
螺旋角	β	$\beta = 8^\circ \sim 20^\circ$

续表

名称	代号	计算公式
端面压力角	α_t	$\tan\alpha_t=\tan\alpha_n/\cos\beta$，$\alpha_n$ 为标准值
分度圆直径	d	$d=m_t z=(m_n/\cos\beta)z$
齿顶高	h_a	$h_a=m_n$
齿根高	h_f	$h_f=1.25m_n$
全齿高	h	$h=h_a+h_f=2.25m_n$
顶隙	c	$c=h_f-h_a=0.25m_n$
齿顶圆直径	d_a	$d_a=d+2h_a$
齿根圆直径	d_f	$d_f=d-2h_f$
中心距	a	$a=\frac{1}{2}(d_1+d_2)=\frac{1}{2}m_t(z_1+z_2)=\frac{m_n}{2\cos\beta}(z_1+z_2)$

斜齿轮传动的中心距与螺旋角 β 有关。当一对斜齿轮的模数、齿数一定时，可以通过改变其螺旋角 β 的大小来圆整中心距。

三、斜齿轮正确啮合的条件

一对斜齿轮啮合传动时，由于存在螺旋角，所以在啮合传动中，要求两个齿轮的法面模数及法面压力角应分别相等；另外，两轮啮合处的齿向也要相同。因此，斜齿轮传动的正确啮合条件为：

$$\left.\begin{aligned}&m_{n1}=m_{n2}=m_n\\&\alpha_{n1}=\alpha_{n2}=\alpha_n\\&\beta_1=\pm\beta_2\end{aligned}\right\}\tag{7-34}$$

式中，正号用于内啮合传动，负号用于外啮合传动。由于相互啮合的斜齿轮的螺旋角大小相等，旋向相反，所以其端面模数和端面压力角也分别相等，即：

$$\left.\begin{aligned}&m_{t1}=m_{t2}\\&\alpha_{t1}=\alpha_{t2}\end{aligned}\right\}\tag{7-35}$$

四、斜齿轮的当量齿轮和当量齿数

在进行斜齿轮的强度计算和用仿形法加工斜齿轮选择铣刀时，需要知道斜齿轮的法面齿形。为了分析斜齿轮的法面齿形，在斜齿轮的分度圆柱面上，过轮齿螺旋线上任意点 C，作此螺旋线的法向截面，如图 7-24 所示，此截面与分度圆柱面的交线为一椭圆，椭圆上 C 点附近的齿形可以近似地看作斜齿轮的法面齿形。椭圆的长半轴 $a=d/(2\cos\beta)$，短半轴 $b=d/2$，则椭圆在 C 点的曲率半径为：

$$\rho=\frac{a^2}{b}=\frac{d}{2\cos^2\beta} \tag{7-36}$$

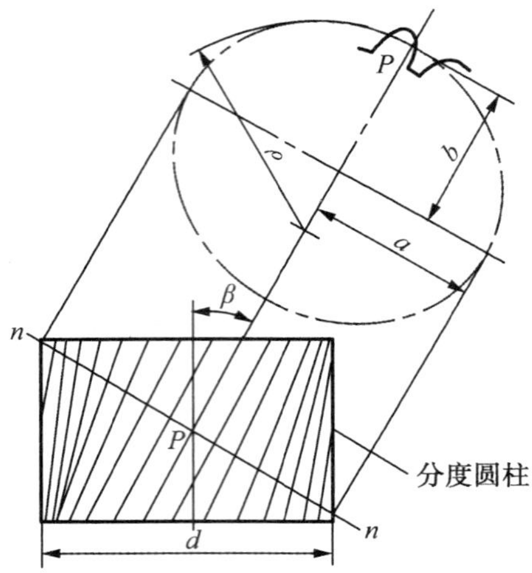

图 7-24　斜齿轮的当量齿轮

以 ρ 为分度圆半径，以斜齿轮的法向模数 m_n 为模数，法向压力角 α_n 为压力角，作一假想直齿轮，则该直齿轮的齿形与斜齿轮的法面齿形非常接近。因此，称这个假想的直齿轮为该斜齿轮的当量齿轮，其齿数称为“当量齿数”，用 z_v 表示。其值为：

$$z_v=\frac{2\rho}{m_n}=\frac{d}{m_n\cos^2\beta}=\frac{m_n z}{m_n\cos^3\beta}=\frac{z}{\cos^3\beta} \tag{7-37}$$

式中：z——斜齿轮的实际齿数。

五、斜齿轮传动的强度计算

(一)受力分析

斜齿轮啮合传动中，略去齿面间的摩擦力，作用于齿面上的载荷仍垂直于齿面，即为法向载荷 F_n，如图 7-25 所示。为便于分析计算，将法向力 F_n 分解为相互垂直的三个分力，即圆周力 F_t、径向力 F_r 和轴向力 F_a。各力大小的计算公式为：

$$\begin{cases} F_{t1}=\dfrac{2T_1}{d_1} \\ F_{r1}=F_{t1}\dfrac{\tan\alpha_n}{\cos\beta} \\ F_{a1}=F_{t1}\tan\beta \end{cases} \tag{7-38}$$

斜齿轮传动的圆周力 F_t 和径向力 F_n 方向的确定与直齿轮传动相同。主动轮(图中为轮 1)轴向力 F_{a1} 的方向则需根据轮齿的旋向和齿轮的转向用左(右)手定则来判定，左旋齿轮用左手，右旋齿轮用右手。判定时，用手握住齿轮的轴线，让四指弯曲的方向与齿轮的转向相同，则大拇指的指向即为齿轮所受轴向力 F_{a1} 的方向。而从动轮所受轴向力 F_{a2} 的方向可根据作用力和反作用力关系确定。

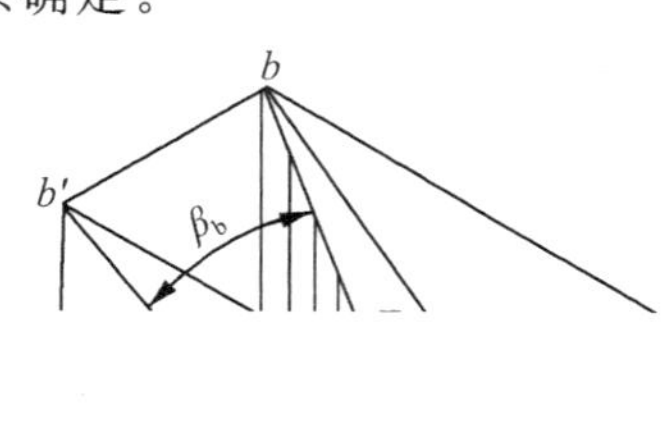

斜齿轮传动中的轴向力 F_a 随着螺旋角 β 的增大而增大。β 角过小，会使斜齿轮传动失去优越性。所以，在设计中一般取 $\beta=8°\sim20°$。对于人字齿轮传动，因其左右结构完全对称，所产生的轴向力可相互抵消，因此，允许采用较大的螺旋角 $\beta(=15°\sim40°)$。人字齿轮传动常用于高速重载传动中，其缺点是制造较困难。

（二）强度计算

斜齿轮啮合传动的载荷作用在法面上，而法面齿形近似于当量齿轮的齿形，因此，斜齿轮传动的强度计算可转换为其当量齿轮的强度计算。由于斜齿轮传动的接触线是倾斜的，且重合度较大，因此，斜齿轮传动的承载能力比相同尺寸的直齿轮传动略有提高。

1. 齿面接触疲劳应力计算

用与分析直齿圆柱齿轮传动类似的方法，并考虑到斜齿轮传动本身的特点（重合度大、接触线较长及节线附近的载荷集中等），可以得到斜齿圆柱齿轮轮齿表面接触疲劳强度的计算公式为：

$$\sigma_H=20780\sqrt{\frac{KT}{bd_1^2}\cdot\frac{u\pm1}{u}}\leqslant[\sigma_H] \tag{7-39}$$

$$d_1\geqslant756\sqrt[3]{\frac{KT_1}{\psi_d[\sigma_H]^2}\cdot\frac{u+1}{u}} \tag{7-40}$$

式(7-39)为校核公式，式(7-40)为设计公式，其中各参数的意义和量纲均和直齿圆柱齿轮的相同。

2. 斜齿轮齿根弯曲疲劳应力计算

斜齿圆柱齿轮的弯曲疲劳强度校核公式为：

$$\sigma_F=\frac{1.9KT_1Y_{FS}}{bd_1m_n}\leqslant[\sigma_F] \tag{7-41}$$

斜齿圆柱齿轮轮齿弯曲疲劳强度的设计公式为：

$$m_n\geqslant1.24\sqrt[3]{\frac{KT_1Y_{FS}}{\psi_d z_1^2[\sigma_F]}} \tag{7-42}$$

式中：m_n——齿轮的法面模数，mm。

其余各参数的意义和量纲均和直齿圆柱齿轮的相同。

由于斜齿轮传动平稳，因此，选取载荷系数 K 时，应考虑到这点。齿形系数 Y_{FS} 应按当量齿数 z_v 在表 7-7 中查取。

职业能力训练

训练目标

通过完成本任务，能根据斜齿轮工作条件及设计要求，分析斜齿轮传动类型，选择合适材料；能查表、计算、确定斜齿轮的主要参数；能熟练掌握斜齿轮设计计算的一般流程。

工作流程

分析斜齿轮工作条件→选择斜齿轮材料及主要参数→确定斜齿轮许用强度及所受扭

矩→根据齿轮强度计算公式,确定斜齿轮法向模数→计算斜齿轮主要几何参数→齿轮强度校核→确定斜齿轮精度→检查、评价。

实施步骤

1. 材料选择

由于要求结构尺寸紧凑,故采用硬齿面齿轮传动。小齿轮选用 20Cr,渗碳淬火处理,齿面平均硬度为 60HRC;大齿轮选用 40Cr,表面淬火处理,齿面平均硬度为 52HRC。

2. 参数选择

(1)齿数

由于采用闭式传动,转速较高,故取 $z_1=25, z_2=i_{12}z_1=4.8\times25=120$。

(2)齿宽系数

两轮均为硬齿面,支承相对于齿轮为对称布置,查表 7-6,取 $\psi_d=0.8$。

(3)载荷系数

由于载荷有中等冲击,且采用硬齿面齿轮传动,载荷系数应取较大值,但考虑到为斜齿轮传动,故取 $K=1.6$。

(4)齿数比

对于单级减速传动,齿数比 $u=i_{12}=4.8$。

(5)初选螺旋角

取螺旋角 $\beta=15°$。

3. 确定许用应力

小齿轮的齿面平均硬度为 60HRC,查表 7-4,得$[\sigma_{H1}]=1350\text{MPa}$,$[\sigma_{F1}]=645\text{MPa}$。因为齿轮双向运转时,轮齿通常为双向受载,故$[\sigma_{F1}]=0.7\times645=452(\text{MPa})$。

大齿轮的齿面平均硬度为 52HRC,查表 7-4,用线性插值法求得$[\sigma_{H2}]=1071\text{MPa}$,$[\sigma_{F2}]=503\text{MPa}$。因轮齿双向受载,故$[\sigma_{F2}]=0.7\times503=352(\text{MPa})$。

4. 计算小齿轮上的转矩

$$T_1=9550P/n=9550\times15/1460=98.1(\text{N}\cdot\text{m})$$

5. 按齿根弯曲疲劳强度设计

两齿轮的当量齿数为:

$$z_{v1}=\frac{z_1}{\cos^3\beta}=\frac{25}{\cos^3 15°}=27.7$$

$$z_{v2}=\frac{z_2}{\cos^3\beta}=\frac{120}{\cos^3 15°}=133.2$$

查表 7-7,得复合齿形系数 $Y_{FS1}=4.15$,$Y_{FS2}=3.98$。复合齿形系数与许用弯曲应力的比值为:

$$Y_{FS1}/[\sigma_{F1}]=4.15/452=0.00918(\text{MPa}^{-1})$$

$$Y_{FS2}/[\sigma_{F2}]=3.98/352=0.01131(\text{MPa}^{-1})$$

因为 $Y_{FS2}/[\sigma_{F2}]$较大,故将此比值代入式中,得齿轮的模数为:

$$m_n\geqslant1.24\sqrt[3]{\frac{KT_1Y_{FS}}{\psi_d z_1^2[\sigma_F]}}=1.24\times\sqrt[3]{\frac{1.6\times98.1\times3.98\times10^3}{0.8\times25^2\times352}}=1.89(\text{mm})$$

6. 确定模数

由上述计算结果可见，齿根弯曲疲劳强度较为薄弱，故应以 $m_n \geqslant 1.89\text{mm}$ 为准，查表7-1，取 $m_n = 2\text{mm}$。

7. 计算齿轮的主要几何尺寸

齿轮传动的中心距为：

$$a=\frac{m_n}{2\cos\beta}(z_1+z_2)=\frac{2\times(25+120)}{2\cos15^\circ}=150.12(\text{mm})$$

斜齿轮传动的中心距应当圆整为整数以便加工，一般可以通过改变螺旋角的大小来实现。现将中心距取为 $a=150\text{mm}$，则实际螺旋角为：

$$\beta=\arccos\frac{m_n(z_1+z_2)}{2a}=\arccos\frac{2\times(25+120)}{2\times150}=14^\circ50'6''$$

齿轮的其余主要尺寸分别为：

$$d_1=\frac{m_n z_1}{\cos\beta}=\frac{2\times25}{\cos14^\circ50'6''}=51.72(\text{mm})$$

$$d_2=\frac{m_n z_2}{\cos\beta}=\frac{2\times120}{\cos14^\circ50'6''}=248.28(\text{mm})$$

$$d_{a1}=d_1+2h_{an}^{*}m_n=51.72+2\times1\times2=55.72(\text{mm})$$

$$d_{a2}=d_2+2h_{an}^{*}m_n=248.28+2\times1\times2=252.28(\text{mm})$$

$$b=\psi_d d_1=0.8\times51.72=41.4(\text{mm})$$

故取 $b_2=40\text{mm}$，$b_1=45\text{mm}$。由于取的模数标准值比计算值大，故 b_1 向小圆整后仍能满足式(7-42)的需要。必要时应进行验算。

8. 按齿面接触疲劳强度校核

$$\sigma_H=20780\times\sqrt{\frac{KT_1}{bd_1^2}\cdot\frac{u+1}{u}}=20780\times\sqrt{\frac{1.6\times98.1}{40\times51.72^2}\cdot\frac{4.8+1}{4.8}}$$

$$=874(\text{MPa})<[\sigma_{H2}]=1071\text{MPa}(\text{合格})$$

9. 确定齿轮传动精度等级

齿轮传动圆周速度为：

$$v=\frac{\pi d_1 n_1}{60\times1000}=\frac{3.14\times51.72\times1460}{60\times1000}=3.95(\text{m/s})$$

根据表7-3，选用8级精度。

知识拓展

在图7-26中，图(a)(b)分别表示直齿圆柱齿轮和斜齿圆柱齿轮传动的啮合面。直齿轮传动时，轮齿整个齿宽同时在 $B_2B'_2$ 处进入啮合，在 $B_1B'_1$ 处脱离啮合，其重合度为 ε_α。对于斜齿轮传动来说，其轮齿在进入和脱离啮合不是整个齿宽，B_1 仅是轮齿的一端开始脱离啮合，而到整个轮齿全部脱离啮合还要继续啮合 $\Delta L=B\tan\beta$，故斜齿轮传动的重合度较直齿轮增加了 ε_β。

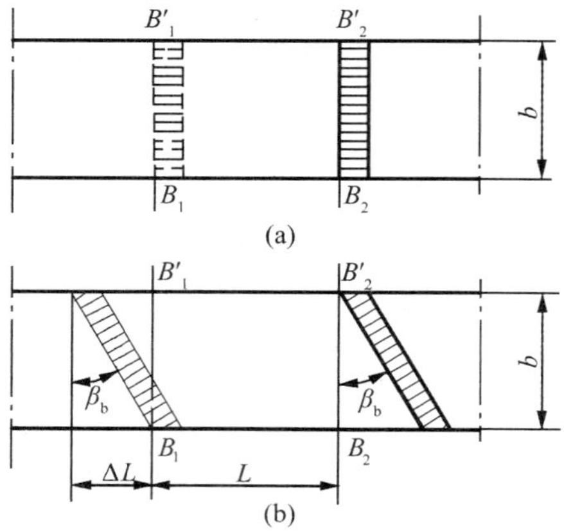

图 7-26　齿轮传动的啮合面及重合度

$$\varepsilon_\beta=\frac{b\tan\beta}{p_t} \tag{7-43}$$

式中：b——齿宽，mm；

β——螺旋角，°；

p_t——端面齿距，mm。

总重合度为：

$$\varepsilon=\varepsilon_\alpha+\varepsilon_\beta \tag{7-44}$$

式中：ε_α——端面重合度，相当于直齿轮的重合度；

ε_β——轴向重合度，它是由于轮齿的倾斜而增加的重合度。

从式(7-44)可知，斜齿轮传动的重合度比直齿轮大，并随着齿轮宽度和螺旋角的增大而增大。

任务六　直齿锥齿轮传动的设计

任务描述

如图 7-27 所示，一对轴交角 $\Sigma=90°$ 的直齿圆锥齿轮传动，大端压力角为 $\alpha=20°$，齿顶高系数 $h_a^*=1$，顶隙系数 $c^*=0.2$，其中锥齿轮齿数分别为 $z_1=20$，$z_2=40$，若测得小直齿锥齿轮齿顶圆直径 $d_{a1}=76.2$mm，试计算小直齿锥齿轮的模数及当量齿数。

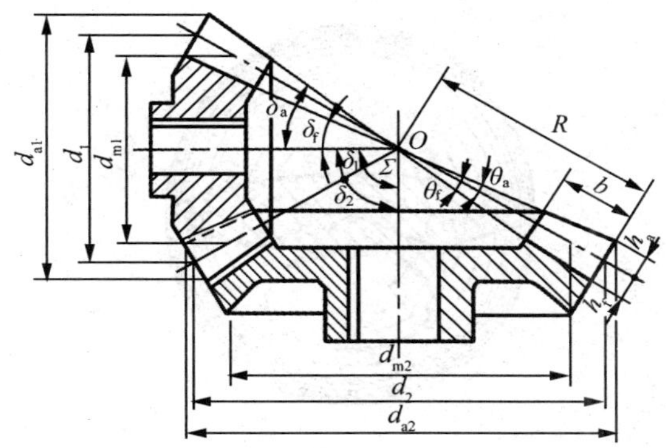

图 7-27　直齿圆锥齿轮传动

知识准备

圆锥齿轮传动用于传递两轴相交的运动和动力。锥齿轮的轮齿分布在圆锥体的锥面上，如图 7-28 所示。一对圆锥齿轮的运动可以看成是两个锥顶共点的圆锥体相互做纯滚动，这两个锥顶共点的圆锥体就是节圆锥。此外，与圆柱齿轮相似，圆锥齿轮还有基圆锥、分度圆锥、齿顶圆锥、齿根圆锥。对于正确安装的标准圆锥齿轮传动，其节圆锥与分度圆锥应该重合。圆锥齿轮的轮齿分为直齿、斜齿和曲齿三种类型。其中直齿圆锥齿轮易于制造、安装，应用广泛。本任务讨论应用最广的轴交角 $\Sigma=90°$ 的直齿圆锥齿轮传动。

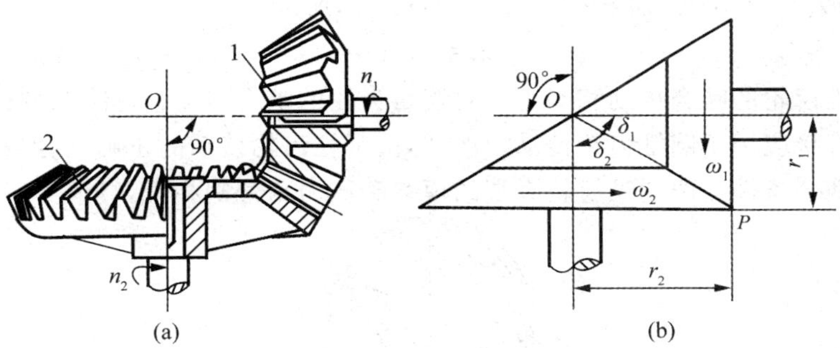

图 7-28　直齿圆锥齿轮传动

一、背锥和当量齿轮

直齿锥齿轮齿廓曲面的形成如图 7-29 所示。以半球截面的圆平面 S 为发生面，S 与基圆锥相切于 ON。ON 既是圆平面 S 的半径 R，又是基圆锥的锥距 R，圆平面 S 的圆心 O（球心）又是基圆锥的锥顶。当发生面 S 绕基圆锥做纯滚动时，该平面上任一点 B 的空间轨迹 $\widehat{BA}$ 是位于以锥距 R 为半径的球面上的曲线，曲线 $\widehat{BA}$ 称为“球面渐开线”，它是一条空间曲线。

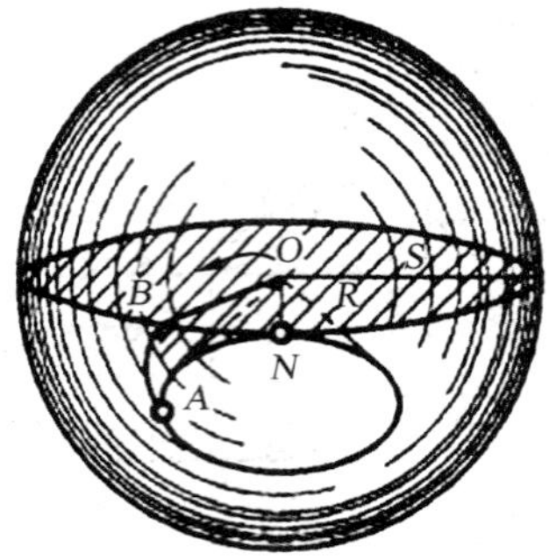

图 7-29　球面渐开线的形成

由于圆锥齿轮的齿廓曲线为球面曲线，但是球面无法展开成平面，致使圆锥齿轮的设计和制造有许多困难。为了使球面齿廓的问题转化成平面问题，就引入了背锥的概念。

一对相啮合的圆锥齿轮（见图 7-30），$\triangle OAP$ 和 $\triangle OBP$ 分别为两齿轮的分度圆锥，作与分度圆锥面 OAP 和 OBP 垂直相交的圆锥 O_1AP 和 O_1BP，该两圆锥称为圆锥齿轮的“背锥”。将圆锥齿轮大端的齿廓曲线投影在以 O_1 为锥顶的圆锥面 O_1AP 和 O_1BP 上。再将圆锥齿轮的背锥面展开成平面，得一扇形齿轮，将扇形齿轮补全成为圆柱齿轮，这个假想的直齿圆柱齿轮称为该圆锥齿轮的当量齿轮，当量齿轮的齿数称为当量齿数，用 z_v 表示。当量齿轮的模数和压力角与圆锥齿轮大端的模数和压力角相等。

图 7-30 中圆锥齿轮的分度圆锥角为 δ，齿数为 z，分度圆半径为 r，当量齿轮的分度圆半径为 r_v，则 $r_v=r/\cos\delta$。而 $r=mz/2$，$r_v=mz_v/2$，所以：

$$z_v=z/\cos\delta \tag{7-45}$$

一对圆锥齿轮的啮合传动相当于一对当量齿轮的啮合传动，因此，圆柱齿轮传动的一些结论可以直接应用于圆锥齿轮传动。例如，由圆柱齿轮传动的正确啮合条件可知，圆锥齿轮的正确啮合条件为两圆锥齿轮大端的模数和压力角分别相等。

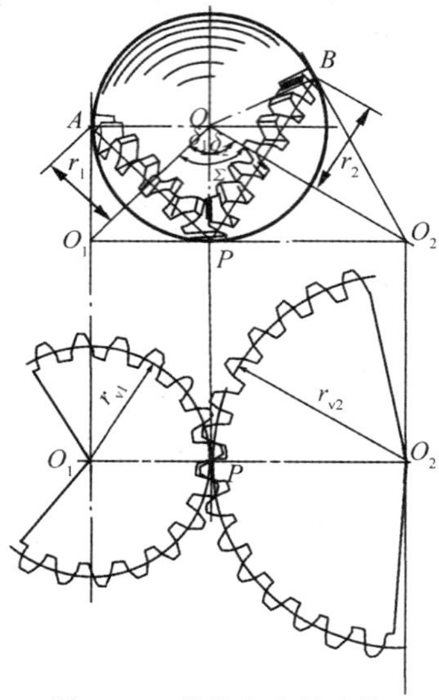

图 7-30　背锥和当量齿轮

二、直齿圆锥齿轮传动的几何尺寸计算

根据国家标准规定，现多采用等顶隙圆锥齿轮传动形式，即两轮顶隙从轮齿大端到小端都是相等的，如图 7-27 所示。

圆锥齿轮的轮齿是分布在圆锥面上的，圆锥体有大端和小端之分，大端尺寸较大，计算和测量的相对误差较小，且便于确定齿轮机构的外廓尺寸，所以直齿圆锥齿轮的几何尺寸计算也是以大端为基准。大端的参数为标准值，模数可按表 7-9 选取，大端压力角为标准值，$\alpha=20°$，齿顶高系数 $h_a^*=1$，顶隙系数 $c^*=0.2$。

表 7-9　　标准直齿圆锥齿轮的模数　　单位：mm

1	1.125	1.25	1.375	1.5	1.75	2	2.25	2.5	2.75	3	3.25
3.5	3.75	4	4.5	5	5.5	6	6.5	7	8	9	10

如图 7-27 所示，一对圆锥齿轮传动的轴交角 $\Sigma=\delta_1+\delta_2=90°$时，其传动比为：

$$i_{12}=\frac{\omega_1}{\omega_2}=\frac{z_2}{z_1}=\frac{d_2}{d_1}=\cot\delta_1=\tan\delta_2 \tag{7-46}$$

图 7-27 中，R 为分度圆锥的锥顶到大端的距离，称为“锥距”。齿宽 b 与锥距 R 的比值称为圆锥齿轮的齿宽系数，用 ψ_R 表示，一般取 $\psi_R=b/R=0.20\sim0.35$，常取 $\psi_R=0.3$，由 $b=\psi_R R$ 计算出的齿宽应圆整，并取大、小齿轮的齿宽 $b_1=b_2=b$。

根据 GB/T 12369—90、GB/T 12370—90 的规定，现主要采用等顶隙圆锥齿轮传动。在这种传动中，两轮的分度圆锥和齿根圆锥的锥顶共点。但两轮的齿顶圆锥，因其母线各自平行于与之啮合传动的另一圆锥齿轮的齿根圆锥母线，所以其锥顶就不再重合于一点了。圆锥齿轮传动的主要尺寸计算公式列于表 7-10 中。

表 7-10　　标准直齿圆锥齿轮传动的几何尺寸计算公式（$\Sigma=90°$）

名称	代号	计算公式
齿顶高	h_a	$h_a=h_a^* m=m(h_a^*=1)$
齿根高	h_f	$h_f=(h_a^*+c^*)m=1.2m(c^*=0.2)$
全齿高	h	$h=h_f+h_a=(2h_a^*+c^*)m=2.2m$
顶隙	c	$c=c^* m=0.2m$
分度圆直径	d	$d_1=mz_1,d_2=mz_2$
齿顶圆直径	d_a	$d_{a1}=d_1+2h_a\cos\delta_1,d_{a2}=d_2+2h_a\cos\delta_2$
齿根圆直径	d_f	$d_{f1}=d_1-2h_f\cos\delta_1,d_{f2}=d_2-2h_f\cos\delta_2$
锥距	R	$R=\frac{1}{2}\sqrt{d_1^2+d_2^2}$
齿宽	b	$b=\psi_R R,\psi_R=0.25\sim0.3$

续表

名称	代号	计算公式
齿根角	θ_f	$\theta_f=\arctan(h_f/R)$
顶锥角	δ_a	$\delta_{a1}=\delta_1+\theta_{a1},\delta_{a2}=\delta_2+\theta_{a2}$
根锥角	δ_f	$\delta_{f1}=\delta_1-\theta_{f1},\delta_{f2}=\delta_2-\theta_{f2}$

三、圆锥齿轮传动的强度计算

(一)受力分析

两圆锥齿轮啮合传动时，略去齿面间的摩擦力，轮齿间的相互作用力为法向力 F_n。通常将法向力视为集中作用在平均分度圆锥上，即按齿宽中点处来进行受力分析，如图7-31所示。将法向力 F_n 分解为相互垂直的三个分力，即圆周力 F_t、径向力 F_r 和轴向力 F_a，各力的计算公式为：

$$\left.\begin{aligned}F_{t1}&=\frac{2T_1}{d_{m1}}\\F_{r1}&=F_{t1}\tan\alpha\cos\delta\\F_{a1}&=F_{t1}\tan\alpha\sin\delta\end{aligned}\right\}\tag{7-47}$$

式中：d_{m1}——小圆锥齿轮的平均分度圆直径，可根据分度圆直径 d_1、锥距 R 和齿宽 b 确定。即：

$$d_{m1}=(1-0.5\psi_R)d_1\tag{7-48}$$

圆锥齿轮的圆周力 F_t 的方向在主动轮上与运动方向相反，在从动轮上与运动方向相同。径向力 F_r 的方向对于两轮来说都是垂直指向齿轮轴线。轴向力 F_a 的方向都是通过啮合点指向各自的大端。

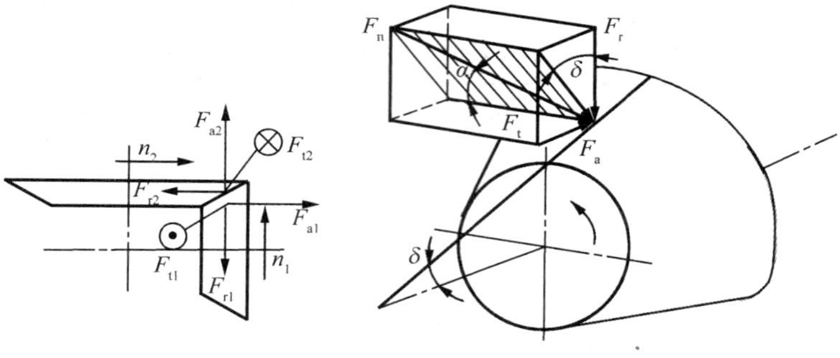

图 7-31　直齿圆锥齿轮受力分析

(二)强度计算

直齿圆锥齿轮的失效形式及强度计算与直齿圆柱齿轮基本相同，可以近似认为，一对直齿圆锥齿轮传动和位于齿宽中点的一对当量圆柱齿轮传动的强度相等。对于两轴交角为 90°的一对钢制直齿圆锥齿轮传动，其简化的强度计算公式如下：

1. 齿面接触疲劳强度计算

齿面接触疲劳强度计算的校核公式和设计公式分别为：

$$\sigma_H = 21260\sqrt{\frac{KT_1\sqrt{u^2+1}}{bd_1^2(1-0.5\psi_R)^2 u}} \leqslant [\sigma_H] \tag{7-49}$$

$$d_1 \geqslant 1020\sqrt[3]{\frac{KT_1}{(1-0.5\psi_R)^2\psi_R u[\sigma_H]^2}} \tag{7-50}$$

式中：K，T_1，u 与直齿圆柱齿轮相同；

ψ_R——齿宽系数，一般取 0.2～0.35，常取 0.3；

R——锥距。

2. 齿根弯曲疲劳强度计算

齿根弯曲疲劳强度计算的校核公式和设计公式分别为：

$$\sigma_F = \frac{2360KT_1Y_{FS}}{bm^2(1-0.5\psi_R)^2 z_1} \leqslant [\sigma_F] \tag{7-51}$$

$$m \geqslant 1.59\sqrt[3]{\frac{KT_1}{(1-0.5\psi_R)^2 z_1^2\sqrt{u^2+1}} \cdot \frac{Y_{FS}}{[\sigma_F]}} \tag{7-52}$$

式中，Y_{FS} 按圆锥齿轮的当量齿数 z_v 在表 7-7 中查取。设计计算时，应取 $Y_{FS1}/[\sigma_{F1}]$ 和 $Y_{FS2}/[\sigma_{F2}]$ 两者中的较大值代入计算，校核时应分别校核两齿轮的齿根弯曲强度。

职业能力训练

训练目标

通过完成本任务，会分析直齿圆锥齿轮传动的特点及应用，会熟练地进行直齿圆锥齿轮传动比、当量齿数及模数等参数的计算。

工作流程

分析任务特点及要求→确定直齿圆锥齿轮的啮合特点（$\Sigma = 90°$）→明确分锥角与齿数的计算关系→根据齿顶圆直径及分锥角计算并圆整直齿锥齿轮模数→检查、评价。

实施步骤

1. 计算小直齿圆锥齿轮分锥角

分析任务可知，轴交角 $\Sigma = \delta_1 + \delta_2 = 90°$。其中，$\delta_1$、$\delta_2$ 分别为两直齿锥齿轮的分锥角。

根据公式 $\tan\delta_1 = z_1/z_2$，将 $z_1 = 20$，$z_2 = 40$ 代入公式，可计算小直齿圆锥齿轮的分锥角为：$\delta_1 = 26°33'54''$。

2. 计算并圆整直齿锥齿轮模数

根据齿顶圆直径计算公式 $d_{a1} = d_1 + 2h_a\cos\delta_1$ 进行计算。其中，d_1 为分度圆直径，$d_1 = mz$；h_a 为齿顶高，$h_a = h_a^* m = m(h_a^* = 1)$。

将齿顶圆直径 $d_{a1} = 76.2\text{mm}$，分锥角 $\delta_1 = 26°33'54''$，$z_1 = 20$ 代入公式，可得出模数 m

=3.497mm。

查表 7-9,模数圆整为标准值,取 $m=3.5\text{mm}$。

3.计算小直齿锥齿轮当量齿数

根据公式 $z_v=z/\cos\delta$ 进行计算。

将分锥角 $\delta_1=26°33'54''$,$z_1=20$ 代入公式,计算得 $z_v=22.3$,圆整为 $z_v=22$。

计算完成后,对计算结果进行分析评价。

注意事项

1.引导学生分析计算当量齿数对选择铣削锥齿刀具的影响。

2.让学生体会到理论联系实际的作用。

知识拓展

1.直齿圆锥齿轮正确啮合的条件

一对圆锥齿轮啮合传动的正确啮合条件为:两圆锥齿轮大端的模数和压力角分别相等。

2.直齿圆锥齿轮的重合度 ε

直齿圆锥齿轮传动的重合度可近似地按下式计算:

$$\varepsilon=\frac{1}{2\pi}[z_{v1}(\tan\alpha_{a1}-\tan\alpha)+z_{v2}(\tan\alpha_{a2}-\tan\alpha)] \tag{7-53}$$

任务七　齿轮结构与齿轮传动润滑方式的选择

任务描述

已知某渐开线标准直齿圆柱齿轮的模数为 $m=3\text{mm}$,齿数 $z=50$,齿轮转速 $n=1000\text{r/min}$,试确定该齿轮的结构形式及润滑方式。

知识准备

齿轮传动的强度计算和几何尺寸计算,主要是确定齿轮的齿数、模数、齿宽、螺旋角、分度圆直径等主要尺寸,而齿圈、轮毂等的结构形式及尺寸,则需通过结构设计来确定。

润滑对于齿轮传动十分重要,它不仅可以减小摩擦,减轻磨损,还可以起到冷却、防锈、降低噪音、改善齿轮的工作状况、延缓轮齿失效和延长齿轮的使用寿命等作用。

一、齿轮的结构

齿轮的结构形式主要有齿轮轴、实心式齿轮、腹板式齿轮、轮辐式齿轮等,具体的结构应根据工艺要求及经验公式确定。

（一）齿轮轴

当圆柱齿轮的齿根圆至键槽底部的距离 $y \leqslant (2 \sim 2.5)m_n$，锥齿轮的小端齿根圆到键槽根部的距离 $y < (1.6 \sim 2)m$ 时，需将齿轮和轴做成一体，称为“齿轮轴”，如图 7-32 所示。齿轮轴易于装配，轴的刚度大，但锻造毛坯费工，齿轮失效时使轴同时报废而造成浪费。

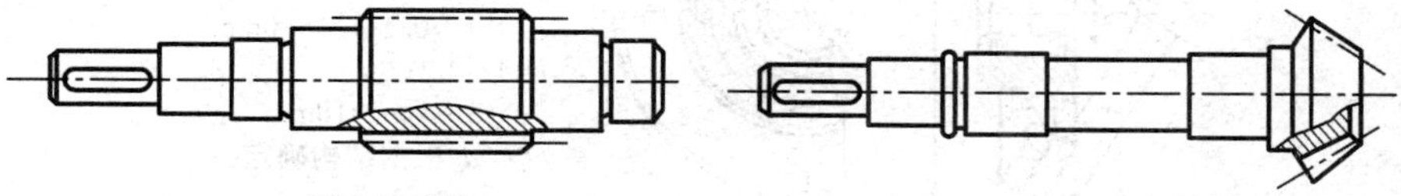

(a)圆柱齿轮轴　　(b)圆锥齿轮轴

图 7-32　齿轮轴

（二）实心式齿轮

当齿轮的齿顶圆直径 $d_a \leqslant 200$mm 时，可做成实心式结构，如图 7-33 所示。

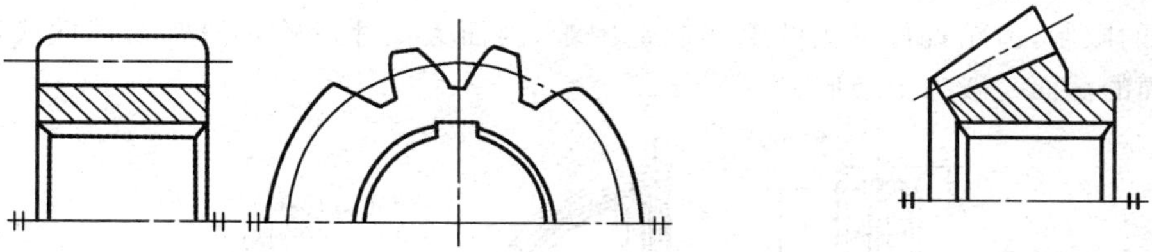

(a) 圆柱齿轮　　(b)圆锥齿轮

图 7-33　实心式齿轮

（三）腹板式齿轮

当齿轮的齿顶圆直径 $d_a = 200 \sim 500$mm 时，为减轻质量和节省材料，常采用腹板式结构，如图 7-34 和图 7-35 所示。腹板上常开 4～6 个孔，以减轻质量和加工方便。

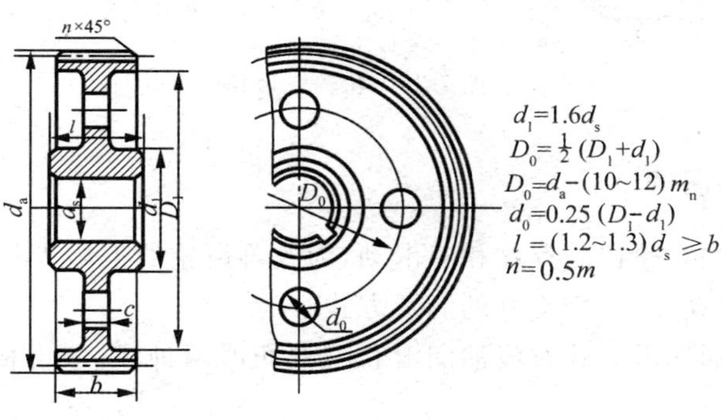

图 7-34　腹板式圆柱齿轮

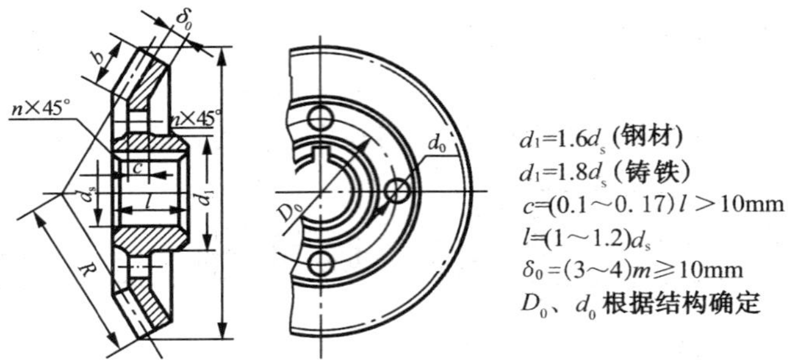

图 7-35　腹板式圆锥齿轮

（四）轮辐式齿轮

当齿轮的齿顶圆直径 d_a＞500mm 时，一般做成轮辐式结构，如图 7-36 所示。因受锻压设备的限制，齿轮直径过大的毛坯制造困难，因而大尺寸齿轮一般改为铸铁或铸钢齿轮，轮辐的截面一般为十字形。

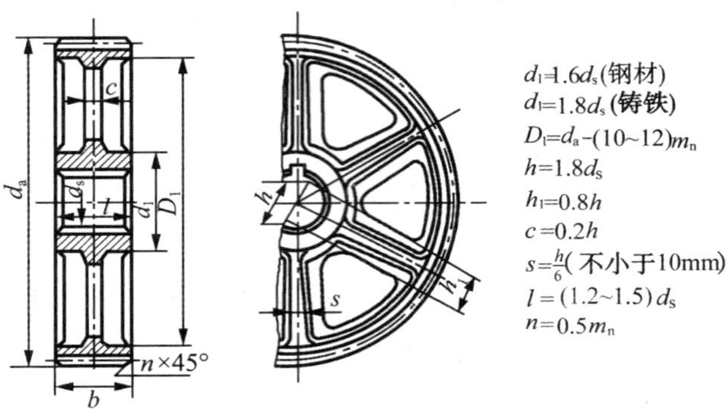

图 7-36　轮辐式齿轮

二、齿轮传动的润滑

由于齿轮传动啮合轮齿间存在相对滑动，为改善齿轮的工作状况、延长齿轮的使用寿命，通常采用闭式传动，并采用良好的润滑方式。

闭式齿轮传动的润滑方式有浸油润滑和喷油润滑两种，一般可根据齿轮的圆周速度进行选择。

当齿轮的圆周速度 $v \leqslant 12$m/s 时，通常采用浸油润滑方式，如图 7-37(a)所示。高速级大齿轮 1～2 个轮齿浸入油中，浸油深度通常为 10～30mm，低速级可浸深一些，但浸油过深会增大运动阻力并使油温升高。注意浸油齿轮的齿顶距离油箱底面≥30～50mm，以免搅起油渣，且储油太少不利于散热。在多级齿轮传动中，对于未浸入油池内的齿轮，可采用带油轮将油带到未浸入油池内的齿轮齿面上，如图 7-37(b)所示。浸油齿轮可将油甩到齿轮箱壁上，有利于冷却。

当齿轮的圆周速度 $v>12$m/s 时，由于圆周速度大，齿轮搅油剧烈，且黏附在齿廓面上的油易被甩掉，因此不宜采用浸油润滑，而应采用喷油润滑，如图 7-37(c)所示。喷油润滑是用油泵将具有一定压力的润滑油经喷嘴喷到啮合的齿面上，从而实现润滑。开式齿轮传动由于其传动速度较低，通常采用人工定期加油润滑方式。

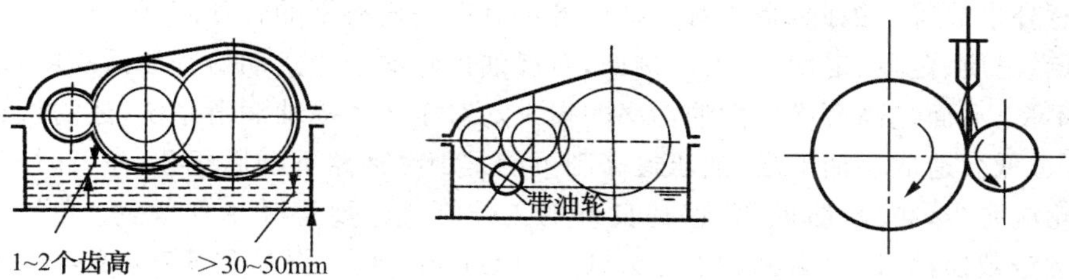

(a) (b) (c)

图 7-37 齿轮传动的润滑

选择润滑油时，通常先根据齿轮的工作条件以及圆周速度查出润滑油的运动黏度值，再根据选定的黏度确定润滑油的牌号。具体选择方法可查阅《机械设计手册》。

职业能力训练

训练目标

通过完成本任务，能根据齿轮模数、齿数进行结构形式选择，能根据齿轮圆周速度进行润滑方式选择，熟练掌握齿轮结构形式及润滑方式选择的方法。

工作流程

分析任务要求→根据齿顶圆直径选择结构形式→根据圆周速度选择润滑方式→检查、评价。

实施步骤

1. 计算齿轮齿顶圆直径

根据齿轮齿顶圆直径计算公式：$d_a=d+2h_a=m(z+2h_a^*)=m(z+2)$，将 $m=3$mm，$z=50$ 代入，计算得 $d_a=156$mm。

2. 根据齿顶圆直径选择齿轮结构形式

因 $d_a=156\text{mm}<200\text{mm}$，可做成实心式结构，如图 7-33(a)所示。

3. 计算齿轮圆周速度

根据齿轮圆周速度公式：$v_c=n\pi d/60000$，其中，n 为齿轮转速，d 为齿轮齿顶圆直径，将 $n=1000\text{r/min}$，$d_a=156$mm 代入公式，计算得：$v_c=8.164\text{m/s}$。

4. 根据速度大小选择齿轮传动润滑方式

因为 $v_c=8.164\text{m/s}\leqslant 12\text{m/s}$，故采用浸油润滑方式，如图 7-37(a)所示。

计算完成后，对计算结果进行分析评价。

知识拓展

齿轮传动设备的维护很重要，维护不当，将影响设备的正常运行、缩短使用寿命，且可能引发意外事故等。因此，企业对各种设备都有严格而科学的管理制度。通常，润滑工作要求定点、定质、定量、定期，定人。例如，对浸油齿轮润滑应定期检查油面高度，油面过低则润滑不良；油面过高会增加搅油功率的损失。对于压力喷油润滑系统，还需检查油压状况，油压过低会造成供油不足；油压过高则可能是因为油路不畅通所致，需及时调整油压。闭式齿轮应防尘、防酸、防碱等，保持良好的工作环境。要遵守工作规程，不允许过载使用。注意空载换挡，以免断齿。齿轮失效一般会产生冲击、振动和噪声，胶合破坏会使油温升高等，因此，对齿轮传动应定期进行检查，及时发现故障，防止突然损坏，避免影响生产和发生事故。

同步测试

7.1 渐开线的性质有哪些？

7.2 何谓齿轮中的分度圆？何谓节圆？两者的直径是否一定相等或不相等？

7.3 标准齿轮应具备哪些条件？

7.4 渐开线直齿圆柱齿轮正确啮合的条件是什么？

7.5 什么是斜齿轮的当量齿数？如何计算？

7.6 什么是圆锥齿轮的背锥？当量齿数如何计算？

7.7 一对标准直齿圆柱齿轮传动，已知两齿轮的齿数分别为 38 和 80，并且测得小齿轮的齿顶圆直径为 400mm，求两齿轮的模数、分度圆直径。

7.8 已知两个标准直齿圆柱齿轮，测得齿数 $z_1=22$，$z_2=98$，小齿轮齿顶圆直径 $d_{a1}=240\text{mm}$，大齿轮全齿高 $h=22.5\text{mm}$，试判断这两个齿轮能否正确啮合传动。

7.9 设计一对渐开线外啮合标准直齿圆柱齿轮机构。已知 $z_1=18$，$z_2=37$，$m=5\text{mm}$，$\alpha=20°$，$h_a^*=1$。

(1)试求两轮几何尺寸及中心距。

(2)计算重合度，并以长度比例尺 $\mu_l=0.2\text{mm/mm}$ 绘出一对齿啮合区和两对齿啮合区。

7.10 在图 7-38 所示的二级展开式斜齿圆柱齿轮减速器中，已知：I 轴为输入轴，输入功率 $P_1=10\text{kW}$，转速 $n_1=1450\text{r/min}$，转向如图所示。Ⅲ轴为输出轴，高速级齿轮参数为：模数 $m_{n1}=3\text{mm}$，齿数 $z_1=21$，$z_2=52$，螺旋角 $\beta_1=12°7'43''$，齿轮 1 的轮齿为右旋；低速级齿轮参数为：模数 $m_{n3}=5\text{mm}$，齿数 $z_3=27$，$z_4=54$。齿轮啮合效率 $\eta_1=0.98$，滚动轴承效率 $\eta_2=0.99$。

(1)确定齿轮 2，3，4 的轮齿旋向，要求使Ⅱ轴上齿轮 2 和齿轮 3 的轴向力互相抵消一部分，以减轻轴承所受的载荷。

(2)欲使Ⅱ轴上齿轮 2 和齿轮 3 的轴向力完全抵消，求齿轮 3 的螺旋角 β_3。

(3)在图中标出各轴转向，并求出各轴所受转矩的大小。

(4)标出各齿轮在啮合点处所受切向力 F_t、径向力 F_r 和轴向力 F_a 的方向，并求出各力的大小。

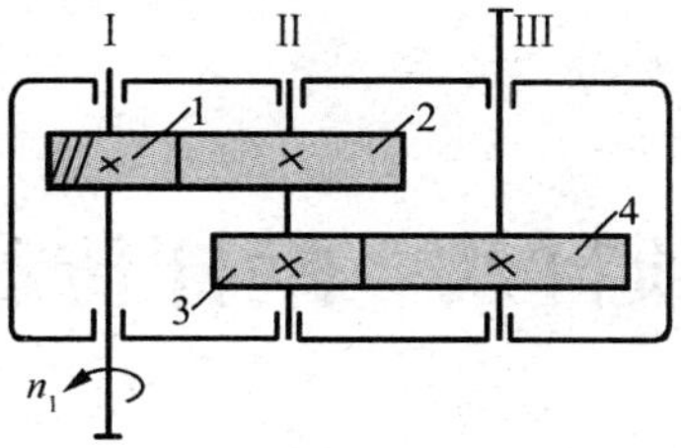

图 7-38

7.11 已知一对标准安装的标准直齿圆柱外啮合齿轮传动的中心距 $a=250$mm，主动轮的齿数 $z_1=20$，模数 $m=5$mm，转速 $n_1=1450$r/min，试求从动轮的齿数 z_2、转速 n_2、传动比 i_{12}、分度圆的直径 d_1、齿根圆直径 d_{f2}。

7.12 一闭式直齿圆柱齿轮传动，已知传递功率 $P=4.5$kW，转速 $n_1=960$r/min，模数 $m=3$mm，齿数 $z_1=25$，$z_2=75$，齿宽 $b_1=75$mm，$b_2=70$mm。小齿轮材料为 45 号钢调质，大齿轮材料为 ZG310-570 正火。载荷平稳，电动机驱动，单向转动，预期使用寿命 10 年(按 1 年 300 天，每天两班制工作考虑)。试说明这对齿轮传动能否满足强度要求而安全工作。

7.13 已知一对斜齿圆柱齿轮传动，$z_1=25$，$z_2=100$，$m_n=4$mm，$\beta=15°$，$\alpha=20°$。试计算这对斜齿轮的主要几何尺寸。

项目八　蜗杆传动

知识目标

◆了解蜗杆传动的应用、失效形式、材料。
◆掌握蜗杆传动的主要参数、几何尺寸计算和受力分析。
◆掌握蜗杆传动的特点、类型及设计计算。

能力目标

◆具有蜗杆传动的几何尺寸计算能力。
◆具有蜗杆传动的强度计算能力。
◆具有蜗杆传动的受力分析能力。

引导案例

蜗轮蜗杆传动是在齿轮传动的基础上发展起来的，既具有齿轮传动的某些特点，又有区别于齿轮传动的特性。蜗杆传动具有传动比大而结构紧凑等优点，在各类机械如机床、冶金、矿山、起重运输机械中得到了广泛使用。图 8-1 所示为蜗轮减速箱。

(a)　　　(b)

图 8-1　蜗轮减速箱

任务一 蜗轮蜗杆传动的认识

任务描述

图 8-2 所示蜗轮蜗杆传动的传动比 $i=40$。已知蜗杆头数为 $z_1=1$(左旋),蜗杆轴向齿距 $p_a=6.28$mm,试计算蜗轮端面模数、齿数、分度圆直径以及蜗杆直径系数 q、分度圆直径,并判断蜗轮旋向。

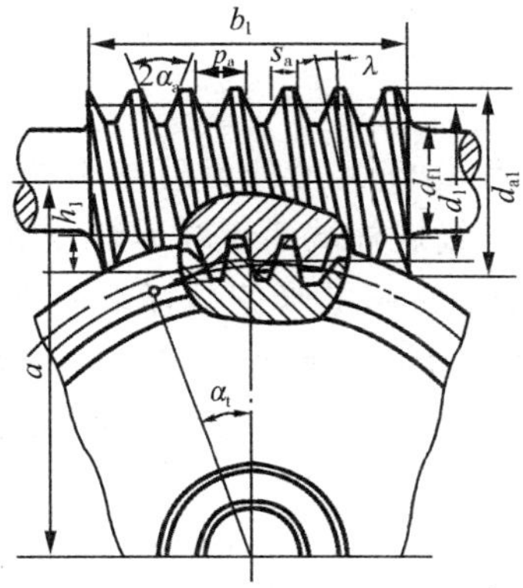

图 8-2 蜗轮蜗杆传动

知识准备

蜗杆传动机构由蜗轮和蜗杆组成,如图 8-3 所示,用于传递空间两交错轴之间的运动和动力,通常是两轴在空间相互垂直,轴交错角 $\Sigma=90°$,一般蜗杆为主动件,做减速运动。

图 8-3 蜗杆传动

一、蜗杆传动的特点

(1)蜗杆传动的最大特点是结构紧凑、传动比大。一般传动比 $i=10\sim40$,最大可达 80。若只传递运动(如分度运动),其传动比可达 1000。

(2)工作平稳,噪声较小。由于蜗杆上的齿是连续不断的螺旋齿,蜗轮轮齿和蜗杆是逐渐进入啮合并退出啮合的,同时啮合的齿数较多,所以传动平稳、噪声小。

(3)可制成具有自锁性的蜗杆。当蜗杆的螺旋线升角小于啮合面的当量摩擦角时,蜗杆传动可以实现自锁。

(4)蜗杆传动的主要缺点是传动效率较低。这是由于蜗轮和蜗杆的啮合处有较大的相对滑动,因而发热量大,效率较低。传动效率一般为 0.7～0.8,当蜗杆传动具有自锁性时,效率小于 0.5。

(5)成本高。为减轻齿面磨损及防止胶合,蜗轮一般多用青铜制造,因此造价较高。

蜗杆传动常用于两轴交错、传动比较大、传递功率不太大或间歇工作的场合。当要求传递功率较大时,为提高传动效率,常取蜗杆头数 $z_1=2\sim4$。此外,由于具有自锁性,蜗杆传动也常用于卷扬机等起重机构中。

二、蜗杆传动的类型

(一)按蜗杆的外形分类

按蜗杆的外形不同,蜗杆传动可分为圆柱面蜗杆传动[见图 8-4(a)]、圆弧面蜗杆传动[见图 8-4(b)]、锥面蜗杆传动[见图 8-4(c)]。圆弧面蜗杆和锥面蜗杆的制造较困难,安装要求较高,故不如圆柱蜗杆应用广泛。

(二)按螺旋面的形状分类

按螺旋面形状的不同,圆柱面蜗杆又可分为阿基米德蜗杆(ZA 型,见图 8-5)和渐开线蜗杆(ZI 型,见图 8-6)等。渐开线蜗杆端面齿廓为渐开线,加工时刀具的切削刃与基圆相切,两把刀分别车出左、右螺旋面。阿基米德蜗杆端面齿廓是阿基米德螺旋线,轴向齿廓是直线,加工方法与加工普通梯形螺纹相似,刀刃的顶平面通过蜗杆轴线,车削容易,测量方便,应用最广,但难以磨削,不易得到较高精度。本任务仅介绍应用最广的阿基米德圆柱蜗杆传动。

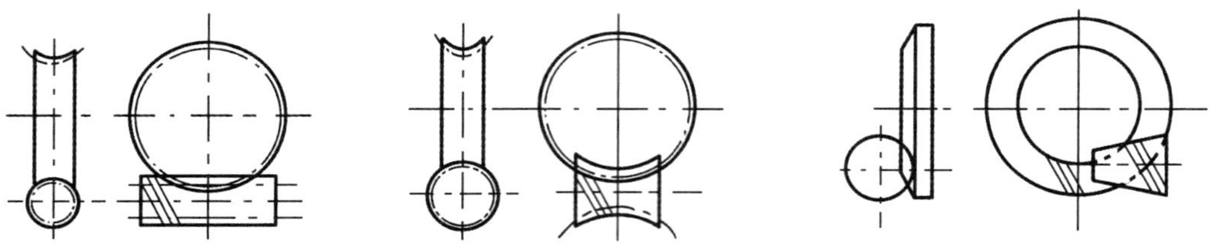

图 8-4 蜗杆传动的类型

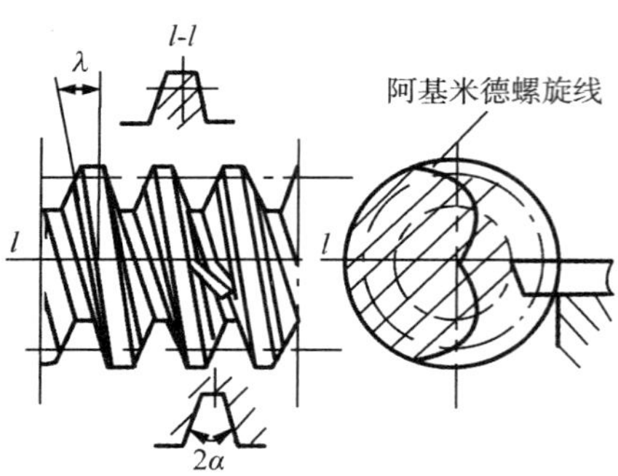

图 8-5 阿基米德蜗杆

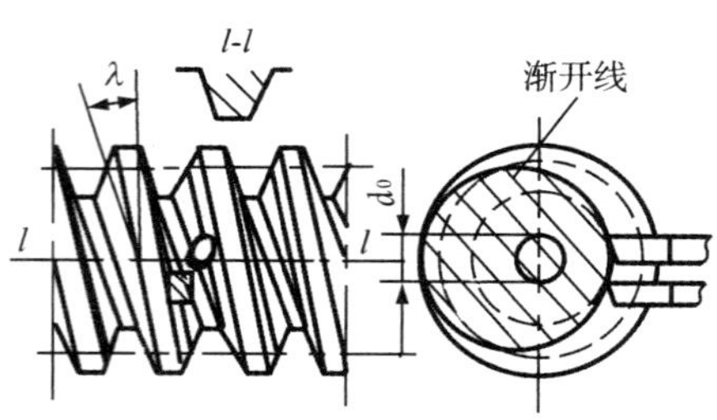

图 8-6 渐开线蜗杆

三、蜗杆传动的正确啮合条件

如图 8-7 所示,通过蜗杆轴线并与蜗轮轴线垂直的平面,称为"中间平面"。在中间平面上，蜗轮与蜗杆的啮合相当于渐开线齿轮与齿条的啮合。因此，设计蜗杆传动时，其参数和尺寸均在中间平面内确定，并沿用渐开线圆柱齿轮传动的计算公式。

沿用渐开线圆柱齿轮传动的计算公式，从而可得蜗杆传动的正确啮合条件为：

(1)在中间平面内，蜗杆的轴向模数 m_{a1} 与蜗轮的端面模数 m_{t2} 必须相等。

(2)蜗杆的轴向压力角 α_{a1} 与蜗轮的端面压力角 α_{t2} 必须相等。

(3)两轴线交错角为 90°时，蜗杆分度圆柱上的导程角 γ 应等于蜗轮分度圆柱上的螺旋角 β，且两者的旋向相同。

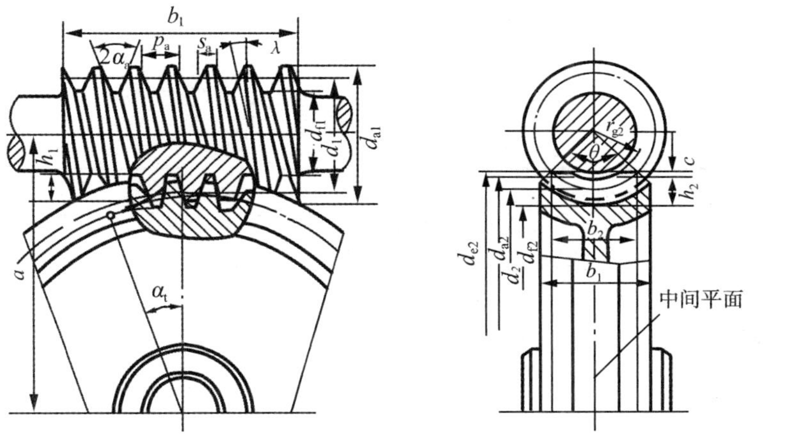

图 8-7　蜗杆传动的中间平面

四、普通圆柱蜗杆传动的主要参数

(一)模数 m 和压力角 α

为了方便加工，规定蜗杆的轴向模数为“标准模数”，蜗轮的端面模数等于蜗杆的轴向模数，因此，蜗轮的端面模数也应为标准模数。标准模数系列如表 8-1 所示。压力角标准值为 20°。

表 8-1　　圆柱蜗杆的基本尺寸和参数

m /mm	d_1 /mm	z_1	q	m^2d_1 /mm³	m /mm	d_1 /mm	z_1	q	m^2d_1 /mm³
1	18	1	18.000	18	6.3	363	1,2,4,6	10.000	2500
1.25	20	1	16.000	31.25	8	80	1,2,4,6	10.000	5120
1.6	20	1,2,4	12.500	51.2	10	90	1,2,4,6	9.000	9000
2	22.4	1,2,4,6	11.200	89.6	12.5	112	1,2,4	8.960	17500
2.5	28	1,2,4,6	11.200	175	16	140	1,2,4	8.750	35840
3.15	35.5	1,2,4,6	11.270	352	20	160	1,2,4	8.000	64000
4	40	1,2,4,6	10.000	640	25	200	1,2,4	8.000	125000
5	50	1,2,4,6	10.000	1250					

注：本表取材于 GB 10085—1988，本表所得的 d_1 数值为国际规定的优先使用值。

（二）蜗杆头数 z_1、蜗轮齿数 z_2 和传动比 i

选择蜗杆头数 z_1 时，主要考虑传动比、效率及加工等因素。通常蜗杆头数 $z_1=1$、2、4。若要得到大的传动比且要求自锁时，可取 $z_1=1$；当传递功率较大时，为提高传动效率，可采用多头蜗杆，通常取 $z_1=2$ 或 4，具体参见表 8-2。

表 8-2　蜗杆头数 z_1 与蜗轮齿数 z_2 的推荐值

传动比 i	7～13	14～27	28～40	>40
蜗杆头数 z_1	4	2	2、1	1
蜗轮齿数 z_2	28～52	28～54	28～80	>40

蜗轮齿数 $z_2=iz_1$，为了避免蜗轮轮齿发生根切，z_2 不应小于 26，但不宜大于 80。因为 z_2 过大，会使结构尺寸增大，蜗杆长度也随之增加，致使蜗杆刚度降低而影响啮合精度。

对于蜗杆为主动件的蜗杆传动，其传动比为：

$$i=\frac{n_1}{n_2}=\frac{z_2}{z_1} \tag{8-1}$$

式中：n_1，n_2——蜗杆和蜗轮的转速，r/min；

z_1，z_2——蜗杆头数和蜗轮齿数。

（三）蜗杆直径系数 q 和导程角 λ

加工蜗轮的滚刀，其参数（m、α、z_1）和分度圆直径 d_1 必须与相应的蜗杆相同，故 d_1 不同的蜗杆，必须采用不同的滚刀。为减少滚刀数量并便于刀具的标准化，制定了蜗杆分度圆直径的标准系列（见表 8-1）。

蜗杆螺旋面和分度圆柱的交线是螺旋线，λ 为蜗杆分度圆柱上的螺旋线导程角，p_a 为轴向齿距。

$$\tan\lambda=\frac{z_1 p_a}{\pi d_1}=\frac{z_1 m}{d_1}=\frac{z_1}{q} \tag{8-2}$$

式中，$q=d_1/m$，称为蜗杆直径系数，表示蜗杆分度圆直径与模数的比。当 m 一定时，q 增大，则 d_1 变大，蜗杆的刚度和强度相应提高。

又因 $\tan\lambda=z_1/q$，当 q 较小时，λ 增大，效率 η 随之提高。在蜗杆轴刚度允许的情况下，应尽可能选用较小的 q 值。

五、圆柱蜗杆传动的几何尺寸计算

圆柱蜗杆传动的几何尺寸计算可参考表 8-3。

表 8-3　　圆柱蜗杆传动的几何尺寸计算

名称	计算公式	
	蜗杆	蜗轮
分度圆直径	$d_1=mq$	$d_2=mz_2$
齿顶高	$h_a=m$	$h_a=m$
齿根高	$h_f=1.2m$	$h_f=1.2m$
顶圆直径	$d_{a1}=m(q+2)$	$d_{a2}=m(z_2+2)$
根圆直径	$d_{f1}=m(q-2.4)$	$d_{f2}=m(z_2-2.4)$
径向间隙	$c=0.2m$	
中心距	$a=0.5m(q+z_2)$	
蜗杆轴向齿距，蜗轮端面齿距	$p_{a1}=p_{t2}=\pi m$	

职业能力训练

训练目标

通过完成本任务，会分析蜗轮蜗杆传动的特点、正确啮合的条件，能熟练掌握蜗轮蜗杆主要参数的确定方法及几何尺寸的计算流程。

工作流程

分析任务要求→厘清蜗轮蜗杆传动正确啮合的条件→根据蜗杆节距及旋向，确定蜗轮端面模数及旋向→根据模数，查表确定蜗杆特性系数→计算蜗杆分度圆直径→检查、评价。

实施步骤

1. 计算蜗轮齿数 z_2

根据蜗轮蜗杆机构传动比计算公式：$i=z_2/z_1$，其中，z_1 为蜗杆头数，z_2 为蜗轮齿数，将 $i=40$，$z_1=1$ 代入，计算得 $z_2=40$。

2. 计算蜗轮端面模数 m_{t1}

蜗轮蜗杆正确啮合的条件：蜗杆的轴向模数 m_{a1} 等于蜗轮的端面模数 m_{t2}。

根据蜗杆轴向齿距公式：$p_a=m_{a1}\pi$，将 $p_a=6.28$mm 代入，计算得 $m_{a1}=2$mm，则蜗轮的端面模数 $m_{t2}=m_{a1}=2$mm。

3. 计算蜗轮分度圆直径

根据分度圆直径公式：$d_2=m_{t2}z_2$，将 $m_{t2}=2$mm，$z_2=40$ 代入，计算得 $d_2=80$mm。

4. 确定蜗轮旋向

根据正确啮合的条件，蜗轮与蜗杆的旋向相同。

已知蜗杆为左旋，可判断蜗轮旋向应为左旋。

5. 确定蜗杆直径系数 q

由蜗杆的轴向模数 $m_{a1}=2\text{mm}$，查表 8-2，得蜗杆直径系数 $q=11.2$。

6. 计算蜗杆分度圆直径

根据蜗杆分度圆直径公式：$d_1=m_{a1}q$，将 $m_{a1}=2\text{mm}$，$q=11.2$ 代入，计算得 $d_1=22.4\text{mm}$。

计算完成后，对计算结果进行分析评价。

注意事项

引导学生正确分析齿距与模数的几何关系。

知识拓展

国标 GB 10089—88 对圆柱蜗杆传动规定了 12 个精度等级，1 级精度最高，其余等级依次降低，12 级精度最低，6～9 级精度应用最多。6～9 级精度的应用范围、加工方法及允许的相对滑动速度如表 8-4 所示，供选用时参考。

表 8-4　6～9 级精度蜗杆传动的应用范围、加工方法及允许的滑动速度

精度等级	滑动速度 $v_s/(\text{m}\cdot\text{s}^{-1})$	加工方法		应用
		蜗杆	蜗轮	
6	>10	淬火、磨光和抛光	滚切后用蜗杆形剃齿刀精加工或加载跑合	速度较高的精密传动，中等精密机床分度机构，发动机调速器的传动
7	≤10	淬火、磨光和抛光	滚切后用蜗杆形剃齿刀精加工或加载跑合	速度较高的中等功率传动，中等精度的工业运输机的传动
8	≤5	调质、精车	滚切后建议加载跑合	速度较低或短时间工作的动力传动及不太重要的传动
9	≤2	调质、精车	滚切后建议加载跑合	不重要的低速传动或手动

任务二 蜗杆传动的设计及维护

任务描述

某电厂用的高速($v_c=20$m/s)、重载的蜗轮减速箱的传动比 $i=20$,已知蜗杆头数为 $z_1=2$,蜗杆轴向模数 $m_{a1}=2$mm,试设计蜗轮的结构(包括材料选择,计算蜗轮顶圆直径 d_{e2}、轮缘宽度 B 的范围)。

知识准备

由于蜗轮无论在材料的强度还是结构方面均较蜗杆弱,所以失效多发生在蜗轮轮齿上,设计时只需要对蜗轮进行承载能力计算。

由于蜗杆传动的效率低,因而发热量大,如果不及时散热,将使润滑油温度升高,黏度降低,油膜破坏,而引起润滑失效,加剧齿面磨损,甚至引起齿面胶合。为了提高蜗杆传动的效率,降低齿面工作温度,避免胶合和减少磨损,对蜗杆传动进行润滑就显得十分重要。

一、蜗杆传动的失效形式

和齿轮传动一样,蜗杆传动的失效形式主要有胶合、磨损、疲劳点蚀和轮齿折断等。由于蜗杆传动啮合面间的相对滑动速度较大,效率低,发热量大,再加上有时润滑和散热不良,故胶合和磨损为最主要的失效形式。

二、蜗杆传动的计算准则

目前,对胶合与磨损的计算还缺乏适当的方法和数据,因而通常只是仿照圆柱齿轮进行齿面接触疲劳强度和齿根弯曲疲劳强度的条件性计算,并在选取许用应力时,适当考虑胶合和磨损失效因素的影响。实践证明,在一般情况下,蜗轮轮齿因弯曲疲劳强度不足而失效的情况较少,一般可不考虑弯曲强度的计算,只有在动力传动中并且是蜗轮齿数很多(如 $z_2>80$)或开式传动时才需要考虑弯曲强度的计算(需要计算时可参阅有关书籍)。对于闭式传动,通常进行蜗轮齿面接触强度计算。

三、蜗杆传动的材料

由蜗杆传动的失效形式可知,蜗杆、蜗轮的材料不仅要求具有足够的强度,更重要的是应有良好的减摩性、耐磨性和抗胶合能力。为此,常采用青铜做蜗轮齿圈与淬硬磨削的钢制蜗杆相配。

蜗杆一般用碳钢或合金钢制造,要求表面粗糙度值小并具有较高的硬度。蜗杆常用材料如表 8-5 所示。

表 8-5　　蜗杆常用材料

材料牌号	热处理	硬度	表面粗糙度 Ra	应用
45 号钢，42SiMn，37SiMn2MoV，40Cr，38SiMnMo，42CrMo，40CrNi	表面淬火	45～55HRC	1.6～0.8	中速、中载、一般传动
15CrMn，20CrMn，20Cr，20CrNi，20CrMnTi	渗碳淬火	58～63HRC	1.6～0.8	高速、重载、重要传动
45 号钢	调质	＜270HBS	6.3	低速，轻、中载，不重要传动

蜗轮常用材料为铸锡青铜、铝青铜、灰铸铁等，如表 8-6 所示。

表 8-6　　蜗轮常用材料

材料	牌号	适用的滑动速度 $v_s/(\mathrm{m \cdot s^{-1}})$	特性	应用
锡青铜	ZCuSn10P1	≤25	耐磨性、跑合性、抗胶合能力、切削性能均较好，但强度低，成本高	连续工作的高速、重载的重要传动
	ZCuSn5Pb5Zn5	≤12		速度较高的轻、中、重载传动
铝青铜	ZCuAl10Fe3	≤10	耐冲击，强度较高，切削性能好，抗胶合能力较差，价格较低	速度较低的重载传动
	ZCuAl10Fe3Mn2	≤10		速度较低，载荷稳定的轻、中载传动
黄铜	ZCuZn38Mn2Pb2	≤10		
灰铸铁	HT150 HT200 HT250	≤2	铸造性能、切削性能好、价格低，抗点蚀和抗胶合能力强，抗弯强度低，冲击韧度差	低速，不重要的开式传动；蜗轮尺寸较大的传动；手动传动

四、蜗杆与蜗轮结构

由于蜗杆的直径较小，通常和轴做成一个整体，如图 8-8 所示。螺旋部分常用车削加工，也可用铣削加工。车削加工时需有退刀槽，因此，刚性较差。蜗轮的结构可做成整体式或组合式，外形结构尺寸设计参见表 8-7。

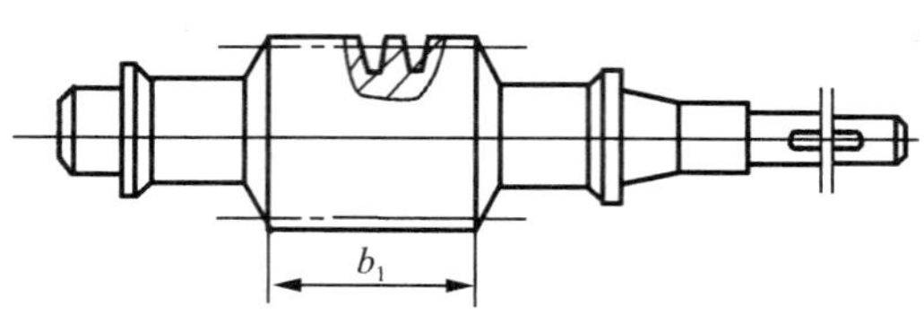

图 8-8　蜗杆轴

表 8-7　　蜗轮常用结构尺寸设计

蜗杆头数 z_1	1	2	4
蜗轮齿顶圆直径 d_{e2}	$\leqslant d_{a2}+2m$	$d_{a2}+1.5m$	$d_{a2}+2m$
轮缘宽度 B	$\leqslant 0.75d_a$		$0.67d_a$
蜗轮齿宽角 θ	$90^\circ \sim 130^\circ$		
轮圈厚度 $c(\approx)$	$1.6m+1.5$		

（一）整体式蜗轮

整体式蜗轮主要用于铸铁蜗轮或直径小于 100mm 的青铜蜗轮，如图 8-9(a)所示。

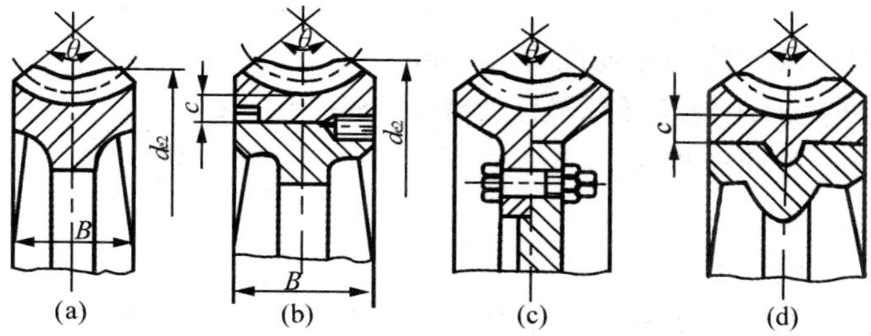

图 8-9　蜗轮结构

（二）组合式蜗轮

为了节约贵重金属，直径较大的蜗轮常采用组合式结构，齿圈用青铜材料制造，而轮芯用铸铁或铸钢制造。其组合形式有以下三种：

1. 齿圈压配式

如图 8-9(b)所示，它是将齿圈紧套在轮芯上，两者采用 H7/r6 的过盈配合。为增加连接的可靠性，通常在接缝处加装 4～6 个直径为(1.2～1.5)m 的紧定螺钉，m 为蜗轮模数。为了便于钻孔，应将螺孔中心线向材料较硬的一边偏移 2～3mm。这种结构用于尺寸不太大，而且工作温度变化较小的场合。

2. 螺栓连接式

如图 8-9(c)所示，它是将齿圈与轮芯用普通螺栓或铰制孔螺栓连接。由于装拆方便，这种结构常用于尺寸较大或磨损后需更换蜗轮齿圈的场合。

3. 镶铸式蜗轮

如图 8-9(d)所示，它是将青铜轮缘铸在铸铁轮芯上，轮芯上制出榫槽，以防轴向滑动，仅用于成批生产的蜗轮。

五、蜗杆传动的受力分析

在进行受力分析时，与斜齿轮传动一样，首先要分清主动件和从动件(一般蜗杆主动)螺旋线是右旋还是左旋(一般为右旋)，旋转方向是顺时针还是逆时针。

图 8-10 所示为右旋蜗杆逆时针方向转动时的蜗轮蜗杆传动的受力情况。作用在工作面节点 C 处的法向力 F_{n1}，可分解为三个相互垂直的分力：圆周力 F_{t1}、径向力 F_{r1} 和轴向力 F_{a1}。由于蜗杆和蜗轮的轴线相互垂直交错，根据力的作用原理，可得：

$$\left.\begin{aligned}F_{t1}&=\frac{2T_1}{d_1}=F_{a2}\\F_{t2}&=\frac{2T_2}{d_2}=F_{a1}\\F_{r2}&=F_{t2}\tan\alpha=F_{r1}\end{aligned}\right\}\tag{8-3}$$

F_{a2} 与 F_{t1} 大小相等、方向相反；F_{a1} 与 F_{t2} 大小相等、方向相反；F_{r1} 与 F_{r2} 大小相等、方向

相反。若令 $\cos\alpha_n \approx \cos\alpha$，则：

$$F_n = \frac{F_{t2}}{\cos\alpha_n \cos\lambda} \approx \frac{2T_2}{d_2 \cos\alpha \cos\lambda} \tag{8-4}$$

式中：T_1，T_2——蜗杆及蜗轮上的工作转矩（$T_2 = T_1 i\eta$），N·mm；

d_1，d_2——蜗杆及蜗轮的分度圆直径，mm；

α_n，α——蜗杆法面压力角及标准压力角，$\alpha_n \approx \alpha = 20°$；

λ——蜗杆分度圆柱导程角；

i——传动比；

η——蜗杆传动的效率。

在进行蜗轮蜗杆传动受力分析时，应特别注意其受力方向的判定。一般先确定蜗杆受力的方向。因蜗杆是主动件，故其所受的圆周力 F_{t1} 的方向总是与它的旋转方向相反；径向力 F_{r1} 的方向总是沿半径指向轴心；轴向力 F_{a1} 的方向，分析方法同斜齿圆柱齿轮传动，用主动蜗杆左（右）手法则判定。蜗轮所受的三个力的方向，可由图 8-10 所示关系确定。

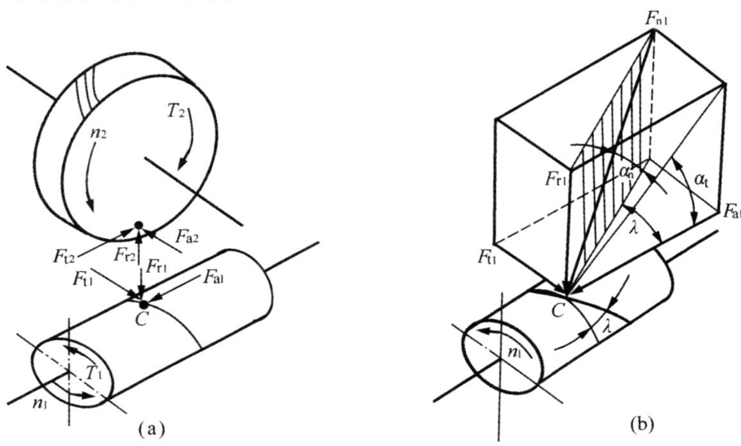

图 8-10　蜗轮蜗杆传动的受力分析

六、蜗轮蜗杆传动的计算载荷

与齿轮传动相似，在做强度计算时也应考虑载荷系数 K，则计算法向力 F_{nc} 为：

$$F_{nc} = KF_n \tag{8-5}$$

一般取 $K = 1 \sim 1.4$，当载荷平稳、滑动速度 $v_s \leqslant 3$m/s 时取小值，否则取大值。

在设计时，若已知蜗杆所需传递的功率 P_1（kW）及转速 n_1（r/min），则蜗轮的名义转矩为：

$$T_2 = 9550\,\frac{P_2}{n_2} = 9550\,\frac{P_1\eta}{n_2} \tag{8-6}$$

式中：T_2——蜗轮上的工作转矩，N·m；

η——蜗杆传动的效率；

P_2——蜗轮传递的功率，kW；

n_2——蜗轮转速，$n_2 = n_1/i$，r/min；

i——传动比。

上式中引入载荷系数 K，则名义转矩变成计算转矩。

七、蜗轮齿面接触强度计算

如前所述，圆柱蜗杆传动可以近似看作齿条与斜齿轮传动，故蜗轮齿面接触强度计算的原则也和斜齿轮相似，也是以节点啮合处的相应参数代入赫兹公式，并作一些假定(如一般 $\lambda=5°\sim25°$，取中间值，$\alpha=20°$等)，代入蜗杆传动的有关参数，引入载荷系数 K。青铜蜗轮或铸铁蜗轮与钢蜗杆配对时，蜗轮齿面接触强度的校核公式为：

$$\sigma_H=480\sqrt{\frac{KT_2}{d_1d_2^2}}=480\sqrt{\frac{KT_2}{m^2d_1z_2^2}}\leqslant[\sigma_H] \tag{8-7}$$

而设计公式为：

$$m^2d_1\geqslant KT_2\left(\frac{480}{z_2[\sigma_H]}\right)^2 \tag{8-8}$$

式中：T_2——蜗轮上的工作转矩，N·mm；

$[\sigma_H]$——蜗轮材料的许用接触应力，MPa，如表 8-8 所示。

表 8-8　　蜗轮常用材料的许用应力$[\sigma_H]$值

材料牌号		铸造方法	适用的滑动速度 $v_s/(m\cdot s^{-1})$	许用接触应力 $[\sigma_H]$ /MPa						
				滑动速度 $v_s/(m\cdot s^{-1})$						
蜗轮	蜗杆			0.5	1	2	3	4	6	8
10-1 锡青铜 ZCuSn10P1	钢(淬火)	砂模	≤25	134						
		金属模		200						
6-6-3 锡青铜 ZCuSn6Zn6Pb3	钢(淬火)	砂模	≤12	128						
		金属模		134						
		离心浇注		174						
9-3 铝青铜 ZCuAl9Fe3	钢(淬火)	砂模、金属模、离心浇注	≤10	250	230	210	180	160	120	90
58-2-2 锰黄铜 ZCuZn58Mn2Pb2	钢(淬火)	砂模、金属模	≤10	215	200	180	150	135	95	75
HT150 (120～150HBS)	渗碳钢	砂模	≤2	130	115	90	—	—	—	—
HT200 (120～150HBS)	钢(正火或调质)									

注：1. 蜗杆未经淬火时，表中值需降低 15%～20%。

2. 表中$[\sigma_H]$值是根据跑合和润滑良好的条件给出的，若不能满足这些条件，表中$[\sigma_H]$值应降低约 30%。

3. 当传动短时工作时，可将表中锡青铜的$[\sigma_H]$值增大 40%～50%。

按式(8-8)算出 m_2d_1 值后,可按表 8-1 确定相应的 m 和 d_1 后选取标准值。最后按表 8-3 计算出蜗杆和蜗轮的主要尺寸和中心距等。

八、蜗杆传动的润滑

为了提高蜗杆传动的效率,降低齿面工作温度,避免胶合和减少磨损,对蜗杆传动进行润滑显得十分重要。通常采用黏度较大的润滑油,以防止金属直接接触,有利于形成动压油膜,从而减小磨损、缓和冲击,使传动平稳,提高传动效率和蜗杆传动的寿命。

润滑油黏度和给油方法一般根据蜗轮蜗杆的相对滑动速度及载荷类型来选择。对于闭式蜗杆传动,可参考表 8-9 来选取。

表 8-9　　蜗杆传动的润滑油黏度及给油方法

滑动速度 $v_s/(m\cdot s^{-1})$	<1	1～2.5	2.5～5	5～10	10～15	15～25	>25
工作条件	重载	重载	中载	—	—	—	—
黏度/$(mm^2\cdot s^{-1})$	900	500	350	220	150	100	80
给油方法	油池润滑			油池润滑或喷油润滑	压力喷油润滑及其压力/MPa		
					0.07	0.2	0.3

对闭式蜗杆传动采用油池润滑时,在搅油损失不致过大的情况下,应使油池保持适当的油量,以利于蜗杆传动的散热。一般情况下,上置式蜗杆传动的浸油深度约为蜗轮外径的 1/3,下置式蜗杆传动的浸油深度为蜗杆的一个齿高。

职业能力训练

训练目标

通过完成本任务,会根据蜗轮蜗杆传动的实际工作情况,熟练地进行蜗轮材料、结构的选择以及外形尺寸的计算。

工作流程

分析蜗轮减速箱实际工作情况→根据工况,确定蜗轮的材料→厘清蜗轮蜗杆正确啮合关系→确定蜗轮模数、齿数→根据蜗轮直径确定结构形式→检查、评价。

实施步骤

1. 确定蜗轮材料

由任务描述知,蜗轮减速箱是电厂用作连续工作的高速、重载的重要传动,查表 8-6,蜗轮材料选用锡青铜(ZCuSn10P1)。

2. 确定蜗轮齿数

根据蜗轮蜗杆传动比计算公式:$i=z_2/z_1$,其中,z_1 为蜗杆头数,z_2 为蜗轮齿数,将 $i=20$,$z_1=2$ 代入,计算得,$z_2=40$。

3. 计算蜗轮分度圆直径

根据分度圆直径公式：$d_{a2}=m_{t2}z_2$，将 $m_{t2}=m_{a1}=2\text{mm}$，$z_2=40$ 代入，计算得 $d_{a2}=80\text{mm}$。

4. 计算蜗轮齿顶圆直径 d_{e2}

根据蜗杆头数 $z_1=2$，查表 8-7，蜗轮齿顶圆直径公式为 $d_{e2}=d_{a2}+1.5m_{a1}$，将 $d_{a2}=80\text{mm}$，$m_{a1}=2\text{mm}$ 代入，计算得 $d_{e2}=83\text{mm}$。

5. 确定蜗轮的结构

本任务蜗轮材料选用青铜，且直径 $d_{e2}=83\text{mm}<100\text{mm}$，选用整体式蜗轮结构，如图 8-9(a)所示。

6. 确定蜗轮轮缘宽度 B 的范围

根据蜗杆头数 $z_1=2$，查表 8-7，$B\leqslant 0.75d_{a2}$，其中，d_{a2} 为蜗轮分度圆直径，$d_{a2}=80\text{mm}$，计算得 $B\leqslant 60\text{mm}$。

7. 教师引导学生分析计算结果

同步测试

8.1 蜗杆传动的特点及应用场合是什么？

8.2 蜗杆传动的正确啮合条件是什么？

8.3 蜗杆直径系数的含义是什么？为什么要引入蜗杆直径系数？

8.4 蜗杆传动的传动比计算公式是什么？它是否等于蜗杆和蜗轮的节圆直径之比？

8.5 如何进行蜗杆传动的受力分析？各力的方向如何确定？

8.6 蜗杆传动的主要失效形式是什么？相应的设计准则是什么？

8.7 在蜗杆传动的强度计算中，为什么只考虑蜗轮的强度？

8.8 何谓蜗杆传动的相对滑动速度？它对蜗杆传动有何影响？

8.9 蜗杆传动的效率为何比齿轮传动的效率低得多？

8.10 标出图 8-11 中未注明的蜗杆(或蜗轮)的螺旋线旋向及蜗杆或蜗轮的转向，并绘出蜗杆或蜗轮啮合点作用力的方向(用三个分力表示)。

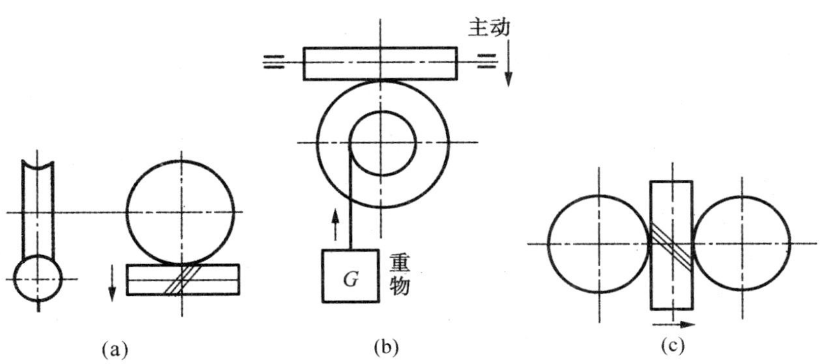

图 8-11

项目九　齿轮系

知识目标

◆了解齿轮系的基本类型及功用。

◆掌握定轴齿轮系的传动比计算和方向判断的方法。

◆掌握周转轮系的组成及传动比的计算方法。

◆了解混合轮系的组成。

能力目标

◆能对轮系类型进行分析。

◆会进行定轴轮系、周转轮系传动比的计算。

◆能对混合轮系传动比进行分析计算。

引导案例

在各种机械设备中，齿轮传动的应用非常广泛，它可实现变速、变矩。但是当系统传递的运动需要实现较大的速度或转矩改变时，单靠一对齿轮传动很难实现，必须依靠一系列相互啮合的齿轮传动来完成。这种由一系列齿轮（含蜗杆、蜗轮）组成的传动系统称为“齿轮系”，简称“轮系”。图 9-1 所示为齿轮减速箱，其中小齿轮轴为输入轴，大齿轮轴为输出轴。此减速箱能够实现减速增矩的目的。在本项目中，我们将学习如何分析轮系的类型，掌握各种轮系的功用以及对各种轮系的传动比进行计算。

图 9-1　齿轮减速箱

任务一　齿轮系的类型及传动比的计算

任务描述

在图 9-2 所示的轮系中，已知各齿轮的齿数 $z_1=20$，$z_2=40$，$z_{2'}=15$，$z_3=60$，$z_{3'}=18$，$z_4=18$，$z_7=20$，齿轮 7 的模数 $m=3\text{mm}$，蜗杆头数为 1（左旋），蜗轮齿数 $z_6=40$。齿轮 1 为主动轮，转向如图所示，转速 $n_1=100\text{r/min}$，试求齿条 8 的速度和移动方向。

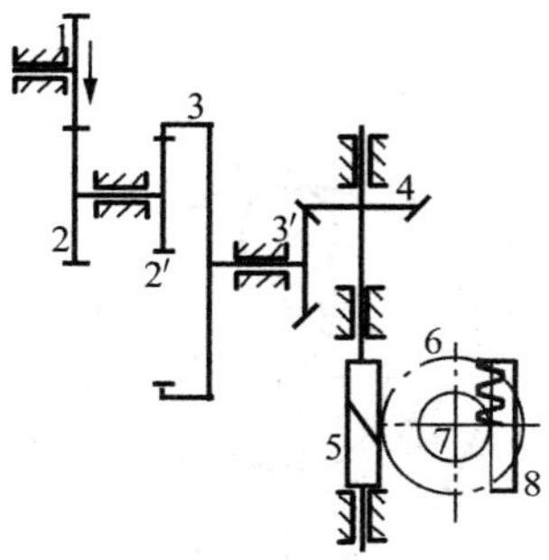

图 9-2　定轴轮系运动简图

知识准备

一、轮系的类型

轮系在工程实践中的应用很多，根据轮系传动时各齿轮的几何轴线在空间的相互位置是否固定，可分为定轴轮系和周转轮系两大类。

（一）定轴轮系

当轮系运转时，若其中各齿轮的轴线保持固定，则称为“定轴轮系”，如图 9-3 所示。由轴线相互平行的圆柱齿轮组成的定轴轮系称为“平面定轴轮系”，如图 9-3(a)所示。包含有锥齿轮或蜗杆蜗轮等相交轴齿轮、交错轴齿轮在内的定轴轮系，则称为“空间定轴轮系”，如图 9-3(b)所示。

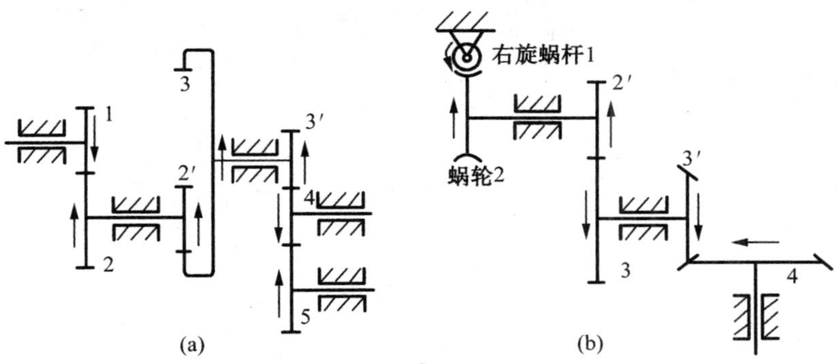

图 9-3　定轴轮系

（二）周转轮系

当轮系运动时，至少有一个齿轮的轴线是绕其他定轴齿轮的轴线转动的轮系称为“周转轮系”，如图 9-4 所示，其中齿轮 1，3 和构件 H 均绕固定的互相重合的几何轴线转动，齿轮 2 空套在构件 H 上，与齿轮 1，3 相啮合。齿轮 2 一方面绕其自身轴线 O_2 转动（自转），同时又随构件 H 绕轴线 O_H 转动（公转）。齿轮 2 称为行星轮，H 称为行星架或系杆，齿轮 1，3 称为太阳轮。周转轮系又可分为差动轮系和行星轮系。

通常将具有一个自由度的行星齿轮系称为“简单行星齿轮系”，如图 9-4(a)所示。为了确定这种轮系的运动，只需给定轮系中一个构件以独立运动规律即可。将具有两个自由度的行星齿轮系称为“差动齿轮系”，如图 9-4(b)所示。为了确定这种轮系的运动，需给定两个构件以独立运动规律。

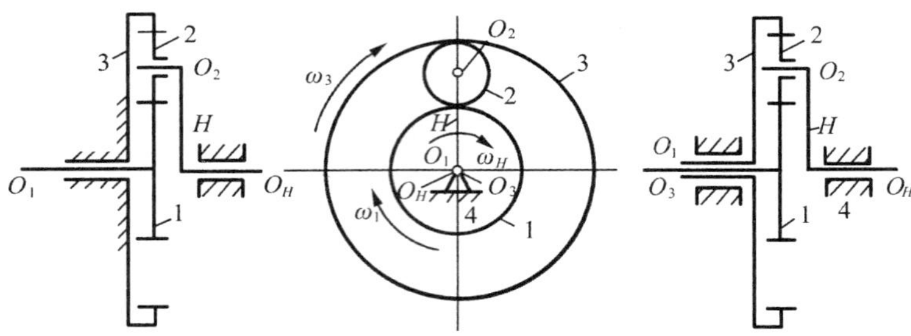

图 9-4　行星轮系

（三）复合轮系

在实际机械中所用的轮系，往往既包含定轴轮系部分，又包含周转轮系部分，如图 9-5(a)所示；或者是由几部分周转轮系组成的，如图 9-5(b)所示。这种轮系称为“复合轮系”。

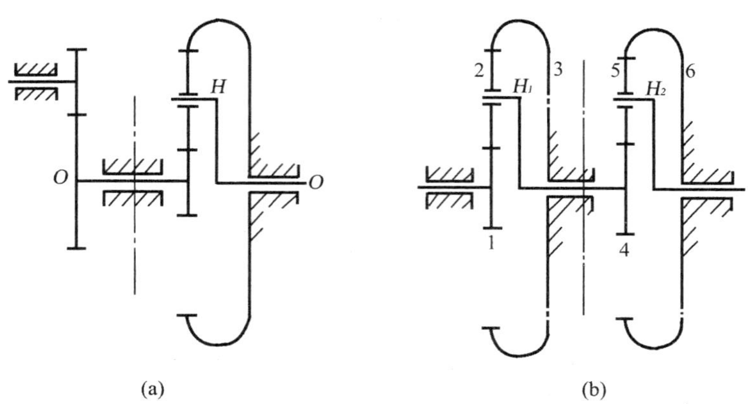

图 9-5　复合轮系

二、轮系传动比的计算

一对齿轮的传动比是指两齿轮的角速度(或转速)之比,而轮系的传动比,则是指轮系中首、末两齿轮的角速度(或转速)之比,常用字母 i 表示。图 9-3(a)所示轮系的传动比可表示为:

$$i_{15}=\frac{\omega_1}{\omega_5} \tag{9-1}$$

在传动比的计算中,既要确定传动比的大小,又要确定输入轮与输出轮之间的转向关系。

(一)定轴轮系传动比的计算

1.传动比大小的计算

图 9-6 所示为一定轴轮系,设各齿轮的齿数分别为 z_1,z_2…各轮的角速度分别为 ω_1,ω_2…该轮系中各对啮合齿轮的传动比为:

$$i_{12}=\frac{\omega_1}{\omega_2}=\frac{z_2}{z_1}$$

$$i_{34}=\frac{\omega_3}{\omega_4}=\frac{z_4}{z_3}$$

$$i_{56}=\frac{\omega_5}{\omega_6}=\frac{z_6}{z_5}$$

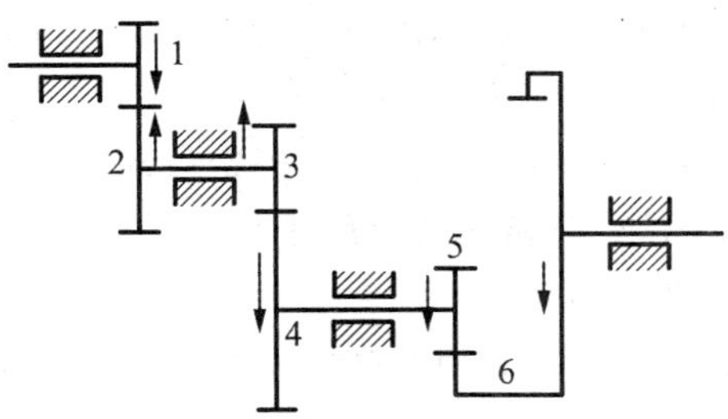

图 9-6 定轴轮系的传动比计算

因为轮系是由一对对齿轮相互啮合组成的,如图 9-6 所示,当轮系由 m 对啮合齿轮组成时,有:

$$i_{1m}=\frac{\omega_1}{\omega_m}=\frac{\omega_1}{\omega_2}\cdot\frac{\omega_2}{\omega_3}\cdot\frac{\omega_3}{\omega_4}\cdot\cdots\cdot\frac{\omega_{m-1}}{\omega_m}=\frac{z_2\cdot z_3\cdot z_4\cdot\cdots\cdot z_m}{z_1\cdot z_2\cdot z_3\cdot\cdots\cdot z_{m-1}}$$

$$=\frac{\text{所有从动轮齿数连乘积}}{\text{所有主动轮齿数连乘积}} \tag{9-2}$$

2.主、从动轮转向的确定

因为角速度是矢量,故传动比的计算还要考虑首、末两轮的转向问题。表示轮系中主、从动轮转向的方法有两种。

(1)用“+”“-”表示

该方法适用于平面定轴轮系。由于所有齿轮轴线平行,故首、末两轮转向不是相同就是相反，相同用“＋”表示，相反用“－”表示，如图 9-7 所示。一对齿轮外啮合时两轮转向相反，用“－”表示；一对齿轮内啮合时两轮转向相同，用“＋”表示。

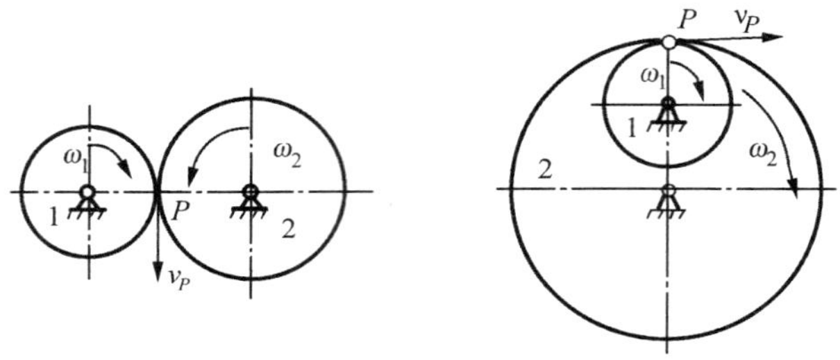

(a)转向相反　　(b)转向相同

图 9-7　齿轮啮合传动

可用此法逐一对各对啮合齿轮进行分析，直至确定首、末两轮的转向关系。设轮系中有 m 对外啮合齿轮，则末轮转向为 $(-1)^m$，此时有：

$$i_{1m}=(-1)^m\frac{\text{所有从动轮齿数连乘积}}{\text{所有主动轮齿数连乘积}} \tag{9-3}$$

式中：$(-1)^m$——主、从动轮转向的异同，其中 m 代表外啮合齿轮的对数。

(2)画箭头

如图 9-8 所示，箭头所指方向为齿轮上离我们最近一点的速度方向。

外啮合时：两箭头同时指向(或远离)啮合点，头头相对或尾尾相对。

内啮合时：两箭头同向。

对于空间定轴轮系，只能用画箭头的方法来确定从动轮的转向。

①锥齿轮：如图 9-9 所示，一对相互啮合的锥齿轮的转向用箭头表示时，箭头方向要么同时指向节点，要么同时背离节点。

②蜗轮蜗杆：如图 9-10 所示，一对相互啮合的蜗轮蜗杆的转向可用左(右)手定则来判断。

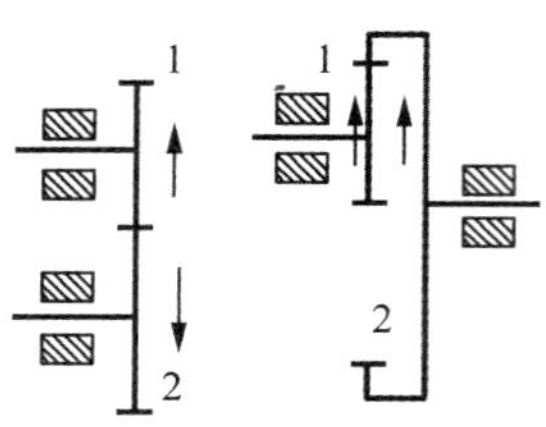

图 9-8

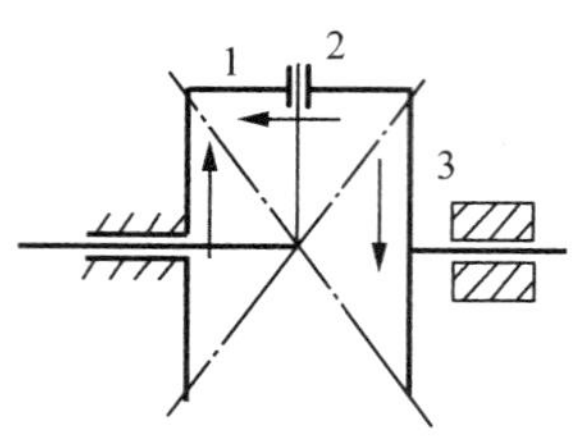

图 9-9

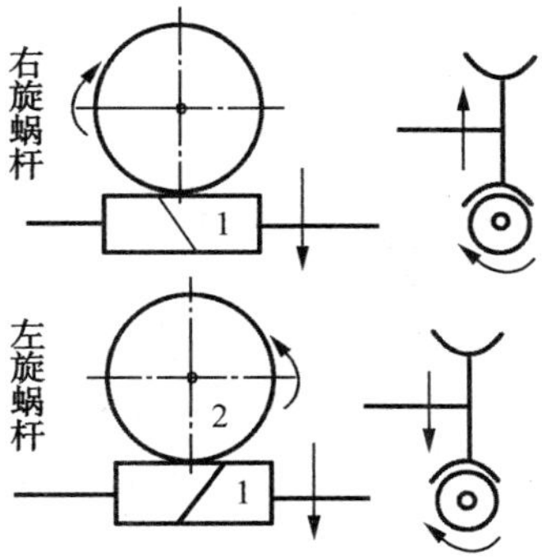

图 9-10

例 9.1 已知图 9-3(a)所示的轮系中各齿轮齿数为 $z_1=22$，$z_2=25$，$z_{2'}=20$，$z_3=132$，$z_{3'}=20$，$z_5=28$，$n_1=1450\text{r/min}$，试计算 n_5，并判断其转动方向。

解：因为齿轮 1，2′，3′，4 为主动轮，齿轮 2，3，4，5 为从动轮，共有 3 次外啮合，代入式(9-3)得：

$$i_{15}=(-1)^3\frac{z_2}{z_1}\frac{z_3}{z_{2'}}\frac{z_4}{z_{3'}}\frac{z_5}{z_4}=-\frac{25\times132\times28}{22\times20\times20}=-10.5$$

所以：

$$n_5=\frac{n_1}{i_{15}}=\frac{1450}{10.5}=138.1(\text{r/min})$$

故轮 5 的转向与轮 1 相同。

从上例中可以看出：由于齿轮 4 既是主动轮，又是从动轮，因此在计算中并未用到它的具体齿数值。在轮系中，这种齿轮称为“惰轮”。惰轮虽然不影响传动比的大小，但若啮合的方式不同，则可以改变齿轮的转向，并会改变齿轮的排列位置和距离。

（二）周转轮系传动比的计算

在图 9-4 所示行星轮系中，齿轮 1 和 3 为中心轮，齿轮 2 为行星轮，构件 H 为转臂。因为行星轮 2 既绕轴线 O_2 转动，又随转臂绕 O_H 转动，所以，行星轮系的传动比不能直接用求定轴轮系传动比的方法来计算。

下面介绍一种最常用的求行星轮系传动比的方法——转化机构法。

由相对运动原理可知，对整个行星轮系加上一个与转臂的转速大小相等而方向相反的公共转速($-n_H$)后，轮系中各构件之间的相对运动关系并不因之改变，但此时转臂变为固定不动，齿轮 2 的轴线 O_2 也随之固定，行星轮系转化为定轴轮系。这种经转化得到的假想定轴轮系，称为该行星轮系的转化轮系，如图 9-11 所示。转化轮系的传动比可用定轴轮系传动比的计算公式求得。

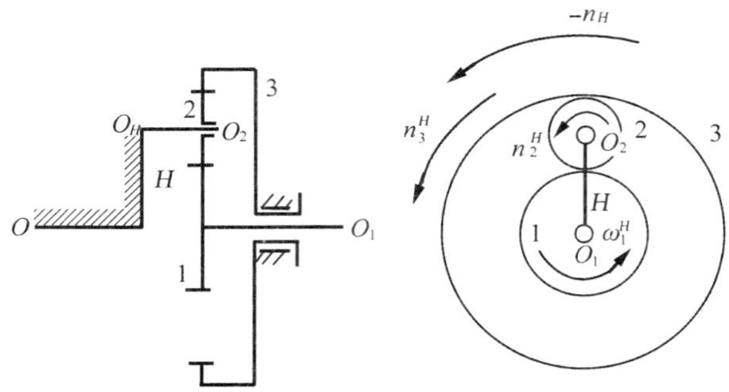

图 9-11 行星轮系传动比的计算

应当注意，轮系转化后各构件之间的相对运动关系虽然不变，但构件本身在转化前后的绝对转速却是不同的，具体如表 9-1 所示。

表 9-1 转化轮系转速

构件	原转速	转化后的转速
1	n_1	$n_1^H=n_1-n_H$
2	n_2	$n_2^H=n_2-n_H$
3	n_3	$n_3^H=n_3-n_H$
H	n_H	$n_H^H=n_H-n_H=0$

按求定轴轮系传动比的方法可得图 9-4 所示行星轮系的转化轮的传动比为：

$$i_{13}^H=\frac{n_1^H}{n_3^H}=\frac{n_1-n_H}{n_3-n_H}=(-1)^1\frac{z_3}{z_1}=-\frac{z_3}{z_1}$$

以此类推，若行星轮系包含有 m 个齿轮，且主动轮 1 的转速为 n_1，从动轮 K 的转速为 n_K，则：

$$i_{1K}^H=\frac{n_1^H}{n_K^H}=\frac{n_1-n_H}{n_K-n_H}=(-1)^m\frac{\text{从 1 至 }K\text{ 所有从动轮齿数的连乘积}}{\text{从 1 至 }K\text{ 所有主动轮齿数的连乘积}} \tag{9-4}$$

此式是求行星轮系传动比的普遍计算公式。使用此式时必须注意以下几点：

(1)代入已知转速时，必须代入符号，一般先假设某一方向正，相同以正值代入，相反以负值代入，求得的转速与哪个已知量的符号相同就与谁的转向相同。

(2)此公式只适用于 1、K、H 平行的场合。平行轴周转轮系可以数外啮合次数来确定齿数比前的正负号，非平行轴周转轮系只能在转化轮系中用画箭头的方法确定正负。

例 9.2 在图 9-12 所示轮系中，已知 $z_1=z_2=20$，$z_3=60$。

(1)轮 3 固定，求 i_{1H}。

(2)若 $n_1=1$，$n_3=-1$，求 n_H 及 i_{1H}的值。

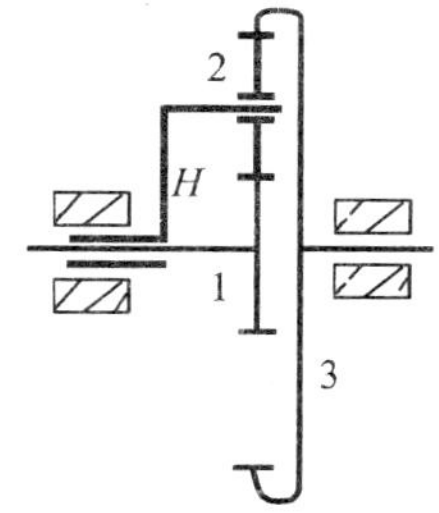

图 9-12

解：(1)因为 $i_{13}^{H}=\frac{n_1^H}{n_3^H}=\frac{n_1-n_H}{n_3-n_H}=\frac{n_1-n_H}{0-n_H}=-i_{1H}+1=-\frac{z_2z_3}{z_1z_2}=-\frac{z_3}{z_1}=-\frac{60}{20}=-3$，

所以 $i_{1H}=4$，齿轮 1 和系杆转向相同。即轮 1 转 4 圈，系杆 H 同向转 1 圈。

(2)由 $i_{13}^{H}=\frac{n_1^H}{n_3^H}=\frac{n_1-n_H}{n_3-n_H}=\frac{1-n_H}{-1-n_H}=-3$，得 $n_H=-\frac{1}{2}$，

所以 $i_{1H}=\frac{n_1}{n_H}=-2$，两者转向相反。即轮 1 逆时针转 1 圈，轮 3 顺时针转 1 圈，则系杆顺时针转 2 圈。

(三)复合齿轮系的传动比计算

由于复合轮系由两种运动性质不同的齿轮系组成，因此计算其传动比时，必须先将混合轮系中的定轴轮系和行星轮系区别开，分别计算，最后联立求解。

复合轮系传动比计算的关键是分解混合轮系。先找出几何轴线位置变化的行星轮，即相应找到行星架，然后找出与行星轮啮合的太阳轮。行星轮、太阳轮、行星架构成一个基本行星齿轮系。依此方法找出其他基本行星轮后，余下的就是定轴轮系。

计算复合轮系传动比的一般步骤是：

(1)区别轮系中的定轴轮系部分和周转轮系部分。

(2)分别列出定轴轮系部分和周转轮系部分的传动比公式，并代入已知数据。

(3)找出定轴轮系部分与周转轮系部分之间的运动关系，并联立求解，即可求出混合轮系中两轮之间的传动比。

例 9.3 在图 9-13 所示的轮系中，已知各轮齿数，试求传动比 i_{1H}。

解：该轮系是复合轮系，它由齿轮 1，2 所组成的定轴轮系和由齿轮 2′，3，4 与行星架 H 所组成的行星轮系组成。分别计算各轮系的传动比：

定轴轮系部分有：

$$i_{12}=\frac{n_1}{n_2}=\frac{z_2}{z_1}=-\frac{40}{20}=-2$$

周转轮系部分有：

$$i_{2H}=1-i_{2'4}^{H}=1-(-\frac{z_4}{z_2})=1+\frac{80}{20}=5$$

故

$$i_{1H}=i_{12}i_{2H}=-2\times5=-10$$

“—”表示 n_1 与 n_H 转向相反。

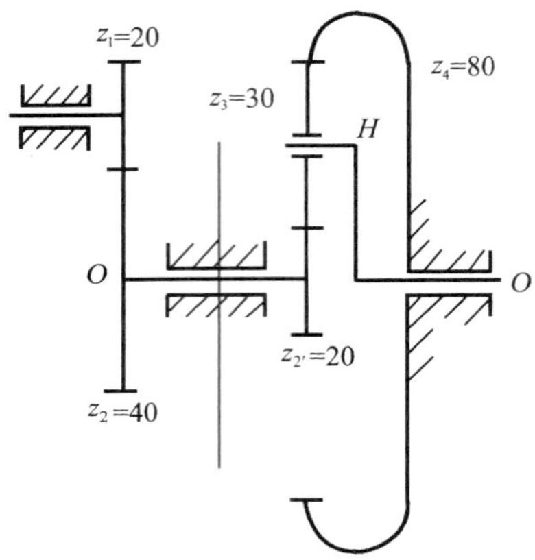

图 9-13

职业能力训练

训练目标

通过完成本任务，会分析轮系类型、轮系啮合关系，会熟练地进行轮系传动比的计算。

工作流程

分析轮系→确定传动路线→厘清啮合关系→计算齿条移动速度，判定齿条方向→检查、评价。

实施步骤

1. 通过分析，确定本轮系为非平行轴定轴轮系。
2. 轮系的啮合关系为：1—2＝2′—3＝3′—4—5—6—7—8。
3. 由传动比计算公式，得出齿轮 7 的转速。

因为

$$i_{16}=\frac{n_1}{n_6}=\frac{z_2z_3z_4z_6}{z_1z_{2'}z_{3'}z_5}$$

所以

$$n_6=\frac{n_1}{i_{16}}=n_1\cdot\frac{z_1z_{2'}z_{3'}z_5}{z_2z_3z_4z_6}=100\times\frac{20\times15\times18\times1}{40\times60\times18\times40}=0.3125(\text{r/min})$$

又因为 $n_7=n_6$，所以 $n_7=0.3125\text{r/min}$。

4. 计算齿条 8 的移动速度：

$$\begin{aligned}v_8&=2\pi r_7n_7/1000=2\pi mz_7n_7/2000\\&=2\times3.14\times3\times20\times0.3125/2000\times60\\&=0.00098(\text{m/s})\end{aligned}$$

5. 利用画箭头的方法，判定齿条移动方向。

由齿轮 1 开始，沿轮系啮合路线逐一用箭头画出齿轮转向，判定齿条移动方向为向上，如图 9-14 所示。

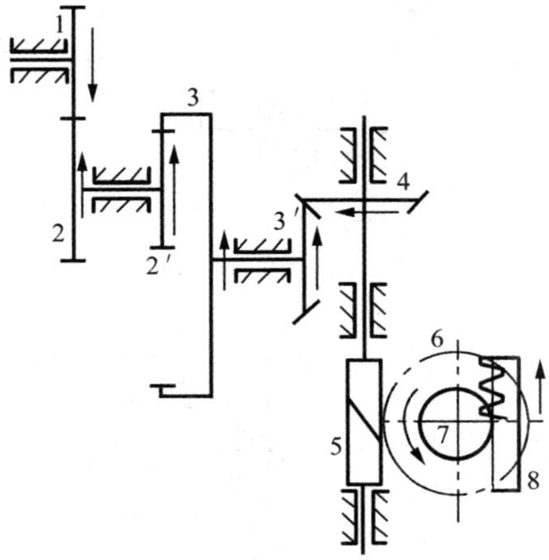

图 9-14　齿条 8 移动方向判定

注意事项

1. 厘清齿轮的啮合关系是关键。同轴齿轮的转速是相同的，转向也相同。

2. 齿条的移动速度跟其与齿轮 7 分度圆周上的啮合点的线速度大小相等、方向相同。

知识拓展

1. 平行轴轮系与非平行轴轮系

在轮系中，根据各轮轴线是否全部平行，轮系可以分为以下两种：

(1)平行轴轮系

各齿轮轴线全部互相平行的轮系称为“平行轴轮系”，如图 9-15 所示。

(2)非平行轴轮系

各齿轮轴线并不全部互相平行的轮系称为“空间轮系”，如图 9-16 所示。

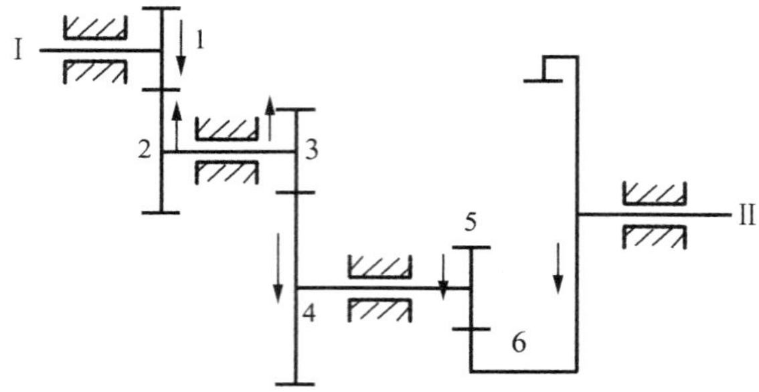

图 9-15　平行轴轮系

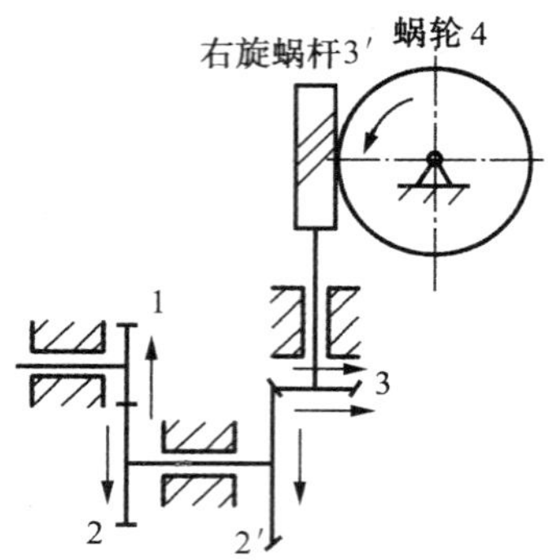

图 9-16　非平行轴轮系

2. 轮系的啮合关系线图

啮合关系线图对分析轮系很有帮助。在线图中，通常用“—”表示两轮相啮合，用“…”将行星轮与行星架 H 相连，用“＝”表示两零件是同一构件。

例如：图 9-3(a)所示轮系的啮合关系线图为 1—2＝2′—3＝3′—4—5。

图 9-4 所示轮系的啮合关系线图为 1—2—3。

（2 与 H 以虚线相连：2 ⋮ H）

任务二　减速器及齿轮系的应用

任务描述

减速器是一种由封闭在刚性壳体内的齿轮传动、蜗杆传动、齿轮—蜗杆传动所组成的独立部件，常安装在电动机（或其他原动机）与工作机之间，起降低转速和相应增大转矩的作用。在某些情况下，也用来增速，这时则称为“增速器”。它的转速、扭矩的变化就是通过齿轮系来完成的。

齿轮系具有传动准确等其他机构无法替代的优点。齿轮系在工程中的应用十分广泛，本任务主要介绍减速器的原理、结构，以及齿轮系在其他场合中的应用。

知识准备

一、减速器的种类和结构

减速器由于结构紧凑，传递功率范围大，工作可靠，寿命长，效率较高，使用和维护简单，因而应用非常广泛。它的主要参数已经标准化，并由专门工厂进行生产。一般情况下，按工作要求，根据传动比、输入轴功率和转速、载荷工况等，可选用标准减速器；必要时也可自行设计制造。

(一)减速器的种类

减速器的种类很多。常用的齿轮及蜗杆减速器按其传动及结构特点，大致可分为三类。

1. 齿轮减速器

齿轮减速器主要有圆柱齿轮减速器、锥齿轮减速器和圆锥—圆柱齿轮减速器三种，其特点是：结构简单、传递功率大、效率高。齿轮减速器的传动简图如图 9-17 所示。

齿轮减速器按减速齿轮的级数可分为单级、二级、三级和多级减速器几种；按轴在空间的相互配置方式可分为立式和卧式减速器两种；按运动简图的特点可分为展开式、同轴式和分流式减速器等。

单级圆柱齿轮减速器的最大传动比一般为 $i_{max}=8\sim10$，此限制主要是为避免外廓尺寸过大。若要求 $i>10$ 时，就应采用二级圆柱齿轮减速器。

二级圆柱齿轮减速器应用于 $i=8\sim50$ 及高、低速级的中心距总和 $a_{\Sigma}=250\sim400$mm 的情况下。图 9-17(a)所示为展开式二级圆柱齿轮减速器，它结构简单，可根据需要选择输入轴端和输出轴端的位置。图 9-17(b)(c)所示为分流式二级圆柱齿轮减速器，其中图 9-17(b)为高速级分流，图 9-17(c)为低速级分流。分流式减速器的外伸轴可向任意一边伸出，便于传动装置的总体配置。分流级的齿轮均做成斜齿，一边左旋，另一边右旋，以抵消轴向力。图 9-17(g)所示为同轴式二级圆柱齿轮减速器，它的径向尺寸紧凑，轴向尺寸较大，常用于要求输入轴端和输出轴端在同一轴线上的情况。图 9-17(e)(f)所示为三级圆柱齿轮减速器，用于要求传动比较大的场合。图 9-17(d)(h)所示分别为单级锥齿轮减速器和二级圆锥—圆柱齿轮减速器，用于需要输入轴与输出轴成 90°配置的传动中。因大尺寸的锥齿轮较难精确制造，所以圆锥—圆柱齿轮减速器的高速级总是采用锥齿轮传动，以减小其尺寸、提高制造精度。

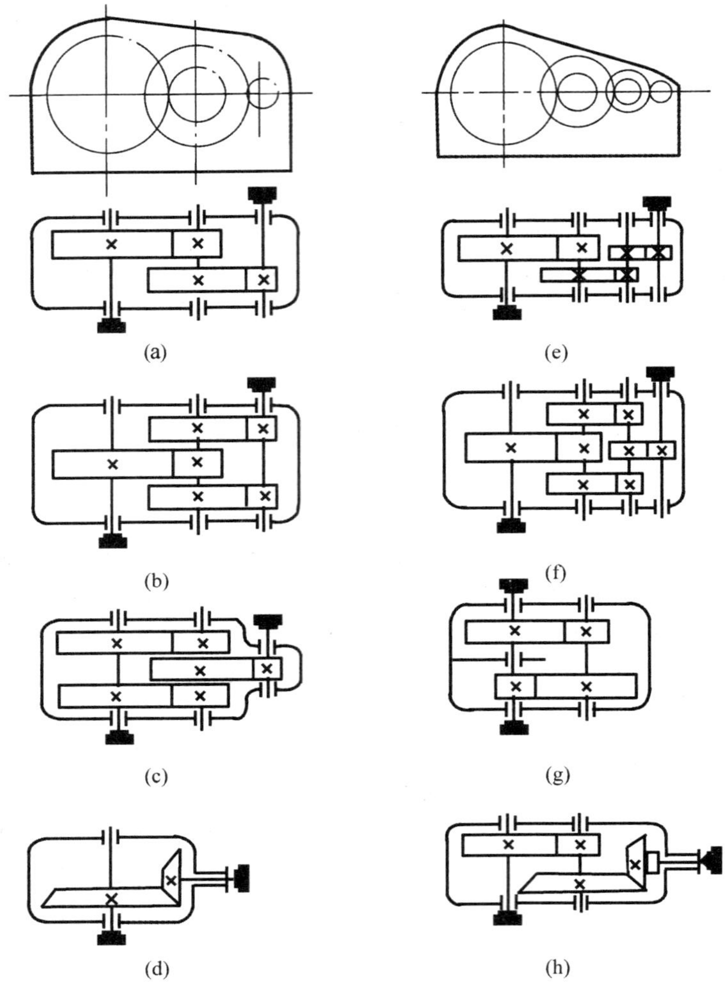

图 9-17　各式齿轮减速器

2. 蜗杆减速器

图 9-18 所示为蜗杆减速器，它用于输入轴与输出轴需要在空间正交（垂直交错）的场合。蜗杆减速器的特点是在外廓尺寸不大的情况下，可以获得很大的传动比，同时工作平稳、噪音较小，但传动效率较低。蜗杆减速器中应用最广的是单级蜗杆减速器。

单级蜗杆减速器根据蜗杆的位置可分为上置蜗杆［见图 9-18(a)］、下置蜗杆［见图 9-18(c)］、侧蜗杆［见图 9-18(b)］三种，其传动比范围一般为 $i=10\sim70$。设计时应尽可能选用下置蜗杆的结构，以便于解决润滑和冷却问题。图 9-18(d)所示为二级蜗杆减速器。

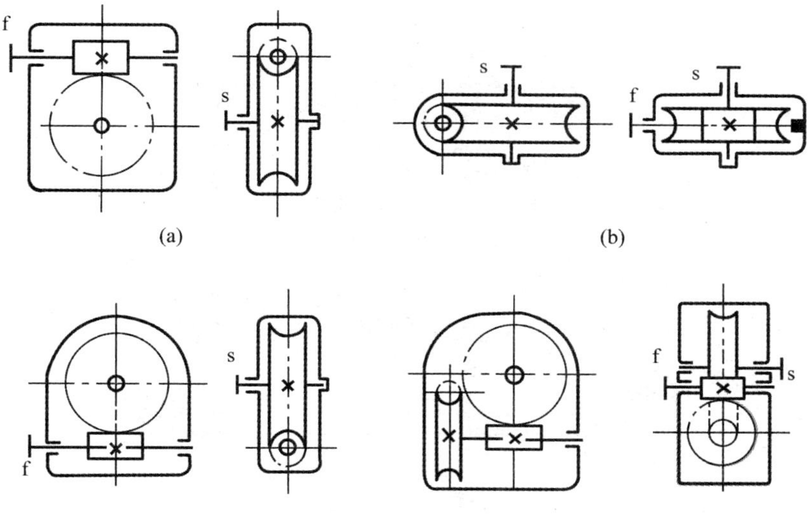

图 9-18　各式蜗杆减速器

s—低速级　f—高速级

3. 蜗杆—齿轮减速器

这种减速器通常将蜗杆传动作为高速级，因为高速时蜗杆的传动效率较高。它适用的传动比范围为 50～130，如图 9-19 所示。

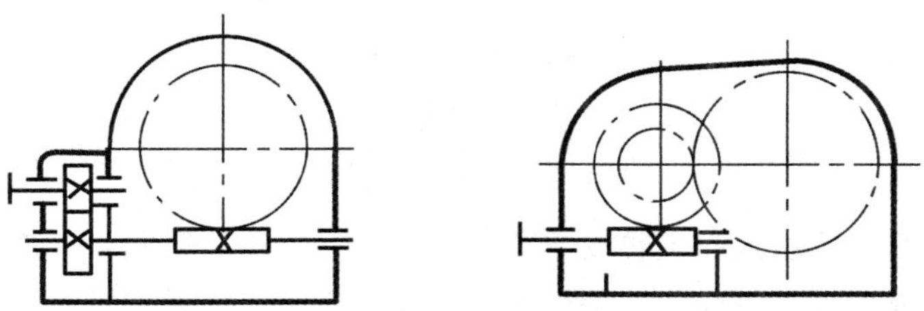

i=35~80(150)　　i=50~130(250)

图 9-19　蜗杆一齿轮减速器

(二)减速器的结构

图 9-20 所示为单级直齿圆柱齿轮减速器，它主要由齿轮(或蜗杆)、轴、轴承和箱体等组成。箱体必须有足够的刚度。为保证箱体的刚度及散热，常在箱体外壁上制有加强肋。为方便减速器的制造、装配及使用，还在减速器上设置一系列附件，如检查孔、透气孔、油标尺或油面指示器、吊钩及起盖螺钉等。

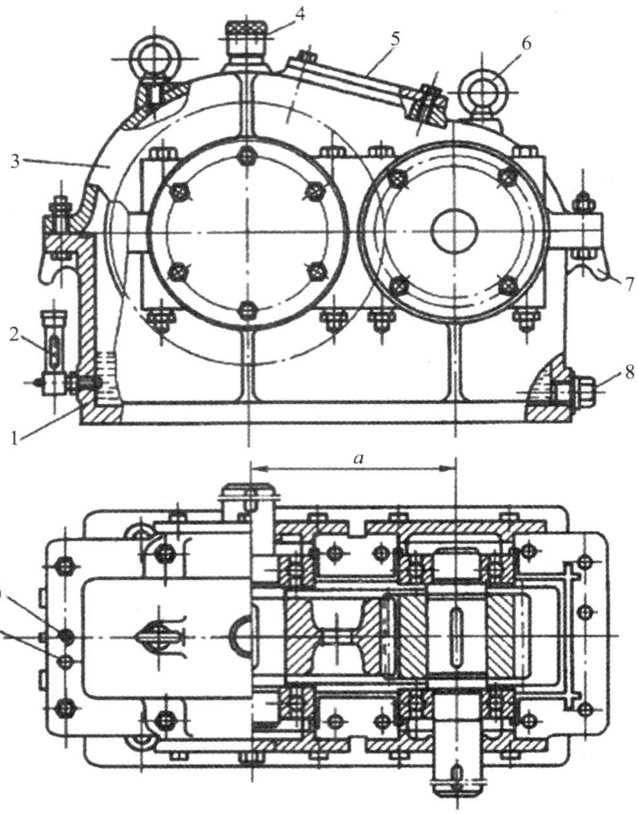

图 9-20 减速器

1—下箱体 2—油面指示器 3—上箱体 4—透气孔 5—检查孔盖
6—吊环螺钉 7—吊钩 8—油塞 9—定位销钉 10—起盖螺钉孔

箱体由箱盖与箱座组成。箱体是安置齿轮、轴及轴承等零件的机座,并存放润滑油起到润滑和密封箱体内零件的作用。箱体常采用剖分式结构(剖分面通过轴的中心线),这样,轴及轴上的零件可预先在箱体外组装好再装入箱体,拆卸方便。箱盖与箱座通过一组螺栓连接,并通过两个定位销钉确定其相对位置。为保证座孔与轴承的配合要求,剖分面之间不允许放置垫片,但可以涂上一层密封胶或水玻璃,以防箱体内的润滑油渗出。为了拆卸时易于将箱盖与箱座分开,可在箱盖的凸缘的两端各设置一个起盖螺钉,拧入起盖螺钉,可顺利地顶开箱盖。箱体内可存放润滑油,用来润滑齿轮;如同时润滑滚动轴承,在箱座的接合面上应开出油沟,利用齿轮飞溅起来的油顺着箱盖的侧壁流入油沟,再由油沟通过轴承盖的缺口流入轴承。减速器的箱体是采用地脚螺栓固定在机架或地基上的。

减速器箱体上的轴承座孔与轴承盖用来支承和固定轴承,从而固定轴及轴上零件相对箱体的轴向位置。轴承盖与箱体孔的端面间垫有调整垫片,以调整轴承的游动间隙,保证轴承正常工作。为防止润滑油渗出,在轴的外伸端的轴承盖的孔壁中装有密封圈。

减速器箱体上根据不同的需要装置各种不同用途的附件。为了观察箱体内的齿轮啮合情况和注入润滑油,在箱盖顶部设有观察孔,平时用盖板封住。在观察孔盖板上常常安装透气塞(也可直接装在箱盖上),其作用是沟通减速器内外的气流,及时将箱体内因温度升高受热膨胀的气体排出,以防止高压气体破坏各接合面的密封,造成漏油。为了排除污油和清洗减速器的内腔,在减速器箱座底部装置放油螺塞。箱体内部的润滑油面的高度是通过安装在箱座壁上的油标尺来观测的。为了吊起箱盖,一般装有 1~2 个吊环螺钉。不应用吊环螺钉吊运整台减速器,以免损坏箱盖与箱座之间的连接精度。吊运整台减速器可在箱座两侧设置吊钩。

二、齿轮系的功用

(一)实现较远距离的传动

当需要在距离较远的两轴之间传递运动时,可采用多个齿轮组成的定轴轮系来代替一对齿轮的传动。这样可以减小齿轮尺寸,既节省空间,又节约了材料,还能方便齿轮的制造和安装。

(二)获得大的传动比

在齿轮传动中,通常一对齿轮的传动比不宜大于 8。否则会造成大齿轮尺寸过大而多占空间,并增加制造成本;小齿轮尺寸过小而寿命低。要获得较大的传动比,可采用多级传动的定轴轮系。若传动比太大,也会使定轴轮系趋于复杂,这时可采用行星轮系传动。图 9-21 所示的行星轮系中,如已知各轮齿数分别为 $z_1=100, z_2=101, z_{2'}=100, z_3=99$,则传动比 i_{H1} 可达 10000,但它效率低,且当齿轮 1 为主动件时,会发生自锁,因此只适用于传递运动。

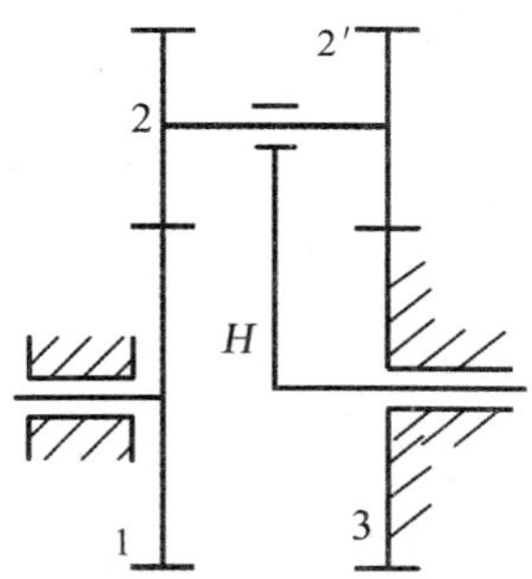

图 9-21 行星轮系

(三)实现变速、换向传动

在主动轴转速和转向不变的情况下,利用轮系可使从动轴获得不同的转速和转向。例如,汽车变速箱可以使行驶的汽车方便地实现变速和倒车(即变向),在汽车变速箱的传动简图(见图 9-22)中,牙嵌离合器的一半 A 和齿轮 1 固连在输入轴 Ⅰ 上,其另一半则和滑移双联齿轮 4,6 用花键与输出轴Ⅳ相连。齿轮 2,3,5,7 固连在轴Ⅱ上。齿轮 8 固连在轴Ⅲ上。这样可在输出轴Ⅳ上获得 4 种不同转速及换向传动。在主动轴转向不变的情况下,利用惰轮可以改变从动轴的转向。

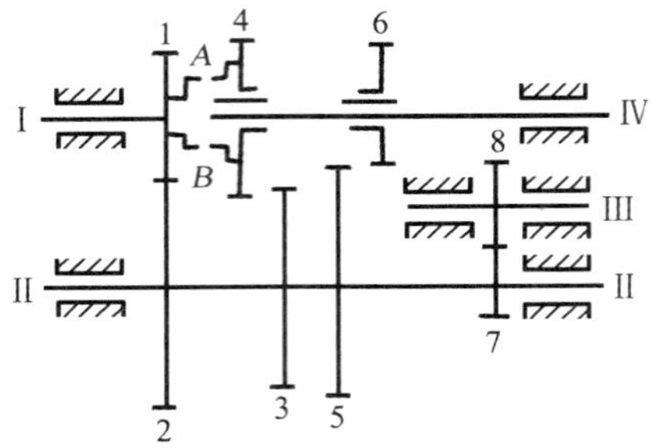

图 9-22　汽车变速箱的传动简图

(四)实现运动的合成和分解

因差动轮系有两个自由度,故可利用差动轮系把两个运动合成一个运动,即所谓加法机构(见图 9-23)或将一个输入运动分解为两个输出运动(见图 9-24)。

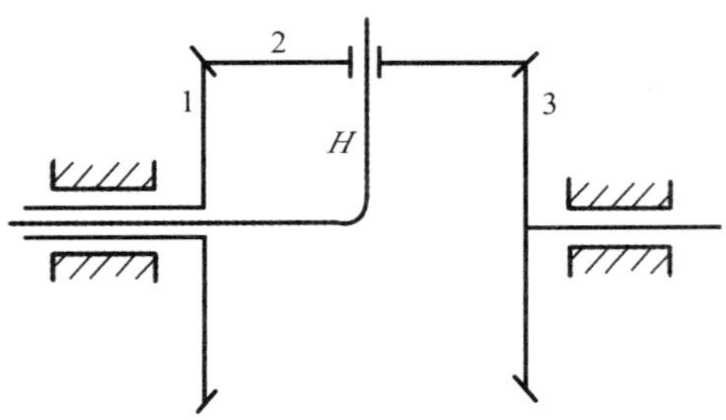

图 9-23　加法机构

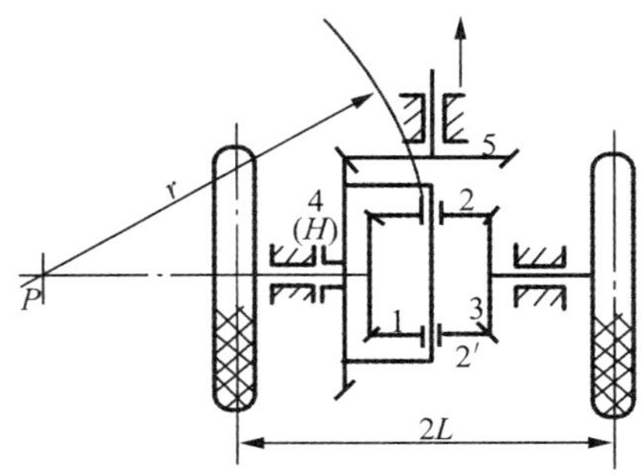

图 9-24　汽车后桥上的差速器

在图 9-23 所示的轮系中,若 $z_1=z_3$,则:

$$i_{13}^H=\frac{n_1^H}{n_3^H}=\frac{n_1-n_H}{n_3-n_H}=-\frac{z_3}{z_1}=-1 \tag{9-5}$$

上式说明,行星架的转速是轮 1,3 转速的合成,故此种轮系可用作和差运算。这种合成作用在机床、计算机构和补偿装置中都得到了应用。

差动轮系不仅能作运动的合成,还可作运动的分解,即将一个主动转动按可变的比例分解为两个从动转动。现以汽车后桥上的差速器为例来说明。

在汽车后桥上的差速器(见图 9-24)中,发动机通过传动轴驱动齿轮 5,齿轮 4 上固连着行星架 H,其上装有行星轮 2 和 $2'$,1,2,$2'$,3,H 组成差动轮系。左右两个后轮分别和圆锥齿轮 1,3 连接,圆锥齿轮 4 空套在左轮轴上。在汽车转弯时,轮系可将发动机传到齿轮 5 的运动以不同的速度分别传递给左右两个车轮,以维持车轮与地面间的纯滚动,避免车轮与地面间的滑动摩擦导致车轮过度磨损。若输入转速为 n_3,两车轮外径相等,轮距为 $2L$,两轮转速分别为 n_1 和 n_3,r 为汽车行驶半径。当汽车绕图示 P 点向左转弯时,两轮行驶的距离不相等,其转速比为:

$$\frac{n_1}{n_3}=\frac{r-L}{r+L}$$

差速器中齿轮 4,5 组成定轴齿轮系,行星架 H 与齿轮 4 固连在一起,1—2—3—H 组成差动齿轮系。对于差动齿轮系 1—2—3—H,因 $z_1=z_2=z_3$,有:

$$i_{13}^H=\frac{n_1-n_H}{n_3-n_H}=-\frac{z_3}{z_1}=-1$$

$$n_H=\frac{n_1+n_3}{2}$$

$$n_4=n_H=\frac{n_1+n_3}{2}$$

联立求解得:

$$n_1=\frac{r-L}{r}n_4$$

$$n_3=\frac{r+L}{r}n_4$$

若汽车直线行驶,因 $n_1=n_3$,所以行星齿轮没有自转运动,此时齿轮 1,2,3 和 4 相当于一刚体做同速运动,即:

$$n_1=n_3=n_4=\frac{n_5}{i_{54}}=n_5\ \frac{z_5}{z_4}$$

由此可知,差动齿轮系可将一输入转速分解为两个输出转速。

(五)实现多分路传动

利用定轴轮系可实现几个从动轴分路输出传动。滚齿机工作台的传动简图(见图 9-25)就是一例。

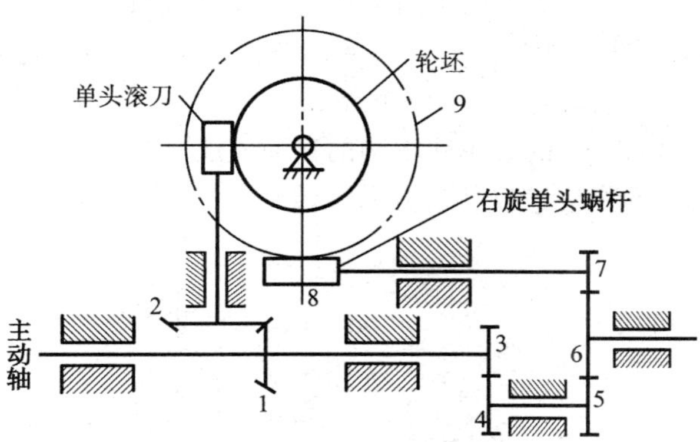

图 9-25 滚齿机工作台的传动简图

当电动机带动主动轴转动时,通过该轴上的齿轮 1 和 3,分两路分别把运动传递给滚刀和轮坯,从而使刀具和轮坯之间实现确定的相对运动关系,从而实现范成运动。

同步测试

9.1 定轴轮系与周转轮系的主要区别是什么?

9.2 什么是惰轮?它有何用途?

9.3　行星轮系和差动轮系有何区别？

9.4　什么是转化轮系？如何通过转化轮系计算出周转轮系的传动比？

9.5　怎样求复合轮系的传动比？分解复合轮系的关键是什么？如何划分？

9.6　在图 9-26 所示轮系中，已知蜗杆为单头且右旋，转速、转动方向如图所示，其余各轮齿数为：$z_2=40$，$z_{2'}=20$，$z_3=30$，$z_{3'}=18$，$z_4=54$。

(1)说明轮系属于何种类型。

(2)计算齿轮 4 的转速 n_4。

(3)在图中标出齿轮 4 的转动方向。

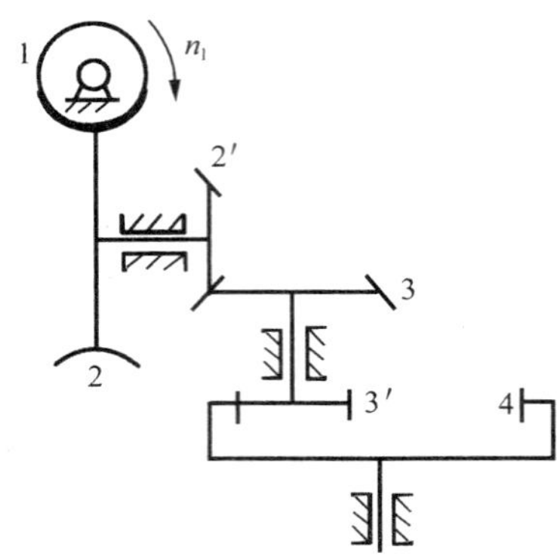

图 9-26

9.7　图 9-27 所示为一电动卷扬机的传动简图，已知蜗杆 1 为单头右旋蜗杆，蜗轮 2 的齿数 $z_2=42$，其余各轮齿数为：$z_{2'}=18$，$z_3=78$，$z_{3'}=18$，$z_4=55$，卷筒 5 与齿轮 4 固连，其直径 $D_5=400\text{mm}$，电动机转速 $n_1=1500\text{r/min}$。

(1)试求转筒 5 的转速 n_5 的大小和重物的移动速度 v。

(2)提升重物时，电动机应该以什么方向旋转？

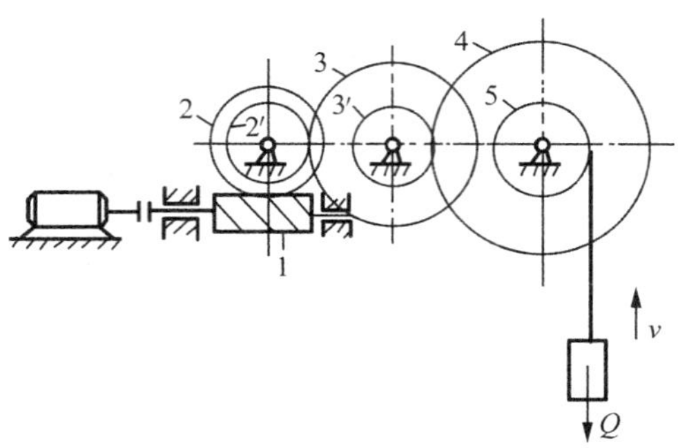

图 9-27

9.8 在图 9-28 所示周转轮系中，已知各齿轮的齿数为：$z_1=15$，$z_2=25$，$z_{2'}=20$，$z_3=60$，齿轮 1 的转速 $n_1=200\text{r/min}$，齿轮 3 的转速 $n_3=50\text{r/min}$，其转向相反。

(1)求行星架 H 的转速 n_H 的大小和方向。

(2)当轮 3 固定不动时，求 n_{H} 的大小和方向。

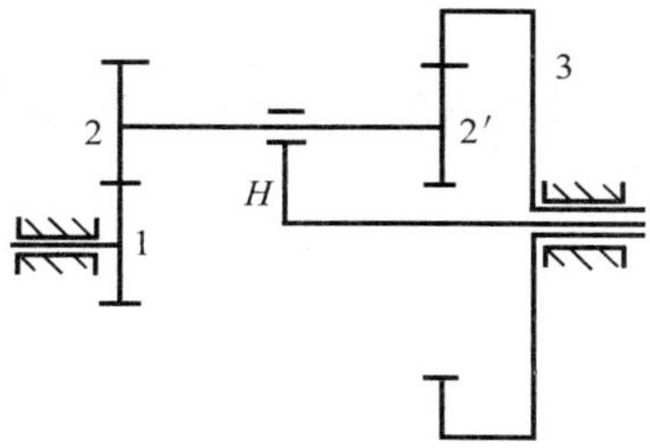

图 9-28

项目十　螺纹连接

知识目标

◆了解机械连接的类型。
◆掌握螺纹及螺纹连接的主要类型与应用。
◆掌握螺纹连接的强度计算方法。
◆了解螺旋传动的基本知识。

能力目标

◆能够正确选用螺纹标准件。
◆能够完成螺纹连接的结构设计及强度计算。
◆能够正确拆装螺纹连接件。

引导案例

机器是零部件通过连接实现的有机组合体。将两个或两个以上的物体接合在一起的形式称为“连接”。在机械中，为了便于制造、安装、运输和维修等，广泛地使用了各种连接。

机械连接分为两大类：不可拆连接和可拆连接。不可拆连接是必须至少毁坏连接中的某一部分才能拆开的连接，如焊接、铆接等。可拆连接是不需毁坏任一零件就可拆开的连接，允许多次重复拆装，如螺纹连接、键连接等。可拆连接又分为静连接和动连接。不允许被连接件产生相对运动的连接称为“静连接”，如减速器中箱体和箱盖的连接(见图 10-1)。被连接件可以有相对运动的连接称为“动连接”，如滑移齿轮和轴的连接。本项目介绍机械中的可拆连接，主要是螺纹连接。

(a)　　(b)

图 10-1　齿轮减速器

任务一　螺纹的类型及应用

任务描述

根据图 10-2 所示被连接件的工作条件特点，选择合适的螺纹类型。

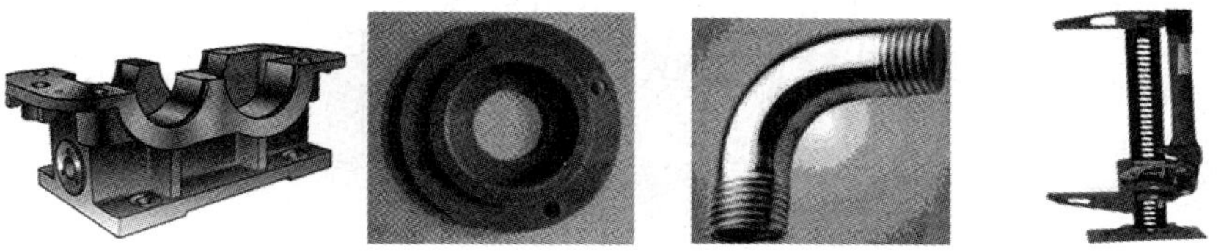

(a) 箱体　(b) 轴承盖　(c) 圆锥管　(d) 螺旋千斤顶

图 10-2　被连接件

知识准备

一、螺纹的形成及主要参数

(一)螺纹的形成

如图 10-3 所示，将一底边为 πd_2 的直角三角形绕在直径为 d_2 的圆柱表面上，使三角形底边与圆柱体的底边重合，则三角形的斜边在圆柱体表面形成一条螺旋线。三角形的斜边与底边的夹角 λ 称为“螺纹升角”，P 称为“螺距”。取一平面图形，使其平面始终通过圆柱体的轴线并沿着螺旋线运动，则这个平面图形在空间形成一个螺旋形体，称为“螺纹”。如果将一个三角形的一边贴在圆柱体的母线上，并且沿螺旋线移动，移动时始终保持三角形的平面通过圆柱体的轴线，则此三角形在空间所走出的运动轨迹面，就形成三角形螺纹。

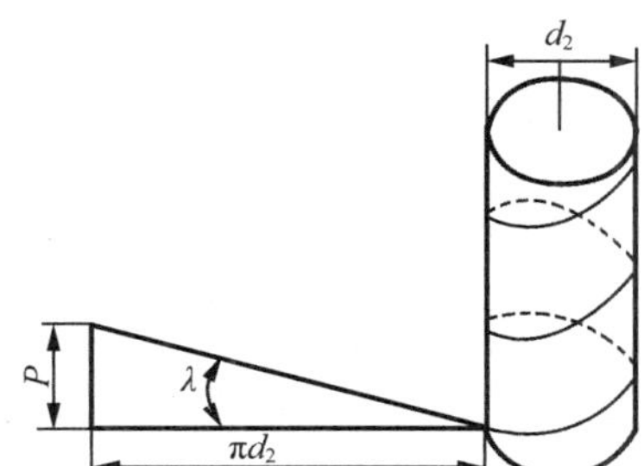

图 10-3　螺纹的形成

（二）螺纹的主要参数

如图 10-4 所示，以圆柱普通螺纹为例，螺纹的主要参数如下：

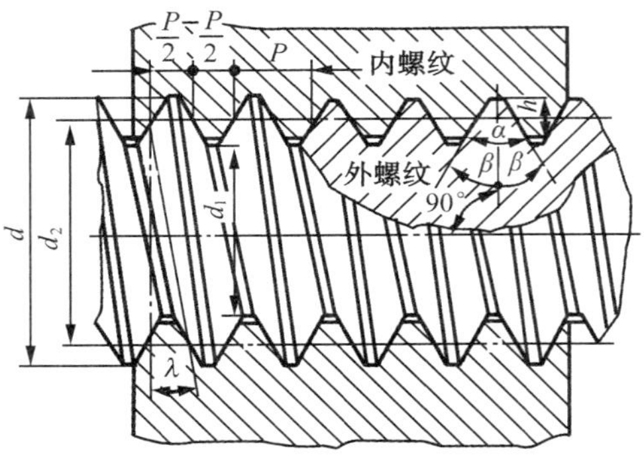

图 10-4　螺纹的主要参数

1. 大径 d

与外螺纹牙顶或内螺纹牙底相重合的假想圆柱面的直径称为“大径”，一般定义为螺纹的公称直径。在管螺纹中，其公称直径不是螺纹大径，而是近似等于管子内径。具体尺寸可以查阅有关国家标准。

2. 小径 d_1

与外螺纹牙底或内螺纹牙顶相重合的假想圆柱面的直径称为“小径”，在强度计算中作危险剖面的计算直径。

3. 中径 d_2

在轴向剖面内，牙厚与牙间宽相等处的假想圆柱面的直径称为“中径”。中径近似等于螺纹的平均直径，即 $d_2 \approx 0.5(d+d_1)$。中径是确定螺纹几何参数和配合性质的直径。

4. 螺距 P

相邻两牙在中径圆柱面的母线上对应两点间的轴向距离称为“螺距”。

5. 导程 S

同一螺旋线上相邻两牙在中径圆柱面的母线上对应两点间的轴向距离称为“导程”。如果螺纹线数为 n，则 $S=nP$。

6. 螺纹升角 λ

在中径圆柱面上，螺旋线的切线与垂直于螺旋线轴线平面的夹角，即在中径圆柱面上，螺旋线展开后与底面的夹角称为“螺纹升角”。

$$\lambda=\arctan\frac{S}{\pi d_2}=\arctan\frac{nP}{\pi d_2} \tag{10-1}$$

7. 牙型角 α

在轴向平面内，螺纹牙型两侧边之间的夹角称为“牙型角”。

8. 牙型斜角 β

在轴向平面内，螺纹牙型两侧边与螺纹轴线垂直平面的夹角称为“牙型斜角”。对于对称牙型，$\beta=\alpha/2$。

二、螺纹的类型及应用

螺纹可按照以下不同的方法分类：

(一)根据螺纹在轴向剖面内的形状分类

根据螺纹在轴向剖面内的形状，分为三角形螺纹、矩形螺纹、梯形螺纹及锯齿形螺纹，如图 10-5 所示。其中，三角形螺纹按牙型角不同又分为普通螺纹、圆柱管螺纹和圆锥管螺纹。几种常用螺纹的牙型、特点及应用如表 10-1 所示。

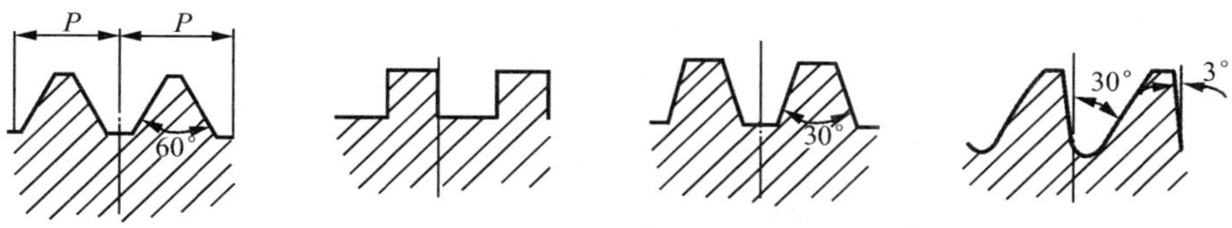

(a)三角形　(b)矩形　(c)梯形　(d)锯齿形

图 10-5　螺纹剖面形状

表 10-1　几种常用螺纹的牙型、特点及应用

螺纹类型		牙型	特点及应用
连接螺纹	普通螺纹	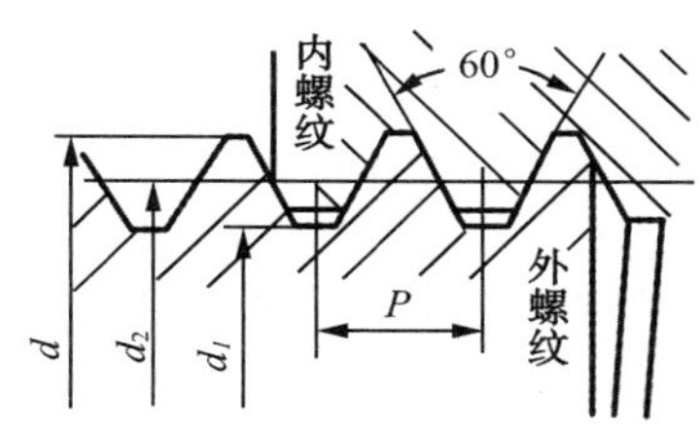	国家标准中，把牙型角 $\alpha=60°$ 的等边三角形米制螺纹称为“普通螺纹”，大径 d 为公称直径。内、外螺纹旋合后留有径向间隙，外螺纹牙根允许有较大的圆角，以减小应力集中。同一公称直径可以有多种螺距，其中螺距最大的称为“粗牙螺纹”，其余的称为“细牙螺纹” 一般连接多采用粗牙螺纹。细牙螺纹的螺距小，升角小，因而自锁性能好，强度高，但不耐磨，易滑扣，适用于细小零件、薄壁零件或受冲击、振动和变载荷的连接中，也可用于微调机构的调整螺纹
	圆柱管螺纹	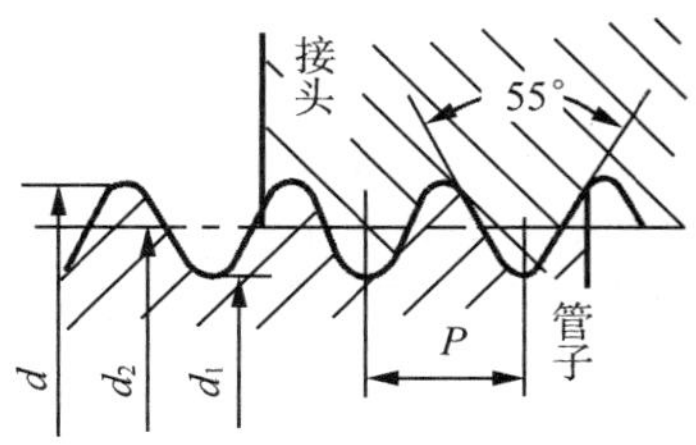	牙型为等腰三角形，牙型角 $\alpha=55°$，牙顶有较大的圆角，内、外螺纹旋合后无径向间隙，以保证配合的紧密性。管螺纹为英制细牙螺纹，公称直径近似为管子的内径 适用于压力为 1.6MPa 以下的水、煤气、润滑和电缆等管路系统的连接。如果要求连接后具有密封性，可压紧被连接件螺纹副外的密封面，也可在密封面间添加密封物
	圆锥管螺纹	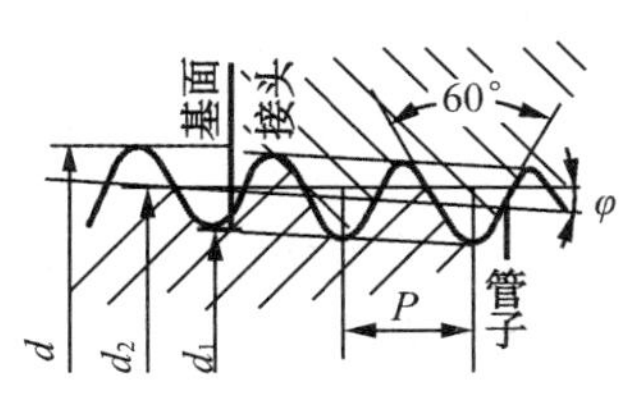	牙型为等腰三角形，牙型角 $\alpha=55°$，牙顶有较大的圆角，螺纹分布在锥度为 1∶16(=1°47′24″)的圆锥管壁上。有圆锥内螺纹与圆柱外螺纹和圆柱内螺纹与圆锥外螺纹两种连接形式。内、外螺纹旋合后，利用本身的变形就可以保证连接的紧密性，不需要任何填料，密封简单 适用于高温、高压或密封性要求高的管路系统，如管子、管接头、旋塞、阀门和其他螺纹连接的附件

续表

螺纹类型		牙型	特点及应用
连接螺纹	米制锥螺纹	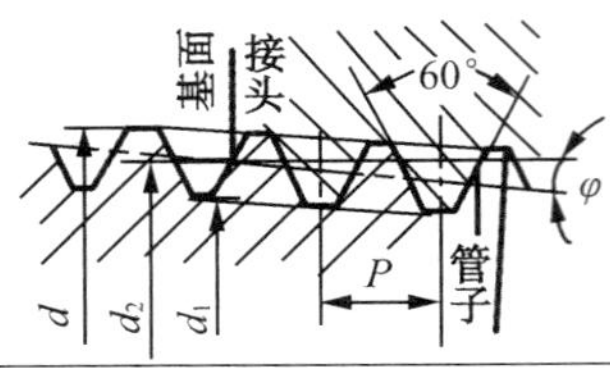	牙型与圆锥管螺纹相似，牙型角 $\alpha=60°$，螺纹牙顶为平顶，螺纹分布在锥度为 1∶16（$=1°47'24''$）的圆锥管壁上 多用于依靠螺纹密封的气体或液体管路系统的连接螺纹，如汽车、拖拉机、航空机械、机床的燃料、油、水、气输送管路系统
传动螺纹	矩形螺纹	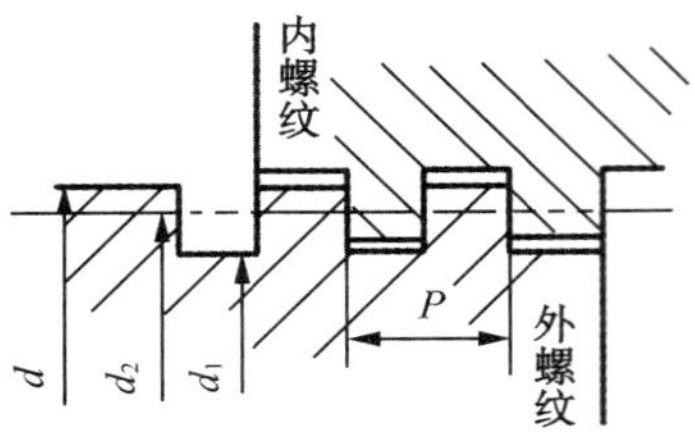	牙型为正方形，牙型角 $\alpha=0°$，牙厚为螺距的一半，当量摩擦系数较小，传动效率比其他螺纹高，但牙根强度较低，螺纹副磨损后造成的轴向间隙难以修复和补偿，对中精度低，且精加工较困难，因此，这种螺纹较少采用，已逐渐被梯形螺纹所代替。为了便于铣、磨削加工，可制成 10°的牙型角 矩形螺纹尚未标准化，推荐尺寸：$d=5d_1/4$，$P=d_1/4$
	梯形螺纹	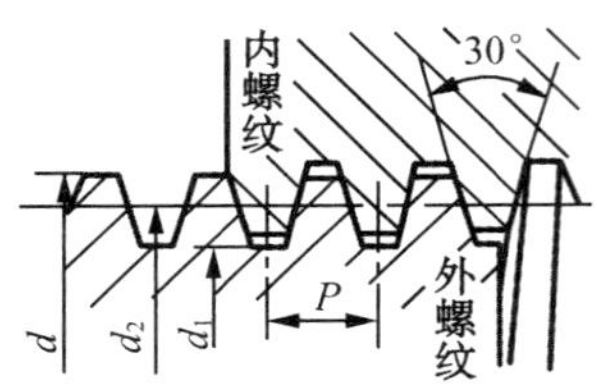	牙型为等腰梯形，牙型角 $\alpha=30°$。内外螺纹以锥面贴紧，不易松动。传动效率比矩形螺纹略低，但加工工艺性好，对中性好，牙根强度较高。当采用剖分螺母时，还可以调整因磨损而产生的间隙 梯形螺纹是最常用的传动螺纹
	锯齿形螺纹	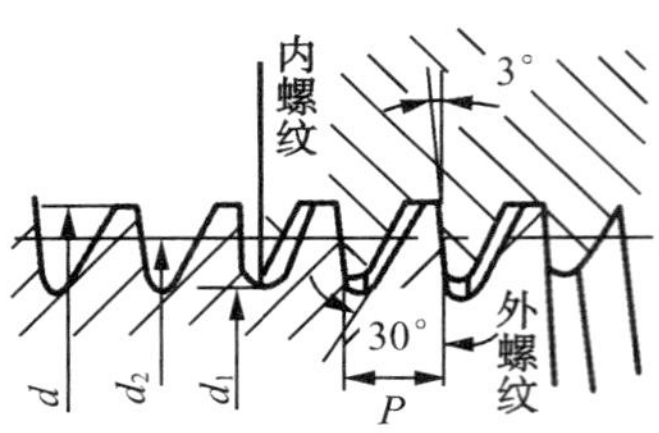	牙型为不等腰梯形，工作面的牙型斜角为 3°，非工作面的牙型斜角为 30°。外螺纹牙根有较大的圆角，以减小应力集中。内、外螺纹旋合后，大径处无间隙，便于对中 锯齿形螺纹兼有矩形螺纹传动效率高和梯形螺纹牙根强度高的优点，但只适用于单向承载的螺旋传动，如螺旋压力机、千斤顶等

（二）根据螺纹旋线绕行的方向分类

根据螺纹旋线绕行的方向，分为右旋螺纹和左旋螺纹，如图 10-6(a)(c)所示。机构制造中一般采用右旋螺纹，只在特殊需要时，才采用左旋螺纹。如煤气罐等危险设备使用的螺纹。

（三）根据螺旋线的数目分类

根据螺旋线的数目，可分为单线螺纹、双线螺纹和多线螺纹，如图 10-6 所示。沿一条螺旋线所形成的螺纹为单线螺纹，多用于连接；沿两条或两条以上在轴向等距分布的螺旋线所形成的螺纹为双线螺纹和多线螺纹，多用于传动。为了制造方便，一般不超过四条螺旋线。

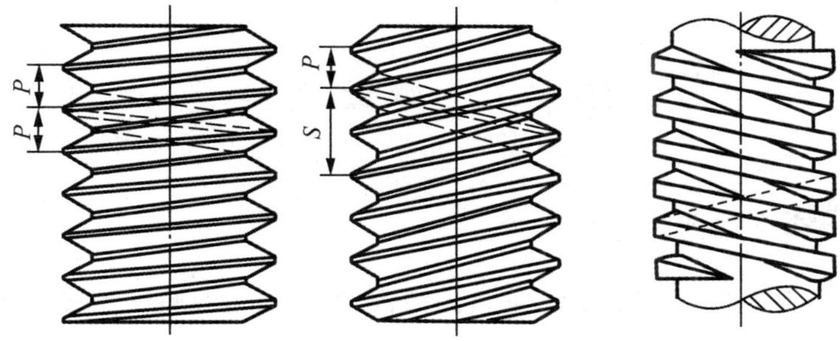

(a) 单线右旋螺纹 (b)双线右旋螺纹 (c) 双线左旋螺纹

图 10-6 螺纹的旋向与线数

职业能力训练

训练目标

通过完成本任务，熟悉螺纹的参数、类型及其不同的应用场合。

工作流程

分析不同螺纹的应用场合→根据连接件的工作条件性质、用途等选择螺纹的类型。

实施步骤

分析各连接件特点，选择螺纹类型。

1. 箱体

由于箱体主要是与箱盖连接。根据牙型角 $\alpha=60^\circ$ 的三角形螺纹的特点，牙型角大，自锁性能好，牙根厚，强度高。所以选用普通连接螺纹中的粗牙三角形螺纹。

2. 轴承盖

轴承盖主要是和机体连接，零件比较小。一般的轴承盖可选用用于连接的普通粗牙螺纹；对于不常拆卸的轴承盖，也可选用细牙三角形螺纹。

3. 圆锥管

由于被连接件是圆锥管，须选用用于连接的牙型为等腰三角形，牙型角 $\alpha=55^\circ$ 的圆锥管螺纹。因为可以利用本身的变形保证连接的紧密性，而且不用任何填料，密封简单。

4. 螺旋千斤顶

因为千斤顶主要承载单向螺旋传动，故选用牙型为不等腰梯形，工作面的牙型斜角为 3°，非工作面的牙型斜角为 30° 的锯齿形螺纹。它具有效率高、牙根强度高的特点。

注意事项

区分锥螺纹与管螺纹的适用条件。

任务二　螺纹连接

任务描述

根据图 10-7 所示的减速器的上、下箱体结构，选用合适的螺纹连接方式及标准件，将上、下箱体连接。

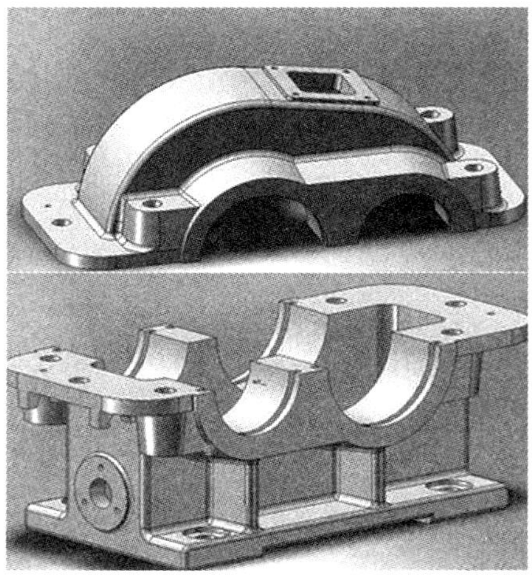

图 10-7　减速器上、下箱体

知识准备

螺纹连接由螺纹连接件和被连接件组成。机器的结构和性能多种多样，对螺纹连接的要求也各不相同，这就需要各种各样的螺纹连接来满足。

一、螺纹连接的基本类型及应用

按连接的结构特点，螺纹连接的主要类型有：螺栓连接、双头螺柱连接、螺钉连接、紧定螺钉连接等。

（一）螺栓连接及应用

螺栓带钉头，被连接件上的通孔不切制螺纹，螺栓穿过通孔与螺母配合使用，如图 10-8所示。螺栓连接结构简单，拆装方便，使用不受被连接件材料限制，螺栓损坏后容易更换，适用于被连接件不太厚并能从两边进行装配的情况。

根据主要受力情况，螺栓连接又分为普通螺栓连接和铰制孔螺栓连接。

普通螺栓连接如图 10-8(a)所示，装配后螺栓与孔之间有间隙，并在工作中不消失，工作载荷只能使螺栓受拉伸，杆与孔的加工精度要求低，结构简单，拆装方便，成本低，可多次拆装，应用较广。

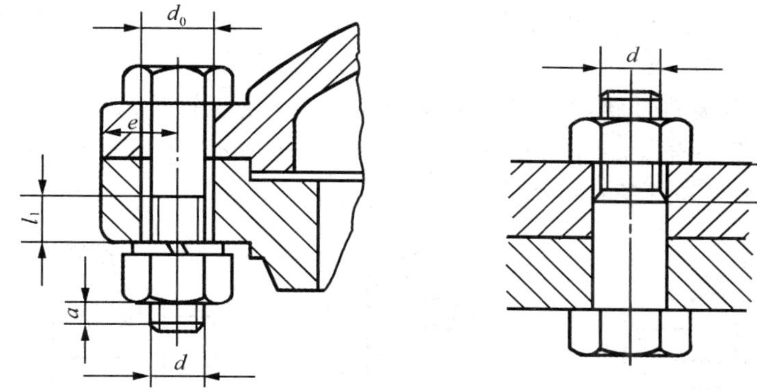

(a) 普通螺栓连接　　(b)铰制孔螺栓连接

图 10-8　螺栓连接

铰制孔螺栓连接如图 10-8(b)所示，被连接件上的孔用高精度铰刀加工而成，杆与孔的加工精度要求高，螺栓的光杆部分与被连接件上的铰制孔之间一般采用基孔制过渡配合或过盈配合，装配后无间隙，螺栓杆受剪切力和挤压力，具有良好的承受横向载荷的能力和定位作用。主要用于需要螺栓承受横向载荷或需靠螺杆精确固定被连接件相对位置的场合。

(二)双头螺柱连接及应用

螺柱两端无钉头，但均有螺纹，装配时一端旋入并紧定在被连接件之一的螺纹孔中，另一端穿过另一被连接件的通孔并与螺母配合，如图 10-9 所示。可以多次拆卸而不损坏被连接件，拆装时只需拆螺母，而不需将双头螺柱从被连接件中拧出。适用于经常拆装、被连接件之一较厚、受结构限制而不能使用螺栓或者要求结构紧凑而必须采用盲孔的场合。

(三)螺钉连接及应用

不用螺母，螺钉直接旋入被连接件的螺纹孔中，而且能有光整的外露表面，如图10-10所示。结构较简单，适用于受载较小、被连接件之一较厚(上带螺纹孔)，或另一端不能装螺母的场合。经常拆装会使螺纹孔磨损，导致被连接件过早失效，所以不适用于经常拆装的场合。

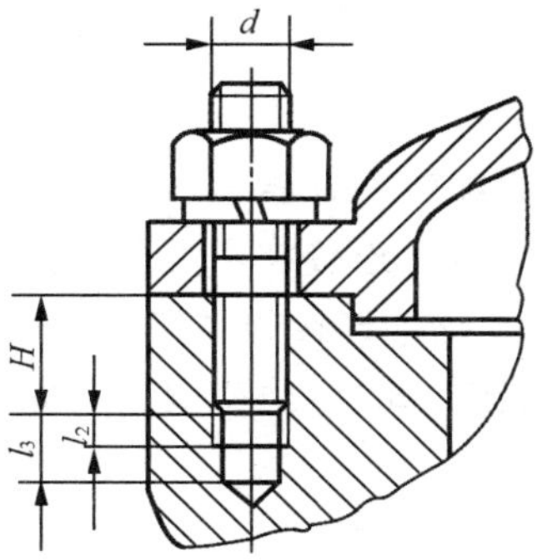

图 10-9　双头螺柱连接

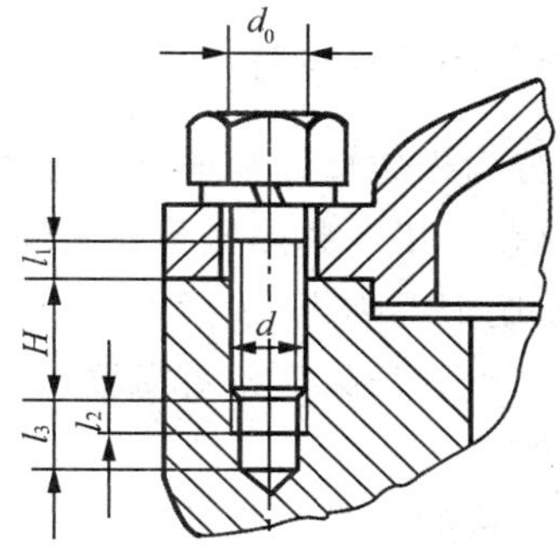

图 10-10　螺钉连接

(四)紧定螺钉连接及应用

在工程应用中,紧定螺钉连接大多用于轮毂与轴之间的固定,并可传递不大的力或转矩。通常在轴上加工出小锥坑,如图 10-11(a)所示;在轮的轮毂上加工出螺纹孔,如图 10-11(b)所示。在连接的时候,将轮毂套在轴上,再将紧定螺钉拧入轮毂上的螺纹孔内,并用其锥形端部紧压在轴上的小锥坑内,如图 10-11(c) 所示,从而使得轮毂与轴之间不能产生相对运动,固定了两者的相对位置。

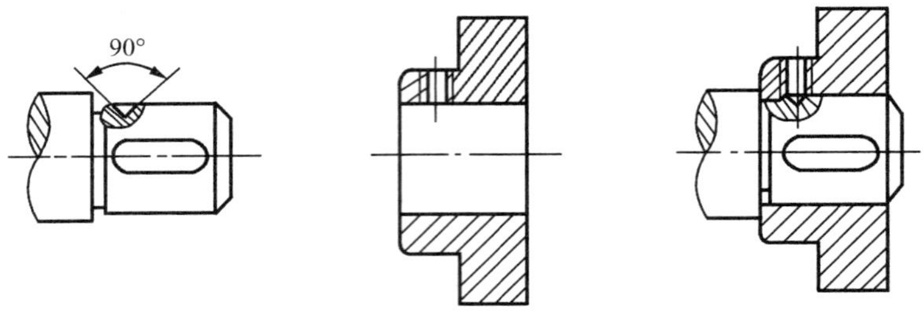

(a) (b) (c)

图 10-11 紧定螺钉连接

(五)其他螺纹连接及应用

螺纹连接除上述主要类型外,还有地脚螺栓连接(见图 10-12)和吊环螺钉连接(见图 10-13)等。地脚螺栓连接可用于将机器固定在地基上;吊环螺钉连接可用于悬吊机器。

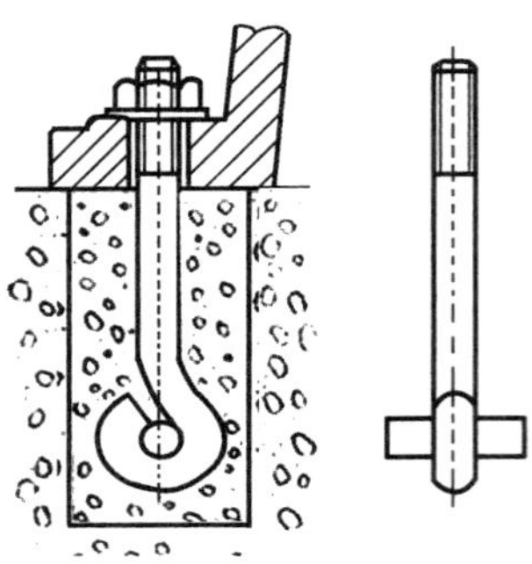

图 10-12 地脚螺栓连接

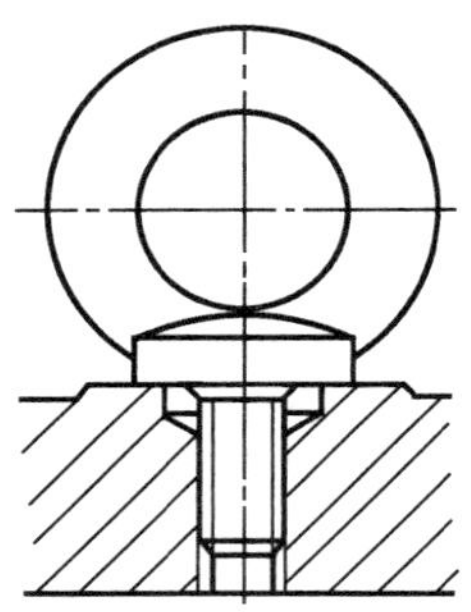

图 10-13 吊环螺钉连接

二、螺纹连接的预紧与防松

螺纹连接分为松连接和紧连接。松连接是在装配时不拧紧,只在受到外载荷时才受到力的作用,比较少用。紧连接是在装配时需要拧紧,使连接在承受工作载荷之前,预先受到力的作用,这个力称为“预紧力”。预紧的目的是增加连接的可靠性与紧密性,防止受载后被连接件间出现缝隙与相对滑移,保证正常工作。此外,适当提高预紧力,还能提高螺纹的疲劳强度。

(一)螺纹连接的拧紧力矩 T_Σ

在预紧螺栓连接时,加在扳手上的力矩 T_Σ 必须克服螺旋副相对转动的摩擦阻力矩

T 和螺母与支承面之间的摩擦阻力矩 T_f。即：

$$T_{\Sigma}=T+T_f \tag{10-2}$$

$$T=F_0\frac{d_2}{2}\tan(\lambda+\rho_v) \tag{10-3}$$

$$T_f=f_cF_0r_f \tag{10-4}$$

式中：F_0——预紧力，N；

λ——螺纹升角；

ρ_v——当量摩擦角；

d_2——螺纹中径，mm；

f_c——螺母与被连接件之间的摩擦系数；

r_f——支承面间的摩擦半径，$r_f=(D_1+d_0)/4$，mm。

对于 M10～M68 的粗牙普通螺纹，无润滑时，可取：

$$T_{\Sigma}\approx 0.2F_0d\times 10^{-3} \tag{10-5}$$

式中：d——螺纹公称直径，mm。

（二）拧紧力矩的控制方法

预紧力 F_0 的大小对普通螺栓的工作有很大影响。预紧力 F_0 过大，会使连接超载，螺杆静载荷增大，降低螺杆本身强度；预紧力 F_0 不足，会使螺纹连接不可靠，甚至导致连接失效。

对于一般连接，可凭经验来控制预紧力 F_0 的大小，但对于重要的连接，就需要严格控制其预紧力。一般通过测力矩扳手（见图 10-14）和定力矩扳手（见图 10-15）控制力矩大小。较精确的方法是测量拧紧时螺栓的伸长变形量。

图 10-14　测力矩扳手

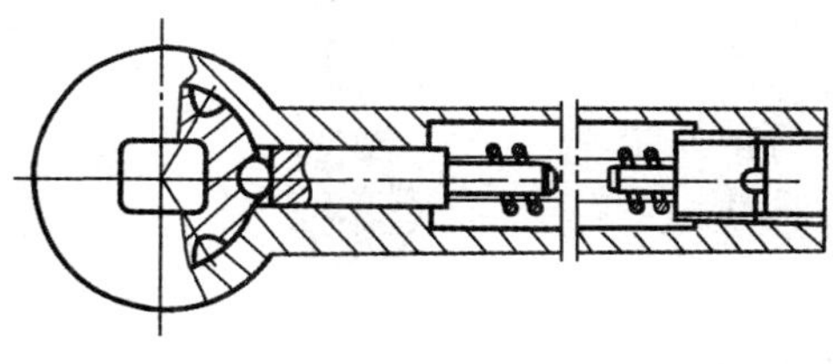

图 10-15　定力矩扳手

由于摩擦系数不稳定和加在扳手上的力难以准确控制，有时可能拧得过紧而把螺栓拧断，因此对于重要的连接，不宜使用小于 M12～M16 的螺栓。

（三）螺纹连接的防松

由于连接螺纹升角较小，螺纹连接一般具有自锁性，此外，螺母及螺栓头部支承面上的摩擦力也有防松作用，故在静载和温度变化不大时，拧紧后螺母一般不会自动松脱。但在冲击、振动或变载荷作用下，以及在高温或温度变化较大时，螺纹之间的摩擦力会瞬时减小或消失，从而使螺纹连接松动，如经反复作用，螺纹连接就有可能自动松脱，从而影响正常工作，甚至产生事故。因此，在设计及使用螺纹连接时，必须考虑防松问题。

螺纹连接防松的关键就是防止螺旋副的相对转动。按工作原理有三种防松方式：摩擦防松、机械防松、破坏性防松等。常用的防松方法如表 10-2 所示。

表 10-2　　螺纹连接常用的防松方法

防松方法		结构形式	特点和应用
摩擦防松	弹簧垫圈	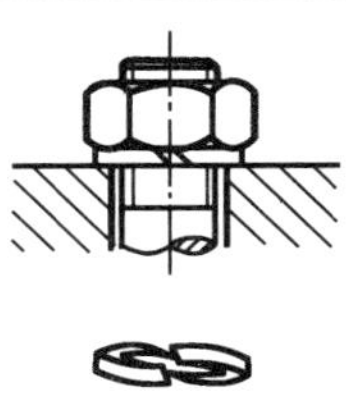	螺母拧紧后，靠垫圈压平而产生的弹性反力使旋合螺纹间压紧。同时，垫圈斜口的尖端抵住螺母与被连接件的支承面也有防松作用 结构简单，使用方便。但由于垫圈的弹力不均，在冲击、振动的工作条件下，其防松效果较差，一般用于不太重要的场合
	对顶螺母	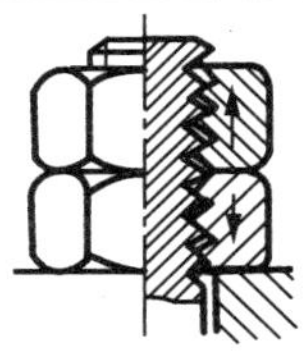	两螺母对顶拧紧后，使旋合螺纹间始终受到附加的压力和摩擦力的作用。工作载荷有变动时，该摩擦力仍然存在 结构简单，适用于平稳、低速和重载的固定装置上的连接
	自锁螺母	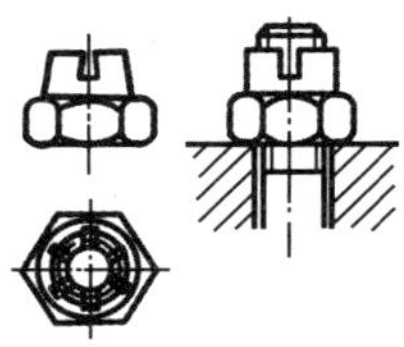	螺母一端制成非圆形收口或开缝后径向收口。当螺母拧紧后，收口涨开，利用收口的弹力使旋合螺纹间压紧 结构简单，防松可靠，可多次拆装而不降低防松性能，适用于较重要的连接
	尼龙圈箍紧螺母	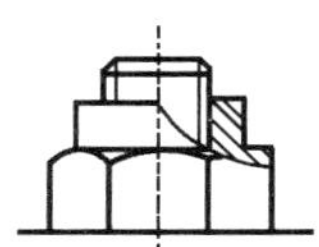	螺母中嵌有尼龙圈，拧上后尼龙圈内孔被胀大，箍紧螺栓
机械防松	槽形螺母与开口销	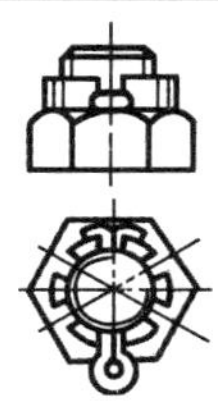	六角槽形螺母拧紧后，将开口销穿入螺栓尾部小孔和螺母的槽内，并将开口销尾部掰开与螺母侧面贴紧。也可用普通螺母代替六角槽形螺母，但需拧紧螺母后再配钻开口销孔 适用于较大冲击、振动的高速机械中运动部件的连接
	圆螺母用带翅垫片		使垫片内翅嵌入螺栓（轴）的槽内，拧紧螺母后将垫片外翅之一折嵌于螺母的一个槽内
	止动垫片	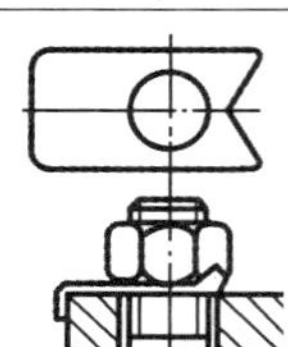	螺母拧紧后，将单耳或双耳止动垫片分别向螺母和被连接件的侧面折弯贴紧，即可将螺母锁住。若两个螺栓需要双联锁紧时，可采用双联止动垫片，使两个螺母相互制动 结构简单，使用方便，防松可靠
	串联钢丝	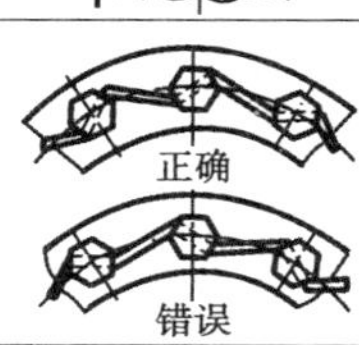	用低碳钢丝穿入各螺钉头部的孔内，将各螺钉串联起来，使其相互制动。使用时必须注意钢丝的穿入方向（如图所示，上图正确，下图错误） 适用于螺钉组连接，防松可靠，但拆装不便

续表

防松方法		结构形式	特点和应用
破坏性防松	冲点防松	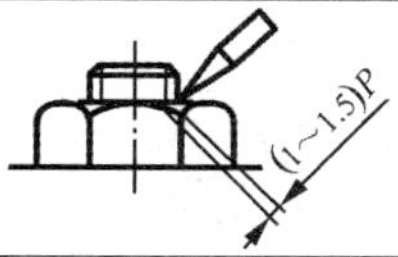	螺母拧紧后，用冲头在螺栓末端与螺母的旋合缝处打冲 2～3 个冲点 防松可靠，适用于不需要拆卸的特殊连接
	点焊端铆	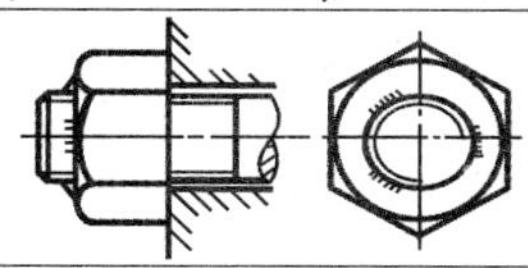	螺母拧紧后，将螺栓末端与螺母焊牢或者把螺栓伸出部分铆死 连接可靠，但拆卸后连接件被破坏。适用于不需要拆卸的特殊连接
	涂黏合剂	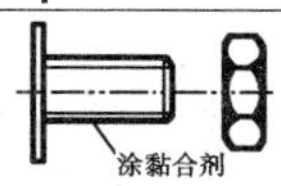	在旋合的螺纹表面涂以黏合剂，防松效果良好

三、螺纹连接标准件

螺纹连接件品种很多，大都已标准化。常用的标准螺纹连接件有螺栓、双头螺柱、螺钉、紧定螺钉、自攻螺钉、螺母和垫圈等。

(一)螺栓

螺栓如图 10-16 所示，包括普通螺栓和铰制孔螺栓。普通螺栓有六角头、小六角头、大六角头、圆柱头(内六角)等。铰制孔螺栓螺纹部分直径较小。螺栓按制造精度又分为粗制和精制两种，其中精制螺栓在机械制造中常用。

(二)双头螺柱

双头螺柱两端带螺纹，如图 10-17 所示，分为 A 型和 B 型。A 型有退刀槽，B 型无退刀槽，旋入端长度有所不同。

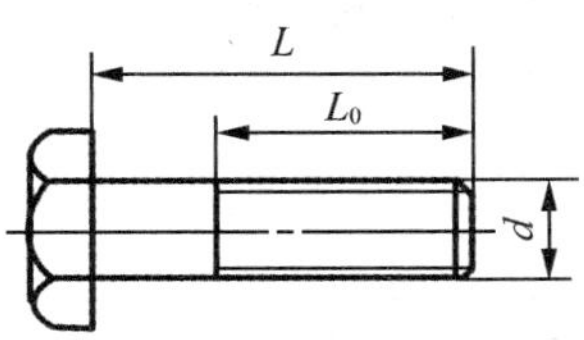

图 10-16 螺栓

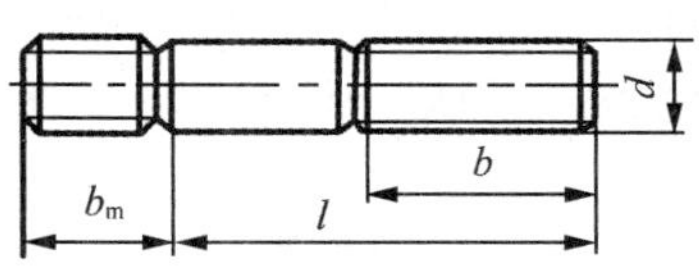

图 10-17 双头螺柱

(三)螺钉

螺钉头部形状有圆头、扁圆头、六角头、圆柱头和沉头等，头部起子槽有一字槽、十字槽和内六角孔等形式，以适应不同的拧紧程度，如图 10-18 所示。十字槽螺钉头部强度高、对中性好，便于自动装配。内六角孔螺钉能承受较大的扳手力矩，连接强度高，可代替六角头螺栓，用于要求结构紧凑的场合。

螺钉与螺栓的区别是螺纹部分要求直径较粗。

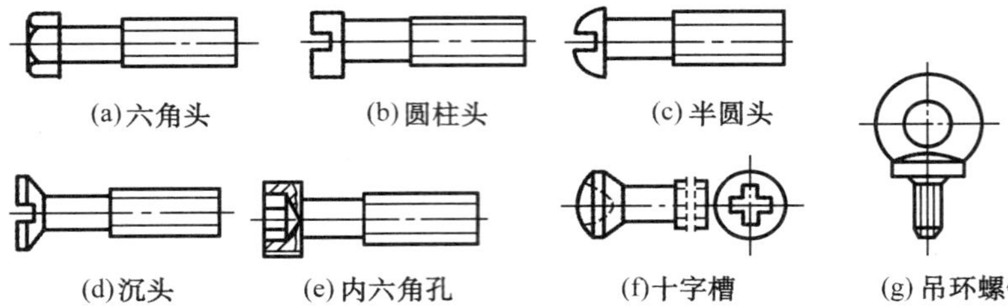

图 10-18　螺钉

（四）紧定螺钉

紧定螺钉前端如图 10-19(a)所示。紧定螺钉末端要顶住被连接件之一的表面或相应的凹坑，所以具有平端、柱端、锥端等各种形状，如图 10-19(b)(c)(d) 所示。其中，平端接触面积大、不伤零件表面，用于顶紧硬度较大的平面，适于经常拆卸；柱端压入轴上凹坑中，适于紧定空心轴上零件的位置；锥端适于零件表面硬度较低、不常拆卸的场合。

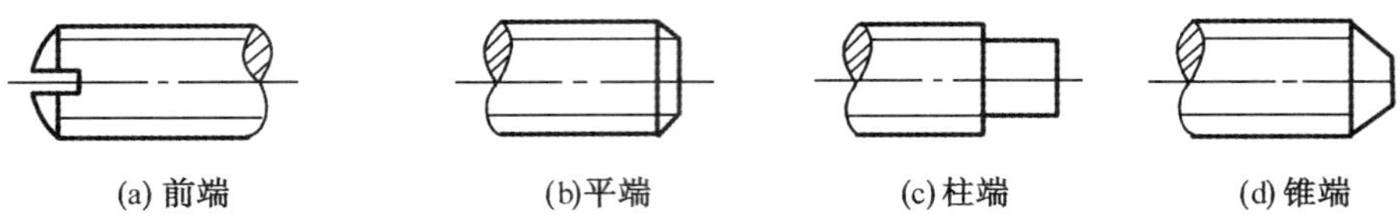

图 10-19　紧定螺钉

（五）自攻螺钉

自攻螺钉如图 10-20 所示，头部形状有圆头、平头、半沉头及沉头等，头部起子槽有一字槽、十字槽等形式。末端形状有锥端和平端两种。多用于连接金属薄板、轻合金或塑料零件。在被连接件上可不预先制出螺纹，在连接时利用螺钉直接攻出螺纹。螺钉材料一般用渗碳钢，热处理后表面硬度不低于 45HRC。

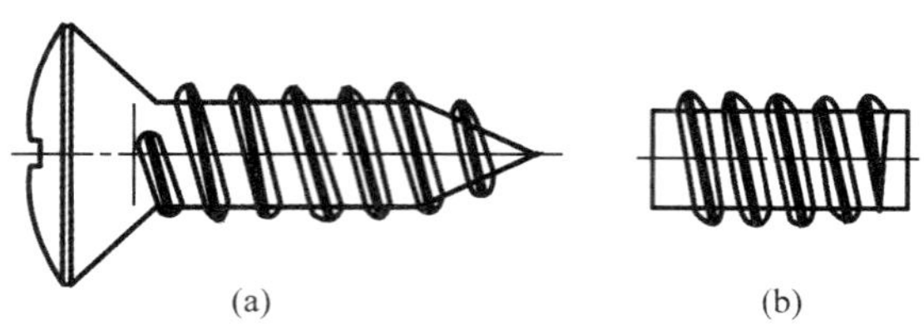

图 10-20　自攻螺钉

（六）螺母

螺母形状有六角形、圆形等，如图 10-21 所示。六角螺母应用最广泛，根据螺母厚度不同，分为标准、扁、厚三种规格。扁螺母常用于受剪力的螺栓上或空间尺寸受限制的场合；厚螺母用于经常拆卸、易于磨损的场合。

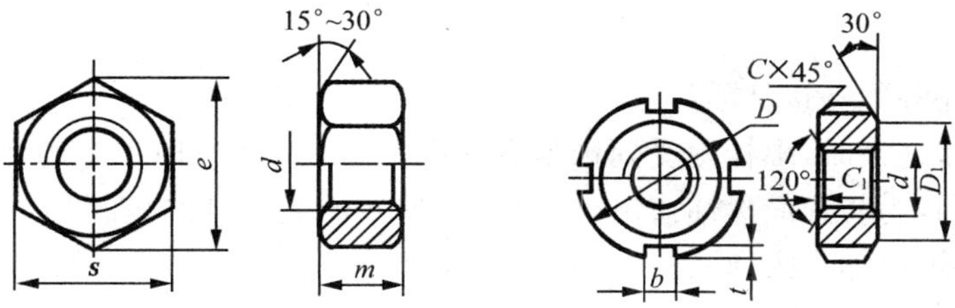

(a)六角螺母　　(b) 圆螺母

图 10-21　螺母

圆螺母经常与止退垫圈(带有缺口)配合使用,装配时将垫圈内舌嵌入轴上的槽中,而将垫圈外舌嵌入圆螺母的槽内,螺母即被锁紧。常用于滚动轴承的轴向固定。

螺母的制造精度和螺栓相同,分粗制和精制两种,分别与相同精度的螺栓配合使用。

(七)垫圈

垫圈是螺纹连接中不可缺少的附件,放置在螺母和被连接件之间,其作用是增加被连接件的支承面积,以减小接触处的压强和避免拧紧螺母时擦伤被连接件的支承表面。

垫圈分为普通垫圈和弹簧垫圈两种,如图 10-22 所示。

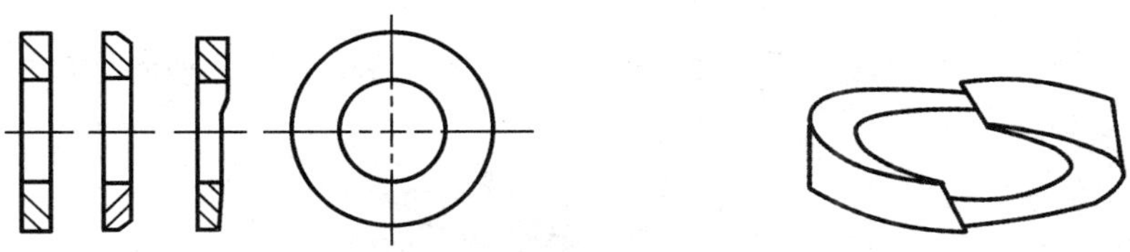

(a) 普通垫圈　　(b)弹簧垫圈

图 10-22　垫圈

其中普通垫圈分为平垫圈和斜垫圈。平垫圈按加工精度不同,分为粗制和精制两种,其中,精制平垫圈又分为 A 型(不带倒角)和 B 型(带倒角)两种。斜垫圈只用于倾斜的支承表面上。弹簧垫圈同时起防松作用。

职业能力训练

训练目标

通过完成本任务,熟练掌握螺纹连接的应用及标准件的选用。

工作流程

分析不同螺纹连接的应用场合→根据被连接件的工作条件、用途等选择螺纹连接的类型及标准件。

实施步骤

1. 分析本任务中连接件的特点

箱体与箱座连接时，螺栓除受到预紧力外还受到齿轮啮合时产生的冲击振动；并且箱体里盛有润滑油，为防止润滑油渗出，必须保证连接的紧密性与密封性。另外，箱体的连接处壁厚不大，可以加工为通孔。

2. 选择螺纹连接形式

类型选择：针对减速器的工作条件，减速器箱体的结构（连接件不太厚并能从两边进行装配等）选用常用的普通螺栓连接最合适。

标准件选择：选用六角普通螺栓标准件及相应的螺母、垫片等标准件。大小的选用须根据接合面的尺寸等条件通过经验或者计算而定。

任务三　螺纹组连接的设计

任务描述

设计图 10-23 所示台式钻床立柱与工作台的螺纹连接。假定轴向载荷为 4800N。

图 10-23　台式钻床

知识准备

一、螺纹组连接的结构设计

螺栓组连接结构设计的主要目的，在于合理地确定连接接合面的几何形状和螺栓的布置形式，力求各螺栓和连接接合面间受力均匀，避免螺栓受各种附加载荷，便于加工和装配。为此，螺栓组结构设计时应综合考虑以下几方面的问题：

（一）连接接合面的几何形状应尽量简单，使螺栓组的对称中心和连接接合面的形心重合，如圆形、环形、矩形、框形、三角形等，如图 10-24 所示。最好有两个对称轴，以使加工方便、计算容易。通常采用环形或条形接合面，以减少加工量和接合面不平的影响，同时增加连接的刚度。

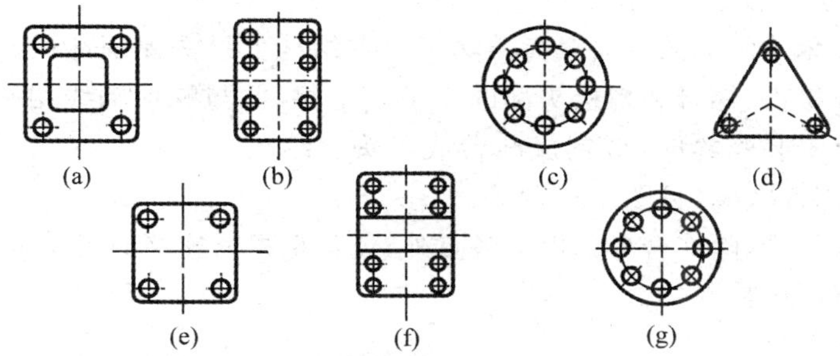

图 10-24　螺栓组连接的结构设计

（二）在布置螺栓时，应力求均匀对称、各螺栓受力合理。对于铰制孔用螺栓连接，不要在平行于工作载荷的方向上成排地布置八个以上的螺栓，以免载荷分布不均。当螺栓连接承受弯矩或转矩载荷时，螺栓应尽量远离对称轴，靠近连接接合面的边缘，以减小螺栓的受力，增加连接的可靠性（见图 10-24）。如果同时承受轴向载荷和较大的横向载荷，应采用销、套筒、键等抗剪零件来承受横向载荷（见图 10-25），以减小螺栓的预紧力及其结构尺寸。

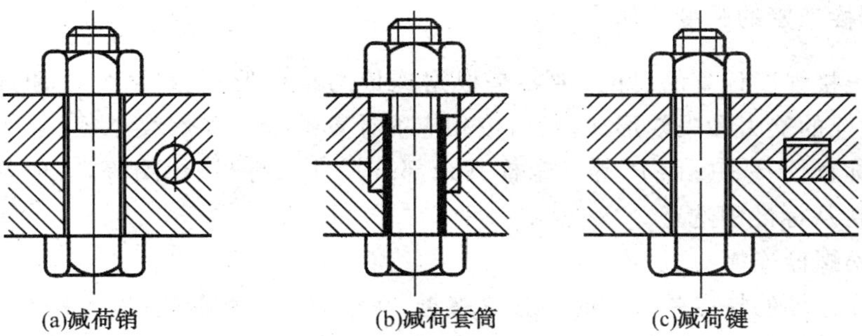

图 10-25　承受横向载荷的减荷装置

（三）螺栓的排列应有合理的间距、边距。布置螺栓时，各螺栓轴线间以及螺栓轴线和机体壁间的最小距离，应根据扳手所需活动空间的大小来决定。扳手空间的尺寸可查阅有关标准。对于压力容器等紧密性要求较高的重要连接，螺栓的间距 t_0 不得大于表 10-3 所推荐的数值。

表 10-3　　有紧密性要求的螺栓间距

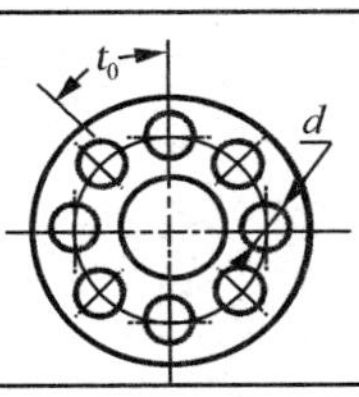	工作压力/MPa	≤1.6	1.6～4	4～10	10～16	16～20	20～30
	t_0	$7d$	$1.5d$	$4.5d$	$4d$	$3.5d$	$3d$

注：表中 d 为螺纹公称直径。

（四）分布在同一圆周上的螺栓数目，应取成 4，6，8 等偶数，以便在圆周上钻孔时分度和画线[见图 10-24(c)(g)]。同一螺栓组中的螺栓，不管其受力大小，其形状、尺寸、材料等应尽量一致，以便于加工和装配。

（五）避免螺栓承受附加的弯曲载荷。除了要在结构上设法保证载荷不偏心外，还应在工艺上保证被连接件、螺母和螺栓头部的支承面平整，并与螺栓轴线相垂直。在铸、锻件等的粗糙表面上安装螺栓时，应制成凸台或沉头座结构（见图 10-26）。当支承面为倾斜表面时，应采用斜面垫圈（见图 10-27）等。

螺栓组的结构设计，除综合考虑以上各点外，还包括根据连接的工作条件合理地选择螺栓组的防松装置（见表 10-2）。

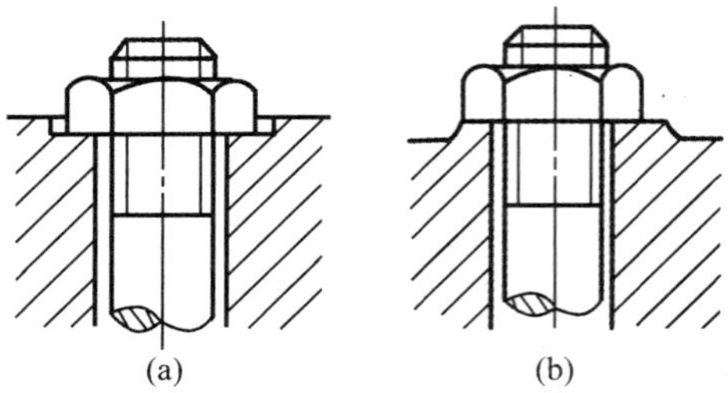

图 10-26　沉头座和凸台

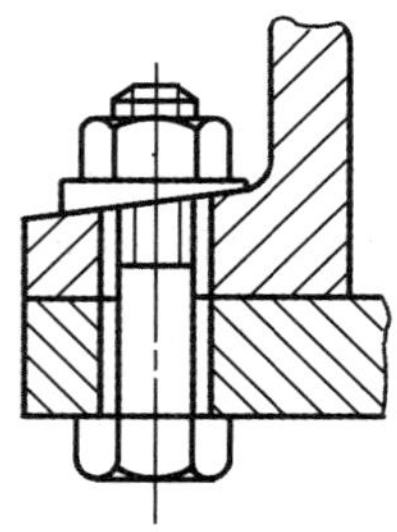

图 10-27　斜面垫圈

二、螺栓连接的强度计算

螺栓连接强度计算的目的，主要是根据连接的结构形式、材料性质和载荷状态等条件，分析螺栓的受力和失效形式，然后按相应的计算准则计算螺纹小径 d_1，再按照标准选定螺纹公称直径 d 和螺距 P 等。螺栓其余部分尺寸及螺母、垫圈等，一般都可根据公称直径 d 直接从标准中选定。

（一）松螺栓连接

松螺栓连接的特点是装配时不拧紧螺母，在承受工作载荷前，连接并不受力。这种连接只能承受静载荷，故较少应用。图 10-28 所示起重滑轮中的螺栓连接即为松螺栓连接。

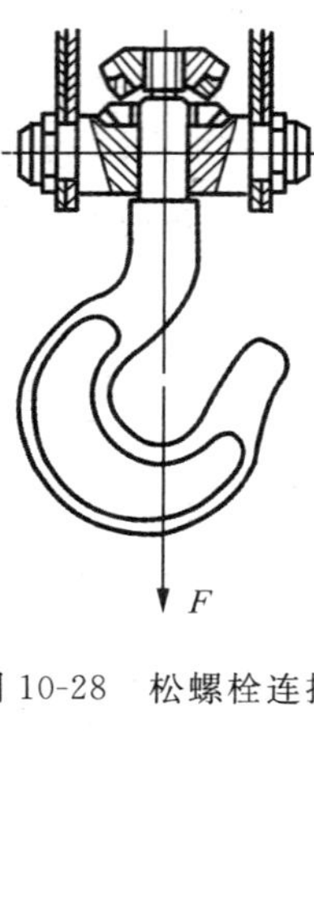

图 10-28　松螺栓连接

当承受轴向工作载荷 F(N)时，螺纹部分的强度条件为：

$$\sigma=\frac{F}{\frac{\pi}{4}d_1^2}\leqslant[\sigma] \tag{10-6}$$

设计公式为：

$$d_1\geqslant\sqrt{\frac{4F}{\pi[\sigma]}} \tag{10-7}$$

式中：d_1——螺杆危险截面直径，mm；

$[\sigma]$——松连接螺栓材料的许用拉应力，MPa。

(二)受横向外载荷的紧螺栓连接

1. 采用普通螺栓连接

如图 10-29 所示，工作时连接受到与螺栓轴线相垂直的外载荷 F_R 的作用。被连接件在预紧力 F_0 的作用下相互压紧，依靠接合面产生的摩擦力来抗衡外载荷，从而避免产生相对移动。

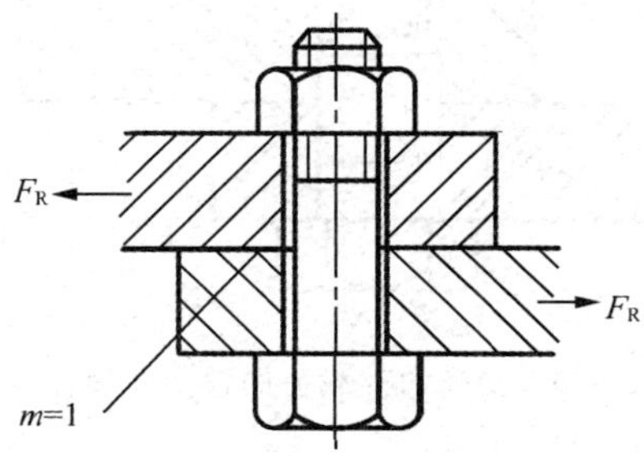

图 10-29 受横向外载荷的紧螺栓连接

无论工作前还是工作后，螺栓本身仅受装配时由于拧紧螺母而产生的预紧力和螺纹摩擦阻力矩的作用。预紧力使螺栓危险截面上产生拉应力，螺纹摩擦阻力矩使螺栓危险截面上产生扭转切应力，因此，螺栓处于拉伸与扭转的复合应力状态下。

要使连接不发生滑动，螺栓预紧力应满足：

$$F_0fmz\geqslant KF_R$$

$$F_0\geqslant\frac{KF_R}{fmz} \tag{10-8}$$

式中：z——连接螺栓的数目；

m——接合面数目；

f——接合面间摩擦系数，对于钢或铸铁的干燥加工表面，可取 $f=0.1\sim0.15$；

K——可靠性系数，亦称“防滑系数”，通常取 $K=1.1\sim1.3$。

对于 M10～M68 的钢制普通螺栓，螺栓材料是塑性的，螺栓的强度条件为：

$$\sigma_e=\frac{4\times1.3F_0}{\pi d_1^2}\leqslant[\sigma] \tag{10-9}$$

或

$$d_1\geqslant\sqrt{\frac{4\times1.3F_0}{\pi[\sigma]}} \tag{10-10}$$

式中：$[\sigma]$——紧连接螺栓材料的许用拉应力，MPa。

这种靠摩擦力抵抗工作载荷的紧螺栓连接，要求保持较大的预紧力（预紧力可达其横向载荷的7倍），从而使螺栓的结构尺寸增加。此外，在振动、冲击或变载荷下，由于摩擦系数的变动，将使连接的可靠性降低，有可能出现松脱。

为避免上述缺陷，可用各种减荷零件来承担横向工作载荷，如图10-25所示，此时连接强度按减荷零件的剪切、挤压强度条件计算，而螺纹连接只起连接作用，不再承受工作载荷，因此所需预紧力较小，不但使结构紧凑，且工作可靠。

2.采用铰制孔螺栓连接

如图10-30所示，铰制孔螺栓连接在装配时螺栓杆与孔壁无间隙，靠侧面直接承受横向载荷，螺母不必拧得很紧。工作时在横向外载荷 F_R 作用下，螺栓在连接接合面处受剪切，螺栓杆与被连接件孔壁接触表面受挤压。

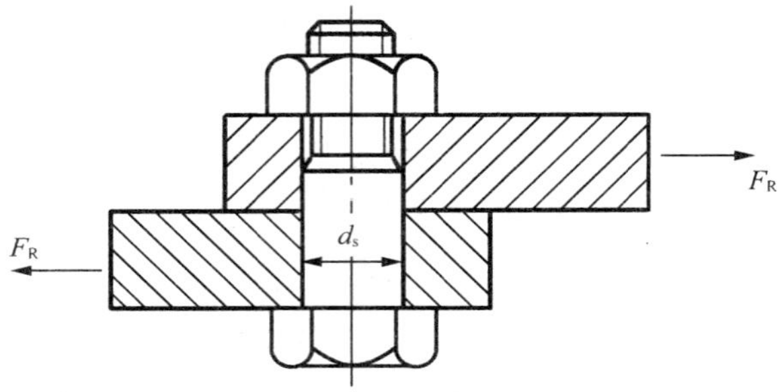

图10-30　受横向外载荷的铰制孔螺栓连接

此连接的主要失效形式是：钉杆被剪断及钉杆或孔壁被压溃。因此，应分别按挤压及剪切强度进行计算。计算时，假设螺栓杆与孔壁表面上的压力分布是均匀的，又因这种连接所受的预紧力很小，所以不考虑预紧力和螺纹摩擦力矩的影响。

螺栓杆与孔壁之间的挤压强度条件为：

$$\sigma_p=\frac{F_R}{d_s h_{min}}\leqslant[\sigma_p] \tag{10-11}$$

螺栓杆的剪切强度条件为：

$$\tau=\frac{4F_R}{\pi d_s^2 m}\leqslant[\tau] \tag{10-12}$$

式中：F_R——横向外载荷，N；

d_s——螺栓杆直径，mm；

m——螺栓受剪面的数目；

h_{min}——螺栓杆与孔壁接触面的最小长度，mm；

$[\tau]$——螺栓材料的许用剪应力，MPa；

$[\sigma_p]$——螺栓与孔壁较弱材料的许用挤压应力，MPa。

3.受轴向工作载荷的紧螺栓连接

这种受力形式在紧螺栓连接中比较常见，也是最重要的一种，如压力容器、管件接头的螺栓连接等。图10-31所示为压力容器端盖螺栓组连接，设流体压强为 p，螺栓数为 z，则端盖周围每个螺栓平均承受的轴向工作载荷为：

$$F=\frac{p\pi D^2}{4z}$$

螺栓被拧紧后，螺栓受预紧力 F_0 的作用而被拉伸，同时，被连接件受预紧压力 F_0 的作用而产生压缩变形。当螺栓受到轴向外载荷（由压力容器内压力而引起）F 的作用时，螺栓伸长量增加，被连接件随着螺栓的伸长而压缩变形量减小，根据变形协调条件，螺栓伸长的增加量等于被连接件压缩变形的减少量。此时被连接件受到的压缩力将减小为 F'_0，称为“残余预紧力”；螺栓受的轴向总拉力 F_Q 为其所受的工作载荷 F 与残余预紧力 F'_0 之和，即：

$$F_Q=F+F_0' \tag{10-13}$$

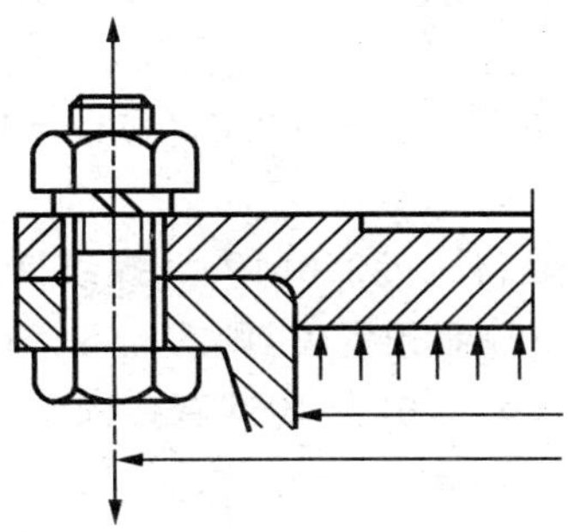

图 10-31　压力容器端盖的紧螺栓组连接

为保证连接的紧密性，防止受载后连接接合面产生缝隙，残余预紧力必须大于零。残余预紧力 F'_0 的推荐值可参考表 10-4。

表 10-4　　残余预紧力 F'_0 的推荐值

连接性质		残余预紧力 F'_0 的推荐值	连接性质	残余预紧力 F'_0 的推荐值
紧固连接	F 无变化	$(0.2\sim0.6)F$	紧密连接	$(1.5\sim1.8)F$
	F 有变化	$(0.6\sim1.0)F$	地脚螺栓连接	$\geqslant F$

考虑到螺栓扭转剪应力的作用，则螺栓危险截面的强度条件为：

$$\sigma_e=\frac{4\times1.3F_Q}{\pi d_1^2}\leqslant[\sigma] \tag{10-14}$$

螺栓尺寸的设计公式为：

$$d_1\geqslant\sqrt{\frac{4\times1.3F_Q}{\pi[\sigma]}} \tag{10-15}$$

式中各符号的含义同前。

三、螺栓连接计算实例

计算圆柱形压力容器端盖的螺栓连接(见图 10-31)。已知容器内径 $D=200\text{mm}$,容器内流体的工作压强 $p=1.8\text{MPa}$,螺栓数 $z=12$,容器与容器端盖凸缘厚度均为 18mm。拧紧螺母时不控制预紧力。

解题步骤如下:

1. 确定每个螺栓所受的轴向工作载荷 F

$$F=\frac{p\pi D^2}{4z}=\frac{1.8\times\pi\times200^2}{4\times12}=4712(\text{N})$$

2. 计算每个螺栓的总拉力 F_Q

考虑到容器的紧密性要求,取残余预紧力 $F'_0=1.6F$,则由式(10-13)计算螺栓的总拉力为:

$$F_Q=F+F'_0=2.6F=2.6\times4712=12252(\text{N})$$

3. 确定螺栓的公称直径 d

螺栓材料选用 35 号钢,查表得 $\sigma_s=320\text{MPa}$。螺纹连接件的许用应力与连接类型有关,如表 10-5 所示。若装配时不控制预紧力,则螺栓的许用应力与螺栓的直径有关,故采用试算法。试选螺栓直径 $d=16\text{mm}$,由表 10-6 查得安全系数 $s=3$,则许用应力为:

$$[\sigma]=\frac{\sigma_s}{s}=\frac{320}{3}=106.7(\text{MPa})$$

由式(10-15)计算螺栓的小径 d_1:

$$d_1\geqslant\sqrt{\frac{4\times1.3F_Q}{\pi[\sigma]}}=\sqrt{\frac{4\times1.3\times12252}{\pi\times106.7}}=13.786(\text{mm})$$

根据 d_1 的计算值,查手册得螺杆的大径取标准值 $d=16\text{mm}$,与试选值相符,故适用。

根据容器和容器端盖凸缘厚度及螺母厚度,选取螺栓公称长度为 60mm。其标记为:M16×60　GB 5782—60。

表 10-5　螺纹连接件的许用应力

连接情况	受载情况	许用应力$[\sigma]$和安全系数 s
松连接	轴向静载荷	$[\sigma]=\frac{\sigma_s}{s}$,$s=1.2\sim1.7$(未淬火钢取小值)
紧连接	轴向静载荷	$[\sigma]=\frac{\sigma_s}{s}$。控制预紧力时,$s=1.2\sim1.5$;不控制预紧力时,$s$ 查表 10-6
	横向静载荷	
铰制孔用螺栓连接	横向静载荷	$[\tau]=\sigma_s/2.5$。被连接件为钢时,$[\sigma_p]=[\sigma_s]/1.25$;被连接件为铸铁时,$[\sigma_p]=\sigma_b/(2\sim2.5)$
	横向变载荷	$[\tau]=\sigma_s/(3.5\sim5)$。$[\sigma_p]$按静载荷的$[\sigma_p]$值降低 20%～30%计算

表 10-6 紧螺栓连接时的安全系数(不控制预紧力)

材料	静载荷			变载荷	
	M6～M16	M16～M30	M30～M60	M6～M16	M16～M30
碳素钢	4～3	3～2	2～1.3	10～6.5	6.5
合金钢	5～4	4～2.5	2.5	7.5～5	5

四、提高螺栓连接强度的措施

螺栓连接的强度主要取决于螺栓的强度。影响螺栓强度的因素很多，有材料、结构、尺寸参数、制造工艺、制造精度等级、装配质量等。螺栓连接强度的提高主要从以下几个方面考虑：

(一)改善螺纹牙上的载荷分布

不论螺栓连接的具体结构如何，螺栓所受的总拉力 F_Q 都是通过螺栓和螺母的螺纹牙面相接触来传递的。当连接受载时，螺栓受拉伸，外螺纹的螺距增大；而螺母受压缩，内螺纹的螺距减小。由于螺栓和螺母的刚度及变形性质不同，即使制造和装配都很精确，各圈螺纹牙上的受力也不同。其中以螺纹旋合的第一圈受力最大，以后各圈递减。旋合螺纹间的载荷分布，如图 10-32(a)所示。实验证明，约有 1/3 的载荷集中在第一圈上，第八圈以后的螺纹牙几乎不承受载荷，而且旋合圈数越多，载荷分布不均的程度就越显著。因此，采用螺纹牙圈数过多的加厚螺母，并不能提高连接的强度。为了改善螺纹牙上的载荷分布，常采用悬置螺母、环槽螺母、内斜螺母和钢丝螺套等结构。

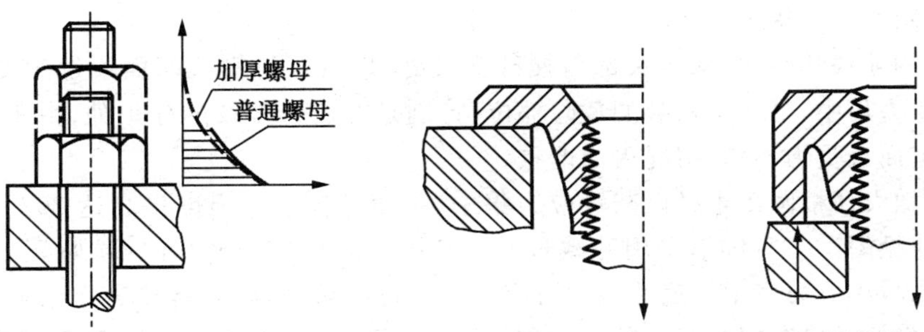

(a)旋合螺母的载荷分布　(b)悬置螺母　(c)环槽螺母

图 10-32 改善螺纹牙上的载荷分布

图 10-32(b)为悬置螺母，螺母的旋合部分与螺栓同时受拉，从而减小两者的螺距变化差，使螺纹牙上的载荷分布趋于均匀。图 10-32(c)为环槽螺母，这种结构可以使螺母内缘下端(螺栓旋入端)局部受拉，其作用和悬置螺母相似，但其载荷均布的效果不及悬置螺母。

内斜螺母下端(螺栓旋入端)受力大的几圈螺纹处制成 10°～15°的斜角，使刚性减小，受载后易变形，载荷向上面几圈螺纹转移，使各圈载荷分布趋于均匀。钢丝螺套主要用来旋入轻合金的螺纹孔内，旋入后将安装柄根在缺口处折断，然后旋上螺栓。因它具有一定的弹性，可以起到均载和减振的作用，故能显著提高螺纹连接件的疲劳强度。

上述特殊结构的螺母，由于加工比较复杂，所以只限于重要或大型连接上使用。

（二）提高螺栓的疲劳强度

根据理论与实践可知，受轴向变载荷的紧螺栓连接，在最小应力不变的条件下，应力幅越小，则螺栓越不容易发生疲劳破坏，连接的可靠性越高。在保持预紧力 F_0 不变的条件下，若减小螺栓刚度或增大被连接件刚度，都可以达到减小总拉力 F_Q 的变动范围（即减小应力幅）的目的。但同时需适当增大预紧力，以保证连接的密封性。

减小螺栓刚度的措施有：适当增大螺栓的长度；部分减小螺栓杆直径，如图 10-33(a)所示；做成中空的柔性螺栓结构，如图 10-33(b)所示，柔性螺栓受力时变形大，吸收能量作用强，也适于承受冲击和振动；以及在螺母下面安装弹性元件等。为了增大被连接件的刚度，不宜采用刚度小的垫片。对于需要保持紧密性的连接，从增大被连接件的刚度的角度考虑，采用刚度较大的金属垫片或密封环，比软垫片好，分别如图 10-34(a)和(b)所示。

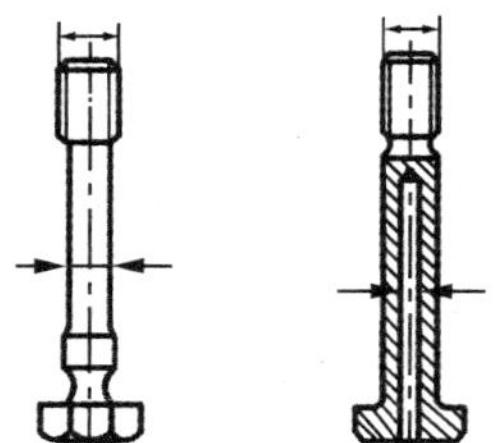

(a) (b)

图 10-33 减小螺栓刚度的措施

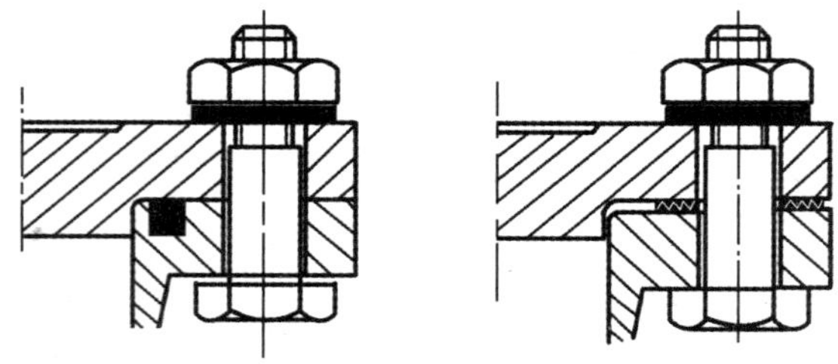

(a) (b)

图 10-34 金属垫片与密封环密封

（三）减小应力集中

螺纹的牙根和收尾、螺栓头部与栓杆交接处，以及螺栓横截面面积发生变化的部位等，都有应力集中，是产生断裂的危险部位；特别是在旋合螺纹的牙根处，由于栓杆拉伸，牙受弯剪，而且受力不均，情况更为严重。

适当加大牙根圆角半径以减轻应力集中，可使螺栓疲劳强度提高达 20%～40%；切制卸载槽[见图 10-35(b)]，采用卸载过渡圆弧[见图 10-35(c)]，在螺纹收尾处用退刀槽等，都可以减小应力集中。尺寸因素对应力集中也有影响，随着螺栓直径增大，材料的疲劳强度将降低。确定螺栓组螺栓数目时，采用直径较小、数目较多的螺栓与采用直径较大、数目较少的螺栓相比，前者更为有利。

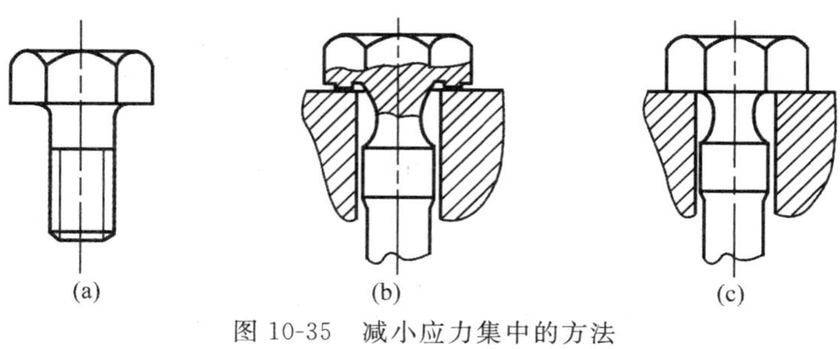

(a) (b) (c)

图 10-35 减小应力集中的方法

（四）避免附加应力

由于制造误差、支承表面不平或被连接件刚度小等原因，将在螺栓中产生附加弯曲应力。这对螺栓的疲劳强度有较大影响。为了减小附加弯曲应力，要从结构、制造和装配等方面采取措施。在铸、锻件等的粗糙表面上安装螺栓时，采用凸台或沉头座等结构，经切削加工后获得平整的支承面。

设计时避免采用斜支承面，必要时可配置斜面垫圈、球面垫圈等以防止螺栓轴线偏斜。此外，提高装配精度，增大螺纹预留长度，采用细长螺栓等，均可减小附加应力。

（五）采用合理的制造工艺

制造工艺对螺栓的疲劳强度也有很大影响，高强度钢制螺栓更为显著。采用冷墩螺栓头部和滚压螺纹的工艺方法，螺栓表面的纤维分布合理，其疲劳强度可比车制螺纹高约30%；如果热处理后再滚压螺纹，其疲劳强度可提高70%～100%。另外，氰化、渗氮、喷丸处理等都是提高螺栓疲劳强度的有效方法。

职业能力训练

训练目标

通过完成本任务，熟练掌握螺纹连接的强度计算方法。

工作流程

分析被连接件的工作条件→选择螺纹连接的类型→确定结构方案→计算螺纹连接强度→验证选用的螺纹是否合格。

实施步骤

1. 分析工作条件

钻床工作时受到冲击载荷。底座的连接面为方形，立柱与工作台面的连接面为圆形。

2. 选择螺纹连接的类型

选用常用的螺栓连接。

3. 结构方案

在工作台面的圆周上均匀分布4～6个螺纹孔。

4. 标准件选用

M8的六角螺栓4～6个，垫片4～6片。

5. 强度计算并验证

（1）确定每个螺栓所受的轴向工作载荷

$$F=4800/4=1200(\mathrm{N})$$

（2）计算每个螺栓的总拉力 F_Q

取残余预紧力 $F'_0=1.5F$，则由式(10-13)计算螺栓的总拉力为：

$$F_Q=F+1.5F=2.5F=3000(\mathrm{N})$$

(3)确定螺栓的公称直径 d

螺栓材料选用 35 号钢,查表得 $\sigma_s=320$MPa。螺纹连接件的许用应力与连接类型有关,如表 10-5 所示。若装配时不控制预紧力,则螺栓的许用应力与螺栓的直径有关,故采用试算法。试选螺栓直径 $d=8$mm,由表 10-6 查得安全系数 $s=3$,则许用应力为:

$$[\sigma]=\frac{\sigma_s}{s}=\frac{320}{3}=106.7(\text{MPa})$$

由式(10-15)计算螺栓的小径 $d_1\geqslant 6.8$mm。

根据 d_1 的计算值,查手册得螺杆的大径取标准值 $d=8$mm,与试选值相符,故适用。

根据连接盘厚度及螺母厚度,选取螺栓公称长度为 30mm。其标记为:M8×30 GB 5782—86。

注意事项

1. 螺栓的个数应视接合面的大小而定。
2. 区分松螺栓与紧螺栓连接的公式运用;结构与螺纹连接确定后要有防松的方法。

任务四　螺旋传动的认识

任务描述

认识螺旋传动的组成、类型、应用及运动方式。

知识准备

螺旋传动由螺杆、螺母和机架组成,其主要功能是把回转运动变换为直线运动,同时传递运动和动力,是机械设备和仪器仪表中广泛使用的一种传动机构。

一、螺旋传动的类型及应用

按使用要求不同,螺旋传动可分为三种类型:

(一)传力螺旋

以传递动力为主,要求用较小的力矩转动螺杆(螺母)而使螺母(螺杆)产生轴向运动和较大的轴向力。通常为间歇性工作并要求自锁,工作速度不大,广泛应用于各种起重或加压装置中,如螺旋千斤顶[见图 10-36(a)]和螺旋压力机[见图 10-36(b)]等。

(二)传导螺旋

以传递运动为主,并要求有较高的运动精度和速度且能较长时间连续工作,常用作机床刀架或工作台的进给机构,如图 10-36(c)所示。

(三)调整螺旋

用于调整并固定零部件之间的相互位置。调整螺旋不经常转动,一般在空载下进行调整，如机床、仪器和测量装置中微调机构的螺旋。

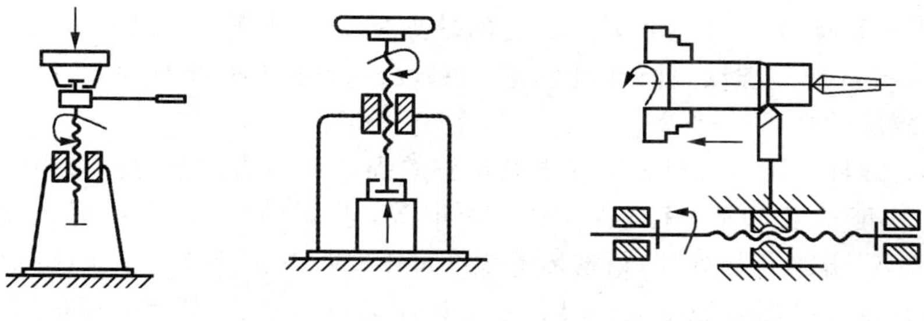

(a)螺旋千斤顶　(b)螺旋压力机　(c)进给机构

图 10-36　螺旋传动

根据螺旋副的摩擦性质，螺旋传动又可分为滑动螺旋（滑动摩擦）、滚动螺旋（滚动摩擦）和静压螺旋（流体摩擦）。其中滑动螺旋应用最广。

二、螺旋传动的运动方式及运动关系

螺旋传动的运动方式有四种：①螺母固定不动，螺杆转动并往复移动；②螺杆转动，螺母做直线运动；③螺母旋转并沿螺杆做直线移动，螺杆固定不动；④螺母转动，螺杆做直线移动。螺杆和螺母之间的运动关系为：

$$v=\frac{nS}{60} \tag{10-16}$$

式中：n——螺杆转速，r/min；

S——螺旋副的导程，mm；

v——螺母相对螺杆的移动速度，mm/s。

（一）滑动螺旋传动

1. 滑动螺旋的结构

滑动螺旋的螺杆和螺母做相对运动时，螺旋副中产生滑动摩擦。

滑动螺旋传动的工作刚度与精度等和支承结构有直接关系。当螺杆短而粗且垂直布置时，如起重及加压装置的传力螺旋，可以利用螺母本身作为支承；当螺杆细长且水平布置时，如机床的丝杠等，应在螺杆两端或中间附加支承，以提高螺杆的工作刚度。螺杆的支承结构和轴的支承结构基本相同，可参看其他项目有关内容。

螺母的结构有整体螺母、组合螺母和剖分螺母等形式。整体螺母结构简单，但由于磨损而产生的轴向间隙不能补偿，只适合在精度要求较低的螺旋中使用。

对于经常双向传动的传导螺旋，为了消除轴向间隙和补偿旋合螺纹的磨损，避免反向传动时的空行程，常采用组合螺母或剖分螺母。

滑动螺旋采用的螺纹类型有矩形、梯形和锯齿形，其中以梯形和锯齿形螺纹应用较广。螺杆常用右旋螺纹，只有在某些特殊的场合，如车床进给丝杠，为了符合操作习惯，才采用左旋螺纹。传力螺旋和调整螺旋要求自锁时，采用单线螺纹。对于传导螺旋，为了提高其传动效率及直线运动速度，可采用多线螺纹(线数 $n=3\sim4$，甚至更多)。

滑动螺旋结构简单，加工方便，易于自锁，运动准确性高，降速比大，可传递很大的轴向力，运转平稳无噪声，所以应用较广。它的缺点是工作时滑动摩擦阻力大，传动效率低(一般为 30%～40%)，螺纹表面磨损快，传动精度低，低速时有爬行现象。

2. 滑动螺旋的常用材料

滑动螺旋螺杆和螺母的材料除要求有足够的强度和耐磨性外，还要求两者配合时摩擦系数小。一般螺杆可选用 Q275、45、50 钢等；重要的螺杆可采用 65Mn、40Cr 或 20CrMnTi 钢等，并进行热处理；精密传动螺杆可用 9MnV、CrWMn、38CrMoAl 钢等。螺母常用材料有铸造锡青铜 ZCuSn10Pb1、ZCuSn5Pb5Zn5；重载、低速时可选用铸造铝青铜 ZCuAl10Fe3；低速轻载时也可用耐磨铸铁。尺寸大的螺母可用钢或铸铁作外套，内部浇铸青铜，高速螺母可浇铸轴承合金。

(二)滚动螺旋传动

在螺杆和螺母之间设有封闭螺纹滚道，滚道间充以适量钢珠，转动时钢珠为中间滚动体，沿螺纹滚道滚动，使螺杆和螺母的相对运动成为滚动摩擦，提高了螺旋副的传动效率，这种螺旋传动称为“滚动螺旋”或“滚珠丝杠”，如图 10-37 所示。

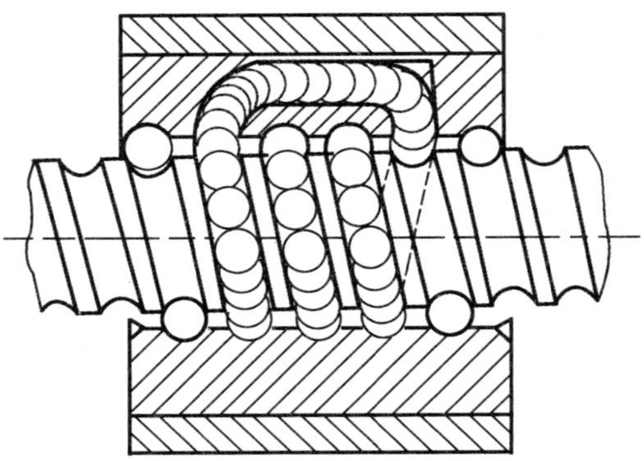

图 10-37　滚动螺旋传动

滚动螺旋按滚道回路形式的不同，分为内循环和外循环两种。钢珠在回路过程中离开螺旋表面的称为“外循环”，钢珠在整个循环过程中始终不脱离螺旋表面的称为“内循环”。

滚动螺旋传动的主要优点有：

(1)摩擦损失小，传动效率高，启动力矩小，摩擦阻力稳定，速度对摩擦系数影响很小，传动灵敏平稳。

(2)磨损很小，工作寿命长。

(3)可以通过预紧完全消除间隙和增大轴向刚度，传动精度高。

(4)滚动螺旋逆传动效率接近正传动，可用于把直线运动转换为旋转运动。

滚动螺旋传动的主要缺点有：

(1)结构复杂，制造困难，成本较高。

(2)不自锁，对要求自锁的场合，需另加制动装置，结构复杂。

(3)承载能力较滑动螺旋小。

滚动螺旋目前在机床、汽车、拖拉机、航空、航天及武器等制造业中得到了广泛应用。

(三)静压螺旋传动

静压螺旋利用液压泵供给压力油,使螺杆与螺母表面被一层油膜分离,当螺杆或螺母转动时,产生液体摩擦。

静压螺旋的摩擦阻力小,传动效率高,并具有较好的刚性和抗振性能,但结构较复杂,制造困难,成本高,应用于高精度、高效率的重要传动场合,如数控、精密机床、测试装置或自动控制系统中的螺旋传动等。

同步测试

10.1 常用螺纹按牙型分为哪几种?各有何特点?各适用于什么场合?

10.2 简述螺栓连接、双头螺柱连接和螺钉连接的使用场合和特点。

10.3 举出常见连接所用的螺纹类型。

10.4 简述 M16×60 的含义。

10.5 在螺栓连接中,有时在一个螺栓上采用双螺母,其目的是什么?

10.6 在受轴向变载荷作用的紧螺栓连接中,为提高螺栓的疲劳强度,采取的措施是什么?

10.7 在螺栓连接设计中,若被连接件为铸件,则有时在螺栓孔处制作沉头座或凸台,其目的是什么?

10.8 简述普通螺栓与铰制孔用螺栓在结构和应用中的异同。

10.9 某调整螺纹采用双线的粗牙螺纹,螺距为 3mm,为使螺母相对螺杆轴向移动 12mm,螺杆应转几圈?

10.10 三角形螺纹已具备自锁条件,为什么螺纹连接还需要防松?螺纹连接的防松方法可分为哪几类?试举例说明。

10.11 查手册确定下列各螺栓的尺寸。

用 M16 的六角螺栓(GB 5782—86),连接两块厚度各为 30mm 的板件,两块板件上钻直径 17mm 的通孔,采用弹簧垫圈防松(GB 93—87)。

10.12 某刚性凸缘联轴器,采用六只铰制孔螺栓连接,螺栓中心圆的直径是 300mm,轴传递扭矩是 300N·m,试计算作用在每个螺栓上的力。螺栓材料为 45 号钢。

10.13 举例说明螺旋传动的应用。

10.14 在螺纹连接的结构设计中,一般应考虑哪几个方面?

10.15 液压缸内径 $D=200$mm,工作时油压 $p=1.8$MPa,液压缸盖与缸体用 12 个普通螺栓连接,试确定螺栓的直径。

项目十一　轴和轴毂连接

知识目标

◆了解轴的功用、类型、常用材料及性能。
◆了解轴毂连接的基本类型及其特点与应用。
◆掌握轴的结构设计、轴上零件的轴向和周向定位方法。
◆掌握轴的强度计算方法。
◆掌握轴的刚度概念及刚度条件。
◆掌握平键连接的尺寸选择和强度校核方法。

能力目标

◆能够根据具体要求合理确定轴的形状和尺寸。
◆能够合理确定键的类型和尺寸并能够对平键连接进行必要的强度校核。
◆能够正确完成轴上零件的拆卸与组装。

引导案例

轴是组成机器的重要零件之一，用途极广，类型很多。其主要功用是支承机器中做回转运动的零件并传递运动和动力。例如带轮、齿轮、联轴器和离合器等都必须用轴来支承，如图 11-1 所示。此外，轴还传送运动和扭矩。轴的设计既要满足强度、刚度等条件，结构设计上还必须满足一系列的要求，如轴上零件的轴向、周向定位与固定等。

通过本项目的学习，要求学生熟悉轴及轴毂连接的基本知识，掌握轴的结构设计和强度计算的基本理论和方法，能够根据具体要求合理确定轴的形状和尺寸，能够合理确定键的类型和尺寸并进行必要的强度校核，能够正确完成轴上零件的拆卸与组装。

(a)齿轮轴

(b)传动轴

图 11-1　齿轮轴与传动轴

任务一 轴的结构设计与轴毂连接

任务描述

图 11-2 所示的齿轮轴在设计上存在哪些问题？请指出问题所在。

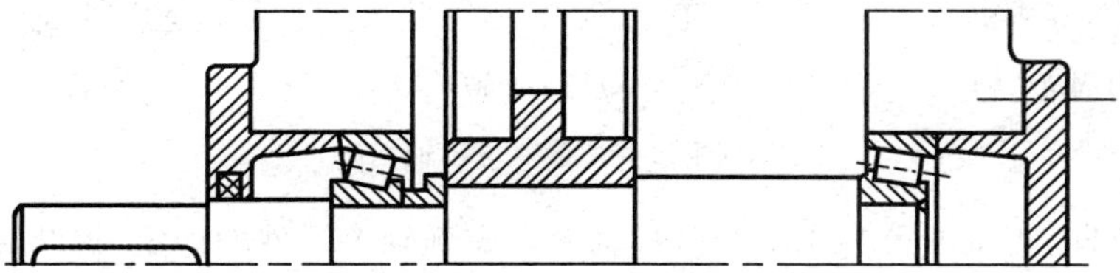

图 11-2 某齿轮轴结构简图

知识准备

一、轴的结构设计

（一）轴的分类

按轴线形状不同，轴可分为直轴、曲轴和挠性轴，如图 11-3 所示。其中，直轴广泛用于轴间平行传动（如减速器轴）和跨距较大的刚性传动（如汽车、轴流式通风机的传动轴）；曲轴是回转与往复运动转换机构中的专用零件（如内燃机、空压机的主轴）；挠性轴用于相互偏离、倾斜或移动的轴间传动，多用在远距离控制和仪表传动中。

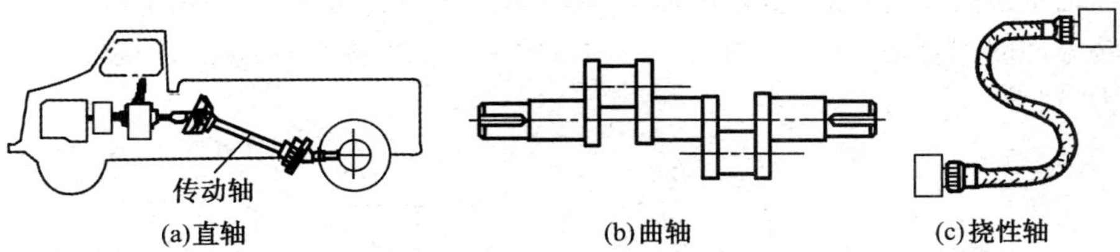

图 11-3 直轴、曲轴和挠性轴

按承受的载荷性质，轴可分为心轴、传动轴和转轴。

1. 心轴

心轴工作时只承受弯矩，不承受扭矩，主要用于支承回转零件，如车辆轴和滑轮轴。心轴又可分为固定心轴[见图 11-4(a)]和转动心轴[见图 11-4(b)]。

2. 传动轴

传动轴工作时只承受扭矩，不承受弯矩或承受很小的弯矩，主要用于传递转矩，如图 11-1(b)所示的汽车变速器与后桥之间的传动轴。

3. 转轴

转轴工作时同时承受弯矩和扭矩，既支承零件又传递转矩。转轴在各类机械中最为常见，如图 11-4(c)所示。

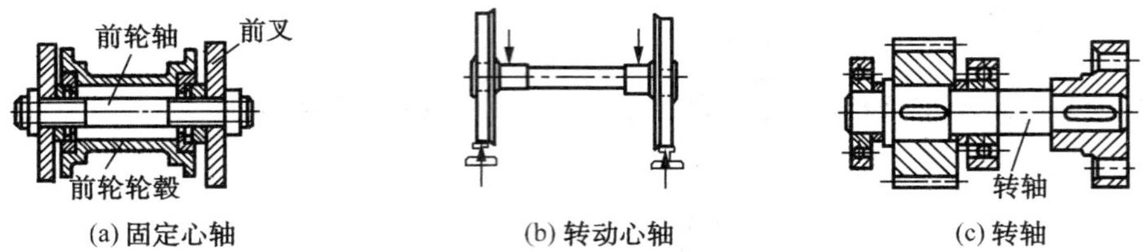

图 11-4　心轴与转轴

按外形不同，直轴又分为光轴和阶梯轴。考虑到轴上零件的固定、拆装和不同轴段的加工要求不同等因素，直轴通常制造成截面直径不等的阶梯轴。阶梯轴一般按等强度原则设计，两端细，中间粗，在机械中应用最为广泛，如图 11-5 所示。光轴各处截面直径相等，最易于加工，应力集中源少，但不便于轴上零件的拆装、固定，主要用于心轴和传动轴。

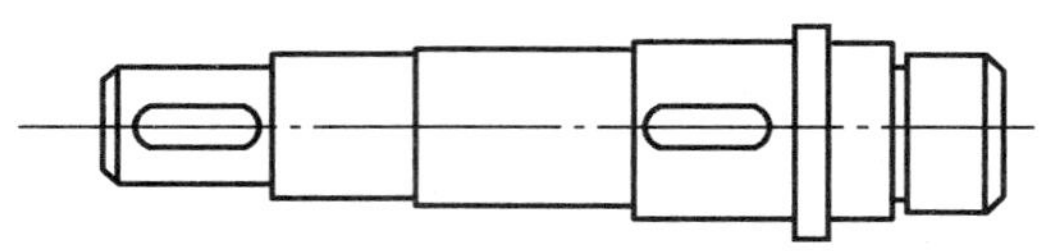

图 11-5　阶梯轴

一般情况下，轴都是实心轴，有时为了减轻质量、提高强度或工作需要(如送料或者作为润滑油通道)，可采用空心轴，如汽车的传动轴和一些机床的主轴。

(二)轴的基本组成

阶梯轴是最典型的轴结构，它由轴头、轴颈和轴身三部分组成。如图 11-6 所示，轴与轴上旋转零件的配合轴段称为“轴头”，与轴承的配合轴段称为“轴颈”，连接轴头与轴颈的轴段称为“轴身”。

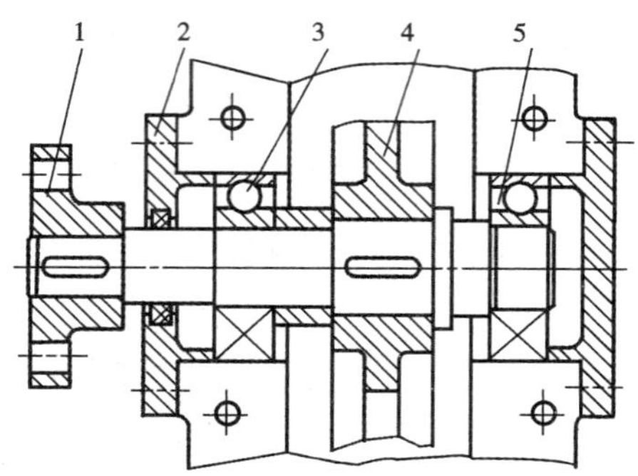

图 11-6　轴的结构

1—联轴器　2—轴承盖　3—轴承Ⅰ　4—齿轮　5—轴承Ⅱ

在确定轴上各部分直径时应注意以下几点：

1. 轴颈处的直径应取轴承的内径标准系列。

2. 轴头处的直径应取与其相配合的零件轮毂内径，并符合直径标准系列。

3. 轴身处的直径可依轴颈直径和轴头直径而定。

4. 轴上螺纹或花键处的直径均应符合螺纹或花键的标准。

（三）轴的结构要求

轴的结构形状和尺寸应尽量满足加工、装配和维修的要求，轴的形状应力求简单，尺寸数尽可能少。

1. 为了使齿轮、轴承等有配合要求的零件拆装方便，并减少配合表面的擦伤，轴大都采用中间轴径大而两端轴径小的阶梯轴，在配合轴段前采用较小的直径。相邻轴段直径突变不宜过大，且要用圆角过渡，同一轴上过渡圆角尽可能一致。

2. 轴上需加工螺纹的轴段应有退刀槽，需磨削的轴段应有砂轮越程槽。如同一轴有多处退刀槽和越程槽时，槽的宽度要尽量一致，如图 11-7 所示。

3. 轴上所有的键槽，应沿轴的同一母线布置，且宽度尽可能相等，如图 11-8 所示。

4. 为便于装配，轴及轴肩端部均应制出 45°倒角，过盈配合轴段的装入端加工出半锥角为 30°的导向锥面，或在同一轴段的两个部位上采用不同的尺寸公差，如图 11-8 所示。

5. 为便于加工，轴上圆角半径、倒角、中心孔等尺寸尽可能一致。

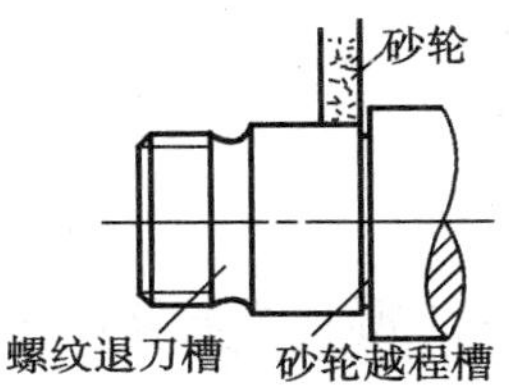

图 11-7　退刀槽和越程槽

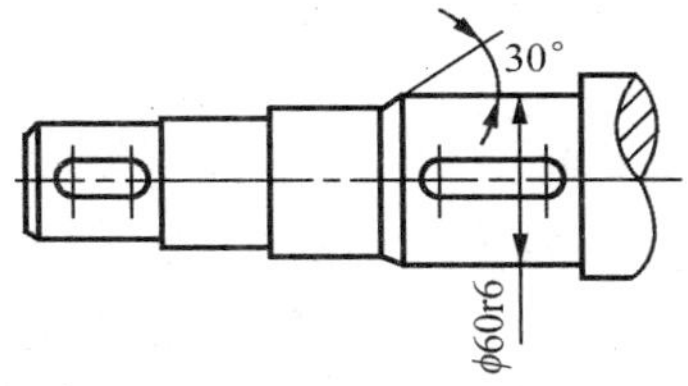

图 11-8　键槽布置在同一母线上

（四）提高轴疲劳强度的措施

轴的结构、制造工艺以及轴上零件的安装布置等对轴的强度有很大的影响，所以应在这些方面进行充分考虑，以提高轴的承载能力，减小轴的尺寸和机器质量，降低制造成本。

1. 改进轴的结构，减小应力集中

轴的截面尺寸发生突变会产生应力集中，轴的疲劳破坏往往发生在此处。为了提高轴的疲劳强度，应尽量减少应力集中源和降低应力集中的程度。为此，轴肩处应采用较大的过渡圆角半径；尽量避免在轴上开横孔、凹槽和加工螺纹；在重要结构中可采用减载槽、内凹圆角、过渡肩环以及在轮毂上车制减载槽等措施，如图 11-9 所示。

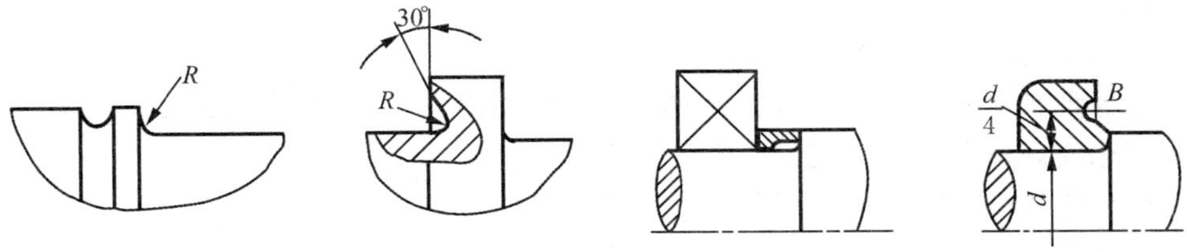

（a）减载槽　（b）内凹圆角　（c）过渡肩环　（d）轮毂减载槽

图 11-9　减小应力集中的措施

2. 采用合理的制造工艺

提高轴的表面质量，降低表面粗糙度，对轴表面采用碾压、喷丸和表面热处理等强化方法，均可显著提高轴的疲劳强度。

3. 合理布置轴上传动零件的位置

当动力由两个轮输出时，应将输入轮布置在两输出轮的中间，以减小轴上的转矩。如在图 11-10 中，输出转矩为 T_1、T_2 且 $T_1 > T_2$，按图 11-10(a)布置时，轴的最大转矩为 T_1；而按图 11-10(b)布置时，轴的最大转矩为 $T_1 + T_2$。

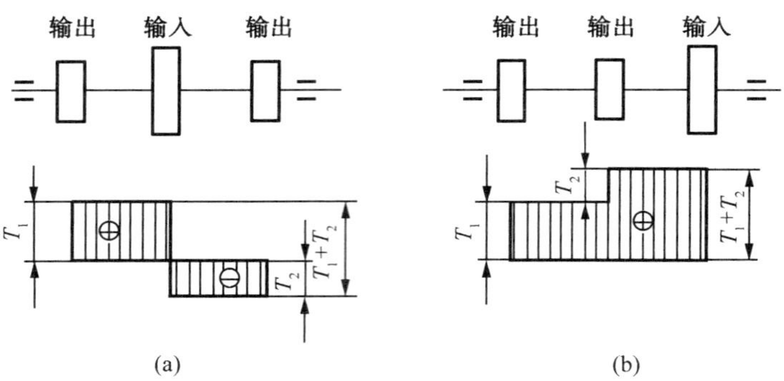

图 11-10　轴上传动零件的布置

4. 合理设计轴上零件的结构

改进轴上零件的结构可减小作用于轴的载荷。图 11-11 所示为卷筒的轮毂结构，图 11-11(a)中卷筒的轮毂孔配合面很长，如把轮毂孔配合面分成两段，如图 11-11(b)所示，将减小轴所受到的弯矩，与此同时还改善了轴孔的配合。

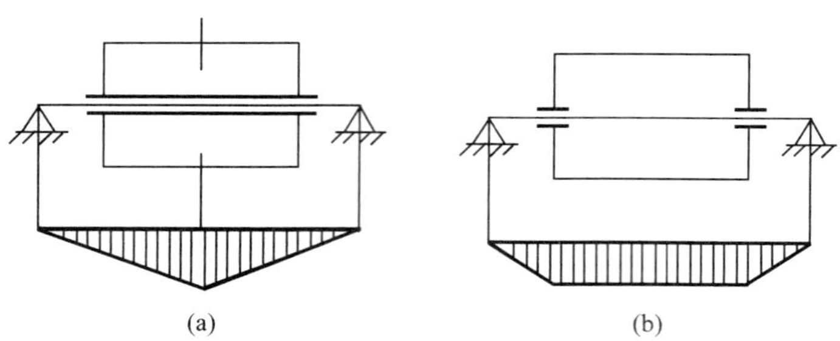

图 11-11　卷筒的轮毂结构

（五）轴上零件的定位和固定

为了保证轴上零件受力时有确定的相对位置而不发生窜动或空转，必须采取一定的结构形式来实现轴上零件的定位与固定。

1. 轴上零件的轴向定位和固定

常用的轴向定位和固定方法有轴肩、轴环、圆螺母、套筒、轴端挡圈、弹性挡圈和紧定螺钉等，其特点和应用如表 11-1 所示。

表 11-1　　常用的轴向定位和固定方法及其特点和应用

轴向定位和固定方法		特点和应用
轴肩	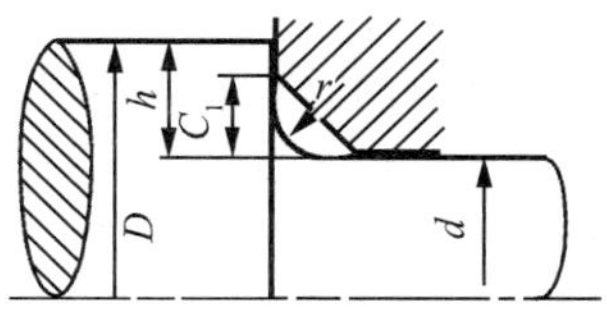	简单可靠。但使轴的直径加大，且轴肩处将因截面突变而引起应力集中，同时轴肩过多时也不利于加工。因此，轴肩定位多用于轴向力较大的场合。为了保证轴上零件能紧靠定位面，轴肩的内圆角半径 r 必须小于轴上零件的外圆角半径 R 或倒角 C_1。即 $r<R$ 或 $r<C_1$。轴肩的高度 h 应较 R 或 C_1 稍大，通常可取：$h=(0.07d+3)\sim(0.1d+5)$mm
轴环	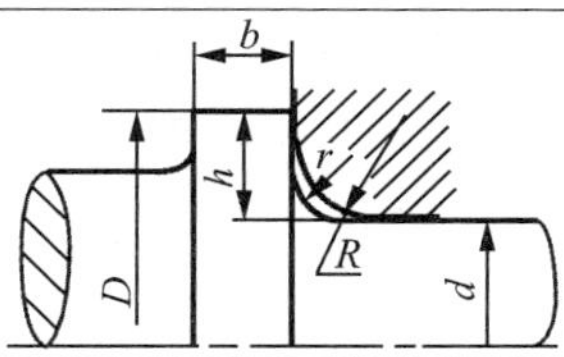	简单可靠。常用于齿轮、轴承的轴向定位。轴环的高度可参照轴肩的高度选取。轴环的宽度 b 通常可取：$b=(0.1\sim0.15)d$ 或 $b\approx1.4h$
圆螺母	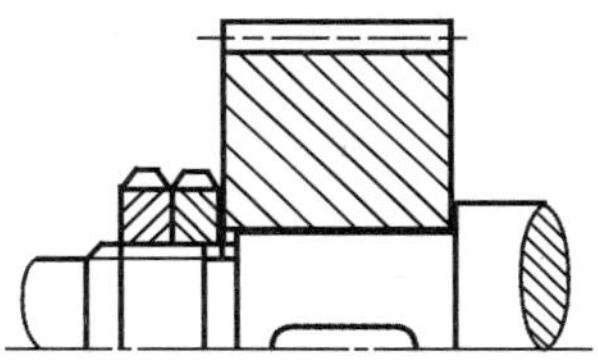	可承受较大的轴向力，但轴上螺纹处有较大的应力集中，会降低轴的疲劳强度。多采用细牙螺纹，有利于防止螺母松动。一般用于轴上两零件间距离较大、不宜使用套筒定位且轴上允许车制螺纹时
套筒	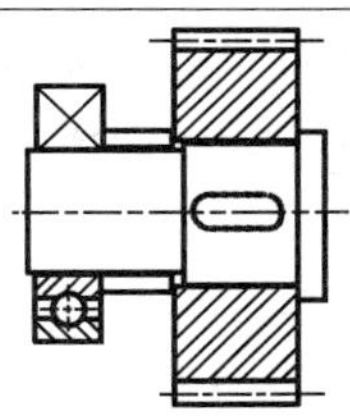	结构简单，定位可靠，轴上不需开槽、钻孔和切制螺纹，因而不影响轴的疲劳强度，但增加了轴的质量。一般用于轴上两个间距不大的零件之间的定位。套筒与轴的配合较松，轴的转速很高时，不宜采用套筒定位
轴端挡圈	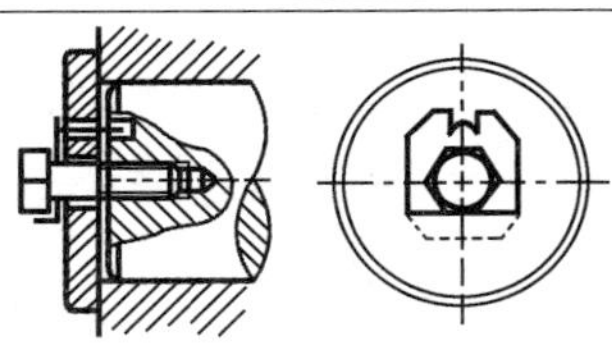	用于轴端零件的轴向固定，常与轴肩或圆锥面联合使用，可承受较大的轴向力
弹性挡圈	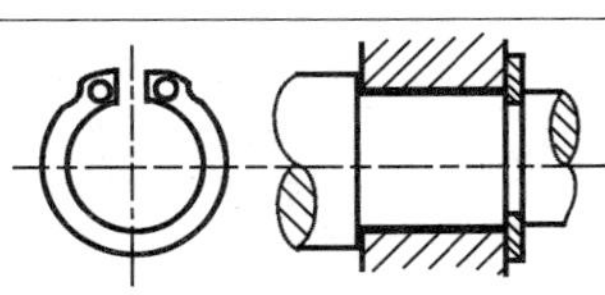	结构简单、紧凑，可承受的轴向力较小。常用于滚动轴承的轴向固定
紧定螺钉	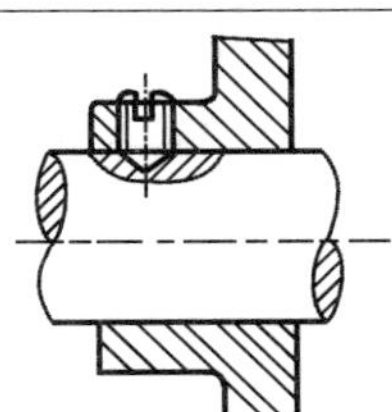	所承受的力很小，只是防止零件偶然与轴产生相对运动，同时具有轴向和周向定位作用，不宜用于高速轴。常用于光轴上零件的定位

采用套筒、轴端挡圈、圆螺母等作轴向固定时，应把安装零件的轴段长度做得比零件轮廓宽度短 2～3mm，以确保套筒、轴端挡圈或圆螺母能紧靠零件端面。另外，对于承受冲击载荷和同心度要求较高的轴端零件，可采用圆锥面定位。

2. 轴上零件的周向定位和固定

周向固定的目的是限制轴毂零件相对轴的转动，以满足机器传递运动和扭矩的要求。常用的周向固定方法有键、花键、过盈配合、紧定螺钉和销钉以及成形连接等，其中以键和花键应用最广。

二、轴毂连接

为了满足制造、安装、维修和运输等方面的要求，在机器中广泛采用各种连接。常用的连接中，键连接、花键连接和销连接以及过盈配合连接主要用于轴和轴上带毂零件之间的连接，属于轴毂连接。

（一）键连接

键是一种标准零件，通常用来实现轴与轮毂之间的周向固定并传递转矩，有的还能实现轴上零件的轴向固定或轴向滑动的导向。键连接主要类型有平键连接、半圆键连接、楔键连接和切向键连接。

1. 平键连接

平键按用途不同可分为普通平键、导向平键和滑键。平键一半安装在轴的键槽内，另一半安装在轮毂的键槽内，键的上表面和轮毂的键槽底面间留有间隙。平键的两侧面是工作面，工作时，靠键同键槽侧面的挤压传递转矩。平键连接结构简单，拆装方便，加工容易，对中性较好，但不能承受轴向力，适用于传动精度要求较高的场合。

（1）普通平键连接

普通平键用于静连接，即轴与轮毂之间无相对轴向移动的连接。按端部形状不同，普通平键分为 A 型（圆头）、B 型（方头）和 C 型（单圆头）三种，如图 11-12 所示。A 型键的键槽用键槽铣刀加工，键在槽中固定良好，但键槽对轴的应力集中影响较大；B 型键的键槽用盘形铣刀加工，轴的应力集中较小；C 型键常用于轴端与毂类零件的连接。

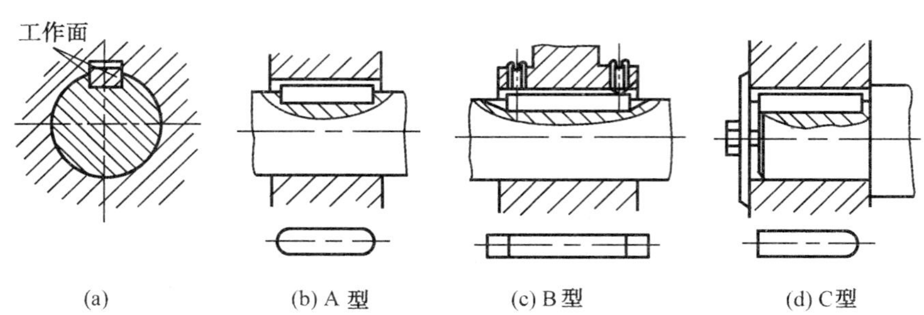

图 11-12　普通平键连接

(2)导向平键和滑键连接

当被连接的毂类零件在工作过程中必须在轴上做轴向移动时(如变速箱中的滑移齿轮),须采用导向平键或滑键。导向平键简称“导键”,如图 11-13 所示,是一种较长的平键,用螺钉固定在轴上的键槽中。当零件需滑移的距离较大时,因所需导向平键的长度过大,制造困难,故宜采用滑键,如图 11-14 所示。滑键固定在轮毂上,轮毂带动滑键在轴上的键槽中做轴向滑移。这样,只需在轴上铣出较长的键槽,而键可以做得较短。

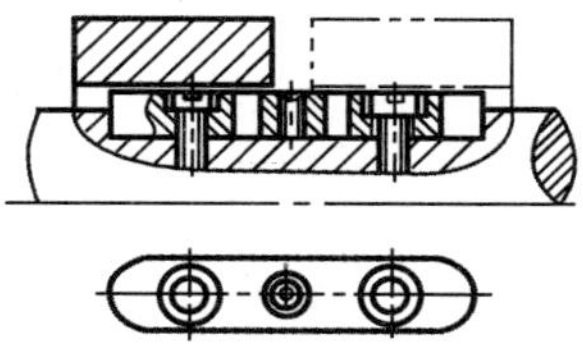

图 11-13 导键连接

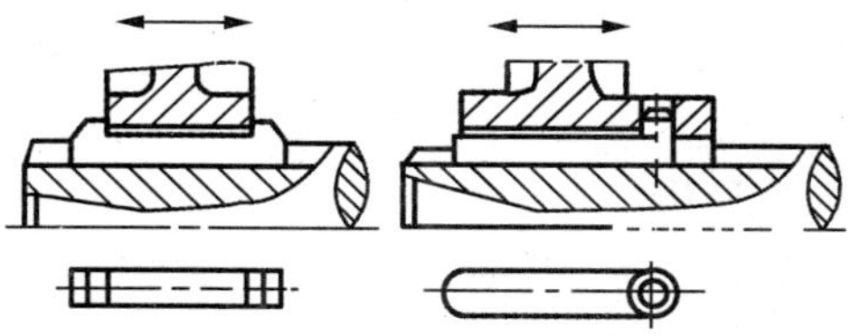

图 11-14 滑键连接

2. 半圆键连接

半圆键用于静连接,其结构如图 11-15 所示。与平键一样,半圆键的两侧面为工作面。半圆键可以在轴的键槽内摆动,自动适应轮毂键槽底部的倾斜,拆装方便,特别适合于锥形轴端的连接。但轴上键槽过深,对轴的强度削弱较大,故常用于轻载场合。

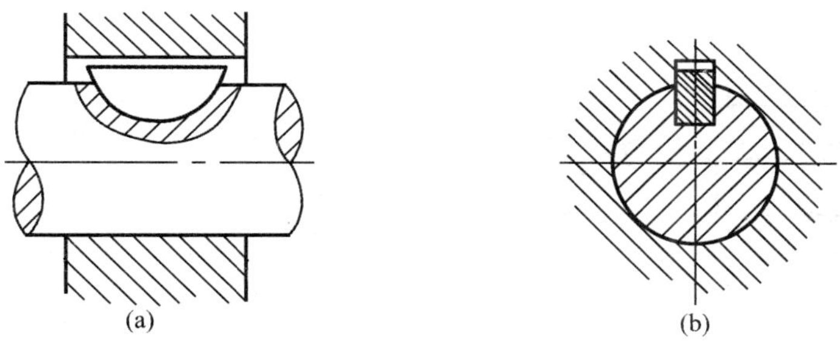

图 11-15 半圆键连接

3. 楔键连接

楔键连接属于紧连接,工作时零件受力,不工作时也受力。楔键连接只能用于静连接,其结构如图11-16所示。楔键的上、下两面为工作面。楔键的上表面和与它相配合的轮毂键槽底面均有 1∶100 的斜度。装配时将楔键打入,使楔键楔紧在轴和轮毂的键槽中,楔键的上、下表面受挤压,工作时靠这个挤压产生的摩擦力传递转矩,同时还可以承受单向的轴向载荷,对轮毂起到单向的轴向固定作用。楔键的侧面与键槽侧面间有很小的间隙,当转矩过载而导致轴与轮毂发生相对转动时,键的侧面能像平键那样参加工作。因此,楔键连接在传递有冲击和振动的较大转矩时,仍能保证连接的可靠性。

楔键分普通楔键和钩头楔键两种。普通楔键有圆头、平头和单圆头三种形式,如图 11-16所示。装配时,圆头楔键要先放入轴上键槽中,然后打紧轮毂;平头、单圆头和钩头楔键则在轮毂装好后才将键放入键槽并打紧。钩头楔键的钩头供拆卸用,安装在轴端时,应注意加装防护罩。

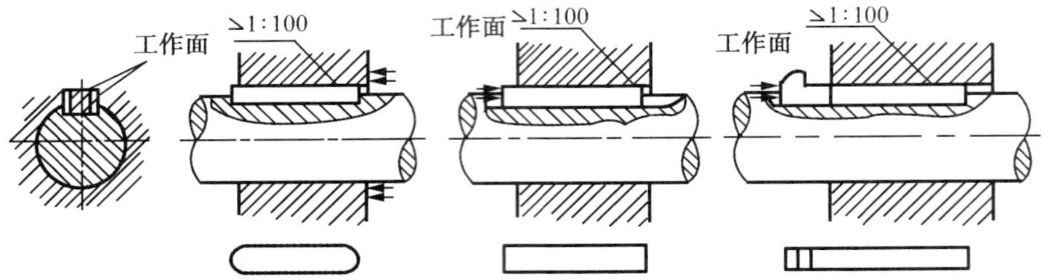

(a)　(b)圆头　(c)平头　(d)钩头

图 11-16　楔键连接

4. 切向键连接

同楔键连接一样，切向键连接属于紧连接，也只能用于静连接，其结构如图 11-17 所示。切向键由一对斜度为 1∶100 的楔键组成。切向键的工作面是由一对楔键沿斜面拼合后相互平行的两个上下面，被连接的轴和轮毂上都制有相应的键槽。装配时，把一对楔键分别从轮毂两端打入，拼合而成的切向键就沿轴的切线方向楔紧在轴与轮毂之间。

工作时，靠工作面上的挤压力来传递转矩。用一个切向键时，只能传递单向转矩；当要传递双向转矩时，必须用两个切向键，两者间的夹角为 120°～130°。由于切向键的键槽对轴的削弱较大，且定心性差，因此常用于轴径大于 100mm、对中性要求不高而载荷很大的重型机械，例如大型带轮、大型飞轮、矿山用大型绞车的卷筒等。

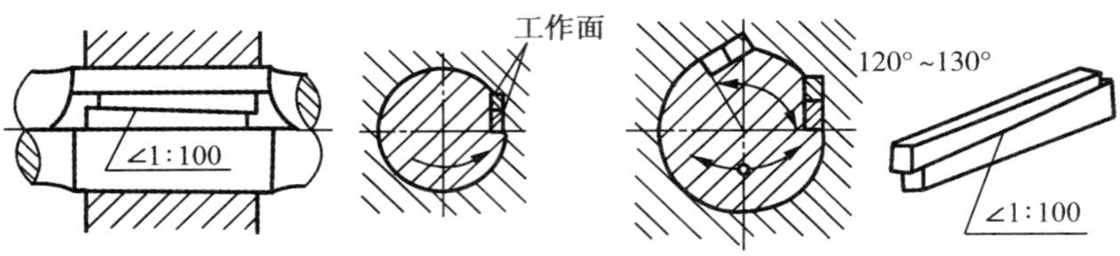

(a)单向传递转矩　(b)双向传递转矩

图 11-17　切向键连接

5. 平键连接的选择和强度校核

(1)平键的选择

键的选择包括类型选择和尺寸选择两个方面。键的类型应根据键连接的结构特点、使用要求和工作条件来选择。键的截面尺寸 $b\times h$ 按轴的直径 d 由标准中选定。键的长度 L 略短于轮毂的长度，并按标准规定的长度系列圆整。普通平键和键槽尺寸如表 11-2 所示。

表 11-2　**普通平键和键槽尺寸**　单位:mm

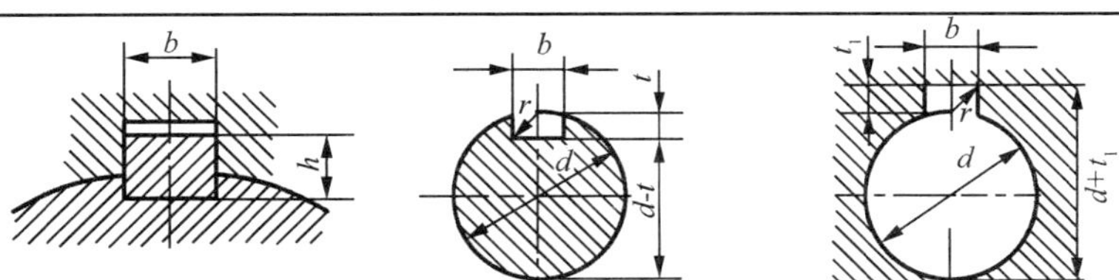

续表

轴的直径 d	键		键槽			
	宽度 b	高度 h	长度 L	轴深度 t	毂深度 t_1	半径 r
>8～10	3	3	6～36	1.8	1.4	0.08～0.16
>10～12	4	4	8～45	2.5	1.8	
>12～17	5	5	10～56	3.0	2.3	0.16～0.25
>17～22	6	6	14～70	3.5	2.8	
>22～30	8	7	18～90	4.0	3.3	
>30～38	10	8	22～110	5.0	3.3	0.25～0.40
>38～44	12	8	28～140	5.0	3.3	
>44～50	14	9	36～160	5.5	3.8	
>50～58	16	10	45～180	6.0	4.3	
>58～65	18	11	50～200	7.0	4.4	
>65～75	20	12	56～220	7.5	4.9	0.40～0.60
>75～85	22	14	63～250	9.0	5.4	
L(系列)	6、8、10、14、16、18、20、22、25、28、32、36、40、45、50、56、63、70…					

注：本表数据摘自 GB/T 1095—2003、GB/T 1096—2003。

(2)平键的强度校核

用于静连接的普通平键连接的主要失效形式是工作面被压溃，用于动连接的导向平键连接和滑键连接的主要失效形式是工作面磨损。

假定载荷在键的工作面上均匀分布，普通平键连接的强度条件为：

$$\sigma_p=\frac{F}{A}=\frac{4T}{hld}\leqslant[\sigma_p] \tag{11-1}$$

导向平键连接和滑键连接的限压条件为：

$$p=\frac{4T}{dhl}\leqslant[p] \tag{11-2}$$

式中：T——传递的转矩($T=F\times d/2$)，N·m；

h——键的高度，mm；

l——键的工作长度(A 型平键 $l=L-b$，B 型平键 $l=L$，C 型平键 $l=L-b/2$，这里 L 为键的名称长度，b 为键的宽度，单位为 mm)，mm；

d——轴的直径，mm；

$[\sigma_p]$——键、轴、轮毂三者中最弱材料的许用挤压应力，MPa；

$[p]$——键、轴、轮毂三者中最弱材料的许用压强，MPa。

键的材料采用抗拉强度不小于 600MPa 的碳素钢，通常为 45 号钢。

如果键强度不够，可适当加长轮毂和键的长度，但键长不宜大于 2.5d。如强度仍不够，可采用双键周向相隔 180°布置，考虑到两键上载荷分配的不均匀性，在强度校核中只按 1.5

个键计算。平键连接的许用强度及压强如表 11-3 所示。

表 11-3　　平键连接的许用强度及压强　　单位：MPa

许用值	轮毂材料	载荷特性		
		静载荷	轻微冲击	冲击
$[\sigma_p]$	钢	125～150	100～120	60～90
	铸铁	70～80	50～60	30～45
$[p]$	钢	50	40	30

（二）花键连接

由于平键连接的承载能力低，轴强度被削弱和应力集中程度都比较严重。为改善这些缺点，将多个平键与轴加工成一体，便形成"花键轴"或称"外花键"，同它配合的便是"花键孔"或称"内花键"，如图 11-18 所示。花键轴和花键孔组成的连接，称为"花键连接"。与平键连接相比，花键连接承载能力强，轴强度被削弱和应力集中程度有所改善，并拥有良好的定心精度和导向性能，适用于定心精度高、载荷大的静连接和动连接。但花键的制造要采用专用设备，成本较高。

花键连接按其齿形不同，有矩形花键、渐开线花键和三角形花键三种。矩形花键的定心方式有小径定心、大径定心和齿侧定心三种方式，应用较广。渐开线花键键齿的根部强度高，应力集中小，齿上的径向力能起到自动定心作用，有利于各齿均匀承载，适宜于传递转矩较大且轴径也较大的场合；三角形花键齿细小而多，适用于薄壁零件的连接。

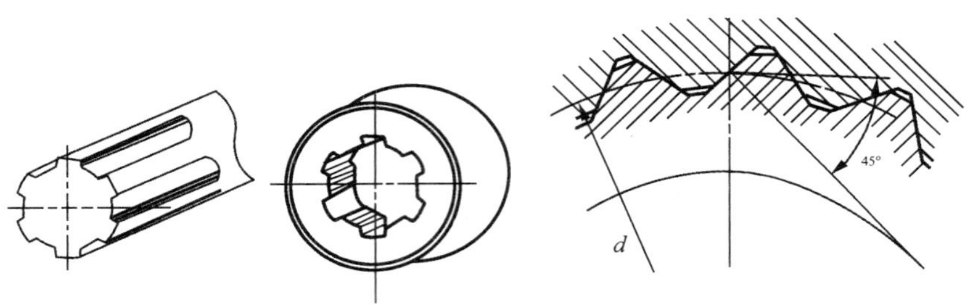

(a)矩形花键　　(b)渐开线花键

图 11-18　花键连接

（三）销连接

销的主要用途是固定零件之间的相对位置，也用于轴和轮毂的连接或其他零件的连接，既起轴向定位和固定作用，同时又起周向定位和固定作用，通常只传递不大的载荷。销还可以用于安全装置中作为过载剪断元件，称为"安全销"，如图 11-19 所示。

销连接对轴引起较大的应力集中，通常用于轴端零件的定位。为保证销与轴及轮毂上的销孔配合良好，应对轴及轮毂上的销孔配钻并配铰。

销的形式较多，有圆柱销、圆锥销及其他特殊形式的销等，如图 11-20 所示。圆柱销用于不常拆卸的场合，圆锥销用于经常拆卸的场合。

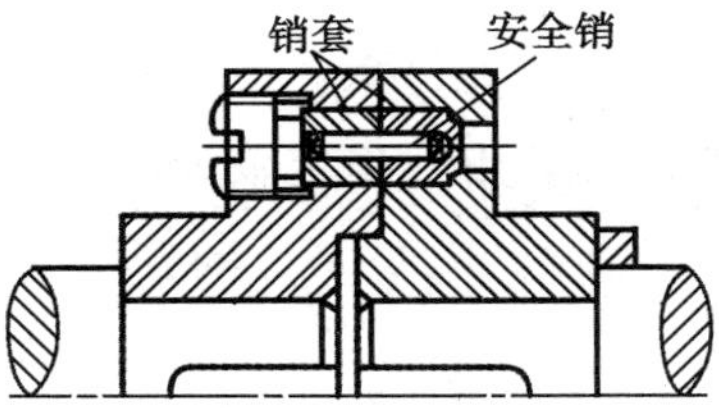

图 11-19 安全销

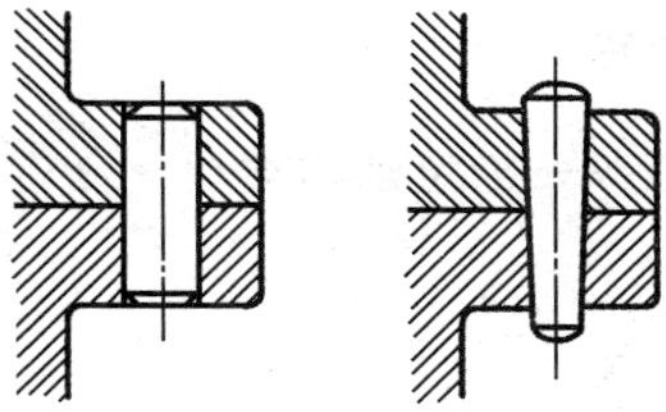

(a)圆柱销 (b)圆锥销

图 11-20 圆柱销与圆锥销

(四)过盈配合连接

过盈配合连接是利用零件间的过盈配合来实现的,这种连接又称"干涉配合连接"或"紧配合连接"。

过盈配合连接主要用于轴与毂的连接、轮圈与轮芯的连接以及滚动轴承内圈与轴的连接等。轴与孔过盈配合时配合表面上产生正压力,依靠此正压力产生的摩擦力可传递载荷。这种连接既能实现轴上零件的周向固定以传递转矩,又能实现轴向固定以传递轴向力,如图 11-21 所示。

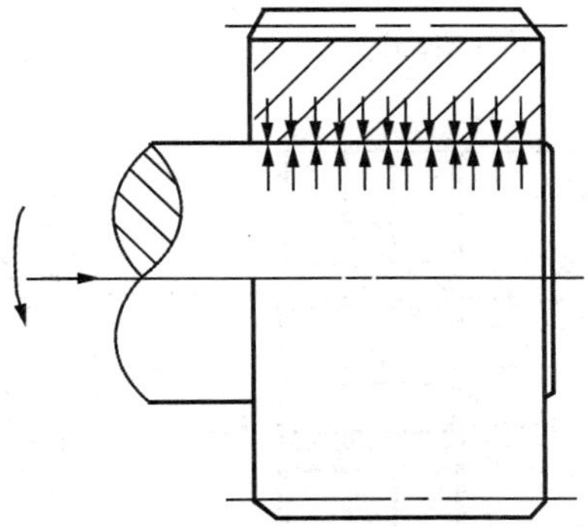

图 11-21 过盈配合连接

过盈配合连接结构简单,定向性好,对轴的削弱小,承载能力较大并能承受振动和冲击,但由于连接的承受能力直接取决于过盈量的大小,故对配合面加工精度要求较高,拆装比较困难。

过盈配合连接的装配方法有压入法和温差法。当过盈量和配合尺寸较小时,采用在常温下直接压入法装配;当过盈量和配合尺寸较大时,采用温差法进行装配。

职业能力训练

训练目标

通过完成本任务,掌握轴的结构设计与轴毂连接的基本知识,能根据实际工况及零部件位置合理地进行轴的设计。

工作流程

分析任务→确定轴的类型→分析轴上零部件及其功用→确定轴设计的合理性→检查、评价。

实施步骤

1. 通过任务分析，确定该轴为减速器中的齿轮轴，该轴在工作过程中既承受转矩又承受弯矩，故为转轴。

2. 根据轴的设计，轴上零件拆装的方便性，轴向、周向定位以及密封等要求，发现任务图纸中齿轮轴在设计时存在以下问题：

①固定轴肩端面与轴承盖的轴向间距太小，应加大此处轴段的长度。

②轴承盖与轴之间应有间隙，此处应减小轴的直径或更换内孔直径大的端盖。

③轴承内环和套筒装不上，也拆不下来，应增大此处轴直径。

④齿轮无轴向定位，此处应加键槽。

⑤齿轮左侧轴向定位不紧，与轮毂相配的轴段长度应小于轮毂长。

⑥轴肩太高，致使与之相配的轴承内圈无法拆卸，应加大最右侧轴段直径。

修改后的轴如图 11-22 所示（下半部分）。

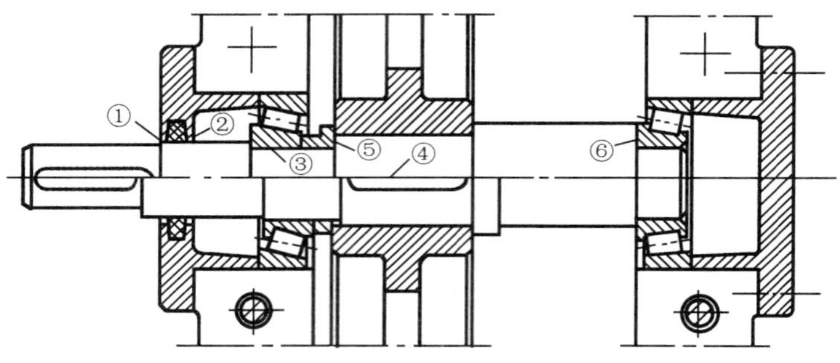

图 11-22

任务二　轴的设计与计算

任务描述

试设计图 11-23 所示单级斜齿圆柱齿轮减速器的输出轴。已知轴的输出功率 $P=7\text{kW}$，转速为 $n=200\text{r/min}$，齿轮分度圆直径 $d=356\text{mm}$，作用在齿轮上的圆周力 $F_t=2656\text{N}$，径向力 $F_r=985\text{N}$，轴向力 $F_a=522\text{N}$，轴承采用圆锥滚子轴承，轮毂宽度 $B=70\text{mm}$，轴承跨度 $l=141\text{mm}$，工作时为单向转动。

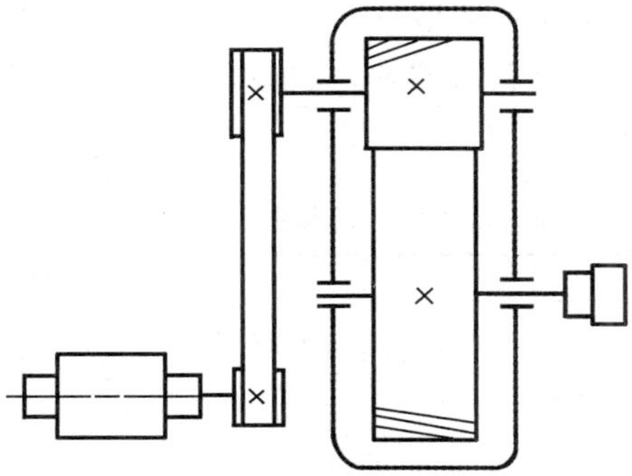

图 11-23 单级斜齿圆柱齿轮减速器

知识准备

一、轴的设计步骤及基本要求

轴的设计一般应解决轴的结构和承载能力两方面的问题，其设计步骤一般为：

(1)选择轴的材料。

(2)初步估算轴的直径。

(3)进行轴的结构设计，根据需要确定各轴段的长度和直径以及圆角、倒角、退刀槽等。

(4)校核轴的强度、刚度等。

(5)绘制零件图。

轴结构设计的基本要求有：

(1)轴和轴上零件有准确的定位和固定。

(2)轴上零件便于调整和拆装。

(3)具有良好的加工工艺性。

(4)形状、尺寸应尽量减小应力集中。

二、轴的材料

在轴的设计中，首先要选择合适的材料，选择时应主要考虑以下因素：轴的强度、刚度及耐磨性要求；轴的热处理方法；机加工工艺要求；材料的来源和价格等。

轴的常用材料主要是优质碳素钢和合金钢。碳素钢价廉，对应力集中不敏感，并能通过热处理获得良好的机械性能。一般机械中的轴常用 35、45 号优质碳素钢。对受力较小或不重要的轴，可用 Q235、Q255 等普通碳素钢。

合金钢价格较高，对应力集中比较敏感，但具有较高的机械强度和优越的热处理性能，故常用于高速、重载及要求耐磨、耐高温、耐腐蚀等重要场合。

球墨铸铁和高强度合金铸铁也是较好的轴材料。它容易得到复杂的形状，吸振性能好，对应力集中不太敏感，强度较高，且价格较低，适用于制造外形复杂的曲轴和凸轮轴。

轴的毛坯一般采用轧制的圆钢或锻件。锻件的内部组织均匀，强度较高。对于重要的轴或大尺寸以及阶梯尺寸变化较大的轴，应采用锻造毛坯。轴的常用材料及其主要力学性能如表 11-4 所示。

表 11-4　　轴的常用材料及其主要力学性能

材料及热处理	毛坯直径 /mm	硬度 /HBS	抗拉强度 σ_b/MPa	屈服极限 σ_s/MPa	弯曲疲劳极限 σ_{b-1}	应用说明
Q235A	—	—	440	240	200	用于不重要的或载荷不大的轴
35 正火	≤100	149～187	520	270	250	有较好的塑性和适当的强度，可做一般曲轴、转轴等
45 正火	≤100	170～217	600	300	275	用于较重要的轴，应用最广泛
45 调质	≤200	217～255	650	360	300	
40Cr 调质	25	—	1000	800	485	用于载荷较大而无很大冲击的重要的轴
	≤100	241～286	750	550	350	
	100～300	217～269	750	450	320	
40MnB 调质	25	—	1000	800	500	性能接近 40Cr，用于重要的轴
	≤100	241～286	750	550	350	
	100～300	241～266	700	550	340	
35CrMo 调质	≤100	207～269	750	550	390	用于重载荷的轴
20Cr 渗碳、淬火、回火	15	表面 HRC 56～62	850	550	375	用于要求强度、韧性及耐磨性均较高的轴
	≤60		650	400	280	
20CrMnTi 渗碳、淬火、回火	15		1100	850	525	
35SiMn (42SiMn) 调质	25	—	1000	800	500	性能接近 40Cr，用于中、小型轴
	≤100	241～286	750	550	350	
	100～300	241～266	700	550	340	
QT400-18	—	156～197	400	250	145	
QT600-3	—	197～269	600	370	215	

三、轴的强度、刚度计算

(一)轴的强度计算

常用的强度计算方法有两种。

1.按扭转强度条件计算

这种方法适用于只传递转矩的传动轴。对于圆截面的传动轴,强度条件为:

$$\tau=\frac{T}{W_{p}}=\frac{9.55\times10^{6}\ \dfrac{P}{n}}{0.2d^{3}}\leqslant[\tau] \tag{11-3}$$

由上式可得轴的直径设计公式为:

$$d\geqslant\sqrt[3]{\frac{5\times9.55\times10^{6}P}{[\tau]n}}=C\sqrt[3]{\frac{P}{n}} \tag{11-4}$$

式中:τ——扭转切应力,MPa;

T——轴所受的扭矩,N·mm;

W_p——轴的抗扭截面系数,mm^3;

n——轴的转速,r/min;

P——轴传递的功率,kW;

d——计算截面处轴的直径,mm;

$[\tau]$——许用扭转切应力,MPa;

C——由轴的材料和受载情况所决定的系数。

$[\tau]$和 C 的值如表 11-5 所示。

表 11-5　　几种常用轴材料的$[\tau]$及 C 值

轴的材料	Q235,20	Q255,Q275,35	45	40Cr,35SiMn,42SiMn,38SiMnMo,2Cr13
$[\tau]$/MPa	12～20	20～30	30～40	40～52
C	160～135	135～118	118～107	107～98

在进行轴的结构设计时,通常用这种方法初步估算轴径。对于不太重要的轴,也可作为最后计算结果,但需把轴的许用切应力适当降低以补偿弯矩对轴的影响。当轴上开有键槽时,应考虑键槽对轴强度的削弱作用。有一个键槽时,轴径增大 3%;有两个键槽时,轴径增大 7%。然后将轴径圆整后取标准值。

2.按弯扭合成强度计算

在初步完成轴的结构设计之后,通常对转轴进行弯扭合成强度校核计算。

对于钢制轴,可按第三强度理论计算,强度条件为:

$$\sigma_{e}=\frac{M_{e}}{W}=\frac{\sqrt{M^{2}+(\alpha T)^{2}}}{\dfrac{\pi d^{3}}{32}}\approx\frac{\sqrt{(M_{H}^{2}+M_{V}^{2})+(\alpha T)^{2}}}{0.1d^{3}}\leqslant[\sigma_{-1}]_{b} \tag{11-5}$$

式中：σ_e——轴的当量应力，MPa；

M_e——轴危险截面上的当量弯矩，N·mm；

M——轴危险截面上的合成弯矩，N·mm；

M_H——轴水平面上的弯矩，N·mm；

M_V——轴垂直面上的弯矩，N·mm；

T——轴所受的扭矩，N·mm；

W——轴危险截面的抗弯截面系数（对于圆截面轴，$W=0.1d^3$），mm^3；

$[\sigma_{-1}]_b$——对称循环变应力时轴的许用弯曲应力，其值按表 11-6 选用；

α——将扭矩折算为等效弯矩的折算系数。

α 的取值与扭转剪应力的循环特性有关。大多数转轴的弯曲应力为对称循环交变应力，而扭矩所产生的扭转剪应力往往为非对称循环交变应力。

对于不变的扭矩，$\alpha=[\sigma_{-1}]_b/[\sigma_{+1}]_b\approx0.3$；

对于脉动循环的扭矩，$\alpha=[\sigma_{-1}]_b/[\sigma_0]_b\approx0.59$；

对于频繁正、反转的轴，可看作对称循环交变应力，$\alpha=[\sigma_{-1}]_b/[\sigma_{-1}]_b=1$；

对于扭矩变化规律不清时，一般按脉动循环处理。

表 11-6　　轴的许用弯曲应力　　单位：MPa

材料	σ_b	$[\sigma_{+1}]_b$	$[\sigma_0]_b$	$[\sigma_{-1}]_b$
碳素钢	400	130	70	40
	500	170	75	45
	600	200	95	55
	700	230	110	65
合金钢	800	270	130	75
	900	300	140	80
	1000	330	150	90
铸钢	400	100	50	30
	500	120	70	40

由式（11-3）可得轴的直径设计公式：

$$d\geqslant\sqrt[3]{\frac{M_e}{0.1[\sigma_{-1}]_b}} \tag{11-6}$$

当轴的危险截面有键槽时，将计算出的轴径增大 4%～7%，以补偿键槽对轴的削弱作用。

一般轴强度校核计算的步骤为：

(1)画出轴的空间受力图，将轴上各作用力分解为水平分力和垂直分力。

(2)计算水平面内的支反力和弯矩，画出水平面弯矩图。

(3)计算垂直面内的支反力和弯矩，画出垂直面弯矩图。

(4)计算合成弯矩，画出合成弯矩图。

(5)计算转矩并画出转矩图。

(6)计算当量弯矩并画出当量弯矩图。

(7)按当量弯矩应用式(11-3)进行校核计算。

(二)轴的刚度计算

轴在弯矩和转矩作用下会产生弹性变形,包括弯曲变形和扭转变形(见图 11-24),变形严重时将使轴和轴上零件不能正常工作,影响机器的工作性能。例如:安装齿轮的轴,若弯曲变形过大,会使轮齿上的载荷沿齿宽分布不均,引起偏载;机床主轴变形过大,会降低被加工零件的制造精度;电动机主轴变形过大,会改变定子和转子的间隙,从而影响电动机的性能。因此,对那些刚度要求较高的轴,为防止工作中出现过大的弹性变形,需要进行刚度计算,使其满足下列刚度条件:

挠度: $y \leqslant [y]$

转角: $\theta \leqslant [\theta]$

扭转角: $\varphi \leqslant [\varphi]$

$[y]$,$[\theta]$,$[\varphi]$分别为许用挠度、许用转角和许用扭转角,数值如表 11-7 所示。

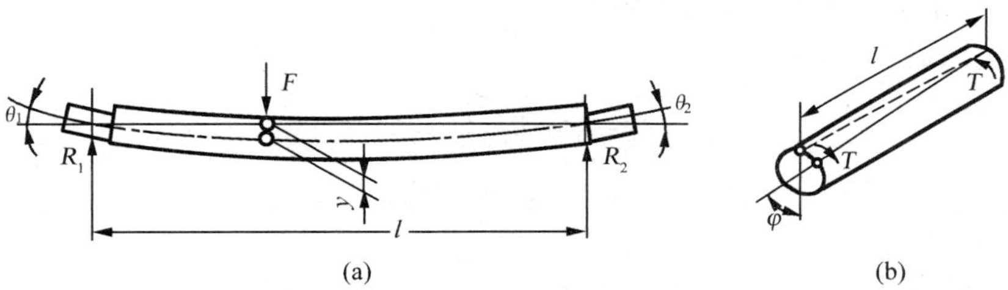

图 11-24 轴的弯曲变形和扭转变形

表 11-7 轴的许用挠度、许用转角和许用扭转角

<table>
<tr><th>变形种类</th><th>适用场合</th><th>许用值</th><th>变形种类</th><th>适用场合</th><th>许用值</th></tr>
<tr><td rowspan="9">许用挠度
$[y]$/mm</td><td>一般用途的轴</td><td>$(0.0003 \sim 0.0005)l$</td><td rowspan="6">许用
转角$[\theta]$
/rad</td><td>滑动轴承</td><td>$\leqslant 0.001$</td></tr>
<tr><td>刚度要求较高的轴</td><td>$\leqslant 0.0002l$</td><td>深沟球轴承</td><td>$\leqslant 0.05$</td></tr>
<tr><td>感应电机的轴</td><td>$\leqslant 0.01\Delta$</td><td>调心球轴承</td><td>$\leqslant 0.05$</td></tr>
<tr><td>安装齿轮的轴</td><td>$(0.01 \sim 0.05)m_n$</td><td>圆柱滚子轴承</td><td>$\leqslant 0.0025$</td></tr>
<tr><td>安装蜗轮的轴</td><td>$(0.02 \sim 0.05)m_t$</td><td>圆锥滚子轴承</td><td>$\leqslant 0.0016$</td></tr>
<tr><td colspan="2" rowspan="4">l——支承间的跨矩
Δ——电动机定子与转子间的间隙
m_n——齿轮的模数
m_t——蜗轮的模数</td><td>安装齿轮处轴的截面</td><td>$0.001 \sim 0.002$</td></tr>
<tr><td rowspan="3">每米长的
许用扭转角
$[\varphi]$
/[(°)/m]</td><td>一般传动</td><td>$0.5 \sim 1$</td></tr>
<tr><td>较精密传动</td><td>$0.25 \sim 0.5$</td></tr>
<tr><td>重要传动</td><td><0.25</td></tr>
</table>

职业能力训练

训练目标

通过完成本任务，结合任务一的相关知识，要求学生掌握轴的选材、设计、计算与校核。

工作流程

分析工况→选定材料→估算轴径→确定轴段长度及工艺要求→强度、刚度校核→绘制图纸→检查、评价。

实施步骤

1. 选择轴的材料

减速器的功率不大，且无特殊要求，因此选择 45 号钢并作正火处理。查表 11-4 得 $\sigma_b=600\text{MPa}$，查表 11-6 得 $[\sigma_0]_b=95\text{MPa}$，$[\sigma_{-1}]_b=55\text{MPa}$。

2. 按扭转强度估算轴的最小直径

由表 11-5，取 $C=116$，则：

$$d \geqslant C\sqrt[3]{\frac{P}{n}}=116\sqrt[3]{\frac{7}{200}}\approx 37.9(\text{mm})$$

因最小直径处要安装联轴器，故有键槽，应将轴的最小直径加大 3%～7%，取 $d=40\text{mm}$。

3. 轴的结构设计

根据估算所得直径、轮毂宽度及安装情况绘制轴系结构草图，如图 11-25 所示，同时根据轴上零件的定位和固定方式，逐步定出各个部分的尺寸。因为是单级齿轮减速器，故将齿轮布置在箱体中间，齿轮两侧对称安装一对 36210 轴承，宽度为 20mm，轴的外伸端安装联轴器。齿轮靠轴环和套筒实现轴向定位和固定；两端轴承分别靠轴肩和套筒实现轴向定位和固定；联轴器靠轴肩实现轴向定位。轴外伸端直径为 40mm，联轴器定位轴肩直径取 48mm，安装齿轮的两侧轴颈直径为 50mm。为便于齿轮装配，安装齿轮处轴头直径取 52mm，轴环直径取 62mm，根据轴承对安装尺寸的要求，左端定位轴肩直径取 57mm。各轴段的长度，由各传动零件长度，参考设计手册中的经验数据确定。

4. 计算支座反力[见图 11-25(c)及图 11-25(e)]

$$R_{V1}=\frac{F_r l-F_a d}{2l}=\frac{985\times 141-522\times 356}{2\times 141}=-166.5(\text{N})$$

$$R_{V2}=F_r-R_{V1}=985+166.5=1151.5(\text{N})$$

$$R_{H1}=R_{H2}=\frac{F_t}{2}=\frac{2656}{2}=1328(\text{N})$$

5. 作垂直面内的弯矩图[见图 11-25(d)]

截面 b 左侧的弯矩为：

$$M_{Vb1}=R_{V1}\frac{l}{2}=-166.5\times\frac{141}{2}=-11738(\text{N}\cdot\text{mm})$$

截面 b 右侧的弯矩为：

$$M_{Vb2}=R_{V2}\frac{l}{2}=1151.5\times\frac{141}{2}=81181(\text{N}\cdot\text{mm})$$

6. 作水平面内的弯矩图[见图 11-25(f)]

$$M_{Hb}=R_{H1}\frac{l}{2}=1328\times\frac{141}{2}=93624(\text{N}\cdot\text{mm})$$

7. 作合成弯矩图[见图 11-25(g)]

截面 b 左侧的合成弯矩为：

$$M_{b1}=\sqrt{M_{Vb1}^2+M_{Hb}^2}=\sqrt{(-11738)^2+93624^2}=94357(\text{N}\cdot\text{mm})$$

截面 b 右侧的合成弯矩为：

$$M_{b2}=\sqrt{M_{Vb2}^2+M_{Hb}^2}=\sqrt{81181^2+93624^2}=123919(\text{N}\cdot\text{mm})$$

8. 作转矩图[见图 11-25(h)]

齿轮所受转矩为：

$$T=9.55\times10^6\frac{P}{n}=9.55\times10^6\times\frac{7}{200}=334250(\text{N}\cdot\text{mm})$$

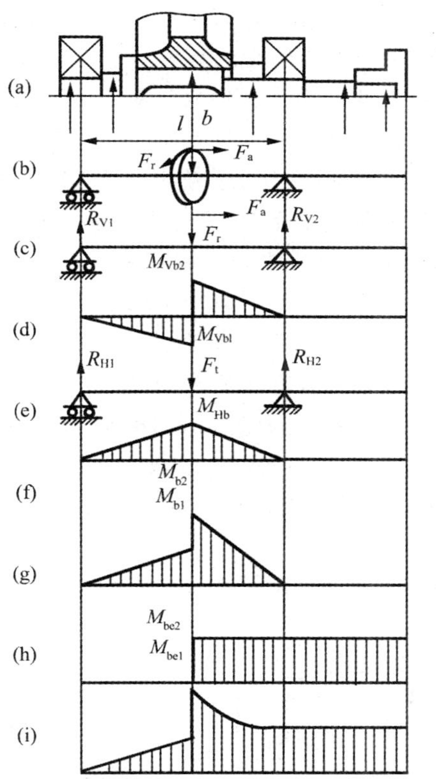

图 11-25　轴的受力分析图

9. 作当量弯矩图[见图 11-25(i)]

因为是单向转动，可认为转矩脉动循环变化，故折算系数 $\alpha=[\sigma_{-1}]_b/[\sigma_0]_b=55/95=0.58$。

截面 b 左侧的当量弯矩为：

$$M_{be1}=M_{b1}=94357(\mathrm{N \cdot mm})$$

截面 b 右侧的当量弯矩为：

$$M_{be2}=\sqrt{M_{b2}{}^2+(\alpha T)^2}=\sqrt{123919^2+(0.58\times 334250)^2}=230086(\mathrm{N \cdot mm})$$

10. 计算危险截面处的直径

$$d\geqslant\sqrt[3]{\frac{M_{be2}}{0.1[\sigma_{-1}]_b}}=\sqrt[3]{\frac{230086}{0.1\times 55}}=34.71(\mathrm{mm})$$

轴的危险截面有键槽，应将轴的直径加大 4%～7%。即 $d=34.71\times 107\%=37.14\mathrm{mm}$，因为轴危险截面的直径 $d=52\mathrm{mm}\geqslant 37.14\mathrm{mm}$，所以轴强度足够。

同步测试

11.1 按受载情况分类，自行车的前轮轴、中轴和后轮轴各属于哪种类型？

11.2 轴上零件的轴向固定方式有哪几种？各适用于何种场合？

11.3 转轴所受弯曲应力的性质如何？其所受扭剪应力的性质又如何考虑？

11.4 扭转强度计算公式用在什么场合？式中的系数 C 如何取值？

11.5 轴的结构设计应从哪几个方面考虑？

11.6 轴的常用材料有哪些？为什么轴的材料一般不采用高强度的合金钢？

11.7 提高轴疲劳强度的主要措施有哪些？

11.8 平键连接的主要失效形式是什么？确定键及键槽横截面尺寸的主要依据是什么？

11.9 若轴的强度不足或刚度不足时，可分别采取哪些措施？

11.10 直径 $d=70\mathrm{mm}$ 的钢制圆柱形轴端安装一铸铁齿轮，材料为 HT250，轴段长 100mm，载荷平稳，试选择平键连接的尺寸，并计算连接所能传递的最大转矩。

11.11 有一台离心式水泵，由电动机带动，功率 $P=3\mathrm{kW}$，轴的转速 $n=960\mathrm{r/min}$，轴的材料为 45 号钢，试按强度要求计算轴所需的最小直径。

11.12 已知一单级直齿圆柱齿轮减速器，用电动机直接驱动，输入功率 $P=22\mathrm{kW}$，转速 $n_1=1470\mathrm{r/min}$，齿轮的模数 $m=4\mathrm{mm}$，齿数 $z_1=18$，$z_2=82$。若支承间的跨距 $l=180\mathrm{mm}$（齿轮居于正中位置），轴的材料用 45 号钢，试按弯扭合成强度计算输出轴危险截面处所需的直径。

11.13 指出图 11-26 所示结构中的错误及不合理之处，并绘出改正后的结构草图（不用考虑箱体结构）。

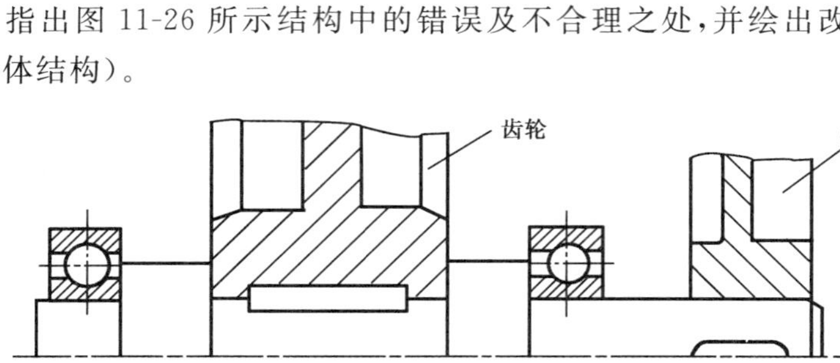

图 11-26

项目十二　轴　承

知识目标

◆掌握滑动轴承的结构组成及常用材料。
◆掌握滚动轴承的类型、参数及代号。
◆掌握滚动轴承的工作能力计算。
◆掌握滚动轴承的组合设计。

能力目标

◆能够正确选用滑动轴承、滚动轴承。
◆具备识图、查阅相关手册、标准的能力。
◆具备轴承的组合设计能力。

引导案例

如图 12-1 所示减速箱，齿轮安装在轴上，相对于箱体旋转，轴承用来支承轴及轴上零件，保持轴的旋转精度和减少转轴与支承之间的摩擦和磨损。

按照工作表面的摩擦性质的不同，轴承分为滑动轴承和滚动轴承两大类。

滑动轴承具有极限工作转速高、工作平稳、抗振性好、承载能力大、旋转精度高、噪声小、寿命长等优点，常用于高速、高精度、重载或结构上要求剖分等场合下。

滚动轴承具有摩擦系数低、启动力矩小、轴向尺寸小、径向间隙小且已标准化等优点，因此在一般机器上广泛应用。但是滚动轴承抗冲击载荷能力差，高速时噪声大，工作寿命短。

图 12-1　减速箱

本项目简单介绍滑动轴承的结构；重点学习滚动轴承的类型、特点、代号，寿命计算的方法及滚动轴承的组合结构设计。

任务一　滑动轴承的认识

任务描述

图 12-2 所示为轴承座，分析该轴承的类型、结构、材料选用及应用特点。

图 12-2　轴承座

知识准备

滑动轴承主要应用于汽轮机、离心式压缩机、内燃机、大型电机等高速、高精度、重载或结构上要求剖分等场合下，具有极限工作转速高、工作平稳、抗振性好、承载能力大、旋转精度高、噪声小、寿命长等优点。此外，在水泥搅拌机、破碎机等低速且有冲击的机器中也常应用。但是滑动轴承启动摩擦阻力较大，维护保养较复杂。

一、滑动轴承概述

工作时轴承和轴颈的支承面间形成直接或间接滑动摩擦的轴承称为“滑动轴承”。其一般由轴承座、轴瓦、润滑装置和密封装置等部分组成，如图 12-3 所示。

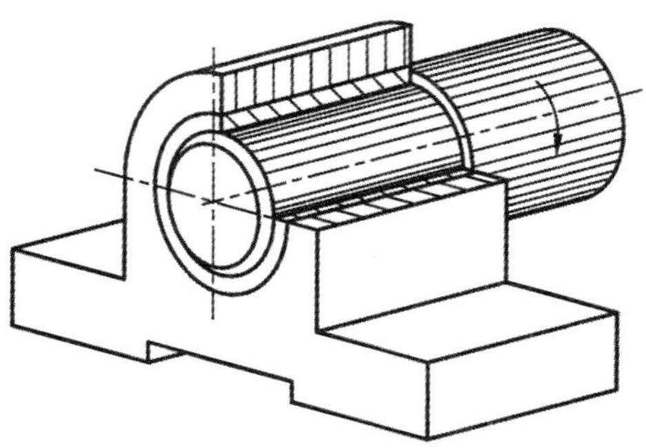

图 12-3　滑动轴承

滑动轴承包含的零件较少，工作面间一般有润滑油膜且为面接触，所以具有承载能力大、抗冲击、噪声低、工作平稳、回转精度高、高速性能好等独特优点。

按照受载方向，滑动轴承可分为受径向载荷的径向滑动轴承和推力滑动轴承两类。

二、滑动轴承的典型结构及应用

（一）径向滑动轴承及应用

工作时只承受径向载荷的滑动轴承称为“径向滑动轴承”。按结构形式分为整体式、剖分式和调心式三种。

1. 整体式滑动轴承及应用

图 12-4 所示为整体式滑动轴承，它由轴承座 1 和轴瓦 2 组成。轴瓦压装在轴承座孔中，轴承座用螺栓与机座连接，顶部设有安装注油杯的螺纹孔。

整体式滑动轴承结构简单，成本低廉。但是摩擦表面磨损后，轴颈与轴瓦之间的间隙无法调整，且轴颈只能从端部装入，使拆装不便。

整体式轴承常用于低速、轻载、间歇工作且不重要的场合。如手动机械、农业机械等。

2. 剖分式滑动轴承及应用

图 12-5 所示为剖分式滑动轴承，它由轴承座 1、轴承盖 2、剖分轴瓦 3、双头螺柱 4 等组成。轴承盖与轴承座的剖分面应尽量取在垂直于载荷的直径平面内。为防止轴承盖和轴承座横向错位，并便于装配时对中，剖分面上开有定位止口，同时可通过放置于轴承盖与轴承座之间的垫片调整磨损后轴颈与轴瓦之间的间隙。剖分式滑动轴承在拆装轴时，轴颈不需要轴向移动，故拆装方便。图中给出的 35°角为允许载荷方向偏转的范围。

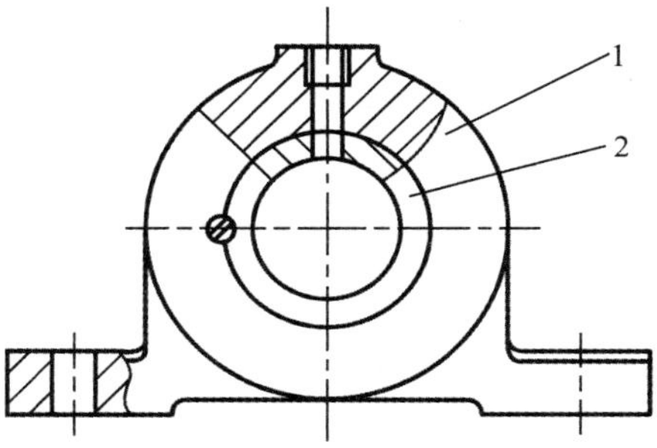

图 12-4 整体式滑动轴承

1—轴承座 2—轴瓦

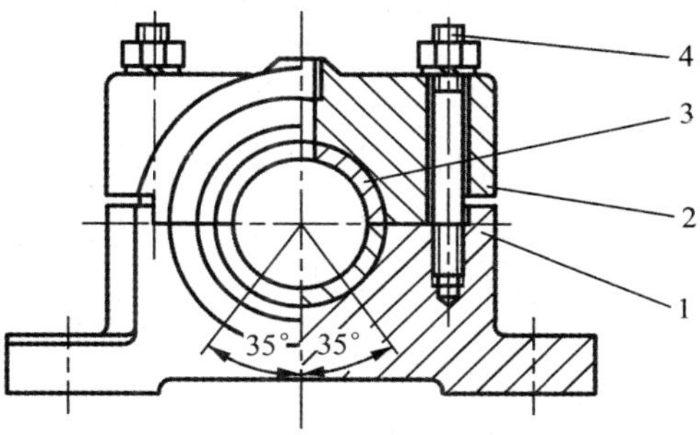

图 12-5 剖分式滑动轴承

1—轴承座 2—轴承盖 3—剖分轴瓦 4—双头螺柱

3. 调心式滑动轴承及应用

图 12-6 所示为调心式滑动轴承，它利用轴瓦与轴承座间的球面配合使轴瓦可在一定角度范围内摆动，以适应轴受力后产生的弯曲变形，避免图 12-7 所示轴与轴承两端局部接触和局部磨损。但球面不易加工，故只用于轴承宽径比 b/d 为 1.5～1.75 的轴承。

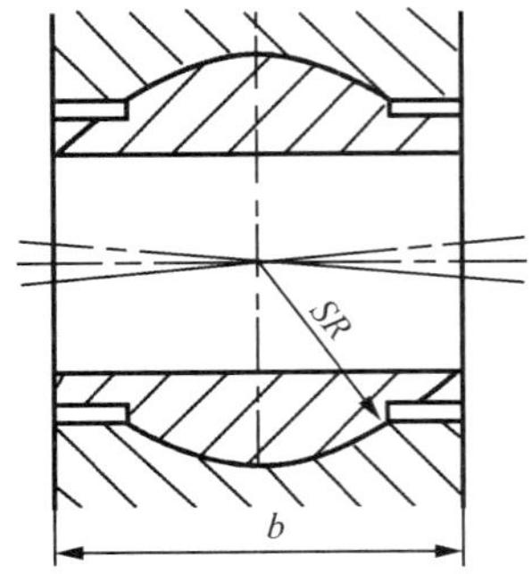

图 12-6　调心式滑动轴承

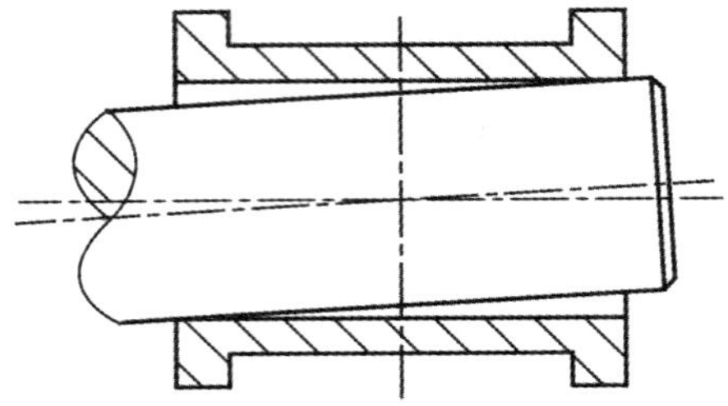

图 12-7　轴瓦端部的局部接触情况

（二）推力滑动轴承及应用

工作时主要承受轴向载荷的滑动轴承称为“推力滑动轴承”。

轴颈端面与止推轴瓦组成摩擦副。由于工作面上相对滑动速度不等，靠近边缘处相对滑动速度大，磨损严重，易造成工作面上压强分布不均。所以，常设计成如图 12-8(a)所示的空心轴颈或如图 12-8(b)所示的单环轴颈。当载荷较大时，可采用多环轴颈，如图 12-8(c)所示，这种结构的轴承能承受双向载荷。轴向接触环数目不宜过多，一般为 2～5 个，否则载荷分布不均现象更为严重。上述结构形式的轴向接触轴承不易形成液体动力润滑，通常处在非液体摩擦状态。故多用于低速、轻载的场合。

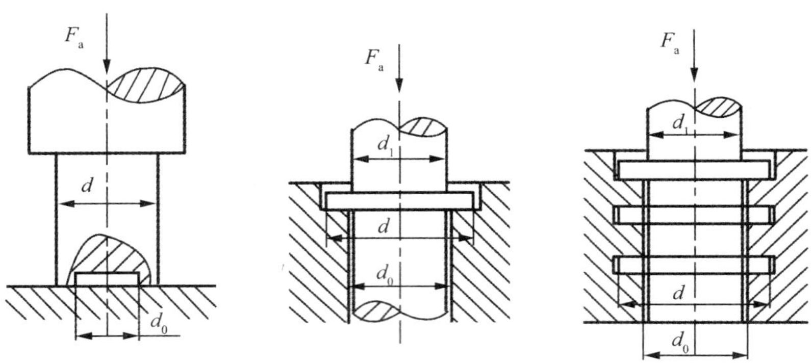

(a)空心轴颈　(b)单环轴颈　(c)多环轴颈

图 12-8　推力滑动轴承

（三）轴瓦结构

轴瓦是轴承与轴颈直接接触的零件，对于重要轴承，在轴瓦内表面还浇铸一层减摩性能好的轴承衬。轴承衬应可靠地贴合在轴瓦基体表面上，可采用如图 12-9 所示的接合形式。

轴瓦是滑动轴承的主要零件，有整体式（用于整体式轴承，如图 12-10 所示）和剖分式（用于剖分式轴承，如图 12-11 所示）。常在轴瓦上制出油孔与油沟，以便于给轴承加注润滑油，使摩擦表面得到润滑。油孔与油沟的位置应设置在不承受载荷的区域内。为了使润滑油能均匀分布在整个轴颈上，油沟应有足够的长度，通常可取轴瓦长度的80%。

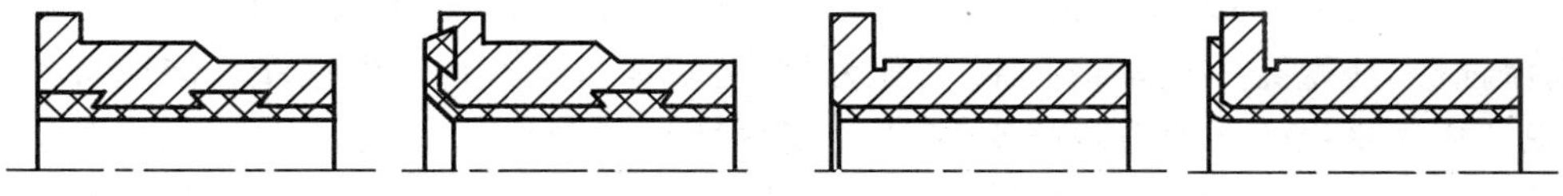

(a) (b) (c) (d)

图 12-9 轴瓦与轴承衬接合形式

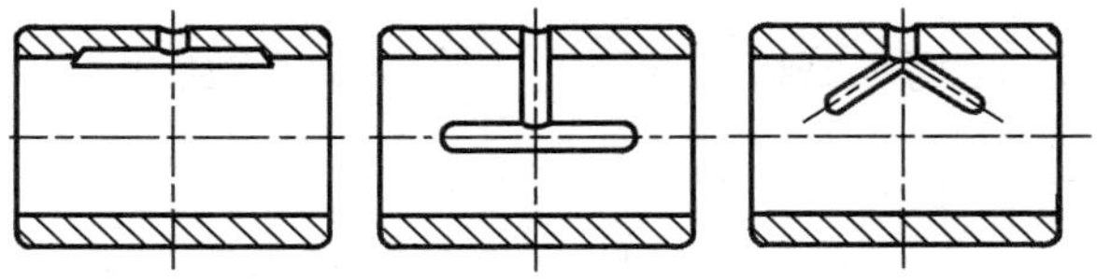

(a) (b) (c)

图 12-10 整体式轴瓦

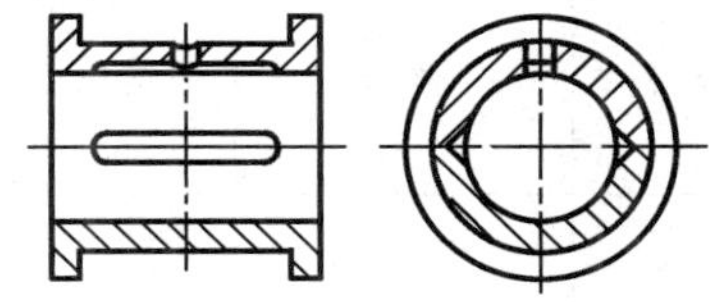

(a) (b)

图 12-11 剖分式轴瓦

三、轴承材料及应用

轴承材料是指与轴颈直接接触的轴瓦或轴承衬的材料。滑动轴承最常见的失效形式是轴瓦磨损和胶合(烧瓦)，所以对轴瓦的材料和结构有些特殊要求。

轴承材料应具有以下性能：足够的强度(包括抗压强度、疲劳强度)；良好的减摩性、耐磨性和跑合性；较好的抗胶合性；较好的顺应性和嵌藏性；良好的导热性及加工工艺性等。应该指出的是，任何一种材料很难全面满足这些要求。因此在选材料时，应根据轴承的具体工作条件，有侧重地选用较合适的材料。

常用的轴承材料有以下几种：

(一)轴承合金(巴氏合金)及应用

轴承合金有锡锑轴承合金和铅锑轴承合金两类。这两类合金分别以锡、铅作为基体，加入适量的锑、铜制成。基体较软，使材料获得塑性，硬的锑、铜晶粒起抗磨作用。因此，这两类材料的减摩性、跑合性好，抗胶合能力强，适用于高速和重载轴承。但合金的机械强度较低，价格较高，故只用于做轴承衬材料。

(二)铜合金及应用

铜合金是常用的轴瓦材料，主要有锡青铜、铝青铜和铅青铜三种。青铜的强度高，减摩性、耐磨性和导热性都较好，但材料的硬度较高，不易跑合。它适用于中速重载、低速重载的场合。

(三)铸铁及应用

铸铁分为灰铸铁和球墨铸铁。材料中的片状或球状石墨成分在材料表面上覆盖后，可以形成一层起润滑作用的石墨层。这是这类材料可以用作轴瓦材料的主要原因。铸铁的性能不如轴承合金和铜合金，但价格低廉，适用于低速、轻载、不重要的轴承。

（四）粉末冶金及应用

粉末冶金是一种多孔金属材料，由铜、铁、石墨等粉末经压制、烧结而成，若将轴承浸在润滑油中，使微孔中充满润滑油，则称为“含油轴承”，具有自润滑性能。但该材料韧性小，只适用于平稳的无冲击载荷及中、小速度情况下。

除了上述几种材料外，还可采用非金属材料，如塑料、尼龙、橡胶等作为轴瓦材料。常用轴瓦材料的性能和应用如表 12-1 所示。

表 12-1　　常用轴瓦材料的性能和应用

<table>
<tr><th>材料</th><th>牌号</th><th>轴颈的平均压强 p/MPa</th><th>轴颈的圆周速度 v/(m/s)</th><th>$[pv]$/(MPa·m/s)</th><th>轴颈硬度/HBS</th><th>应用</th></tr>
<tr><td rowspan="2">锡锑轴承合金</td><td>ZSnSb11Cu6</td><td>25(平稳)</td><td>80</td><td>20</td><td rowspan="2">20～30</td><td rowspan="2">用作轴承衬，用于重载、高速的重要轴承，如汽轮机、高转速的机床主轴的轴承等</td></tr>
<tr><td>ZSnSb8Cu4</td><td>20(冲击)</td><td>60</td><td>15</td></tr>
<tr><td>铅锑轴承合金</td><td>ZPbSb16Sn16Cu2</td><td>12</td><td>12</td><td>10</td><td>15～30</td><td>用于没有显著冲击的重载、中速的轴承，如车床、发电机的轴承</td></tr>
<tr><td>锡青铜</td><td>ZCuSn10P1</td><td>15</td><td>10</td><td>15</td><td>50～100</td><td>用于重载、中速工作的轴承</td></tr>
<tr><td>铝青铜</td><td>ZCuAl10Fe3</td><td>15</td><td>4</td><td>12</td><td>100～120</td><td>用于润滑充分的低速、重载轴承</td></tr>
<tr><td>灰铸铁</td><td>HT150～HT250</td><td>2～4</td><td>0.5～1</td><td>1～4</td><td>160～180</td><td>用于不受冲击的低速、轻载轴承</td></tr>
</table>

四、滑动轴承的润滑

为了减缓磨损，降低摩擦功率损耗，并使轴承保持正常工作状态，滑动轴承需要正确地进行润滑。润滑的效果与正确选用润滑剂和供油方式有很大关系。

常用的润滑剂有润滑油、润滑脂。

为了将润滑剂送入润滑部位，保证有良好的润滑状态，还应选择合适的润滑方式和润滑装置。滑动轴承的润滑方法可按下式求得的 k 值选用，即：

$$k=\sqrt{pv^2} \tag{12-1}$$

式中：p——轴颈的平均压强，MPa；

v——轴颈的圆周速度，m/s。

k 值愈大，表示轴承载荷愈大、速度愈高、发热量愈大。不同 k 值推荐的润滑方式和润滑装置如表 12-2 所示。

表 12-2 滑动轴承润滑方式和润滑装置的选择

k 值	润滑剂	润滑方式	润滑装置	适用场合
≤2	润滑脂	间歇挤入	旋盖式油杯、压注油杯	低速、重载
2～16	润滑油	定时加油	针阀式油杯、弹簧盖油杯、压配式注油杯	中低速、轻中载
16～32		定额供油	油杯润滑	中速、重载
		压力循环供油	飞溅润滑、油泵供油	
＞32		压力循环供油	油泵供油	高速、重载发热较大的轴承

常见的几种供油方法与装置如图 12-12 所示。

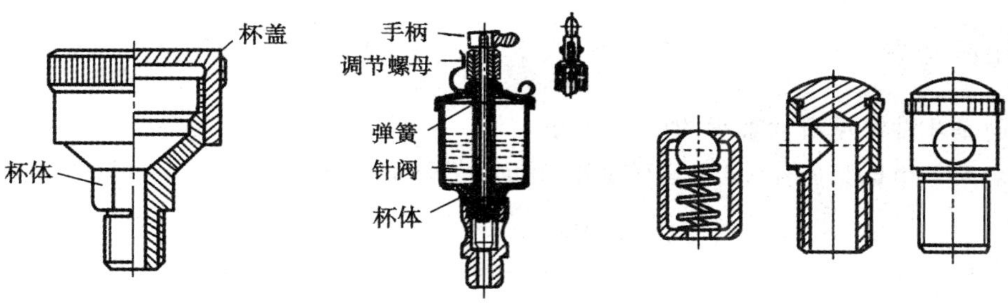

(a)旋盖式油杯　(b)针阀式注油杯　(c)压注油杯

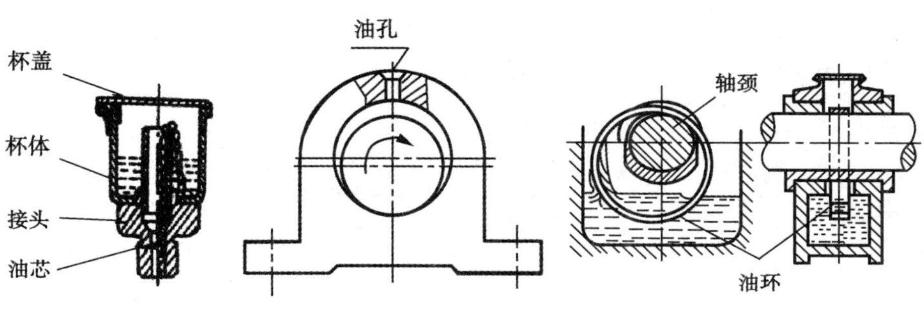

(d)油绳式注油杯　(e)油孔注油润滑　(f)油环润滑

图 12-12 常见的几种供油方法与装置

职业能力训练

训练目标

通过完成本任务，能认识滑动轴承，熟悉滑动轴承的结构特点、选材及适用场合。

工作流程

分析轴承座→认识滑动轴承的类别→认识滑动轴承的结构特点→了解滑动轴承的应用场合→了解滑动轴承的选材→检查、评价。

实施步骤

1. 轴承类型分析

该轴承座采用的是滑动轴承。

2. 结构特点分析

剖分式结构，便于轴的拆装，该轴承结构简单、紧凑，承载能力强。

3. 材料分析及应用特点

采用铜合金，减摩性、耐磨性和导热性都较好，但材料的硬度较高，不易跑合。适用于中速重载、低速重载的场合。

4. 引导学生搜集、分析各种滑动轴承类型特点。

知识拓展

下面是几种常见滑动轴承的标记示例：

1. d=30mm 的整体有衬正滑动轴承座，标记为：HZ030 轴承座 JB/T 2560(见图 12-13)。

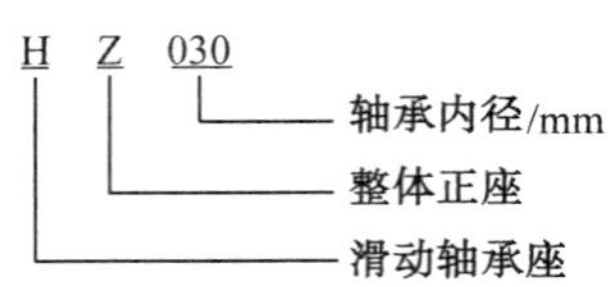

图 12-13

2. d=50mm 的对开式二螺柱正滑动轴承座，标记为：H2050 轴承座 JB/T 2561(见图12-14)。

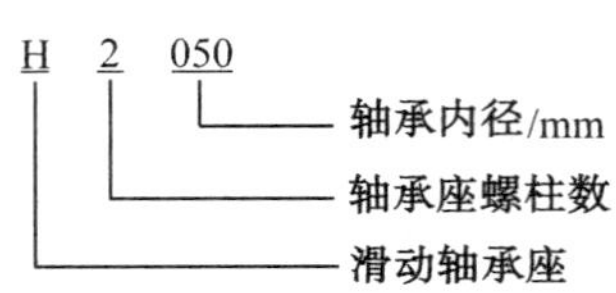

图 12-14

3. d=100mm 的对开式四螺柱正滑动轴承座，标记为：H4100 轴承座 JB/T 2562(见图 12-15)。

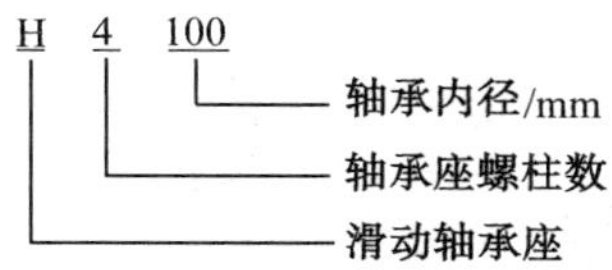

图 12-15

4. d=80mm 的对开式四螺柱斜滑动轴承座，标记为：HX080 轴承座 JB/T 2563（见图 12-16）。

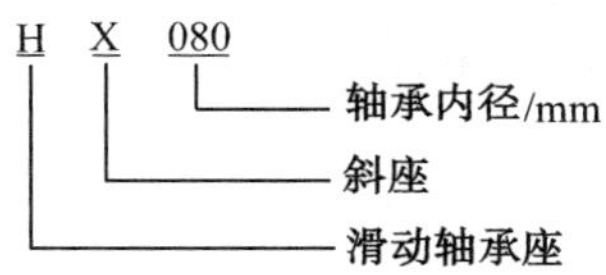

图 12-16

任务二 滚动轴承的认识

任务描述

通过图 12-1 所示减速箱实物模型，认识滚动轴承的类型（轴承代号的含义）、结构及应用特点。

知识准备

滚动轴承是机械中广泛应用的标准零部件，具有摩擦阻力小、效率高、易于启动、润滑方便、互换性好等优点。它把轴与机架之间的摩擦、磨损转嫁给了轴承内部，而轴承可以更换，这样就大大提高了轴与机架的使用寿命，但其抗冲击能力差，高速时噪声大。

一、滚动轴承的结构

如图 12-17 所示，滚动轴承由内圈 1、外圈 2、滚动体 3 和保持架 4 四部分组成，其中滚动体是滚动轴承中不可缺少的重要元件。常用的滚动体如图 12-18 所示。保持架的作用是均匀分布滚动体，以减小滚动体的摩擦和磨损。

滚动轴承的内、外圈和滚动体，一般是用强度高、耐磨性好的铬锰高碳钢制造。常用牌号如 GCr15、GCr15SiMn 等（G 表示滚动轴承钢），热处理后硬度可达到 62～65HRC。

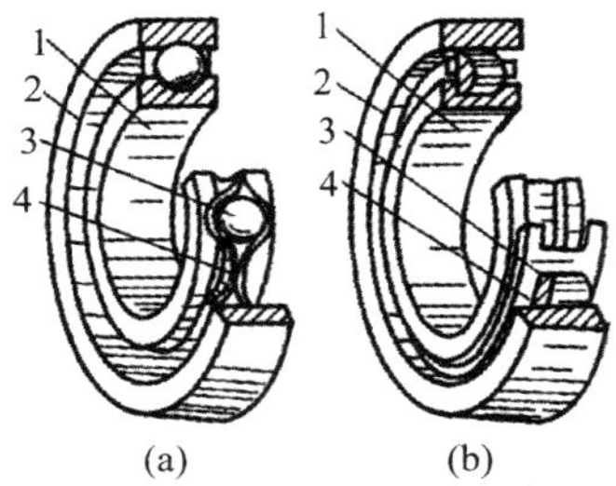

图 12-17　滚动轴承的结构

1—内圈　2—外圈　3—滚动体　4—保持架

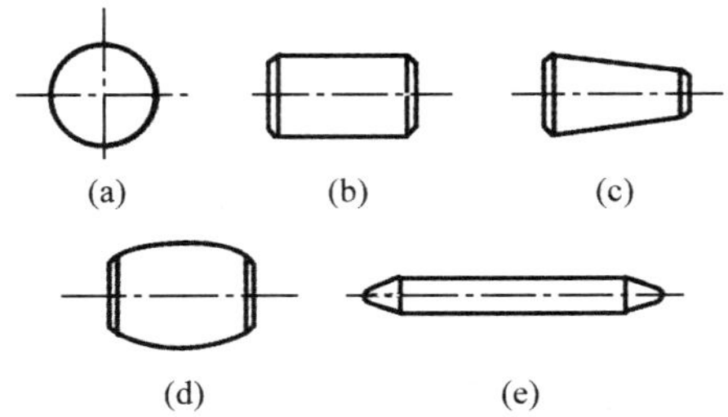

图 12-18　常用的滚动体

二、滚动轴承参数及类型

(一)滚动轴承参数

1. 游隙

滚动体与内外滚道之间的最大间隙称为“游隙”，即当一个座圈固定时，另一个座圈沿径向或轴向的最大移动量。游隙有径向游隙和轴向游隙之分，如图 12-19 所示。

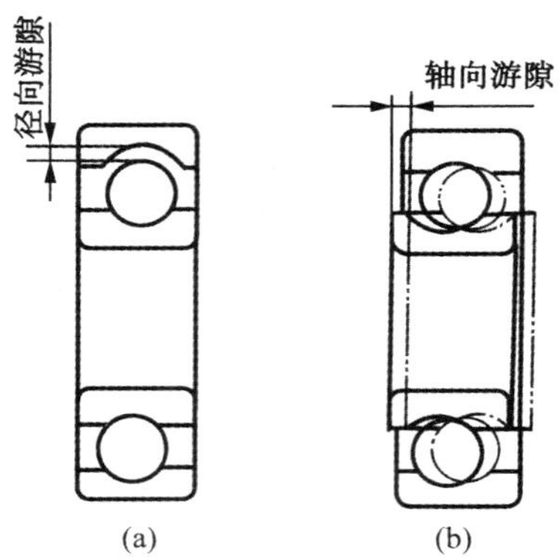

图 12-19　轴承的游隙图

2. 接触角

滚动轴承中滚动体与外圈接触处的法线和垂直于轴承轴心线的平面的夹角，称为“接触角”，如图 12-20 所示。

3. 偏位角

轴承内、外圈轴线相对倾斜时所夹的锐角称为“偏位角”，如图 12-21 所示。

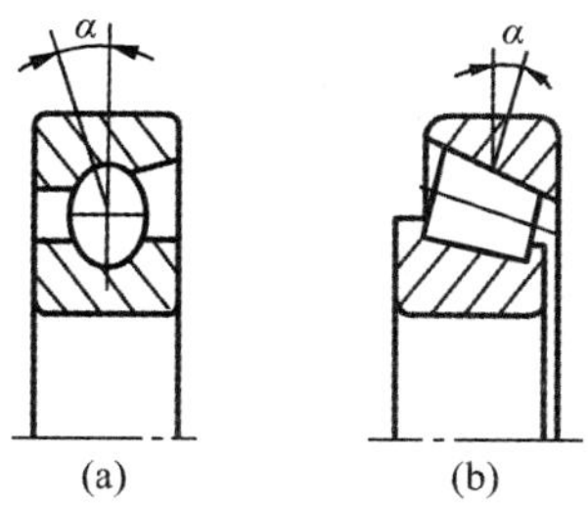

图 12-20 轴承的接触角

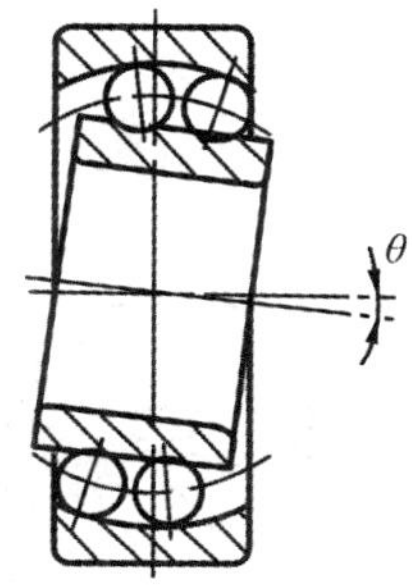

图 12-21 轴承的偏位角

4.极限转速

滚动轴承在一定的载荷和润滑条件下，允许的最高转速称为“极限转速”。

（二）滚动轴承类型

滚动轴承的类型很多，下面介绍几种常见的分类方法：

1.按滚动体的形状，可分为球轴承和滚子轴承两类。

2.按滚动体的列数，可分为单列、双列及多列滚动轴承三类。

3.按工作时能否调心，可分为调心轴承和非调心轴承两类。

4.按承受载荷的方向不同，可分为向心轴承和推力轴承两类。

向心轴承主要承受径向载荷，其公称接触角 $\alpha=0°$ 的轴承称为“径向接触轴承”；$0°<\alpha\leqslant 45°$ 的轴承称为“角接触向心轴承”。接触角越大，承受轴向载荷的能力也越大。

推力轴承主要承受轴向载荷，其公称接触角 $45°<\alpha<90°$ 的轴承称为“角接触推力轴承”；$\alpha=90°$ 的称为“轴向接触轴承”，也称“推力轴承”。接触角越大，承受径向载荷的能力越小，承受轴向载荷的能力越大。轴向推力轴承只能承受轴向载荷。常用的各类滚动轴承的性能及特点如表 12-3 所示。

表 12-3 常用的各类滚动轴承的性能及特点

轴承类型及代号	结构简图	基本额定动载荷比	极限转速比	允许偏位角	主要特性及应用
调心球轴承 10000	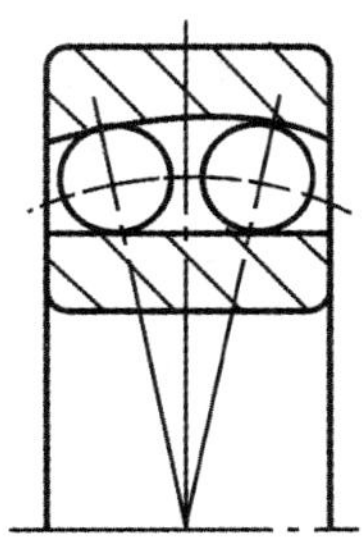	0.6～0.9	中	2°～3°	主要承受径向载荷，也能承受少量的轴向载荷。因为外圈滚道表面是以轴线中点为球心的球面，故能自动调心

续表

轴承类型及代号	结构简图	基本额定动载荷比	极限转速比	允许偏位角	主要特性及应用
调心滚子轴承 20000	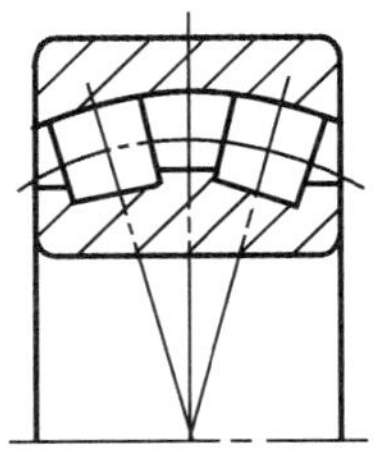	1.8～4	低	1°～2.5°	主要承受径向载荷，也可承受一些不大的轴向载荷，承载能力大，能自动调心
圆锥滚子轴承 30000	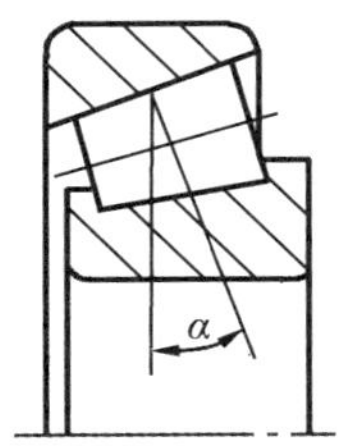	1.1～2.5	中	2′	能承受以径向载荷为主的径向、轴向联合载荷，当接触角 α 大时，亦可承受纯单向轴向联合载荷。由于是线接触，承载能力大于 7 类轴承。内、外圈可以分离，拆装方便，一般成对使用
推力球轴承 51000	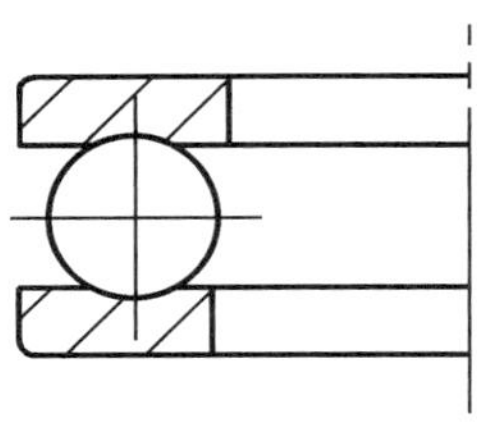	1	低	不允许	接触角 $\alpha=0°$，只能承受单向轴向载荷，而且载荷作用线必须与轴线相重合。高速时钢球离心力大，磨损、发热严重，极限转速低。所以只用于轴向载荷大、转速不高之处
双向推力球轴承 52000	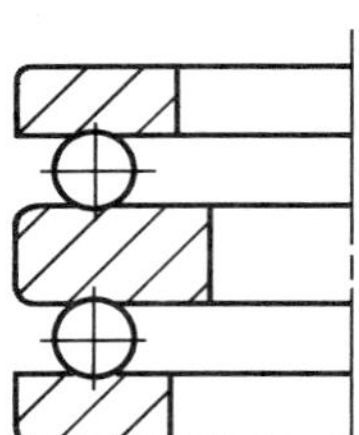	1	低	不允许	能承受双向轴向载荷。其余与推力轴承相同
深沟球轴承 60000	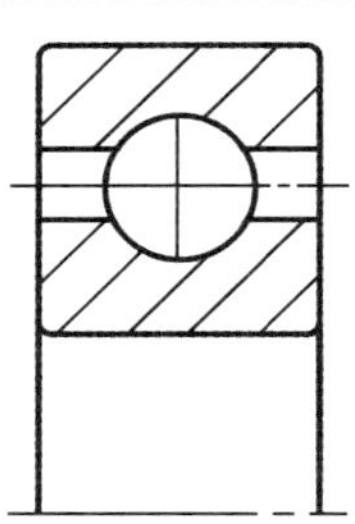	1	高	8′～16′	主要承受径向载荷，同时也能承受少量的轴向载荷。当转速很高而轴向载荷不太大时，可代替推力球轴承承受纯轴向载荷。生产量大，价格低

续表

轴承类型及代号	结构简图	基本额定动载荷比	极限转速比	允许偏位角	主要特性及应用
角接触球轴承 70000	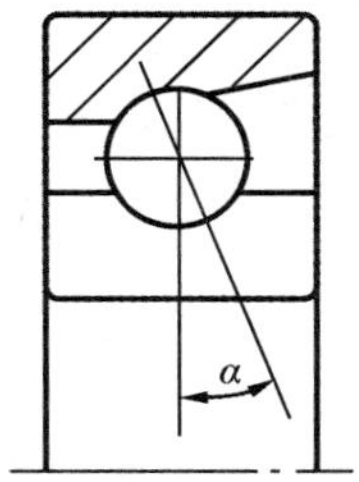	1.0～1.4	较高	2′～10′	能同时承受径向和轴向联合载荷。接触角 α 越大，承受轴向载荷的能力越强。接触角 α 有 15°，25°和 40°三种。一般成对使用，可以分装于两个支点或同装于一个支点上
圆柱滚子轴承 N0000	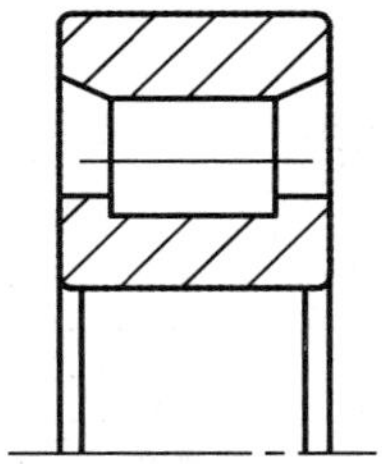	1.5～3	较高	2′～4′	外圈（或内圈）可以分离，故不能承受轴向载荷。由于是线接触，所以能承受较大的径向载荷
滚针轴承 NA0000	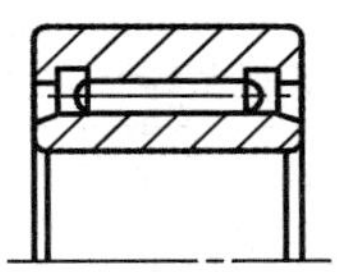	—	低	不允许	在同样内径条件下，与其他类型轴承相比，其外径最小，外圈（或内圈）可以分离，径向承载能力较强，一般无保持架，摩擦系数大

注：基本额定动载荷比，是指同一尺寸系列（直径及宽度）各种类型和结构形式的轴承的基本额定动载荷与 6 类深沟球轴承的（推力轴承则与单向推力球轴承）基本额定动载荷之比。

极限转速比，是指同一尺寸系列 0 级公差的各类轴承脂润滑时的极限转速与 6 类深沟球轴承脂润滑时的极限转速之比。高、中、低的含义为：高为 6 类深沟球轴承极限转速的 90%～100%；中为 6 类深沟球轴承极限转速的 60%～90%；低为 6 类深沟球轴承极限转速的 60%以下。

三、滚动轴承的代号

滚动轴承的种类和尺寸规格繁多，为了便于组织生产和选用，常用的滚动轴承大多数已经标准化了。国家标准 GB/T 272—93 规定了滚动轴承的代号的编制方法，轴承的代号用字母和数字来表示。一般印或刻在轴承套圈的端面上。滚动轴承的代号由基本代号、前置代号和后置代号组成。滚动轴承代号的构成如表 12-4 所示。

表 12-4　　滚动轴承代号的构成

<table>
<tr><td>前置代号</td><td colspan="4">基本代号</td><td>后置代号</td></tr>
<tr><td rowspan="3">字母</td><td>类型代号</td><td colspan="2">尺寸系列代号</td><td>内径代号</td><td rowspan="3">字母(或加数字)</td></tr>
<tr><td rowspan="2">数字或字母</td><td>宽度系列代号</td><td>直径系列代号</td><td rowspan="2">两位数字</td></tr>
<tr><td>一位数字</td><td>一位数字</td></tr>
</table>

例如:滚动轴承代号 N2210/P5。在基本代号中,N 为类型代号;22 为尺寸系列代号;10 为内径代号;后置代号/P5 为精度等级代号。

(一)基本代号

基本代号(滚针轴承除外)表示轴承的类型、结构和尺寸,是轴承代号的基础。基本代号由轴承类型代号、尺寸系列代号和内径代号三部分构成。

1.类型代号

类型代号用数字或字母表示,其表示方法如表 12-5 所示。

表 12-5　　类型代号

代号	轴承类型	代号	轴承类型
0	双列角接触球轴承	6	深沟球轴承
1	调心球轴承	7	角接触球轴承
2	调心滚子轴承和推力调心滚子轴承	8	推力圆柱滚子轴承
3	圆锥滚子轴承	N	圆柱滚子轴承
4	双列深沟球轴承	U	外球面球轴承
5	推力球轴承	QJ	四点接触球轴承

2.尺寸系列代号

尺寸系列代号由轴承的宽(推力轴承指高)度系列代号和直径系列代号组成。各用一位数字表示。

轴承的宽度系列代号指:内径相同的轴承,对向心轴承,配有不同的宽度尺寸系列,代号有 8、0、1、2、3、4、5、6,宽度尺寸依次递增;对推力轴承,配有不同的高度尺寸系列,代号有 7、9、1、2,高度尺寸依次递增。在 GB/T 272—93 规定的有些型号中,宽度系列代号被省略。

轴承的直径系列代号指:内径相同的轴承配有不同的外径尺寸系列。其代号有 7、8、9、0、1、2、3、4、5,外径尺寸依次递增。图 12-22 所示为深沟球轴承的不同直径系列代号的对比。

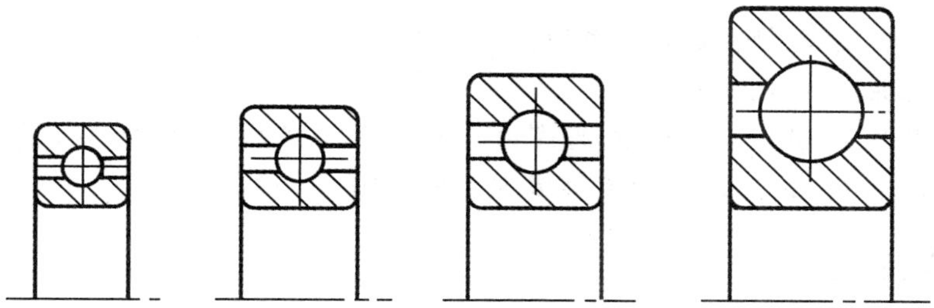

(a) 6105轴承 (b)6205轴承 (c)6305轴承 (d)6405轴承

图 12-22 深沟球轴承的不同直径系列代号的对比

3. 内径代号

轴承内孔直径用两位数字表示，如表 12-6 所示。

表 12-6 轴承内径代号

内径代号	00	01	02	03	04～99
轴承内径 d/mm	10	12	15	17	数字×5

（二）前置代号

轴承的前置代号用字母表示。如用 L 表示可分离轴承的可分离内圈或外圈，代号示例如 LN207。

（三）后置代号

轴承的后置代号是用字母（或加数字）等表示。后置代号的内容很多，下面介绍几种常用的后置代号。

1. 内部结构代号用字母表示，紧跟在基本代号后面。如接触角 $\alpha=15°$，25°和 40°的角接触球轴承分别用 C、AC 和 B 表示内部结构的不同。代号示例如 7210C、7210AC 和 7210B。

2. 密封、防尘与外部形状变化代号。如-Z 表示轴承一面带防尘盖；N 表示轴承外圈上有止动槽。代号示例如 6210-Z、6210N。

3. 轴承的公差等级分为 2、4、5、6、6X 和 0 级，共 6 个级别，精度依次降低。其代号分别为/P2、/P4、/P5、/P6X、/P6 和/P0。公差等级中，6X 级仅适用于圆锥滚子轴承；0 级为普通级，在轴承代号中省略不表示。代号示例如 6203、6203/P6、30210/P6X。

4. 轴承的游隙分为 1、2、0、3、4 和 5 组，共 6 个游隙组别，游隙依次由小到大。常用的游隙组别是 0 游隙组，在轴承代号中省略不表示，其余的游隙组别在轴承代号中分别用符号/C1、/C2、/C3、/C4、/C5 表示。代号示例如 6210、6210/C4。

实际应用的滚动轴承类型是很多的，相应的轴承代号也是比较复杂的。以上介绍的代号是轴承代号中最基本、最常用的部分，熟悉了这部分代号，就可以识别和查选常用的轴承。关于滚动轴承详细的代号方法可查阅 GB/T 272—93。

轴承代号实例：

30210——圆锥滚子轴承，宽度系列代号为0，直径系列代号为2，内径为50mm，公差等级为0级，游隙为0组。

LN207/P63——圆柱滚子轴承，外圈可分离，宽度系列代号为0(0在代号中省略)，直径系列代号为2，内径为35mm，公差等级为6级，游隙为3组。

职业能力训练

训练目标

通过完成本任务，能了解滚动轴承的组成，认识滚动轴承型号所代表的含义，熟悉滚动轴承的结构特点及应用。

工作流程

认识滚动轴承的代号→分析滚动轴承的类别→了解滚动轴承的结构特点→了解滚动轴承的应用场合→检查、评价。

实施步骤

1. 确定轴承型号

本减速箱有两组轴承，型号分别为6205、6203。(注意轴承型号在轴承上的位置)

2. 确定轴承类型及尺寸

6205——深沟球轴承，宽度系列代号为0，直径系列代号为2，内径为25mm，公差等级为0级，游隙为0组。

6203——深沟球轴承，宽度系列代号为0，直径系列代号为2，内径为17mm，公差等级为0级，游隙为0组。

3. 了解滚动轴承的结构特点及应用

滚动轴承主要由内圈、外圈、滚动体及保持架组成，结构简单。主要承受径向载荷(直齿圆柱齿轮传动)，通用性强，一般用于高速、低噪音情况下。

4. 引导学生分析滚动轴承与滑动轴承结构功能上的不同

知识拓展

滚动轴承在机械设备中应用广泛，设计时类型的选择需要综合考虑载荷、工作转速、轴颈的偏角、轴的刚性等因素，结合各类型轴承的特性进行。具体选用时可参考上面的说明和以下要点：

1. 当要求工作转速和旋转精度高，且主要承受径向载荷时，应优先选用深沟球轴承。

2. 对于径向载荷大，但无轴向载荷，而工作转速又不高的情况，适宜选用圆柱滚子轴承。若载荷有冲击或振动，滚子轴承应优先于球轴承。

3. 对于承受径向载荷，又同时承受较大的轴向载荷的情况，推荐选用角接触球(或圆锥滚子)轴承。若轴向力远大于径向力，可以选用推力球轴承(承受轴向力)和深沟球轴承

(承受径向力)的组合结构。角接触球(或圆锥滚子)轴承应成对使用,对称安装。

4.如果轴的对中性较差,或有较大的偏转角,则应选用调心球(或滚子)轴承。在同一轴上,这种轴承不能与其他轴承混合使用,以免失去调心作用。

5.仅有轴向载荷作用时,一般应选用推力球轴承,因推力球轴承极限转速低。若工作转速较高时,可以考虑用角接触球轴承来承受轴向力,而不用推力球轴承。

任务三 滚动轴承的工作能力计算

任务描述

图12-23所示为某机械中的主动轴,拟用一对角接触球轴承支承。初选轴承型号为7211AC。已知轴的转速 $n=1450\mathrm{r/min}$,两轴承所受的径向载荷分别为 $F_{r1}=3300\mathrm{N}$,$F_{r2}=1000\mathrm{N}$,轴向载荷 $F_A=900\mathrm{N}$,轴承在常温下工作,运转时有中等冲击,要求轴承预期寿命为12000h。试判断该对轴承是否合适。

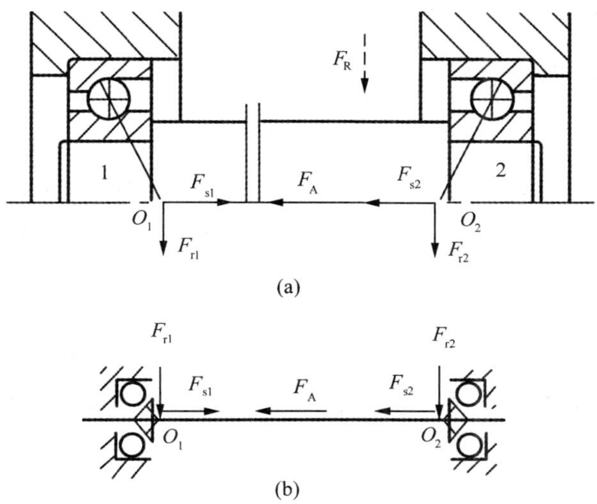

图12-23 某机械中的主动轴

知识准备

滚动轴承在工作时,承受交变载荷的作用,在不同的转速条件下,轴承的失效形式不同,因此在选用或设计轴承时需要对轴承的工作能力进行计算。本任务主要讲述滚动轴承的失效形式、设计准则、寿命计算以及静强度计算等知识。

一、滚动轴承的失效形式和计算准则

(一)滚动轴承的载荷分析

以深沟球轴承为例进行分析。如图12-24所示,轴承受径向载荷 F_r 作用时,各滚动

体承受的载荷是不同的，处于最低位置的滚动体受载荷最大。由理论分析知，受载荷最大的滚动体所受的载荷为 $F_0 \approx (5/z)F_z$，式中 z 为滚动体的数目。

当外圈不动内圈转动时，滚动体既自转又绕轴承的轴线公转，于是内、外圈与滚动体的接触点位置不断发生变化，滚道与滚动体接触表面上某点的接触应力也随着做周期性的变化，滚动体与旋转套圈受周期性变化的脉动循环接触应力作用，固定套圈上 A 点受最大的稳定脉动循环接触应力作用。

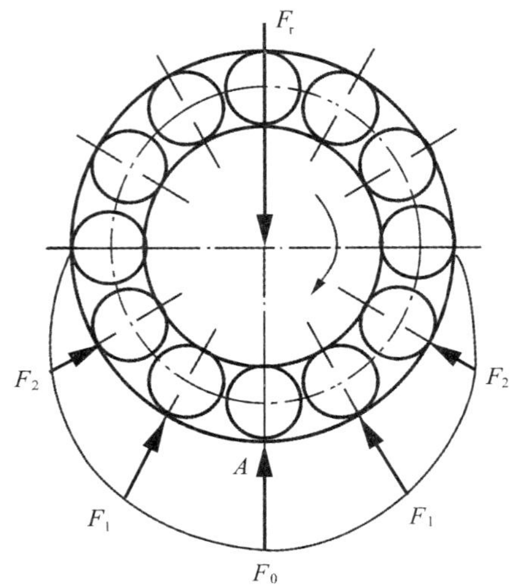

图 12-24　滚动轴承的载荷情况

(二)滚动轴承的失效形式

1. 疲劳点蚀

滚动体和套圈滚道在脉动循环的接触应力作用下，当应力值或应力循环次数超过一定数值后，接触表面会出现接触疲劳点蚀。点蚀使轴承在运转中产生振动和噪声，回转精度降低且工作温度升高，使轴承失去正常的工作能力。接触疲劳点蚀是滚动轴承的最主要失效形式。

2. 塑性变形

在过大的静载荷或冲击载荷的作用下，套圈滚道或滚动体可能会发生塑性变形，滚道出现凹坑或滚动体被压扁，使运转精度降低，产生振动和噪声，导致轴承不能正常工作。

3. 磨损

在润滑不良、密封不可靠及多尘的情况下，滚动体或套圈滚道易产生磨粒磨损，高速时会出现热胶合磨损，轴承过热还将导致滚动体回火。

另外，滚动轴承由于配合、安装、拆卸及使用维护不当，还会引起轴承元件破裂等其他形式的失效，也应采取相应的措施加以防止。

(三)滚动轴承的计算准则

针对上述的主要失效形式，滚动轴承的计算准则为：

1. 对于一般转速($n>10$r/min)的轴承，疲劳点蚀为其主要的失效形式，应进行寿命计算。

2. 对于在低速($n \leqslant 10$r/min)、重载或大冲击条件下工作的轴承，其主要失效形式为塑性变形，应进行静强度计算。

3. 对于高转速的轴承，除疲劳点蚀外，胶合磨损也是重要的失效形式，因此除应进行寿命计算外，还要校验其极限转速。

二、六个基本概念

(一)轴承寿命

在一定载荷作用下，滚动轴承运转到任一滚动体或套圈滚道上出现疲劳点蚀前，两套圈相对运转的总转(圈)数或工作的小时数,称为“轴承寿命”。这也意味着一个新轴承运转至出现疲劳点蚀就不能再使用了。如同预言一个人的寿命一样,对于一个具体的轴承,我们无法预知其确切的寿命。但借助于人口调查等相关资料,却可以预知某一批人的寿命。同理,引入下面关于基本额定寿命的说法。

(二)基本额定寿命

一批相同的轴承,在同样的受力、转速等常规条件下运转,其中有10%的轴承发生疲劳点蚀破坏(90%的轴承未出现点蚀破坏)时,一个轴承所转过的总转(圈)数或工作的小时数称为“轴承的基本额定寿命”,用符号 L_{10} (10^6 r)或 L_h (h)表示。需要说明的是:①轴承运转的条件不同,如受力大小不一样,则其基本额定寿命值不一样;②某一轴承能够达到或超过此寿命值的可能性即可靠度为90%,达不到此寿命值的可能性即破坏率为10%。

(三)基本额定动载荷

基本额定动载荷是指基本额定寿命为 $L_{10}=10^6$ r 时,轴承所能承受的最大载荷,用字母 C 表示。基本额定动载荷越大,其承载能力也越强。不同型号轴承的基本额定动载荷 C 值可查轴承样本或设计手册等资料。

(四)基本额定静载荷

基本额定静载荷是指受载最大的滚动体与内、外圈滚道接触处达到某一接触应力时的载荷,用 C_0 表示。基本额定静载荷对于径向接触轴承和向心角接触轴承为单一的径向载荷,对于轴向接触轴承为单一的轴向载荷。

(五)当量动载荷

在计算轴承寿命时,为了能和基本额定动载荷进行比较,必须把实际作用在轴承上的双向载荷折算成与基本额定动载荷方向相同的一假想载荷,在该假想载荷作用下轴承的寿命与在实际载荷作用下轴承的寿命相同,则该假想载荷称为“当量动载荷”,用 P 表示。

(六)当量静载荷

在计算静强度时,为了能和基本额定静载荷进行比较,必须把实际作用在轴承上的双向载荷折算成与基本额定静载荷方向相同的一假想载荷,在该假想载荷作用下轴承受载最大的滚动体和套圈滚道的塑性变形量之和与实际载荷作用下的塑性变形量之和相同,则该假想载荷称为“当量静载荷”,用 P_0 表示。

三、三个基本计算

(一)当量动载荷的计算

轴承的基本额定动载荷 C 是在一定的试验条件下确定的,对向心轴承是指纯径向载荷,对推力轴承是指纯轴向载荷。在进行寿命计算时,需将作用在轴承上的实际载荷折算成与上述条件相当的载荷,即当量动载荷。在该载荷的作用下,轴承的寿命与实际载荷作用下轴承的寿命相同。当量动载荷用符号 P 表示,计算公式为:

$$P=f_p(XF_r+YF_a) \tag{12-2}$$

式中:f_p——载荷系数,是考虑工作中的冲击和振动会使轴承寿命降低而引入的系数(见表12-7);

F_r——轴承所受的径向载荷,N;

F_a——轴承所受的轴向载荷,N;

X,Y——径向载荷系数和轴向载荷系数(见表12-8)。

表 12-7　　载荷系数

载荷性质	无冲击或轻微冲击	中等冲击	强烈冲击
f_p	1.0～1.2	1.2～1.8	1.8～3.0

表 12-8　　径向载荷系数 X 和轴向载荷系数 Y

<table>
<tr><th colspan="2" rowspan="2">轴承类型</th><th rowspan="2">F_a/C_0</th><th rowspan="2">e</th><th colspan="2">$F_a/F_r>e$</th><th colspan="2">$F_a/F_r\leqslant e$</th></tr>
<tr><th>X</th><th>Y</th><th>X</th><th>Y</th></tr>
<tr><td colspan="2" rowspan="9">深沟球轴承</td><td>0.014</td><td>0.19</td><td rowspan="9">0.56</td><td>2.30</td><td rowspan="9">1</td><td rowspan="9">0</td></tr>
<tr><td>0.028</td><td>0.22</td><td>1.99</td></tr>
<tr><td>0.056</td><td>0.26</td><td>1.71</td></tr>
<tr><td>0.084</td><td>0.28</td><td>1.55</td></tr>
<tr><td>0.11</td><td>0.30</td><td>1.45</td></tr>
<tr><td>0.17</td><td>0.34</td><td>1.31</td></tr>
<tr><td>0.28</td><td>0.38</td><td>1.15</td></tr>
<tr><td>0.42</td><td>0.42</td><td>1.04</td></tr>
<tr><td>0.56</td><td>0.44</td><td>1.00</td></tr>
<tr><td rowspan="11">角接触球轴承</td><td rowspan="9">$\alpha=15°$</td><td>0.015</td><td>0.38</td><td rowspan="9">0.44</td><td>1.47</td><td rowspan="9">1</td><td rowspan="9">0</td></tr>
<tr><td>0.029</td><td>0.40</td><td>1.40</td></tr>
<tr><td>0.058</td><td>0.43</td><td>1.30</td></tr>
<tr><td>0.087</td><td>0.46</td><td>1.23</td></tr>
<tr><td>0.12</td><td>0.47</td><td>1.19</td></tr>
<tr><td>0.17</td><td>0.50</td><td>1.12</td></tr>
<tr><td>0.29</td><td>0.55</td><td>1.02</td></tr>
<tr><td>0.44</td><td>0.56</td><td>1.00</td></tr>
<tr><td>0.58</td><td>0.56</td><td>1.00</td></tr>
<tr><td>$\alpha=25°$</td><td>—</td><td>0.68</td><td>0.41</td><td>0.87</td><td>1</td><td>0</td></tr>
<tr><td>$\alpha=40°$</td><td>—</td><td>1.14</td><td>0.35</td><td>0.57</td><td>1</td><td>0</td></tr>
<tr><td colspan="2">圆锥滚子轴承</td><td>—</td><td>$1.5\tan\alpha$</td><td>0.40</td><td>$0.4\cot\alpha$</td><td>1</td><td>0</td></tr>
</table>

注：1. 表中均为单列轴承的系数值，双列轴承查《滚动轴承产品样本》。

2. C_0 为轴承的基本额定静载荷；α 为接触角。

3. e 是判别轴向载荷对当量动载荷 P 影响程度的参数。查表时，可按 F_a/C_0 查得 e 值，再根据 $F_a/F_r>e$ 或 $F_a/F_r\leqslant e$ 来确定 X，Y 值。

（二）当量静载荷 P_0 的计算

当量静载荷 P_0 是指承受最大载荷滚动体与滚道接触中心处，引起与实际载荷条件下相当的接触应力时的假想静载荷。其计算公式为：

$$P_0=X_0F_r+Y_0F_a \tag{12-3}$$

式中：X_0，Y_0——当量静载荷的径向系数和轴向系数，可由表 12-9 查取。若由式 12-3 计

算出的 $P_0<F_r$，则应取 $P_0=F_r$。

表 12-9　　单列轴承的径向静载荷系数 X_0 和轴向静载荷系数 Y_0

轴承类型		X_0	Y_0
深沟球轴承		0.6	0.5
角接触球轴承	$\alpha=15°$	0.5	0.46
	$\alpha=25°$		0.38
	$\alpha=40°$		0.26
圆锥滚子轴承		0.5	$0.22\cot\alpha$
推力球轴承		0	1

（三）向心角接触轴承的轴向载荷的计算

1. 内部轴向力

如图 12-25 所示，由于角接触轴承存在接触角 α，所以载荷作用中心不在轴承的宽度中点，而与轴心线交于 O 点。当受到径向载荷 F_r 作用时，作用在承载区内第 0 个滚动体上的法向力 F_0 可分解为径向分力 F_{r0} 和轴向分力 F_{s0}，滚动轴承各滚动体上所受轴向分力 F_{si} 的总和称为轴承的内部轴向力 F_s，其大小可按表 12-10 求得，方向沿轴线由轴承外圈的宽边指向窄边。

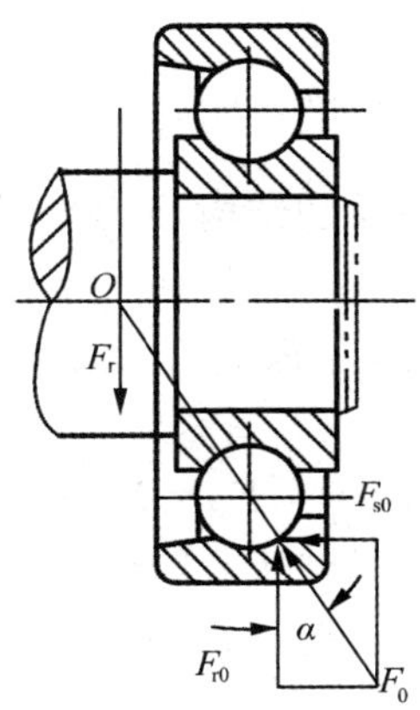

图 12-25　角接触轴承中的内部轴向力

表 12-10　　角接触轴承的内部轴向力

圆锥滚子轴承	角接触球轴承		
	70000C($\alpha=15°$)	70000AC($\alpha=25°$)	70000B($\alpha=40°$)
$F_s=F_r/(2Y)$	$F_s=eF_r$	$F_s=0.68F_r$	$F_s=1.14F_r$

注：本表中 e 值查表 12-8 确定。

2. 角接触轴承轴向力 F_a 的计算

为了使角接触轴承能正常工作，一般这种轴承都要成对使用，并将两个轴承对称安装。常见安装方式有两种，如图 12-26 所示为外圈窄边相对安装，称为“正装”或“面对面安装”；反之，两外圈宽边相对安装，称为“反装”或“背靠背安装”。

将图 12-26 抽象成为图 12-27 所示的受力简图，F_{s1} 及 F_{s2} 为两个角接触轴承的内部轴向力，方向沿轴线由宽边指向窄边。F_A 称为“轴向外载荷”，则轴系在轴线方向受 F_A、F_{s1} 及 F_{s2} 三个力的作用。

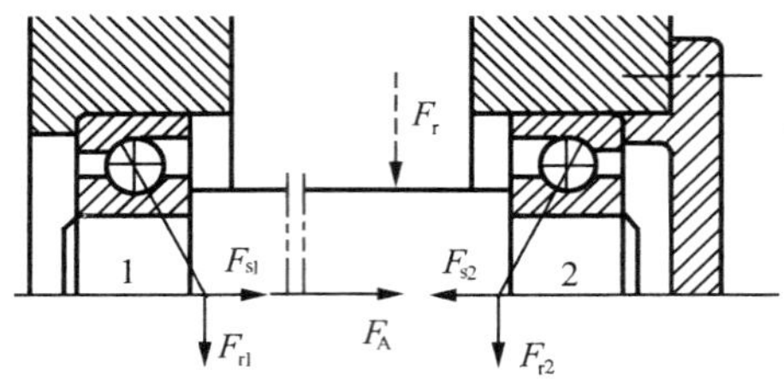

图 12-26　外圈窄边相对安装

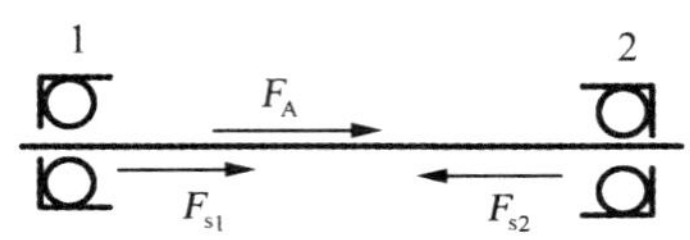

图 12-27　轴向力示意图

若 $F_{s1}+F_A \geq F_{s2}$，根据轴承及轴系的结构，外圈固定不动，轴与固结在一起的内圈有右移趋势，则轴承 1 被“放松”，轴承 2 被“压紧”。“放松”端轴承的轴向力 F_a 等于它本身的内部轴向力。“压紧”端轴承的轴向力 F_a 等于除本身的内部轴向力外其余各轴向力的代数和。即：

$$F_{a1}=F_{s1}, F_{a2}=F_A+F_{s1}$$

同理，若 $F_{s1}+F_A<F_{s2}$，则轴承 1 被“压紧”，轴承 2 被“放松”。则：

$$F_{a1}=F_{s2}-F_A, F_{a2}=F_{s2}$$

四、两个设计准则

（一）滚动轴承的寿命计算

滚动轴承的基本额定寿命（以下简称为“寿命”）与承受的载荷有关，通过大量试验获得的 6207 轴承寿命 L_{10} 与载荷 P 的关系曲线如图 12-28 所示，也称为“轴承的疲劳曲线”。其他型号的轴承，也存在类似的关系曲线。

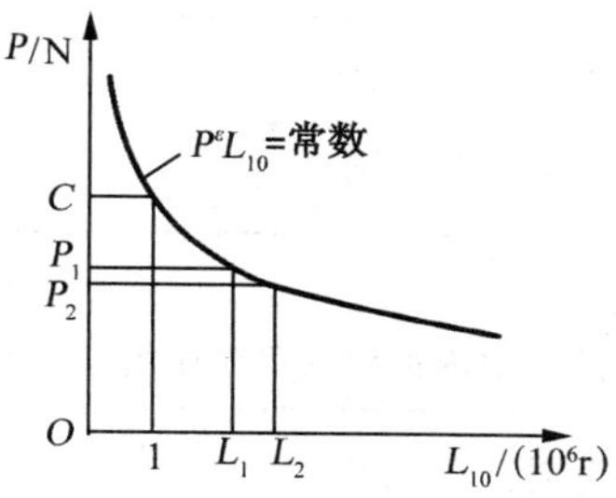

图 12-28　轴承寿命—载荷曲线

此曲线的方程为：

$$P^{\varepsilon}L_{10}=常数 \tag{12-4}$$

式中：ε——轴承的寿命指数，对于球轴承，ε=3；对于滚子轴承，ε=10/3。

根据基本额定动载荷的定义，当轴承的基本额定寿命 $L_{10}=10^6$ r 时，它所受的载荷 $P=C$，将其代入上式得：

$$L_{10}P^{\varepsilon}=1\times C^{\varepsilon} \tag{12-5}$$

或

$$L_{10}=\left(\frac{C}{P}\right)^{\varepsilon}(10^6\text{ r}) \tag{12-6}$$

实际计算中，常用小时数 L_h 表示轴承寿命，考虑到轴承工作温度的影响，则上式可改写为下面两个实用的轴承基本额定寿命的计算公式，由此可分别确定轴承的基本额定寿命或型号。

$$L_h=\frac{10^6}{60n}\left(\frac{f_T C}{P}\right)^{\varepsilon}\geqslant[L_h] \tag{12-7}$$

或

$$C\geqslant C'=\frac{P}{f_T}\left(\frac{60n[L_h]}{10^6}\right)^{\frac{1}{\varepsilon}} \tag{12-8}$$

式中：L_h——轴承的基本额定寿命，h；

n——轴承转速，r/min；

ε——轴承寿命指数；

C——基本额定动载荷，N；

C'——轴承所需的基本额定动载荷，N；

P——当量动载荷，N；

f_T——温度系数（见表 12-11），是考虑轴承工作温度对 C 的影响而引入的修正系数；

$[L_h]$——轴承的预期使用寿命，h。设计时如果不知道轴承的预期寿命值，表 12-12 的荐用值可供参考。

表 12-11 温度系数

轴承工作温度/℃	≤100	125	150	200	250	300
温度系数	1	0.95	0.90	0.80	0.70	0.60

表 12-12 滚动轴承预期使用寿命的荐用值

机器类型	预期寿命/h
不经常使用的仪器或设备，如闸门开闭装置等	300～3000
短期或间断使用的机械，中断使用不致引起严重后果，如手动机械等	3000～8000
间断使用的机械，中断使用后果严重，如发动机辅助设备、流水作业线自动传动装置、升降机、车间吊车、不经常使用的机床等	8000～12000
每日 8h 工作的机械（利用率不高），如一般的齿轮传动、某些固定电动机等	12000～20000
每日 8h 工作的机械（利用率较高），如金属切削机床、连续使用的起重机、木材加工机械等	20000～30000
24h 连续工作的机械，如矿山升降机、泵、电动机等	40000～60000
24h 连续工作的机械，中断使用后果严重，如纤维生产或造纸设备、发电站主电机、矿井水泵、船舶螺旋桨等	100000～200000

（二）静强度计算

轴承静强度计算的目的是防止轴承产生过大的塑性变形。对于那些在工作载荷作用下基本上不旋转的轴承（例如起重机吊钩上用的轴向接触轴承），或者缓慢地摆动以及转速极低的轴承，一般不会发生疲劳点蚀，而主要是载荷过大，在滚动体和滚道上产生过量塑性变形，所以应按轴承的静强度来选择轴承。而 C_0 是滚动轴承规定的不能超过的外载荷界限。所以静强度计算的公式为：

$$\frac{C_0}{P_0} \geqslant S_0 \tag{12-9}$$

式中：C_0——额定静载荷；

P_0——当量静载荷；

S_0——静强度安全系数，在一般工作精度和轻微冲击时可取 $S_0=0.8\sim1.2$。

此外，滚动轴承转速过高会使轴承摩擦表面间产生高温，降低润滑剂的黏度，导致胶合失效。因此应使轴承的工作转速低于其极限转速。

示例：图 12-29 所示为已知一对 7206C 轴承支承的轴系，轴上径向力 $F_r=6000$N，求(a)(b)(c)三种情况下两轴承所受的轴向力。

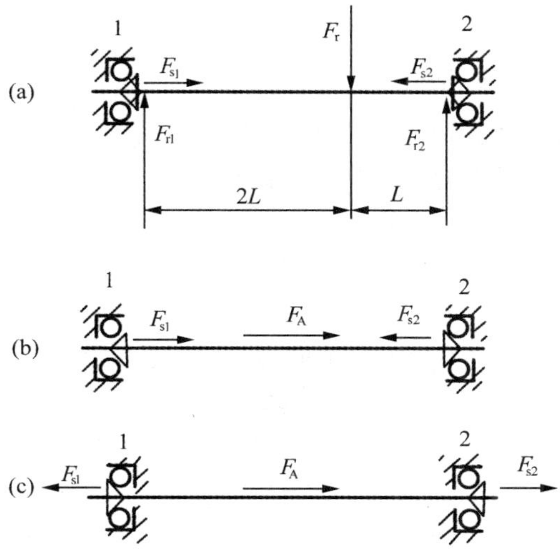

图 12-29 示例图

解:1. 如图 12-29(a)所示,轴向外力 $F_A=0$,$F_a/C_0=0.029$。

(1)$F_{r1}=2000N$,$F_{r2}=4000N$。

(2)由表 12-8 及表 12-10 知,内部轴向力为:

$$F_{s1}=0.4F_{r1}=0.4\times 2000N=800N$$

$$F_{s2}=0.4F_{r2}=0.4\times 4000N=1600N$$

(3)由于 $F_{s1}<F_{s2}$,再根据结构判断轴承 1 被"压紧",轴承 2 被"放松",所以 $F_{a1}=F_{s2}=1600N$;轴承 2 仅受内部轴向力,$F_{a2}=F_{s2}=1600N$。

2. 如图 12-29(b)所示,$F_A=600N$,$F_{s1}=800N$,$F_{s2}=1600N$。因为 $F_{s2}>F_A+F_{s1}$,则轴承 1 被"压紧",轴承 2 被"放松"。

$$F_{a1}=F_{s2}-F_A=1000N$$

$$F_{a2}=F_{s2}=1600N$$

3. 如图 12-29(c)所示,两轴承反安装,$F_A=1000N$,$F_{s1}=800N$,$F_{s2}=1600N$。因为 $F_A+F_{s2}>F_{s1}$,则轴有向右移动趋势,轴承 1 被"压紧"。

$$F_{a1}=F_A+F_{s2}=2600N$$

$$F_{a2}=F_{s2}=1600N$$

在本例的几种情况中,虽然判断轴承 1 被"压紧",轴承 2 被"放松",但这并不说明轴承 1 受的轴向力必然大于轴承 2 所受的轴向力。情况(b) 中 $F_{a1}=1000N$,$F_{a2}=1600N$ 就明显说明了这一点。

职业能力训练

训练目标

通过完成本任务,会分析滚动轴承的安装形式,进行受力情况判断,熟悉轴承轴向力、当量动载荷以及寿命的计算流程。

工作流程

分析任务图及要求→分析轴承工作情况→计算轴承轴向力→计算当量动载荷→轴承寿命计算→判断所选轴承是否合适→检查、评价。

实施步骤

1. 计算轴承的轴向力 F_{a1}，F_{a2}

由表 12-10 查得 7211AC 轴承内部轴向力的计算公式为 $F_s=0.68F_r$，故有：

$$F_{s1}=0.68F_{r1}=0.68\times 3300\text{N}=2244\text{N}$$

$$F_{s2}=0.68F_{r2}=0.68\times 1000\text{N}=680\text{N}$$

因为

$$F_{s2}+F_A=(680+900)\text{N}=1580\text{N}<F_{s1}=2244\text{N}$$

故可判断轴承 2 被“压紧”，轴承 1 被“放松”，两轴承的轴向力分别为：

$$F_{a1}=F_{s1}=2244\text{N}$$

$$F_{a2}=F_{s1}-F_A=(2244-900)\text{N}=1344\text{N}$$

2. 计算当量动载荷 P_1，P_2

由表 12-8 查得 $e=0.68$，而

$$\frac{F_{a1}}{F_{r1}}=\frac{2244}{3300}=0.68=e$$

$$\frac{F_{a2}}{F_{r2}}=\frac{1344}{1000}=1.344>e$$

查表 12-8 可得 $X_1=1$，$Y_1=0$；$X_2=0.41$，$Y_2=0.87$。由表 12-7 取 $f_p=1.4$，则轴承的当量动载荷为：

$$P_1=f_p(X_1F_{r1}+Y_1F_{a1})=1.4\times(1\times 3300+0\times 2244)\text{N}=4620\text{N}$$

$$P_2=f_p(X_2F_{r2}+Y_2F_{a2})=1.4\times(0.41\times 1000+0.87\times 1344)\text{N}=2211\text{N}$$

3. 计算轴承寿命

因 $P_1>P_2$，且两个轴承的型号相同，所以只需计算轴承 1 的寿命，取 $P=P_1$。

查手册得 7211AC 轴承的 $C=50500\text{N}$。又因为球轴承 $\varepsilon=3$，取 $f_T=1$，则由式(12-7)得：

$$L_h=\frac{10^6}{60n}\left(\frac{f_TC}{P}\right)^\varepsilon=\frac{10^6}{60\times 1450}\times\left(\frac{1\times 50500}{4620}\right)^3=15010\text{h}>12000\text{h}$$

由此可见，轴承的寿命大于预期寿命，所以该对轴承合适。

任务四 滚动轴承的组合设计

任务描述

图 12-30 所示为滚动轴承组合设计图，请分析各滚动轴承的固定方式、轴向调整方式等结构特点。

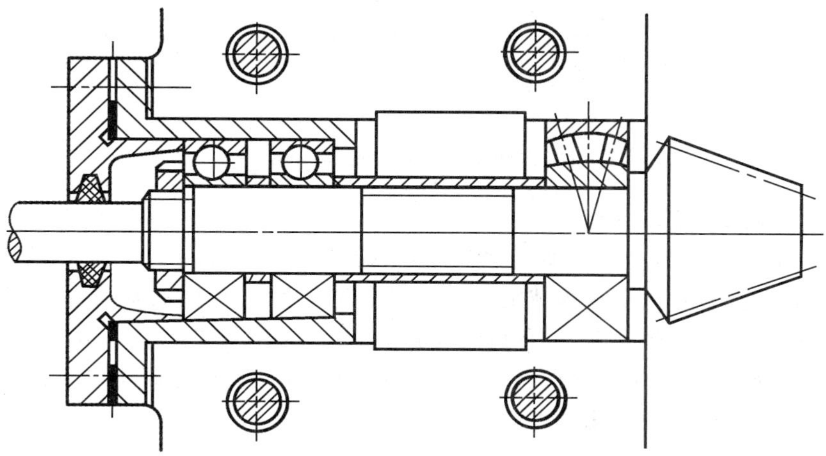

图 12-30 滚动轴承组合设计

知识准备

滚动轴承安装在机器设备上，它与支承它的轴和轴承座（机体）等周围零件之间的整体关系，就称为“轴承部件的组合”。为了保证轴承能正常工作，除了要正确选择轴承的类型和尺寸外，还应正确进行轴承的组合设计，以正确处理轴承的轴向位置固定、配合、调整、拆装、润滑和密封等问题。组合设计与轴承的外围部件、使用要求等因素有关。本任务将对滚动轴承的组合设计予以阐述。

一、滚动轴承的固定方式

常用的轴承固定方式有三种：两端单向固定，一端双向固定、一端游动以及两端游动。

（一）两端单向固定

如图 12-31(a)所示，在轴的两个支点上，用轴肩顶住轴承内圈，轴承盖顶住轴承的外圈，使每个支点都能限制轴的单方向轴向移动，两个支点合起来就限制了轴的双向移动，这种固定方式称为“两端单向固定”或“双固式”。图 12-31(a)上半部为采用深沟球轴承支承的结构，它结构简单、便于安装，适于工作温度变化不大的短轴。考虑轴因受热而伸长，安装轴承时，在深沟球轴承的外圈和端盖之间，应留有 $c=0.25\sim0.4$mm 的热补偿轴向间隙，如图 12-31(b)所示。图 12-31(a)下半部为采用角接触球轴承支承的结构。

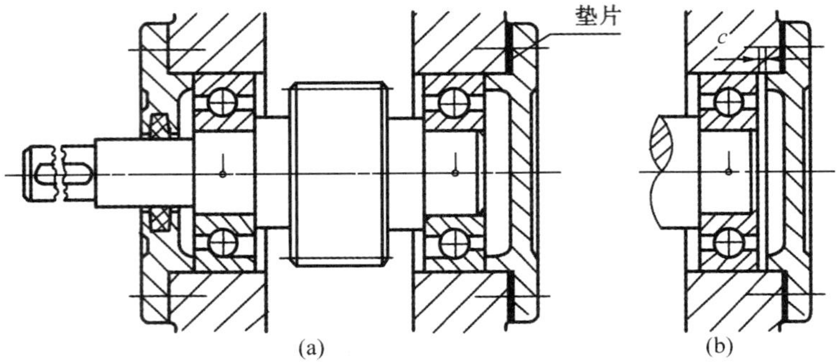

图 12-31　两端单向固定的轴系

（二）一端双向固定、一端游动

如图 12-32(a)所示，左端轴承内、外圈都为双向固定，以承受双向轴向载荷，称为“固定端”。右端为游动端，选用深沟球轴承时内圈作双向固定，外圈的两侧自由，且在轴承外圈与端盖之间留有适当的间隙，轴承可随轴颈沿轴向游动，适应轴的伸长和缩短的需要。如图 12-32(b)所示，游动端选用圆柱滚子轴承时，该轴承的内、外圈均应双向固定。这种固游式结构适于工作温度变化较大的长轴。

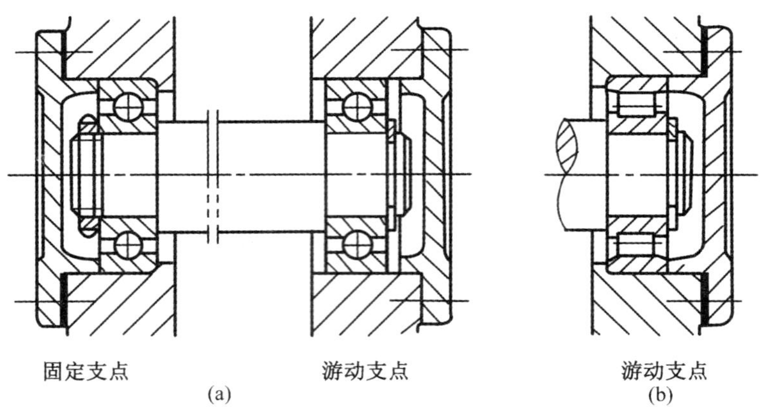

图 12-32　一端双向固定、一端游动的轴系

（三）两端游动

图 12-33 所示为人字齿轮传动中的主动轴，考虑到轮齿两侧螺旋角的制造误差，为了使轮齿啮合时受力均匀，两端都采用圆柱滚子轴承支承，轴与轴承内圈可沿轴向少量移动，即为两端游动式结构。与其相啮合的从动轮轴系则必须用双固式或固游式结构。若主动轴的轴向位置也固定，可能会发生干涉以致卡死现象。

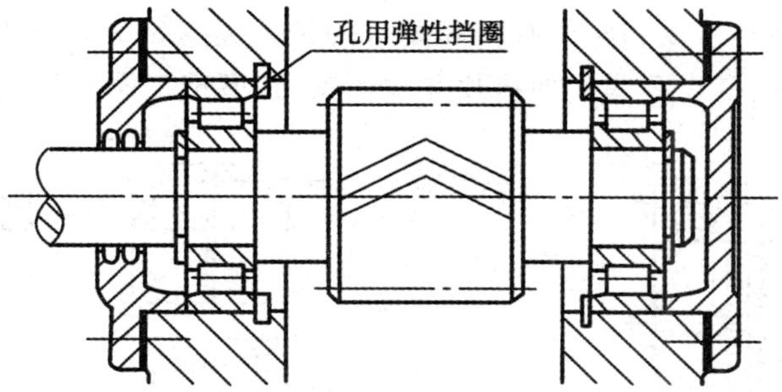

图 12-33 两端游动的轴系

轴承在轴上一般用轴肩或套筒定位，轴承内圈的轴向固定应根据轴向载荷的大小选用如图 12-34(a)所示的轴端挡圈、圆螺母、轴用弹性挡圈等结构。外圈则采用如图 12-34(b)所示的轴承座孔的端面(止口)、孔用弹性挡圈、压板、端盖等形式固定。

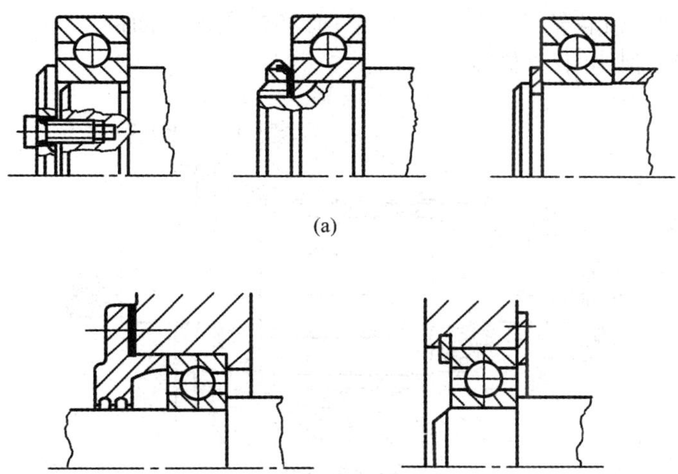

(a)

(b)

图 12-34 单个轴承的轴向定位与固定

二、轴承组合的调整

(一)轴承间隙的调整

常用的调整轴承间隙的方法有：

1. 如图 12-31 所示，靠增减端盖与箱体接合面间垫片的厚度进行调整。

2. 如图 12-35 所示，利用端盖上的调节螺钉改变可调压盖及轴承外圈的轴向位置来实现调整，调整后用螺母锁紧防松。

(二)滚动轴承的预紧

在轴承安装以后，使滚动体和套圈滚道间处于适合的预压紧状态，称为“滚动轴承的预紧”。预紧的目的在于提高其工作的刚度和旋转精度。成对并列使用的圆锥滚子轴承、角接触球轴承及对旋转精度和刚度有较高要求的轴系通常都采用预紧方法。如图 12-36 所示，常用的预紧方法有在套圈间加垫片并加预紧力、磨窄套圈并加预紧力。

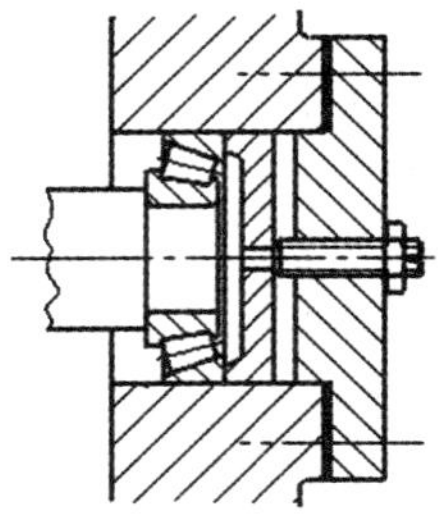

图 12-35　利用压盖调整轴承的间隙

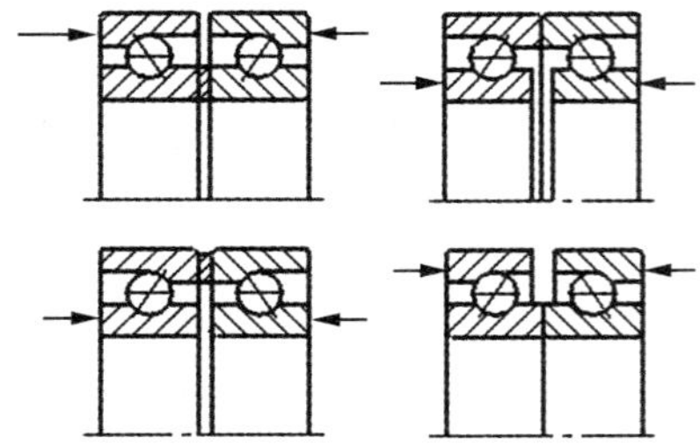

图 12-36　滚动轴承的预紧

（三）轴承组合位置的调整

轴承组合位置调整的目的，是使轴上的零件如齿轮等具有准确的轴向工作位置。在图 12-37 所示的圆锥齿轮轴承的组合结构中，套杯与机座之间的垫片 1 用来调整轴系的轴向位置，而垫片 2 则用来调整轴承间隙。

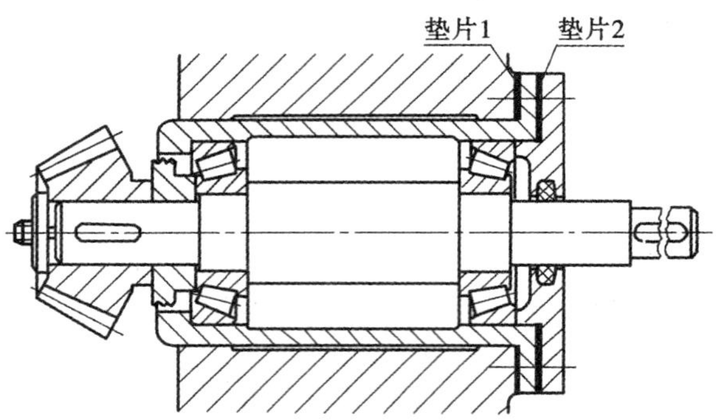

图 12-37　轴承组合位置的调整

三、支承部位的刚度和同轴度

为保证支承部分的刚度，轴承座孔壁应有足够的厚度，并设置如图 12-38(a)所示的加强肋以增强支承刚度。为保证两端轴承座孔的同轴度，箱体上同一轴线的两个轴承座孔应一次镗出。如图 12-38(b)所示，若轴上装有不同外径尺寸的轴承时，可采用套杯式结构，使两端轴承座孔的直径尺寸尽量相同，以便加工时一次镗出两个轴承座孔。

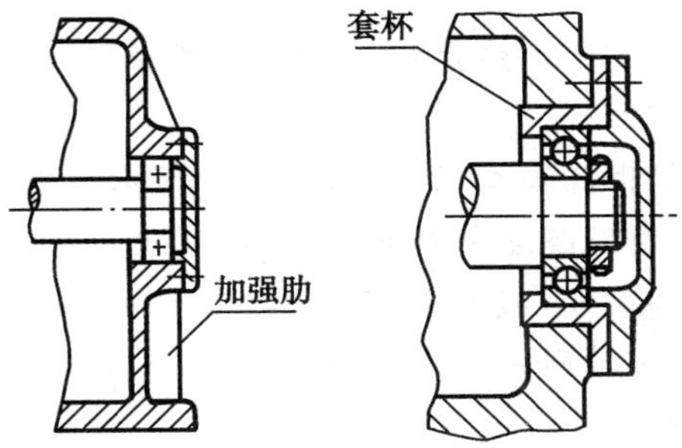

(a) (b)

图 12-38 支承部位的刚度和同轴度

四、滚动轴承的配合

滚动轴承的配合是指轴承内圈与轴颈、外圈与轴承座孔的配合。因为滚动轴承已经标准化,轴承内孔与轴颈的配合采用基孔制,轴承外圈与轴承座孔的配合采用基轴制。一般说来,转动圈(通常是内圈与轴一起转动)的转速越高,载荷越大,工作温度越高,则内圈与轴颈应采用越紧的配合;而外圈与座孔间(特别是需要做轴向游动或经常拆装的场合)常采用较松的配合。轴颈的公差带常取 n6、m6、k6、js6 等;座孔的公差带常取 J7、J6、H7、G7 等,具体选择可参考有关的《机械设计手册》。

五、滚动轴承的安装与拆卸

设计轴承的组合结构时,应考虑有利于轴承的拆装,以便在拆装时不损坏轴承和其他零部件。拆装时,要求滚动体不受力,拆装力要对称或均匀地作用在套圈的端面上。

(一)滚动轴承的安装

1. 冷压法

用专用压套压装轴承,如图 12-39(a)所示,装配时,先加专用压套,再用压力机压入或用手锤轻轻打入。

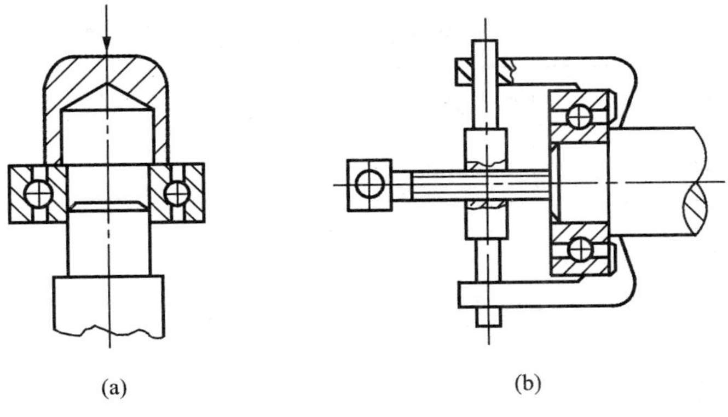

(a) (b)

图 12-39 滚动轴承的安装与拆卸

2. 热装法

将轴承放入油池或加热炉中加热至 80～100℃，然后套装在轴上。

(二)滚动轴承的拆卸

应使用专门的拆卸工具拆卸轴承，如图 12-39(b)所示。为了便于用专用工具拆卸轴承，设计时应使轴上定位轴肩的高度小于轴承内圈的高度。同理，轴承外圈在套筒内应留出足够的高度和必要的拆卸空间，或采取其他便于拆卸的结构。图 12-40 所示为结构设计错误的示例，图 12-40(a)中轴肩 h 过高，无法用拆卸工具拆卸轴承；图 12-40(b)中衬套孔直径 d_a 过小，无法拆卸轴承外圈。

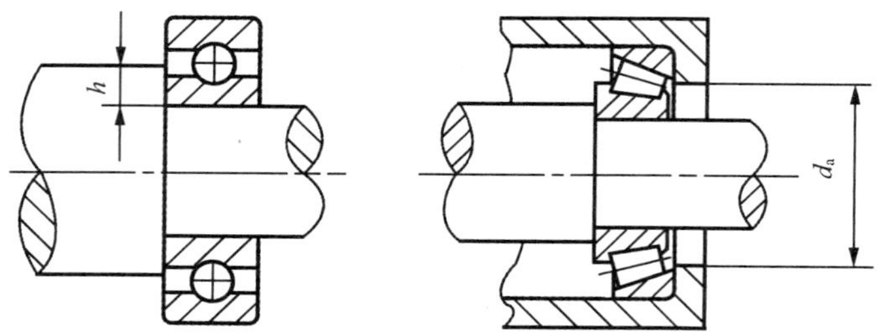

图 12-40　结构设计错误的示例

六、滚动轴承的润滑和密封

(一)滚动轴承的润滑

滚动轴承润滑的主要目的是减少摩擦与磨损，同时也有吸振、冷却、防锈和密封等作用。滚动轴承的润滑与滑动轴承类似，常用的润滑剂有润滑油和润滑脂两种，一般高速时采用油润滑，低速时用脂润滑，某些特殊情况下用固体润滑剂。润滑方式可根据轴承的值来确定。这里 d 为轴承内径(mm)，n 是轴承的转速(r/min)，dn 值间接表示了轴颈的圆周速度。适用于脂润滑和油润滑的 dn 值界限列于表 12-13 中，可作为选择润滑方式时的参考。

表 12-13　适用于脂润滑和油润滑的 dn 值界限　单位：$10^4\times$mm·r/min

轴承类型	脂润滑	油润滑			
		油浴	滴油	循环油(喷油)	油雾
深沟球轴承	16	25	40	60	>60
调心球轴承	16	25	40	—	—
角接触球轴承	16	25	40	60	>60
圆柱滚子轴承	12	25	40	60	>60
圆锥滚子轴承	10	16	23	30	—
调心滚子轴承	8	12	—	25	—
推力球轴承	4	6	12	15	—

脂润滑能承受较大的载荷，且润滑脂不易流失，结构简单，便于密封和维护。润滑脂常常采用人工方式定期更换，润滑脂的加入量一般应是轴承内空隙体积的 1/3～1/2。

速度较高或工作温度较高的轴承都采用油润滑，润滑和散热效果均较好，但润滑油易流失，因此要保证在工作时有充足的供油。减速器常用的润滑方式有油浴润滑及飞溅润滑等。油浴润滑时油面不应高于最下方滚动体的中心，否则搅油能量损失较大，易使轴承过热。喷油润滑或油雾润滑兼有冷却作用，常用于高速情况。

（二）滚动轴承的密封

滚动轴承密封的作用是防止外界灰尘、水分等进入轴承，并阻止轴承内润滑剂流失。密封方法可分为接触式密封和非接触式密封两大类。

接触式密封常用的有毛毡圈密封、唇形密封圈密封等。图 12-41(a)为采用毛毡圈密封的结构。毛毡圈密封是将工业毛毡制成的环片嵌入轴承端盖上的梯形槽内，与转轴间摩擦接触，其结构简单，价格低廉，但毛毡圈易磨损，常用于工作温度不高的脂润滑场合。图 12-41(b)为采用唇形密封圈密封的结构。唇形密封圈是由专业厂家供货的标准件，有多种不同的结构和尺寸。其广泛用于油润滑和脂润滑场合，密封效果好，但在高速时易发热。

高速时多采用与转轴无直接接触的非接触式密封，以减少摩擦功耗和发热。非接触式密封常用的有油沟式密封、迷宫式密封等结构。图 12-42(a)为采用油沟式密封的结构，在油沟内填充润滑脂密封，其结构简单，适于轴颈速度 $v \leqslant 6\text{m/s}$ 的场合。图 12-42(b)为采用曲路迷宫式密封的结构，适于高速场合。

(a) (b)

图 12-41 接触式密封

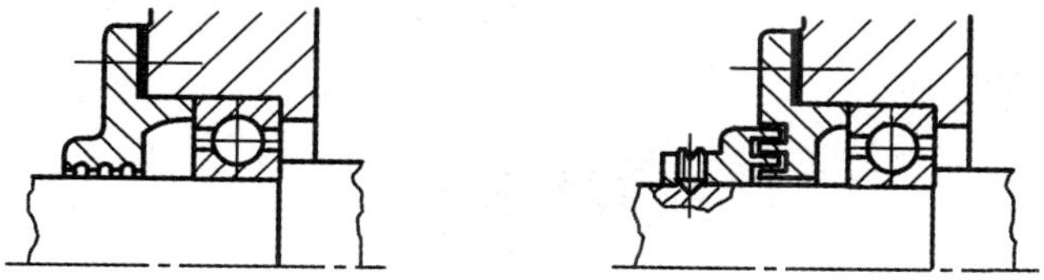

(a) (b)

图 12-42 非接触式密封

职业能力训练

训练目标

通过完成本任务，会分析轴承组合设计的特点及应用，熟悉轴承安装、调整对轴承正常工作的影响。

工作流程

分析任务图→分析轴承的类别及安装方式→明确轴承间隙的调整方法→分析调整方法的特点及应用→检查、评价。

实施步骤

1. 明确轴承的类别及特点

两个深沟球轴承，主要用于承受径向力。

一个调心滚子轴承，能够调整轴承两端支承点的不同轴，承受径向力及较小的轴向力。

2. 明确轴承的安装方式

两深沟球轴承安装在轴承套内，轴承套安装在机体上。

调心滚子轴承安装在机体上。

3. 明确轴承轴向调整方式及特点

轴承组合安装采用一端双向固定、一端游动的方式。其中：

(1)两深沟球轴承、调心滚子轴承内圈通过轴肩、长袖套、短轴套以及圆螺母固定在齿轮轴上。

(2)两深沟球轴承外圈通过轴承套内孔挡肩、轴承盖固定，轴承套与轴承盖通过螺栓固定在机体上，实现一端轴向固定。轴承盖与轴承套之间的垫片用来调整深沟球轴承间隙。

(3)调心滚子轴承外圈不固定，处于游动状态，适应轴的伸长和缩短的需要，一般适于工作温度变化较大的长轴。

同步测试

12.1 滑动轴承有哪些主要类型？其结构特点是什么？

12.2 滚动轴承的主要类型有哪些？各有什么特点？

12.3 滚动轴承失效的主要形式有哪些？计算准则是什么？

12.4 在进行滚动轴承组合设计时应考虑哪些问题？

12.5 轴承常用的密封装置有哪些？各适用于什么场合？

12.6 为什么角接触轴承通常要成对使用？

12.7 一止推轴承的环形承压面的内径 $d_0=50$mm，外径 $d=75$mm，许用平均压强

$[p]=0.52\text{MPa}$，求其能承受的最大轴向力。

12.8 下列各轴承的公称直径有多大？哪个轴承的公差等级最高？哪个允许的极限转速最高？哪个承受径向载荷的能力最大？哪个不能承受径向载荷？

6208/P2、30208、5308/P6、N2208

12.9 滚动轴承组合结构有哪三种典型类型？这三种类型各适用于什么场合？

12.10 一轴用两个角接触球轴承(70000AC)支承，如图 12-43 所示。$L_1=40\text{mm}$，$L_2=200\text{mm}$，轴端作用有轴向力 $F_a=820\text{N}$，径向力 $F_r=1640\text{N}$。试分别求出两轴承所受的径向载荷 F_{r1}，F_{r2} 和轴向载荷 F_{a1}，F_{a2}。

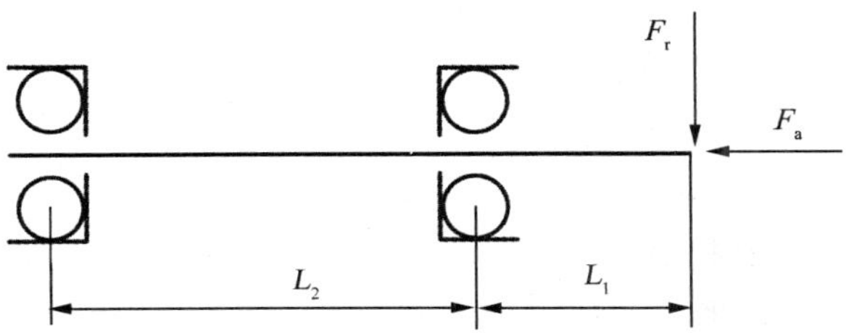

图 12-43

12.11 根据工作条件，某机器传动装置中，轴的两端各采用一个深沟球轴承，轴径为 $d=35\text{mm}$，轴的转速 $n=2000\text{r/min}$，每个轴承径向载荷 $F_r=2000\text{N}$，一般温度下工作，载荷平稳，预期寿命 $L_h=8000\text{h}$。试选用轴承。

12.12 (结构改错)指出图 12-44 所示轴系部件中的结构错误。

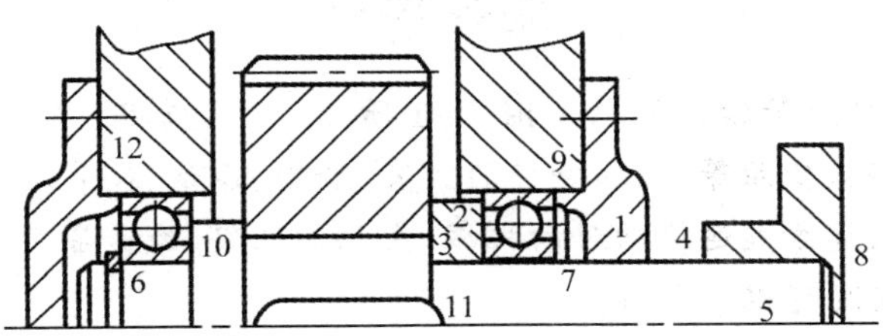

图 12-44

项目十三　其他常用零部件

知识目标

◆了解联轴器的类型、特点及应用。
◆了解离合器的类型、特点及应用。
◆了解弹簧的类型及功用。

能力目标

◆会进行联轴器的选用。
◆能查阅工程手册、标准以及工具书。

引导案例

带式输送机又称"胶带输送机"，如图13-1所示，广泛应用于家电、电子、电器、机械、烟草、注塑、邮电、印刷、食品等行业，物件的组装、检测、调试、包装及运输等。带式输送机是一种摩擦驱动以连续方式运输物料的机械，主要由机架、输送带、托辊、滚筒、张紧装置、传动装置等组成。它既可以进行碎散物料的输送，也可以进行成件物品的输送。除进行纯粹的物料输送外，还可以与各工业企业生产流程中的工艺要求相配合，形成有节奏的流水作业运输线。联轴器和离合器是带式输送机上的常用零部件，它们都是用来连接两轴，使两轴一起转动并传递转矩的装置。本项目主要讲述联轴器、离合器以及弹簧的基本知识以及零部件的合理选用。

图13-1　带式输送机

任务 带式输送机连接件的选用

任务描述

图 13-2 所示为带式输送机传动装置简图，该输送机连续工作，单向运转，载荷变化不大，已知输送带速度为 1.5m/s，输送带拉力为 3000N。电动机的高速旋转经由两级齿轮减速器后实现减速增矩，使输送带低速运转。请判断减速器的高速输入端和低速输出端应采用何种方式与电动机和滚筒连接，并确定连接件的类型。

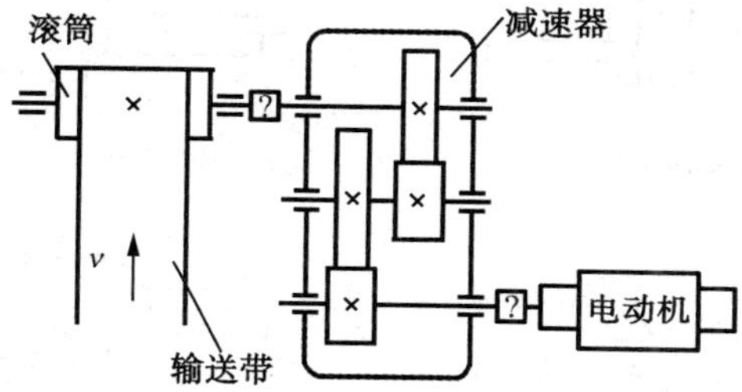

图 13-2 带式输送机传动装置简图

知识准备

联轴器和离合器用来连接不同部件之间的两根轴或轴与其他回转零件，使之一起回转并传递转矩。用联轴器连接的两轴在工作时不能分开，只有停车后通过拆卸才能将它们分开；而用离合器连接的两轴，在机械运转时，能方便地将两轴分开和接合。此外，它们有的还可起到过载安全保护作用。联轴器、离合器是机械传动中的通用部件，而且大部分已标准化。

在图 13-3 所示的电动卷扬机中，电动机 1 与减速器 3 之间用联轴器 2 连接，减速器 3 与卷筒 5 之间用离合器 4 连接，当卷筒 5 需要暂停转动时，不必切断电动机 1 的电源，只要操纵离合器 4 使之脱开即可。

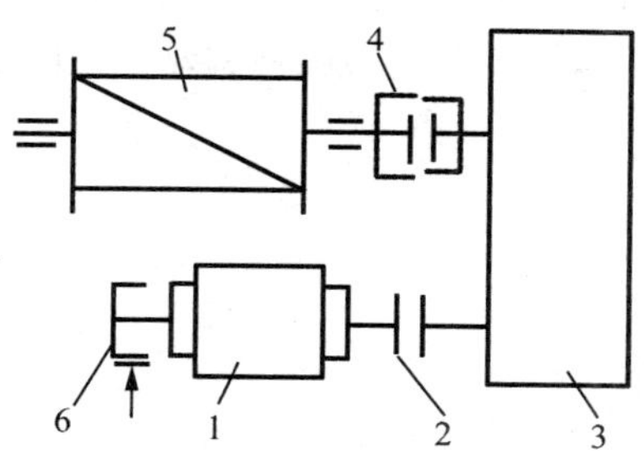

图 13-3 电动卷扬机示意图

1—电动机 2—联轴器 3—减速器 4—离合器 5—卷筒

一、联轴器的类型与特点

一般机械都是由原动机、传动机和工作机构组成，这三部分必须连接起来才能工作，而联轴器就是把它们连接起来的一种重要装置。联轴器主要用于两轴之间的连接，也可用于轴和其他零件（卷筒、齿轮、带轮等）之间的连接。它的主要任务是传递扭矩。

根据被连接两轴的相对位置关系，联轴器可分为刚性、弹性和液力三种。刚性联轴器用在两轴能严格对中并在工作时不发生相对位移的地方，两轴的相对位移情况如图13-4所示。弹性联轴器用在两轴有偏斜或工作中有相对位移的地方。液力联轴器是用液体动能来传递功率，用在需要保护原动机不遭过载损坏而又可空载启动的地方。

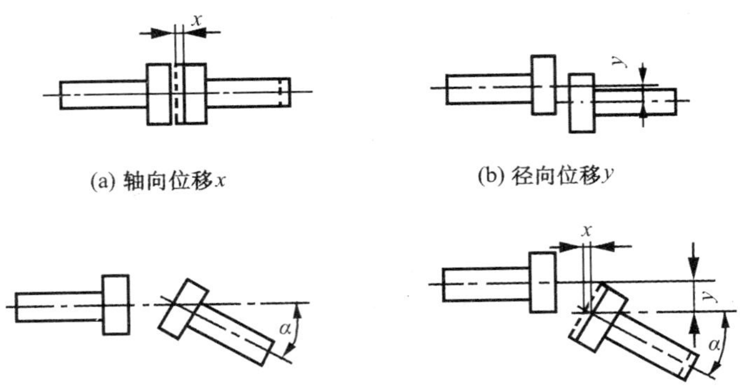

(a) 轴向位移x　(b) 径向位移y　(c) 角位移α　(d) 综合位移x,y,α

图 13-4　两轴的相对位移

（一）刚性联轴器

刚性联轴器由刚性传力件构成，各连接件之间不能相对运动，因此不具备补偿两轴线相对偏移的能力，只适用于被连接两轴在安装时能严格对中且工作时不产生相对偏移的场合。常用的刚性联轴器包括套筒式联轴器、凸缘式联轴器、夹壳式联轴器等。刚性联轴器一般结构简单，制造成本较低。选用刚性联轴器时，应尽量减小被连接两轴轴线对中的误差。为了减少附加载荷对联轴器的影响，应尽量减小联轴器和轴承之间的距离。

1. 套筒式联轴器

如图 13-5 所示，套筒式联轴器用键、圆锥销或螺钉将圆柱形套筒和两根轴连接起来并传递扭矩。套筒式联轴器结构简单，制造容易，径向尺寸小；但传递转矩较小，不能缓冲和吸振，且两轴线要求严格对中，拆装时需做轴向移动，适用于工作平稳、无冲击载荷的低速、轻载的轴。

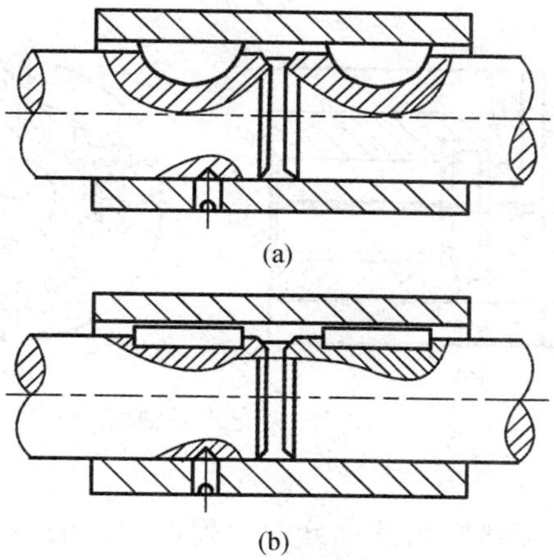

(a)

(b)

图 13-5　套筒式联轴器

2. 凸缘式联轴器

凸缘式联轴器是应用较为广泛的一种刚性联轴器。它由两个带凸缘的半联轴器组成，两个半联轴器通过键分别与两轴相连接，并用螺栓将两个半联轴器连成一体，以传递运动和转矩。如图 13-6 所示，凸缘式联轴器有两种对中方法：一种是用铰制孔螺栓对中，如图 13-6(a)所示。采用铰制孔连接，螺栓与孔同为过盈配合，靠螺栓杆承受挤压与剪切来传递转矩，拆装时轴无须做轴向移动。一种是用一个半联轴器上的凸肩与另一个半联轴器上的凹槽相配合而对中，如图 13-6(b)所示。采用普通螺栓连接，螺栓与孔壁间存在间隙，转矩靠半联轴器接合面间的摩擦力矩来传递，拆装时，轴必须做轴向移动。

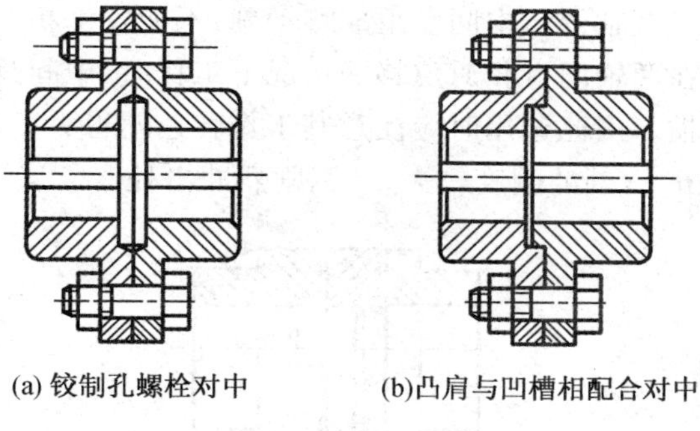

(a) 铰制孔螺栓对中　　(b)凸肩与凹槽相配合对中

图 13-6　凸缘式联轴器

凸缘式联轴器的结构简单，使用维修方便，对中精度高，传递转矩大；但对所连两轴间的偏移缺乏补偿能力，制造和安装精度要求较高，故凸缘式联轴器适用于速度较低、载荷平稳、两轴对中性较好的情况。

3. 夹壳式联轴器

如图 13-7 所示，夹壳式联轴器由两个半圆形的铸铁夹壳组成并用螺栓锁紧，主要靠摩擦力传递扭矩，为使传动可靠，可加一平键。特点：拆装方便，结构简单，传递力矩不大，

一般用于 $d<200$mm 的轴。

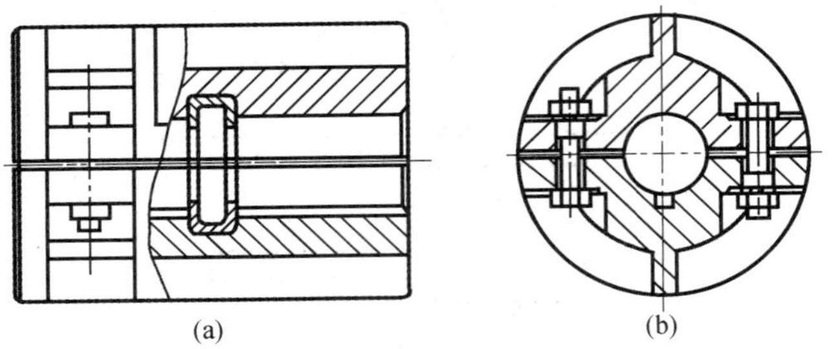

图 13-7 夹壳式联轴器

(二)挠性联轴器

挠性联轴器按是否具有弹性元件可分为无弹性元件的挠性联轴器和有弹性元件的挠性联轴器两种。

1. 无弹性元件的挠性联轴器

这类联轴器因无弹性元件,故不能缓冲减振。常用的有:十字滑块联轴器、滑块联轴器、齿式联轴器和十字轴式万向联轴器等。

(1)十字滑块联轴器

如图 13-8 所示,十字滑块联轴器由两个在端面上开有凹槽的半联轴器 1、3,和一个两面带有凸牙的中间盘 2 所组成。因凸牙可在凹槽中滑动,故可补偿安装及运转时两轴间的相对位移。

这种联轴器零件的材料可用 45 号钢,工作表面须进行热处理,以提高其硬度;要求较低时也可用 Q275 钢,不进行热处理。为了减少摩擦及磨损,使用时应从中间盘的油孔中注油进行润滑。因为半联轴器与中间盘组成移动副,不能发生相对转动,故主动轴与从动轴的角速度应相等。在两轴间有相对位移的情况下工作时,中间盘会产生很大的离心力,从而增大动载荷及磨损。因此选用时应注意其工作转速不得大于规定值。这种联轴器一般用于转速 $n<250$r/min,轴的刚度较大,且无剧烈冲击处。

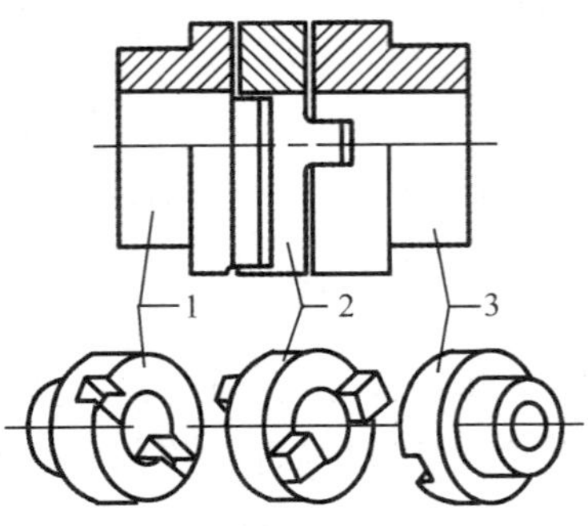

图 13-8 十字滑块联轴器

1、3—半联轴器 2—中间盘

(2)滑块联轴器

滑块联轴器如图 13-9 所示,这种联轴器与十字滑块联轴器相似,只是两个半联轴器上的沟槽很宽，并把原来的中间盘改为两面不带凸牙的方形滑块，且通常用夹布胶木制成。由于中间滑块的质量减小，又具有弹性，故允许较高的极限转速。中间滑块也可用尼龙制成，并在配制时加入少量的石墨或二硫化钼，以便在使用时可以自行润滑。

这种联轴器结构简单，尺寸紧凑，适用于小功率、高转速而无剧烈冲击处。

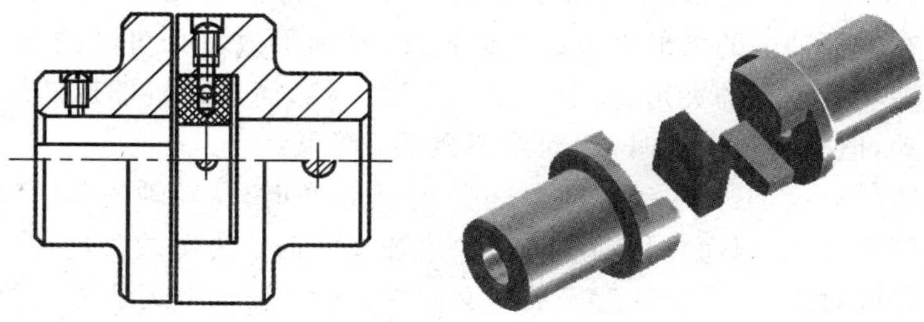

(a) (b)

图 13-9 滑块联轴器

(3)齿式联轴器

如图 13-10 所示，齿式联轴器由两个带有内齿及凸缘的外套筒 3 和两个带有外齿的内套筒 1 所组成。两个内套筒 1 分别用键与两轴连接，两个外套筒 3 用螺栓 5 连成一体，依靠内外齿相啮合以传递转矩。由于外齿的齿顶制成椭球面，且保证与内齿啮合后具有适当的顶隙和侧隙，故在传动时，套筒 1 可有轴向和径向位移以及角位移。又为了减少磨损，可由油孔 4 注入润滑油，并在套筒 1 和 3 之间装有密封圈 6，以防止润滑油泄漏。

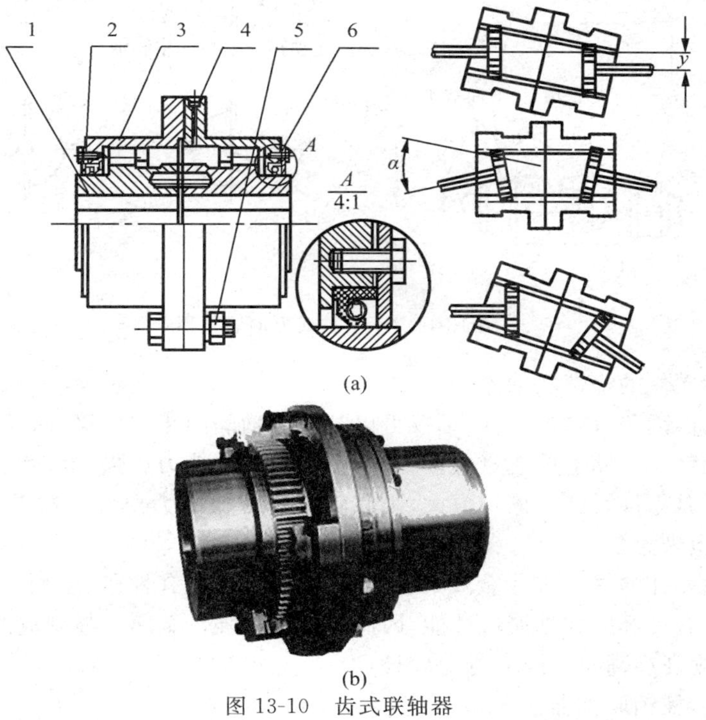

(b)

图 13-10 齿式联轴器

1—内套筒 2—螺钉 3—外套筒 4—油孔 5—螺栓 6—密封圈

齿式联轴器中，所用齿轮的齿廓曲线为渐开线，啮合角为 20°，齿数一般为 30～80，材料一般用 45 号钢或 ZG310-570。这类联轴器能传递很大的转矩，并允许有较大的偏移量，安装精度要求不高；但质量较大，成本较高，在重型机械中广泛应用。

(4)十字轴式万向联轴器

如图 13-11 所示，十字轴式万向联轴器是由两个叉形接头和一个十字销组成。十字销分别与固定在两根轴上的叉形接头用铰链连接，从而形成一个可动的连接。这种联轴器可以允许两轴间有较大的夹角(夹角 α 最大可达 45°)，而且在机器运转时，夹角发生改变仍可正常传动；但当夹角过大时，传动效率会显著降低。

这种联轴器的缺点是：当主动轴的角速度 ω_1 为常数时，从动轴的角速度并不是常数，而是在一定范围内变化，因而在传动中将产生附加动载荷。为了改善这种情况，常将十字轴式万向联轴器成对使用，但应注意安装时必须保证轴、轴与中间轴之间的夹角相等，并且中间轴两端的叉形接头应在同一平面内。只有这种双万向联轴器才可使主、从动轴的角速度相等。

万向联轴器结构紧凑，维修方便，能补偿较大的角位移，广泛应用于汽车、拖拉机、轧钢机和金属切削机床等机械设备中。

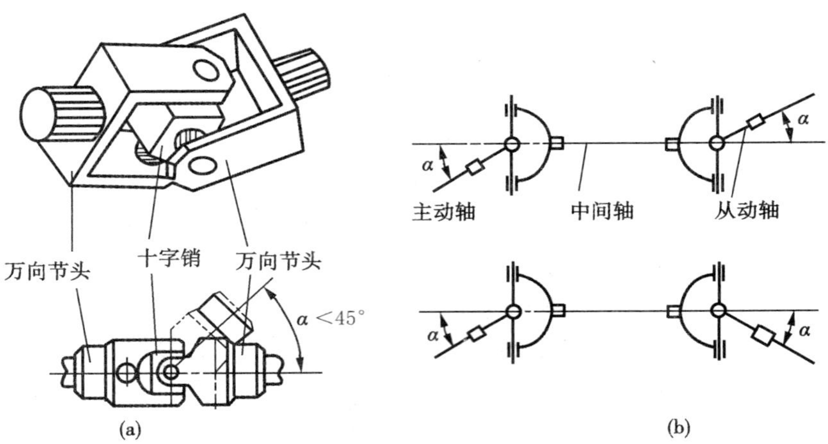

图 13-11　十字轴式万向联轴器

2. 有弹性元件的挠性联轴器

这类联轴器因装有弹性元件，不仅可以补偿两轴间的相对位移，而且具有缓冲减振的能力。弹性元件所能储蓄的能量愈多，则联轴器的缓冲能力愈强；弹性元件的弹性滞后性能与弹性变形时零件间的摩擦功愈大，则联轴器的减振能力愈好。这类联轴器目前应用很广，品种亦愈来愈多。

制造弹性元件的材料有非金属和金属两种。非金属有橡胶、塑料等，其特点为质量小，价格便宜，有良好的弹性滞后性能，因而减振能力强。金属材料制成的弹性元件(主要为各种弹簧)则强度高，尺寸小，寿命较长。

(1)弹性套柱销联轴器

这种联轴器的构造与凸缘联轴器相似，只是用套有弹性套的柱销代替了连接螺栓，如

图 13-12 所示。因为通过蛹状的弹性套传递转矩，故可缓冲减振。弹性套的材料常用耐油橡胶，并且截面形状做成如图中网纹部分所示，以提高其弹性。半联轴器与轴的配合孔可做成圆柱形或圆锥形。

半联轴器的材料常用 HT200，有时也采用 35 号钢或 ZG270-500；柱销材料多用 35 号钢。这种联轴器可按标准(GB/T 4323—1984)选用，适用于载荷平稳、双向运转、启动频繁和变载荷场合。如电动机与减速器之间就常使用这类联轴器。这种联轴器制造容易，拆装方便，成本较低，可以补偿综合位移，具有一定的缓冲和吸振能力，但弹性套易磨损，寿命较短。

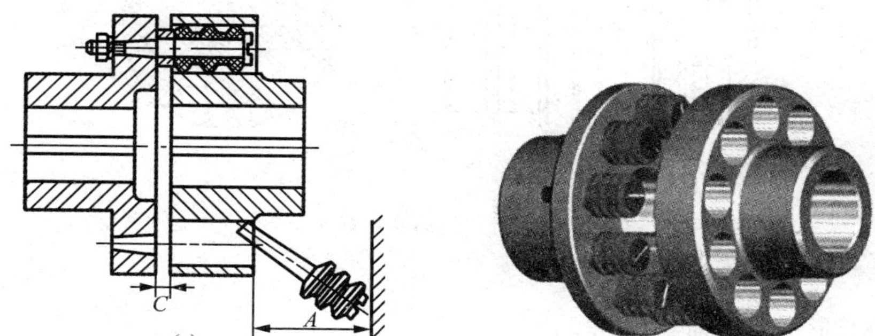

(a) (b)

图 13-12　弹性套柱销联轴器

(2)弹性柱销联轴器

弹性柱销联轴器如图 13-13 所示，工作时转矩通过两半联轴器及中间的尼龙柱销而传给从动轴。为了防止柱销脱落，在半联轴器的外侧，用螺钉固定了挡板。

这种联轴器与弹性套柱销联轴器很相似，但传递转矩的能力很大，结构更为简单，安装、制造方便，耐久性好，也有一定的缓冲和吸振能力，允许被连接两轴有一定的轴向位移以及少量的径向位移和角位移，适用于轴向窜动较大、正反转变化较多和启动频繁的场合。由于尼龙柱销对温度较敏感，故使用温度限制在－20～＋70℃的范围内。

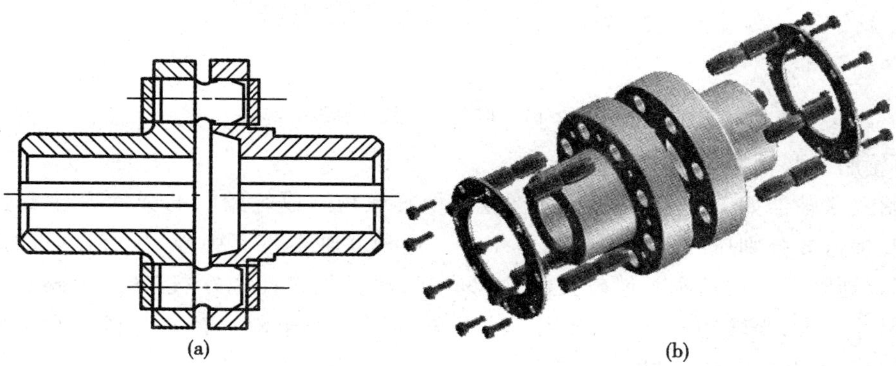

(a) (b)

图 13-13　弹性柱销联轴器

(3)星形弹性联轴器

如图 13-14 所示，两个半联轴器 1、3 上均制有凸牙，用橡胶等材料制成的星形弹性件 2 放置在两半联轴器的凸牙之间。工作时，星形弹性件受压缩并传递转矩。这种联轴器允许轴的径向位移为 0.2mm，偏角位移为 1°30′。因为弹性件只受压不受拉，工作情况有所改善，故寿命较长。

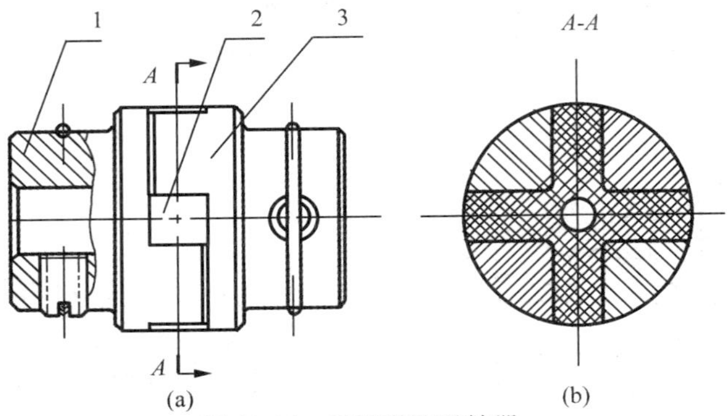

图 13-14　星形弹性联轴器

1、3—半联轴器　2—星形弹性件

(4)梅花形弹性联轴器

这种联轴器如图 13-15 所示，其结构形式及工作原理与星形弹性联轴器相似，但半联轴器与轴配合的孔可做成圆柱形或圆锥形，并以梅花形弹性件取代星形弹性件。弹性件可根据使用要求选用不同硬度的聚氨酯橡胶、铸型尼龙等材料制造。工作温度范围为 －35～＋80℃，短时工作温度可达 100℃，传递的公称转矩为 16～25000N・m。

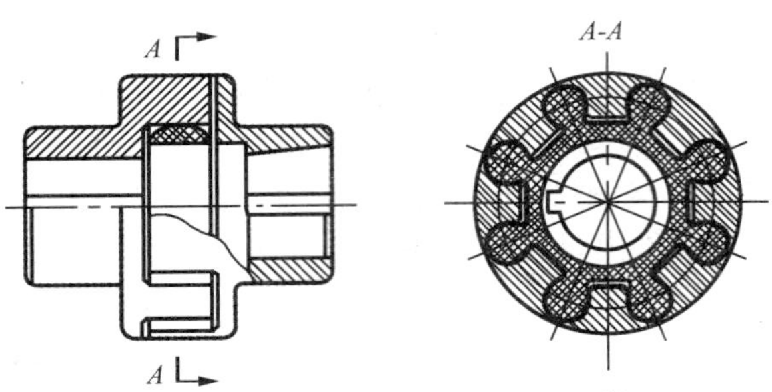

图 13-15　梅花形弹性联轴器

(5)轮胎式联轴器

轮胎式联轴器如图 13-16 所示，用橡胶或橡胶织物制成轮胎状的弹性元件 1，两端用压板 2 及螺钉 3 分别压在两个半联轴器 4 上。这种联轴器富有弹性，具有良好的消振能力，能有效地降低动载荷和补偿较大的轴向位移，而且绝缘性能好，运转时无噪声。缺点是径向尺寸较大；当转矩较大时，会因过大扭转变形而产生附加轴向载荷。为了便于装配，有时将轮胎开出径向切口 5，但这时承载能力要显著降低。

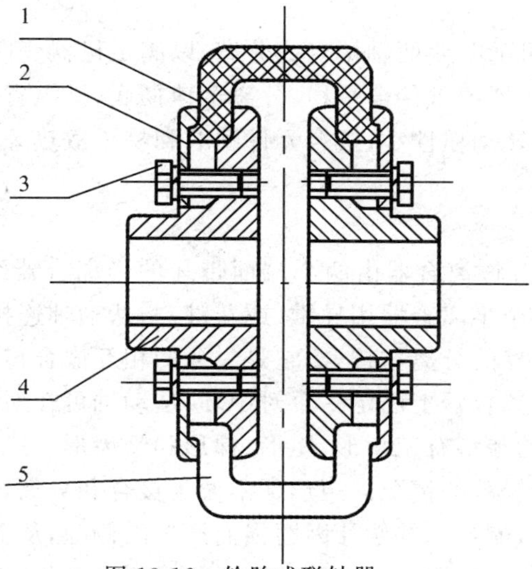

图 13-16 轮胎式联轴器

1—轮胎状的弹性元件 2—压板 3—螺钉 4—半联轴器 5—径向切口

(6)膜片联轴器

膜片联轴器的典型结构如图 13-17 所示。其弹性元件为一定数量的很薄的多边环形(或圆环形)金属膜片叠合而成的膜片组,在膜片的圆周上有若干个螺栓孔,用铰制孔用螺栓交错间隔与半联轴器相连接。这样就将弹性元件上的弧段分为交错受压缩和受拉伸的两部分,拉伸部分传递转矩,压缩部分趋向皱折。当机组存在轴向、径向和角位移时,金属膜片便产生波状变形。

这种联轴器结构比较简单,弹性元件的连接没有间隙,不需润滑,维护方便,平衡容易,质量小,对环境适应性强,但扭转弹性较低,缓冲减振性能差,主要用于载荷比较平稳的高速传动。

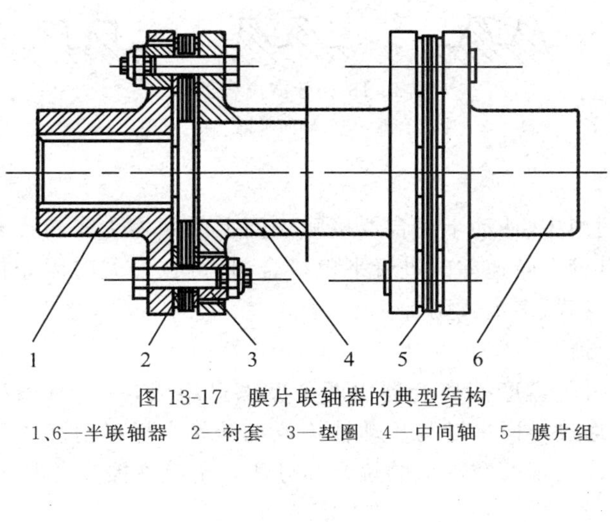

图 13-17 膜片联轴器的典型结构

1、6—半联轴器 2—衬套 3—垫圈 4—中间轴 5—膜片组

二、离合器

离合器根据需要可随时使两轴接合或分离，以满足机器变向、换向、空载启动、过载保护等方面的要求。离合器要求接合平稳，分离迅速彻底，操纵省力，调节和维修方便，结构简单，尺寸小，质量轻，转动惯性小；接合元件耐磨和易于散热等。下面介绍常用的牙嵌离合器和摩擦离合器。

（一）牙嵌离合器

如图 13-18 所示，牙嵌离合器由两个端面带牙的半离合器组成。其中一个半离合器固定在主动轴上；另一个半离合器用导键（或花键）与从动轴连接，并可由操纵机构使其做轴向移动，以实现离合器的分离与接合，它是靠牙的相互嵌合传递运动和转矩。为使两轴对中，在主动轴端的半离合器上固定一个对中环，从动轴可在对中环内自由转动。

牙嵌离合器常用的牙型有三角形、矩形、梯形和锯齿形。三角形牙接合、分离方便，但牙尖强度低，故多用于轻载的情况。矩形牙不便于接合和分离，牙根强度低，故应用较少。梯形牙接合、分离方便，能自动补偿牙因磨损而产生的侧隙，从而减轻反转时的冲击，牙根强度高，传递转矩大，故应用广泛。以上三种牙均可双向工作，而锯齿形牙只能单向工作，但接合、分离方便，牙根强度高，传递转矩大，故多用于重载、单向传动的情况。

牙嵌离合器的结构简单，尺寸小，离合器准确可靠，能确保连接两轴同步运转，但接合应在两轴不转动或转速差很小时进行，故常用于转矩不大、低速接合处，如机床和农业机械中应用较多。

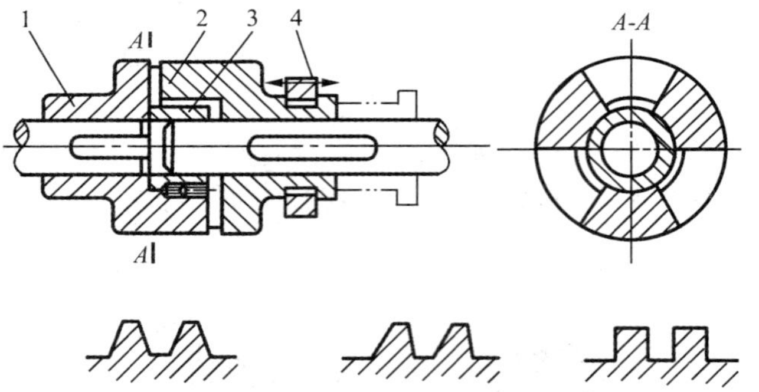

图 13-18　牙嵌离合器

1、2—半离合器　3—导向平键　4—对中环

（二）摩擦离合器

摩擦离合器是利用主、从动半离合器接触表面上的摩擦力来传递转矩和运动的。它能在不停车或两轴有较大转速差时进行平稳接合，且可在过载时因摩擦片间打滑而起到过载保护作用，有单盘式、多盘式两种。

1. 单盘摩擦离合器

如图 13-19 所示，单盘摩擦离合器由两个摩擦盘组成，一个摩擦盘 1 固定在主动轴上，另一个摩擦盘 2 通过导向平键与从动轴构成动连接。操纵滑环 4 可使从动轴上的摩擦盘 2 做轴向移动，以实现两摩擦盘的接合和分离。单盘摩擦离合器结构简单，但传递的转矩较小，故实际生产中常采用多盘摩擦离合器。

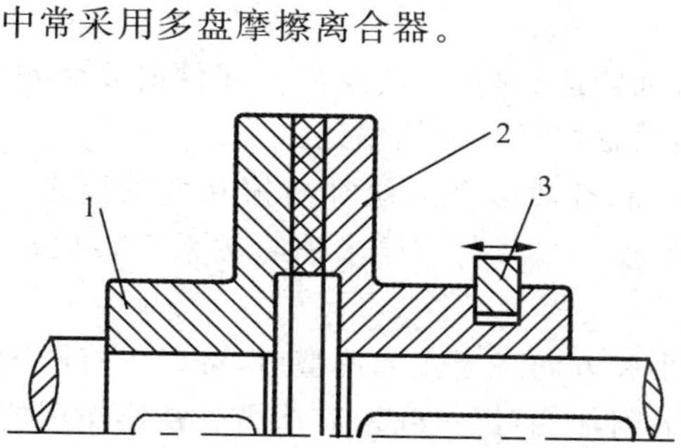

图 13-19 单盘摩擦离合器

1、2—摩擦盘 3—滑环

2. 多盘摩擦离合器

如图 13-20 所示，多盘摩擦离合器也称为“多片式摩擦离合器”，它主要由主动轴、从动轴、外套筒、内套筒、摩擦盘、滑环、曲臂压杆、压板、螺母等组成。一组外摩擦盘以其外齿插入主动轴上的外套筒内壁的纵向槽中，盘的内壁不与任何零件接触，故盘可与主动轴一起回转，并可在轴向力推动下沿轴向移动；另一组内摩擦盘以其孔壁凹槽与从动轴上的内套筒的凸齿相配合，而盘的外缘不与任何零件接触，故盘可与从动轴一起回转，也可在轴向力推动下沿轴向移动。另外，在内套筒上开有三个纵向槽，其中安置了可绕销轴转动的曲臂压杆；当滑环向左移动时，曲臂压杆通过压板将所有内、外摩擦盘压紧在调节螺母上，离合器处于接合状态。螺母可调节摩擦盘之间的压力。内摩擦盘可做成碟形，当承压时，可被压平而与外盘很好贴紧；松脱时，由于内盘的弹力作用，可以迅速与外盘分离。

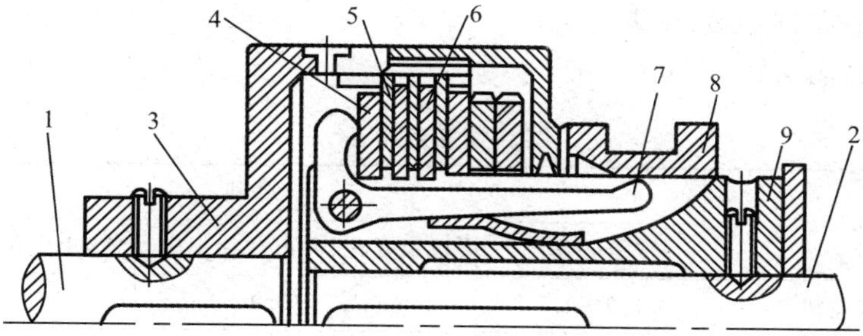

图 13-20 多盘摩擦离合器

1—主动轴 2—从动轴 3—外壳 4—压板 5—外摩擦片

6—内摩擦片 7—杠杆 8—滑环 9—套筒

多盘摩擦离合器的传动能力与摩擦面的对数有关，摩擦盘越多，摩擦面的对数也越多，则传递的功率也越大。如传递的功率一定，则它的径向尺寸与单盘摩擦离合器相比可大为减小，所需轴向力也大大降低。所以多盘摩擦离合器结构紧凑，操作方便，应用较多。

三、联轴器的选择

绝大多数联轴器都已经标准化，可根据实际情况合理地选用，选择的基本步骤如下：

（一）选择联轴器的类型

根据传递转矩的大小、轴转速的高低、被连接两部件的安装精度，参考各种类型联轴器的特性，选择一种合适的联轴器。具体依据是：

1. 所需传递转矩的大小和性质以及对缓冲减振功能的要求。如对大功率的重载传动，可选用齿式联轴器；对严重冲击载荷或要求消除轴系扭转振动的传动，可选用弹性的联轴器。

2. 两轴相对位移的大小和方向。当安装调整后，难以保持两轴严格精确对中，或者工作过程中两轴将产生较大的附加相对位移时，应选用有补偿作用的联轴器。例如，当径向位移较大时，可选用滑块联轴器；当角位移较大时或相交两轴的连接，可用万向联轴器等。

3. 联轴器的可靠性和工作环境。通常由金属元件制成的不需要润滑的联轴器比较可靠；需要润滑的联轴器，其性能易受润滑完善程度的影响，且可能污染环境。含有橡胶等非金属元件的联轴器对温度、腐蚀性介质及强光等比较敏感，而且容易老化。

4. 联轴器的制造、安装、维护和成本。在满足使用性能的前提下，应选用拆装方便、维护简单、成本低的联轴器。例如，刚性联轴器不但简单，而且拆装方便，可用于低速、刚性大的传动轴。一般的非金属弹性元件联轴器，由于具有良好的综合性能，广泛应用于一般中小功率传动。

（二）确定联轴器的型号

由于启动时的动载荷和运转中可能出现过载现象，所以应当确定轴上的计算转矩，即：

$$T_c = KT \tag{13-1}$$

式中：T_c——轴的计算转矩，N·mm；

K——工作情况系数（见表 13-1）；

T——轴的名义转矩，N·mm。

表 13-1　　工作情况系数 K

原动机	工作机		
	转矩变化小	转矩变化、冲击载荷中等	转矩变化、冲击载荷大
电动机、汽轮机	1.3～1.5	1.7～1.9	2.3～3.1
多缸内燃机	1.5～1.7	1.9～2.1	2.5～3.3
单、双缸内燃机	1.8～2.4	2.2～2.8	2.8～4.0

根据计算转矩 T_c 不超过联轴器的公称转矩 T_n，转速 n 不超过联轴器的许用转速 $[n]$ 以及轴颈与联轴器孔径一致的原则选用合适的联轴器型号。

职业能力训练

训练目标

通过完成本任务，熟悉联轴器等常用连接件的类型，能根据应用场合进行合理的选用。

工作流程

分析机构工作情况→选定连接件→确定连接件的类型→根据具体参数，计算确定型号→检查、评价。

实施步骤

1. 减速器输入端与电机输出轴连接，减速器输出端与滚筒轴连接，这两个位置的连接均不需要经常分离，因此采用联轴器连接。

2. 减速器输入端在高速轴上，转速较高，且电机与减速箱不在同一基础上，其两轴必有相对偏差，因而选用有非金属弹性元件的挠性联轴器，如弹性柱销联轴器或弹性套柱销联轴器。而输出端在低速轴上，转速较低，但载荷较大，同样其两轴必有相对偏差，因而选用无弹性元件的挠性联轴器，如齿轮联轴器或链式联轴器。

3. 根据工作参数，确定各联轴器型号。

注意事项

1. 联轴器和离合器大多数型号已标准化或规格化，所以它们主要是从标准化、规格化的类型中选择。

2. 选择时应根据设计要求对主要参数进行计算，再按设计准则选择满足设计要求的联轴器。

3. 考虑两轴的相对位置主要是机器工作时的两轴相对位置，若机器的刚度不够，工作时的受力变形就可能造成两轴相对位置的变化，故需提前考虑。

知识拓展

弹簧是一种弹性元件，它具有刚性小、弹性大、在载荷作用下容易产生弹性变形等特性，广泛地应用于各种机器、仪表及日常用品中。

1. 弹簧的主要功用

(1)控制机构的运动或零件的位置，例如离合器、凸轮机构、阀门及调速器中的弹簧。

(2)缓冲及吸振，例如汽车、火车车厢下的减振弹簧，各种缓冲器中的弹簧。

(3)储存能量作为动力源，例如机械钟表、仪器、玩具等使用的发条，枪栓弹簧。

(4)测量力和力矩，例如弹簧秤、测力器中的弹簧等。

2. 弹簧的类型

弹簧的种类很多，按其形状的不同可分为螺旋弹簧、环形弹簧、碟形弹簧、平面涡卷弹簧和板弹簧等。

(1)螺旋弹簧

螺旋弹簧是用金属丝按螺旋线卷绕而成的。按照所能承受载荷的不同，分为拉伸弹簧、压缩弹簧、扭转弹簧等。按照轴向形状的不同，分为圆柱形弹簧[见图 13-21(a)(b)(c)]、圆锥形弹簧[见图 13-21(d)]等。圆柱形弹簧因其受力与变形成正比，便于生产，故应用最广。圆锥形弹簧具有防共振的能力，稳定性好，多用于承受较大的载荷和减振。按照金属丝横截面形状的不同，分为圆形截面弹簧和矩形截面弹簧等。在所占空间相同时，后者能吸收的能量多。

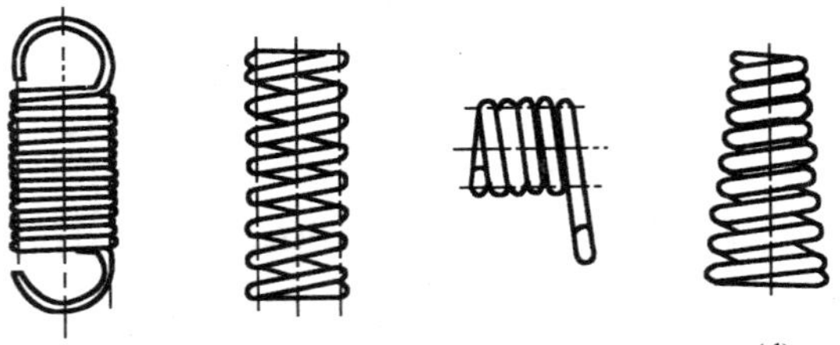

(a) (b) (c) (d)

图 13-21 螺旋弹簧

(2)环形弹簧和碟形弹簧

环形弹簧[见图 13-22(a)]和碟形弹簧[见图 13-22(b)]都是压缩弹簧，在工作过程中，其一部分能量消耗在各圈之间的摩擦上，因此具有很强的缓冲吸振能力，多用于重型机械的缓冲装置。

(3)平面涡卷弹簧

这种弹簧又称“盘簧”[见图 13-22(c)]，其轴向尺寸很小，常用作仪表和钟表的储能装置。

(4)板弹簧

板弹簧[见图 13-22(d)]是由许多长度不同的钢板叠合而成，主要用作各种车辆的减振装置。

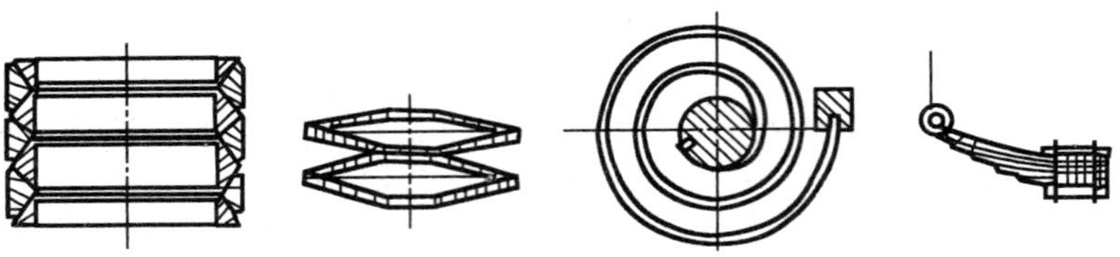

(a) (b) (c) (d)

图 13-22 环形弹簧、碟形弹簧、平面涡卷弹簧和板弹簧

按制作弹簧材料的不同，弹簧还可分为金属弹簧和非金属弹簧。上述弹簧都是金属弹簧，而弹性套柱销联轴器中的弹性套是用橡胶制成的弹簧。

3. 弹簧的材料

工作性质和条件对弹簧材料的要求是多方面的。为保证弹簧的变形始终在弹性范围内，弹簧材料必须具有较高的弹性极限；对于经常承受交变或冲击载荷的弹簧，其材料还应具有较高的疲劳极限和足够的韧性；为了便于弹簧的制造，材料还要具有良好的塑性和热处理性能等。下面仅介绍广泛使用的金属弹簧材料。常用的金属弹簧材料有碳素弹簧钢、合金弹簧钢和有色金属合金等。选择弹簧材料时，应充分考虑弹簧的工作条件、功用、重要性和经济条件等因素。

碳素弹簧钢，如65、70、85号钢等，其价格便宜，供应充足，热处理后具有较高的强度、适宜的韧性和塑性，故应用最广。但它的弹性极限低，多次重复变形后易失去弹性，不适合在高于120℃的温度下工作；弹簧钢丝直径大于12mm时，不易淬透，只适用于制造小尺寸的弹簧。

合金弹簧钢，如硅锰钢和铬钒钢等，用于制作承受变载荷、冲击载荷或工作温度较高的弹簧。

有色金属合金，如硅青铜、锡青铜和铍青铜等，用于制作在潮湿、酸性或其他腐蚀性介质中工作的弹簧。

4. 弹簧的许用应力

螺旋弹簧常用材料的许用应力、特点及应用如表13-2所示。许用应力与载荷性质有关，作用次数在10^6次以上的变载荷属于Ⅰ类载荷，如内燃机阀门弹簧、电磁闸瓦制动器弹簧受到的载荷；作用次数在10^3～10^6次的变载荷以及冲击载荷属于Ⅱ类载荷，如调速器弹簧、一般车辆弹簧受到的载荷；作用次数在10^3次以下的变载荷（即基本为静载荷）属于Ⅲ类载荷，如一般溢流阀弹簧、摩托车摩擦式安全离合器弹簧等受到的载荷。碳素弹簧钢丝的许用应力还与其抗拉强度极限有关，其抗拉强度极限如表13-3所示。按用于制作低应力、中等应力和高应力三种弹簧的情况，应分别选用B、C和D三个等级的碳素弹簧钢丝。

表13-2　　螺旋弹簧常用材料的许用应力、特点及应用

材料		许用应力			推荐使用温度/℃	推荐硬度范围	特性及用途
类别	牌号	Ⅰ类弹簧	Ⅱ类弹簧	Ⅲ类弹簧			
碳素弹簧钢丝Ⅰ、Ⅱ、Ⅱa、Ⅲ	65、70	$0.3\sigma_b$	$0.4\sigma_b$	$0.5\sigma_b$	−40～120	—	强度高，性能好，但尺寸大了不易淬透，只适用于做小弹簧
合金弹簧钢丝	60Si2Mn	480	640	800	−40～200	45～50HRC	弹性和回火稳定性好，易脱碳，用于制造受重载的弹簧
	50CrVA	450	600	750	−40～210	45～50HRC	有高的疲劳极限，弹性、淬透性和回火稳定性好，常用于受变载荷的弹簧
	4Cr13	450	600	750	−40～210	48～53HRC	耐腐蚀，耐高温，适用于做较大的弹簧
青铜丝	QSi3-1	270	360	450	−40～300	90～100HB	腐蚀性好，防磁好
	QSn4-3	270	360	450	−40～120		

表 13-3 碳素弹簧钢丝的抗拉强度极限（σ_b） 单位：MPa

直径/mm	—	1.0	1.2	1.4	1.6	1.8	2.0	2.2	2.5	2.8	3.0
B 级	—	1660	1620	1620	1570	1520	1470	1420	1420	1370	1370
C 级	—	1960	1910	1860	1810	1760	1710	1660	1660	1620	1570
D 级	—	2300	2250	2150	2110	2010	1910	1810	1760	1710	1710
B 级	1320	1320	1320	1320	1320	1270	1220	1220	1170	1170	—
C 级	1570	1570	1520	1520	1470	1479	1420	1420	1370	1370	—
D 级	1660	1660	1620	1620	1570	1570	1520	—	—	—	—

5. 圆柱形螺旋弹簧的基本几何参数

图 13-23 所示为螺旋压缩弹簧和拉伸弹簧，由图可知，圆柱螺旋弹簧的主要几何尺寸有：外径 D、中径 D_2、内径 D_1、节距 t、自由高度 H_0、螺纹升角 λ 及簧丝直径 d 等。弹簧的旋向可以是右旋或左旋，一般为右旋。螺旋弹簧基本几何参数的关系如表 13-4 所示。

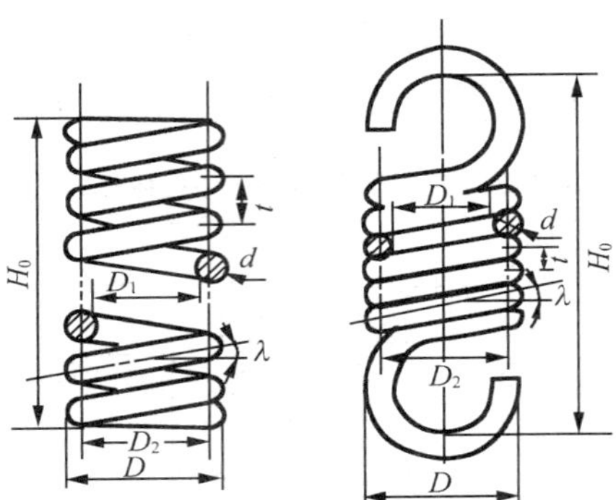

(a) (b)

图 13-23 螺旋压缩弹簧和拉伸弹簧

表 13-4 螺旋弹簧基本几何参数的关系

参数名称	压缩弹簧	拉伸弹簧
外径	$D=D_2+d$	
内径	$D_1=D_2-d$	
螺纹升角	$\lambda=\arctan\frac{t}{\pi D_2}$	
节距	$t=(0.28\sim0.5)D_2$	$t=d$
有效工作圈数	n	
死圈数	n_2	—
弹簧总圈数	$n_1=n+n_2$	$n_1=n$

续表

参数名称	压缩弹簧	拉伸弹簧
弹簧自由高度	两端并紧、磨平： $H_0 = nt + (n_2 - 0.5)d$ 两端并紧、不磨平 $H_0 = nt + (n_2 + 1)d$	$H_0 = nd$ + 挂钩尺寸
簧丝展开长度	$L = \frac{\pi D_2 n_1}{\cos\lambda}$	$L = \pi D_2 n$ + 挂钩展开尺寸

6. 弹簧的制作

圆柱螺旋弹簧的制造过程包括卷制、端面加工或挂钩的制作、热处理及工艺性试验等环节。螺旋弹簧在大量生产时，卷制工作在自动卷簧机上进行；单件或小批量生产时，则常在卧式车床或手工旋绕器上把弹簧丝卷绕在芯棒上成形。卷制分冷卷和热卷两种。当簧丝直径小，通常在 8～10mm 以下时，或弹簧直径较大易于卷绕时，一般采用冷卷法。冷卷的弹簧多用经过预热处理的冷拉碳素弹簧钢丝。如果簧丝直径大于 8mm，或簧丝直径虽然较小，但弹簧直径也较小，或钢丝太硬，则需采用热卷法。热卷时的温度随簧丝的粗细在 800～1000℃的范围内选择。不论采用冷卷还是热卷，卷制后均应视其具体情况对弹簧的节距作必要的调整。

对于重要的压缩弹簧，应在专用磨床上磨平端面；对于拉伸弹簧，两端应制出挂钩。冷卷后的弹簧不再淬火，可经过低温回火消除内应力；热卷后的弹簧则必须经过淬火和回火处理。

弹簧制作完成后，要根据技术条件的规定，进行精度、冲击、疲劳等试验，以检验弹簧是否符合技术要求。弹簧的疲劳强度和抗冲击强度在很大程度上取决于弹簧的表面状态，所以弹簧的表面必须光洁，没有裂纹和伤痕等缺陷，脱碳层深度应符合技术条件的规定。

同步测试

13.1　什么是刚性联轴器？什么是挠性联轴器？两者有什么区别？

13.2　刚性联轴器、无弹性元件的挠性联轴器和有弹性元件的挠性联轴器各有何优缺点？各适用于什么场合？

13.3　十字轴万向联轴器适用于什么场合？为何常成对使用？在成对使用时，如何布置才能使主、从动轴的角速度随时相等？

13.4　电动机经减速器驱动水泥搅拌机工作。已知电动机的功率 $P = 11\text{kW}$，转速 $n = 970\text{r/min}$，电动机轴的直径和减速器输入轴的直径均为 42mm。试选择电动机与减速器之间的联轴器。

13.5　找出生活中的三种不同的弹簧，说明它们的类型、结构和功用。

参考文献

[1]陈立德.机械设计基础.北京:高等教育出版社,2003.
[2]周志平,欧阳中和.机械设计基础与实践.北京:冶金工业出版社,2008.
[3]成大先.机械设计手册.北京:化学工业出版社,2007.
[4]杨可桢,程光蕴.机械设计基础.北京:高等教育出版社,2003.
[5]张京辉.机械设计基础.西安:西安电子科技大学出版社,2005.
[6]崔正昀.机械设计基础.天津:天津大学出版社,2000.
[7]银金光,王洪.机械设计基础.北京:科学出版社,2005.
[8]曲玉峰,关晓平.机械设计基础.北京:中国林业出版社及北京大学出版社,2006.
[9]邓昭铭,张莹.机械设计基础.北京:高等教育出版社,2005.
[10]黄森彬.机械设计基础选择题集.北京:高等教育出版社,1997.
[11]邹慧君.机械原理.北京:高等教育出版社,1999.
[12]孙桓,陈作模.机械原理.北京:高等教育出版社,1996.
[13]濮良贵,纪名刚.机械设计.北京:高等教育出版社,2001.
[14]邱宣怀.机械设计.北京:高等教育出版社,1997.
[15]钟毅芳,吴昌林,唐增宝.机械设计.武汉:华中理工大学出版社,1999.
[16]杨明忠,朱家诚.机械设计.武汉:武汉理工大学出版社,2001.
[17]李秀珍.机械设计基础.北京:机械工业出版社,2005.
[18]王军,严丽.机械基础.广州:华南理工大学出版社,2004.
[19]梁燕飞,潘尚峰.机械基础.北京:清华大学出版社,2005.
[20]隋明阳.机械设计基础.北京:机械工业出版社,2002.
[21]姜波.机械基础.北京:中国劳动社会保障出版社,2005.
[22]叶振东.机械基础.北京:中国劳动社会保障出版社,2007.
[23]徐春艳.机械设计基础.北京:北京理工大学出版社,2006.
[24]郭红星,宋敏.机械设计基础.北京:机械工业出版社,2005.
[25]孙建东.机械设计基础.西安:西安电子科技大学出版社,2004.
[26]郑江,许瑛.机械设计.北京:中国林业出版社及北京大学出版社,2006.
[27]何元庚.机械原理与机械零件.北京:高等教育出版社,1998.
[28]黄镇昌.互换性与测量技术.广州:华南理工大学出版社,2001.
[29]邢琳,王潍.机械设计习题与指导.北京:机械工业出版社,2005.